LE PARFAIT

BOULANGER,

OU

TRAITÉ COMPLET

Sur la Fabrication & le Commerce du Pain.

Par M. PARMENTIER, Pensionnaire de l'hôtel royal des Invalides, Membre du Collége de Pharmacie de Paris, de l'Académie des Sciences de Rouen & de celle de Lyon, Démonstrateur d'Histoire Naturelle.

A PARIS,

DE L'IMPRIMERIE ROYALE.

M. DCCLXXVIII.

INTRODUCTION.

L'ART dont je publie les différentes opérations, fut néceſſairement dans ſon origine fort borné : la frugalité des premiers peuples ne leur permettant pas de ſe livrer à des recherches pour remplir les beſoins que la Nature ſeule pouvoit ſatiſfaire. Ils ne changèrent rien pendant long-temps à la ſimplicité des préſens qu'elle répandoit avec tant de libéralité à la ſurface de la Terre, & que l'inſtinct leur indiquoit comme les plus ſalutaires : mais des révolutions particulières ayant fait naître parmi eux la prévoyance & enſuite l'induſtrie, ils eurent recours à quelques moyens pour prolonger la durée de leur proviſion, & améliorer les ſubſtances qui en étoient l'objet. Dans le nombre de ces ſubſtances, les ſemences farineuſes déterminèrent leur choix, ſoit parce que ſous un petit volume il s'y trouve une très-grande quantité de matière alimentaire, ou bien à cause de leur degré de sécheresse qui les rend moins susceptibles d'altération que les autres parties des végétaux.

La première préparation qu'on fit subir aux semences farineuses, fut sans doute la cuisson au feu. Le hasard & l'expérience apprirent ensuite à les diviser & à les combiner de différentes manières avec l'eau; de-là, les bouillies, les galettes & les pâtes. Les femmes chargées spécialement des soins intérieurs de la maison, dûrent préparer le pain chaque jour avec les autres mets qui composoient le repas; mais à mesure que les hommes se font réunis en société, ils ont partagé entr'eux les différens objets dont ils s'occupoient en famille. Cet antique usage s'est même conservé dans quelques coins du Royaume & chez plusieurs Ordres religieux, où l'on voit encore aujourd'hui les Arts de première nécessité, exercés seulement pour les besoins de la communauté. Il a fallu bien des siècles il est vrai pour porter ces Arts au degré de perfection que la plupart ont atteint aujourd'hui.

L'histoire de la Boulangerie est fort obscure : si l'on en croit quelques Philosophes de l'antiquité, la conversion du blé en pain, a été indiquée par la manière dont on en usa d'abord : suivant leur opinion généralement adoptée, on commença par manger les grains entiers & cruds, à l'instar des autres végétaux : les phénomènes de la mastication donnèrent lieu ensuite aux différens changemens qu'ils subirent ; le broiement des dents fit songer aux pilons & aux meules ; la réunion de la substance farineuse en petite masse par le mélange de la salive devint le modèle de la pâte. Mais le levain, cette matière actuellement en mouvement qu'on introduit à la faveur de l'eau dans la farine pour la faire fermenter plus promptement, a-t-il été également enseigné par la Nature, c'est ce qu'il paroît difficile d'imaginer ? nous n'avons du moins sur sa découverte que des conjectures fort vagues.

a iij

. Tel eſt le ſort des Sciences & des Arts, lorſqu'on veut pénétrer dans la profondeur des temps les plus reculés, pour ſuivre la marche de leurs progrès, on ne rencontre qu'incertitude & contradiction ; tantôt ce ſont des éloges pompeux ſur l'état floriſſant où ils étoient alors, tantôt ce ſont des regrets ſur leur décadence occaſionnée par quelques cataſtrophes ; aucun ſigne, aucun paſſage ne déſignent clairement une méthode, un procédé qui puiſſent mettre ſur la voie, ni laiſſer deviner comment ils étoient exercés. C'eſt pour préſerver nos connoiſſances des injures des temps, d'une brutale férocité, & de l'ignorance toujours deſtructive, que les Savans ont fourni & exécuté le projet de décrire les Arts & Métiers ; entrepriſe vaſte & honorable pour le ſiècle, la Nation & l'Académie royale des Sciences de Paris.

Que ce ſoit à la fermentation ſpontanée de la pâte qu'il faille attribuer l'invention du levain, ou bien au mélange de quelques fruits doux qui en aient développé tout-à-coup le principe fermentefcible ; que nous foyons redevables de cette invention à l'induftrie ou au hafard, peu importe : il fuffira feulement d'obferver que le levain étant la partie la plus importante & la plus néceffaire de la Boulangerie, c'eft à l'époque de fa découverte qu'il faut faire remonter celle de l'ancienneté du pain : jufque-là cet aliment n'étoit autre chofe qu'un compofé groffier de farine & d'eau qu'on faifoit cuire fimplement fous la cendre, fans apparence & fans goût.

La grande difpofition qu'ont les fubftances farineufes combinées avec l'eau, de prendre le mouvement de fermentation, & de s'altérer avec une vîteffe incroyable pendant l'été, doit faire préfumer que les pays chauds font la patrie du pain levé, & que l'art de le fabriquer a paffé, ainfi que la plupart des connoiffances humaines, des climats brûlans dans les pays tempérés, avec d'autant plus de vraifemblance, que tous les Auteurs conviennent que la Boulangerie fut cultivée avec fuccès en Égypte,

& qu'elle paſſa enſuite dans la Grèce, où elle reçut encore un degré de perfection. Bientôt les Romains abandonnèrent l'uſage de manger les farineux ſous la forme de bouillie, dont ils étoient amateurs paſſionnés, pour, à l'exemple des Hébreux & des Arabes, ſe nourrir également de pain : alors le goût pour cet aliment ſe répandit & devint plus général.

Mais ſi les Romains n'ont pas été les premiers à pratiquer l'art de faire du pain, il faut avouer qu'ils l'ont traité & regardé comme une de leur plus belle conquête. Ce peuple fameux qui accorda toujours aux Arts utiles le degré d'eſtime qu'ils méritent, attacha une telle importance & un ſi haut prix à la poſſeſſion du bon pain, qu'il fit venir exprès d'Athènes des Boulangers, avec la promeſſe ſolennelle de les fixer par la conſidération & les récompenſes. Les Romains ne négligèrent rien en effet pour conſerver & diſtinguer une profeſſion auſſi eſſentielle à la vie : non-ſeulement ils encouragèrent ceux qui l'exerçoient, les faifant parvenir à toutes les dignités de la République ; mais ils fondèrent encore à Rome un collége de Boulangers avec des fommes confidérables pour affurer fon éclat & fa folidité : il y eut même des Règlemens qui leur défendoient de fe méfallier, de permettre à leurs enfans d'embraffer d'autre état ; & pour qu'aucune occupation étrangère ne vînt les diftraire dans la pratique de leur Art, ils les affranchirent de toutes les charges publiques : diftinction fignalée qui ne manque jamais de faire naître l'émulation, & la perfection qui en eft la fuite. Les Écrivains les plus célèbres de ce temps nous ont tranfmis le nom de plufieurs Boulangers de réputation qui illuftrèrent leur Art, & l'on voit encore à Aix & dans quelques-unes des villes qui avoifinent l'Italie, des monumens élevés à leur gloire.

Par quelle étrange fatalité, l'exiftence civile des Boulangers, dont l'Art eft en quelques endroits de la France plus perfectionné qu'il ne le fut jamais à Rome;

par quelle fatalité, dis-je, ces Artiftes fi diftingués dans la Capitale du monde, fe trouvent-ils relégués maintenant dans la claffe la plus inférieure des citoyens ? eomment eft-il poffible que les avantages infinis que le pain procure aux hommes, ne leur faffent pas plus eftimer ceux qui le préparent? feroit-ce parce que dans la vue de fatisfaire notre plus preffant befoin & la délicateffe en même temps, ils font forcés de renoncer aux agrémens de la vie pour travailler fans relâche dans le filence de l'obfcurité, au milieu d'une atmofphère brûlante, environnés de fumée & de pouf-fière, à des heures où la Nature entière fe repofe , de ne pouvoir céder enfuite que pour très-peu de temps au fommeil qui les accable à l'inftant précifément où les hommes de tous les états fe délaffent dans les plaifirs ? feroit-ce encore par la raifon que, parvenus de bonne heure aux infirmités de la vieilleffe, après avoir paffé leurs premières années & épuifé toute leur force à la préparation du pain de leurs concitoyens, ils font quelquefois contraints d'en aller mendier dans les hôpitaux, & d'achever leur carrière avec ces êtres que le crime ou la pareffe ont rendu les fléaux de la fociété ?

Ce tableau abrégé, mais trop vrai, du fort infortuné du Boulanger, ne devroit-il pas au contraire intéreffer en fa faveur la raifon & l'humanité ? Mais ce n'eft pas le travail pénible & affidu qui influe fur le joug humiliant fous lequel il eft courbé : il met en œuvre le produit de l'Agriculture, & plus encore que le Cultivateur, il eft dédaigné ; on rend fouvent hommage à l'objet fur lequel l'un & l'autre s'exercent ; on s'occupe quelquefois de ce qu'ils font ; mais rarement prend-on la peine de fonger à eux.

Ce font cependant ces Boulangers fi vils aux yeux de tant d'efprits fuperficiels, qui ont l'art de fouftraire les procédés de leur fabrique aux intempéries des faifons & au caprice des élémens ; ce font ces Artiftes fi injuftement méprifés qui pourvoient à notre fubfiftance, qui préparent le premier & le plus indifpenfable de nos alimens, que la vanité a placés dans un rang inférieur à ces Marchands qui n'ont jamais befoin de confulter le temps ni les reffources de l'induftrie, qui ne doivent rien ajouter, rien changer à la matière qu'ils achettent & débitent; à ces Marchands, qui loin d'avoir un but auffi utile que le Boulanger, lequel améliore encore ce bienfait que la Providence accorde aux travaux & à l'induftrie, détériorent très-fouvent au contraire ce qu'il y a de plus parfait, & nuifent par-là à notre confervation.

Cependant malgré notre froide indifférence envers les Boulangers, il s'eft trouvé parmi eux des hommes affez courageux pour braver l'injuftice & l'ingratitude, affez généreux pour confacrer leur fortune & leurs veilles à fervir leurs femblables. Différens procès-verbaux d'effais faits dans quelques-unes de nos provinces, telles que la Bourgogne, &c. atteftent qu'on en a vu tellement acceffibles aux fentimens qu'infpire la mifère publique, qu'ils ont fait volontairement le facrifice de leur intérêt propre à l'intérêt du pauvre, en confidération de la difette. Dans le nombre, il en exifte encore fur lefquels nous daignons jeter à peine un regard, qui perfectionnent leur Art, fans l'efpoir d'obtenir cette confidération dont jouiffent les hommes de tous les états qui fe diftinguent, & qu'il femble qu'on refufe aux feuls Boulangers.

Si nous voulons tirer les Boulangers de l'état d'engourdiffement & d'humiliation où les préjugés les ont plongés : fi nous defirons qu'ils s'inftruifent des différens moyens qui peuvent concourir à rectifier leurs procédés défectueux; diftinguons la profeffion, infpirons à ceux qui s'y dévouent une idée plus élevée d'eux-mêmes, ne prêtons plus l'oreille à ces propos populaires, qui n'ont aucune vraifemblance. S'il arrive un renchériffement dans la denrée de première néceffité, ou que les faifons en aient affoibli les qualités, n'en accufons pas le Boulanger, ne rejetons pas

fur lui les malheurs des temps & des circonftances; puifque dans ce cas, il faut
plus de temps, de peines & d'induftrie de
fa part pour réparer les torts de la Nature, & obtenir conftamment les mêmes
réfultats. Pénétrons-nous bien d'une vérité
inconteftable, qu'il n'exifte aucun ingrédient, à la faveur duquel il foit poffible
de reftituer aux farines détériorées, leur
première qualité, de blanchir les farines
bifes, & de leur communiquer la faculté
de fe convertir en un pain analogue à
celui qu'on retire des farines blanches;
qu'il n'y a que la bonne méthode qui
puiffe opérer en partie un pareil changement; que la plus légère addition employée
à deffein d'augmenter le bénéfice, diminueroit de beaucoup la valeur & le prix.
Accordons-leur le privilége dont jouiffent
tous les Commerçans, celui de vendre
leur marchandife au poids, ainfi qu'ils
ont acheté la matière première qui en eft
l'objet, afin de les fouftraire à ces amendes,
à ces deshonneurs qui les découragent &

les ruinent, & dont on les entache ſi
ſouvent, faute de pouvoir diſtinguer toujours la bonne foi miſe en défaut par les
circonſtances & la fraude méditée. Quand
il s'agit de les viſiter pour conſtater s'ils
ſont en contravention, évitons ces ſcènes
humiliantes aux yeux du peuple qui ne
voit que ſon pain, & qui toujours diſpoſé
à traiter avec humeur celui qui le fabrique,
accourt à ſa porte, dans l'eſpérance de
profiter de la confiſcation en l'inſultant,
quelle que ſoit ſon innocence. Enfin ſi le
commerce du pain par ſa nature & ſon
importance, doit être ſoumis à la rigueur
des loix, que cette rigueur au moins ne
porte pas ſur l'homme qui le fait, & que
l'animadverſion dont s'eſt rendu coupable
un Boulanger infidèle, ne rejailliſſe pas ſur
le corps entier. Alors ces encouragemens,
ces précautions que la juſtice & la recon-
noiſſance ſembleroient devoir dicter envers
cette claſſe de citoyens, tourneront au
profit de l'Art & du bien général; la Boulangerie ceſſant d'être un labyrinthe de

trouble, de crainte & d'humiliation, toutes
ses ressources se développeront pour l'utilité
commune; la santé, l'économie & l'agrément y trouveront également leur compte,
& d'un bout à l'autre du Royaume, le
pain fabriqué avec les différens grains dans
toutes les saisons, deviendra l'aliment le
moins dispendieux & le plus nourrissant;
mais je passe à l'exposition de mon Ouvrage.

Depuis que les Savans ont tourné leurs
regards vers les travaux de la campagne,
& qu'à l'aide de la Physique ils ont éclairé
les différentes branches de l'économie rurale, les Cultivateurs voient leurs soins
récompensés plus constamment par d'a-
bondantes moissons. L'art de préparer les
semences & de disposer la terre par les
labours & les engrais est mieux connu;
les grains ont moins à craindre de la part
des maladies qui les affectent dès leur développement; ils résistent davantage aux
accidens qui leur surviennent pendant qu'ils
croissent & jusqu'à ce qu'ils aient acquis
une entière maturité; nos récoltes sont

moins

moins expofées à l'action de l'humidité qui faifoit évanouir en peu de temps les efpérances les plus flatteufes. Enfin, les moyens de conferver en bon état nos provifions, de les améliorer même encore en les dépouillant de ce qu'elles renferment d'étranger & d'impur, rempliffent plus complètement les effets qu'on avoit tout lieu d'en attendre ; toutes ces parties s'étant perfectionnées, la Boulangerie pouvoit-elle refter dans l'oubli, & ne pas fe reffentir des influences de ce concours de lumières du Phyficien & de l'Agriculteur ?

Nous n'avons connu pendant long-temps que le Boulanger & nullement fon Art, excepté quelques procédés chétifs & défectueux difféminés au hafard dans les Traités deftinés aux détails de la vie champêtre, cet Art étoit abfolument ignoré. Grâces à M. Malouin, les yeux fe font ouverts, & c'eft à lui que nous avons la première obligation de favoir que la fabrication du pain ne confifte pas dans une opération auffi facile à exécuter qu'on le croiroit. L'Ouvrage qu'il a publié

à ce fujet, offre des faits très-intéreffans ;
non-feulement fur l'art du Boulanger; mais
encore fur ceux du Meunier & du Ver-
micellier. Il mérite donc à jufte titre la
reconnoiffance des bons patriotes : mais
l'homme qui ouvre la carrière, ne fauroit
tout apercevoir ; il lui eft même impoffible, malgré un zèle très-éclairé, les vues
les plus louables & la meilleure intention,
d'éviter tous les écueils , principalement
lorfqu'étant forcé de fe fervir des yeux
d'autrui pour fe conduire , il a befoin
continuellement dans la route qu'il parcourt, de guides qui abufent fouvent de
la trop grande confiance qu'on eft obligé
de leur accorder ; telle a été fans doute la
pofition où s'eft trouvé l'Auteur de l'Ouvrage que nous citons.

En effet, M. Malouin, par fon état &
par fes places, n'ayant pu confacrer par jour
quelques heures de fuite à l'étude de l'Art
dont il avoit entrepris la defcription, il a été
fouvent contraint de s'en rapporter aveuglément à ceux qu'on lui avoit indiqués, comme

les plus propres à l'aider & à l'éclairer dans son travail; en sorte que ne pouvant donner toujours une définition claire, exacte & précise des opérations de la Meunerie & de la Boulangerie, il s'écarte quelquefois du véritable but de ces deux Arts; tantôt par exemple il blâme avec raison une méthode vicieuse pour en louer une autre qui n'est pas beaucoup plus parfaite, sans décider positivement à laquelle il convient d'accorder la préférence, sans proposer les moyens de réformes nécessaires; tantôt seul & livré à lui-même, il rapporte une observation conforme à l'expérience, puis aussitôt de concert avec les Meuniers & les Boulangers qu'il consulte, il place à côté une explication qui la contredit, d'où il résulte que le meilleur précepte devient souvent obscur & presque toujours inintelligible pour l'Artiste lui-même qui doit l'exécuter; & qu'au rapport des plus habiles d'entr'eux, l'Ouvrage de M. Malouin ne peut répandre du jour que chez le commun des Boulangers de certaines provinces où l'Art de fabriquer le pain eft encore dans fa première imperfection.

Il s'en faut bien que je cherche à déprimer ici un Ouvrage auquel j'ai déjà rendu fouvent hommage; j'ofe croire que l'Auteur qui vivoit encore au moment où le mien venoit d'être imprimé, loin de trouver déplacées mes Obfervations, les auroit approuvées, tant l'amour de la vérité étoit puiffant fur lui. Nous favons d'ailleurs qu'ayant eu l'occafion & le temps d'approfondir davantage la Boulangerie, il fe propofoit, dans une nouvelle édition, d'en rectifier les procédés. Quoi qu'il en foit, on ne doit pas moins regarder l'art du Boulanger auquel M. Malouin prenoit tant d'intérêt, & qu'il étoit bien capable de porter au degré de perfection qu'il peut atteindre, comme la meilleure production que nous laiffe ce Médecin eftimable.

J'aurois été certainement moins excufable que M. Malouin, fi j'euffe donné dans les mêmes écueils; je lui dois peut-être d'avoir fuivi une toute autre route,

ce n'eſt pas la ſeule obligation que je lui aie.
Au lieu de commencer par devenir le ré-
dacteur des Artiſtes que je me propoſois
d'interroger & de conſulter , j'ai tâché
auparavant d'en devenir le diſciple : j'ai
donc conſacré tous mes loiſirs pour me
livrer ſans réſerve aux différentes parties
de l'Art que je voulois décrire, en prenant le blé depuis le moment où il eſt
au pouvoir de l'homme , & le ſuivant
juſqu'à ce qu'il ſoit transformé en pain;
ainſi, je me ſuis rendu familiers les détails
les plus indifférens en apparence, afin de
mieux diſtinguer les méthodes particulières d'avec les vrais principes, & de ne
pas confondre les réſultats défectueux avec
la perfection. Pénétré pendant long-temps
des vérités fondamentales de la Boulangerie, j'ai été en état d'apprécier le mérite
des avis dont j'avois beſoin pour donner
un Ouvrage utile, & j'ai eu l'avantage de
rencontrer un des premiers Boulangers du
Royaume, qui a bien voulu me ſeconder
avec un zèle qu'on met à peine à un travail

qui nous appartient en propre; je me fais un devoir & un plaifir de le citer ici, en lui témoignant publiquement toute ma gratitude; c'eſt M. Brocq, Régiſſeur de la Boulangerie de l'hôtel royal des Invalides & de l'École Militaire, homme honnête & diſtingué, connu avantageuſement de pluſieurs Académiciens, par quelques Mémoires intéreſſans ſur les grains & le pain, que le Gouvernement a déjà employés, & qu'il ne devroit pas perdre de vue dans les circonſtances où il s'agit d'être éclairé ſur cet objet important des ſubſiſtances.

Je conſidère le Boulanger comme fabriquant & comme commerçant : Sous ce double point de vue, j'ai toujours enchaîné ſes intérêts à ceux du public : en dirigeant ſes idées & ſes connoiſſances vers la perfection de l'Art qu'il exerce; je n'ai oublié aucun des moyens qu'il pouvoit employer pour en tirer un meilleur parti : c'eſt je crois de cette manière qu'on devroit continuellement parler aux Artiſtes, lorſqu'il s'agit d'attaquer leurs préjugés & de les porter à renoncer à leur vieille routine. Tant que les hommes ne font pas convaincus, qu'en changeant de méthode ils auront plus de profit, ils font fourds aux avis qu'on leur donne pour la rectifier ; on ne peut même jamais fe flatter de les faire fortir de l'inertie & de l'indifférence où ils font la plupart, qu'en intéreffant à la fois leur fortune & leur amour-propre. Ce langage convient fingulièrement aux Boulangers , puifque faifant mieux, ils pourront donner à meilleur marché & gagner davantage ; on verra combien m'a occupé dans le cours de mon Ouvrage , cette confidération ; qu'il n'eft pas d'opération en Boulangerie qu'on ne puiffe faire encore mieux & à moins de frais.

Mon Ouvrage eft divifé en fix Chapitres, dont chacun eft compofé de différens Articles : je développe dans le premier Chapitre la nature & les propriétés du blé, de manière à en faire connoître les différentes parties conftituantes : fans m'arrêter long-temps néanmoins aux détails qui concernent leurs effets phyſiques. A qui cette connoiſſance paroît-elle plus utile qu'aux Boulangers chargés de décompoſer le grain & de lui donner une nouvelle forme? elle peut quelquefois ſervir à les éclairer ſur le choix qu'ils doivent en faire, & leur apprendre à diſtinguer par ſon moyen, les caractères généraux qui lui appartiennent eſſentiellement, d'avec les variétés dûes ſeulement au terrein, à l'expoſition & au climat.

Le Boulanger qui ne ſeroit pas circonſpect & défiant dans ſes achats, courroit ſouvent les riſques de recevoir ſa marchandiſe changée ou altérée, & deviendroit la dupe des ſupercheries ſi communes dans le commerce du blé; afin de l'en garantir je lui indique les précautions les plus eſſentielles à employer contre les fraudes du vendeur qui ſouvent fait ſervir l'eau ou le grain pour maſquer le poids & la meſure; le commiſſionnaire ou le facteur qui, au lieu de ſtipuler ſes intérêts, eſt quelquefois d'intelligence avec le Marchand;

enfin, le conducteur qui peut fubftituer en chemin un blé médiocre à un blé de première qualité. Je recommande encore au Boulanger les foins qu'il faut prendre pour empêcher que les grains ne fubiffent des avaries au marché où on les expofe en vente, dans les magafins qui les contiennent, & fur la route pendant leur tranfport.

A ces détails, j'aurois dû joindre un tableau qui pût faire faifir au premier coup d'œil, par des calculs déterminés, les rapports des différentes mefures de grains à celles de Paris; mais l'ufage a fuffifamment éclairé tous les Commerçans & les Boulangers à cet égard : d'ailleurs, la qualité du blé qui varie chaque année, les oblige à des combinaifons & à des fpéculations nouvelles, qui, d'une récolte à l'autre, mettent en défaut les calculs les plus exacts, & rendent prefque toujours trompeurs ces tableaux, quelque fatisfaifans qu'ils paroiffent aux yeux & à l'efprit.

L'objet du fecond Chapitre intéreffe principalement le broiement du blé & fa converſion en farine. Cette opération dont on a fait un Art ſéparé, a un rapport trop direct avec la fabrication du pain pour être étrangère au Boulanger, puiſque la perfection & le bénéfice de ſon travail dépendent abſolument de la bonne mouture, & que les Meuniers non ſurveillés ſont également payés, quelles que ſoient leurs fautes : il lui importe donc de s'appliquer à bien connoître la Meunerie. Je mets ſous ſes yeux un abrégé des diverſes méthodes de moudre, afin qu'il ſoit en état de pouvoir juger par comparaiſon d'après l'examen de la nature & de la qualité des réſultats qu'on obtient de chacune, quelle eſt celle qui mérite la préférence : je crois ne rien haſarder en prononçant d'avance qu'il ſe décidera bientôt en faveur de la mouture économique, comme tout mon Ouvrage le prouve.

On ſait que par l'ancienne manière de moudre, on ne retiroit du grain que la moitié de ſon poids en farine, encore étoit-elle dans un état defectueux. Aujourd'hui l'expérience démontre que la mouture économique, non-feulement produit une plus belle farine, mais encore un quart de plus, fur laquelle il ne fe trouve qu'un neuvième de farine bife ; d'où il fuit qu'une livre de bon blé, par exemple, donne neuf onces & demie de farine blanche, deux onces & demie de farine bife , trois onces fix gros de fon, & environ deux gros qui reftent pour le déchet ; ces proportions dans les produits du blé font le réfultat de la perfection, elles varient par la qualité du grain, l'ignorance du Meunier ou la conftruction vicieufe du moulin.

Les farines les mieux moulues ne donnent jamais, au fortir des meules, un auffi beau pain qu'au bout d'un certain temps qu'elles ont été gardées. Ce phénomène, dont j'ai fouvent été témoin, appartient à un de leurs principes, que l'action des meules échauffe & peut même altérer lorfqu'elle eft pouffée trop loin. La matière glutineufe en effet ne fauroit éprouver un certain degré de chaleur au moulin ou dans les étuves, fans perdre un peu de fes propriétés tenaces & élaſtiques ; c'eſt cette matière vraiment ſingulière qui joue le plus grand rôle dans la panification, qu'il faut conſerver dans les farines , & répandre dans celles qui n'en ont pas ſuffiſamment, qui, extraite & ſéparée des autres parties avec leſquelles elle ſe trouve aſſociée dans le blé, & ſoumiſe à quelques expériences ſimples en préſence des Boulangers & de leurs garçons, pourra ſervir à les éclairer ſur les principaux évènemens qui ſurviennent tout-à-coup dans la fabrication du pain : les démonſtrations ſont ordinairement plus puiſſantes que tous les raiſonnemens.

Quand le blé eſt pur & de bonne qualité, les organes ſont des témoignages ſuffiſans pour s'en apercevoir ; mais le Boulanger achette quelquefois de la farine à la place, & il lui ſeroit peut-être très-difficile de décider également au toucher & à l'œil, à quelle qualité de grain cette marchandiſe a appartenu, s'il n'avoit à ſa diſpoſition des pierres de touche pour s'aſſurer de ſa bonté, de ſa médiocrité & de ſa détérioration. Cela pofé, on préfume bien que je n'ai eu garde d'oublier la confervation des farines, les effets de leur mélange & les moyens propres à faire connoître leur qualité: ces différens objets font fuivis de quelques réflexions fur les avantages qu'il y auroit d'établir & de protéger le commerce des farines.

On fait que la mouture économique ayant déterminé d'une manière invariable les produits en farine & en fon qu'on retire d'une quantité de blé d'un poids & d'une mefure connus, on a été bientôt à portée de voir le gain qu'on pourroit faire en commerçant la farine plutôt que du grain; ce feroit une nouvelle branche à l'induftrie, qui procureroit entr'autres avantages, d'occuper beaucoup plus nos moulins, d'empêcher que le temps calme, les féchereffes, les inondations & les gelées, qui fouvent font languir, fufpendre même les moutures, en renchériffant le prix de la farine, au point de ne plus être en proportion avec celui du blé, de laiffer dans l'intérieur - du Royaume les issues pour nourrir & engraisser les bestiaux, de rendre la mouture économique plus générale, & de fournir par-tout le Royaume les facilités de préparer un meilleur pain, sans être aussi coûteux.

Le levain étant l'ame de la fabrication du pain, j'ai cru, dans le troisième Chapitre, devoir donner à cette substance la plus grande extension, en développant tout ce qui concerne sa nature & ses effets, sa préparation & son emploi : j'ai montré la manière de le raccommoder, lorsqu'un temps inopiné ou les soins négligés ont retardé, accéléré ou suspendu l'état de fermentation dans lequel il se trouve. L'examen de ces substances, connues sous le nom de *levains artificiels*, me conduit naturellement à celui de la levure, dont le grand usage est dû à l'ignorance dans laquelle on a été pendant long-temps, des règles à observer pour renouveler à propos, conduire & distribuer le levain naturel, suivant les saisons, la qualité des farines

& l'efpèce de pain qu'on fabrique. Malgré les lumières que nous avons acquifes fur ces différens points, l'ufage de la levure fe perpétue parmi nous, foit à la place du levain ou concurremment avec lui, foit pour en augmenter l'effet, ou pour diminuer le travail de la pâte, & obtenir un pain plus léger : mais que l'on paye cher de pareils avantages ! La fermentation de la pâte demande un certain efpace de temps pour s'opérer comme il convient ; un levain trop hâtif ne permet pas aux parties qui compofent la fubftance dans laquelle on l'introduit, de s'arranger entr'elles de manière à produire un tout homogène & parfait.

En reftreignant l'ufage de la levure à la dofe qu'il eft permis de l'employer, je démontre que la fabrication du pain fans l'addition de ce ferment artificiel, pourroit être à la vérité un tant foit peu plus pénible, mais qu'en revanche on obtiendroit un pain plus égal, plus blanc & plus favoureux ; mais l'eau, cet agent principal de la fermentation, fans lequel le levain & la levure n'agiroient que foiblement fur la farine; l'eau n'eft pas d'une conféquence auffi grande en Boulangerie qu'on le prétend. Sa qualité n'influe pas fur celle du pain dont elle fait partie ; c'eft le degré de chaleur qu'on lui donne, fes proportions & la manière de l'employer, qui produifent l'effet principal. Cette difcuffion m'a paru d'autant plus effentielle à éclaircir, qu'en province particulièrement, les vices de la fabrication du pain font toujours rejetés fur la nature de l'eau avec laquelle on pétrit, & tandis que les regards s'arrêtent fur les effets attribués à une caufe qui n'exifte point, on perd entièrement de vue celle qui fait tout le mal. Les expériences variées & multipliées que j'ai faites pour établir cette vérité, répondent à tout ce qu'on pourroit objecter contre mon opinion.

La préparation de la pâte forme le quatrième Chapitre; c'eft dans cette partie de la fabrication du pain, que la vigueur & l'intelligence de l'ouvrier fe manifeftent le plus.

plus. La légèreté, la ténacité, la blancheur & l'égalité de la pâte, font autant d'indices qui décèlent les foins qu'il y a employés : car le pétriffage vivement exécuté, peut reftituer en partie aux farines ces qualités que les faifons ou les défauts de mouture auroient pû affoiblir, tandis que cette opération négligée dans quelques-uns de fes procédés, donneroit à peine avec la meilleure farine un pain paffable. Le pétriffage fini, la pâte ne s'apprête ni ne fe cuit en maffe; elle eft divifée, pefée, tournée, mife en paneton ou fur couches avant d'être portée au four. Toutes ces opérations qui doivent s'exécuter à la fois & vivement, demandent le concours de plufieurs garçons, & de leur part plus d'adreffe & d'agilité que de force & de courage; il femble même que la pâte acquiert d'autant plus de vifcofité & d'uniformité qu'elle paffe dans plus de mains différentes.

A cet endroit de mon ouvrage, je rappelle ce que j'ai avancé à l'article des effets du levain. Pour développer plus en détail les phénomènes qui s'opèrent dans une pâte qui fe gonfle & s'apprête, je crois démontrer fuffifamment que la fermentation panaire n'eft pas une fermentation fpiritueufe, mais bien le premier degré de cette fermentation. Si le Boulanger laiffoit arriver fa pâte à la fermentation fpiritueufe, elle fe trouveroit plus avancée que le levain lui-même, & le pain qu'il obtiendroit feroit mat & aigre : c'eft donc pour éviter les fuites d'un femblable inconvénient qu'on le voit tout agité au moment où il eft queftion de faifir ce point jufte de fermentation, & de veiller à ce qu'elle n'aille pas au-delà du terme prefcrit, en l'arrêtant par un moyen violent qui eft la cuiffon.

Ce n'eft pas toujours en qualité d'affaifonnement, que dans le pétriffage on affocie le fel à la pâte ; on s'en fert encore pour réprimer les effets d'une fermentation trop accélérée, ou pour donner de la vifcofité aux farines qui en manquent quelquefois, d'où il réfulte un pain plus léger, plus abondant & plus favoureux ; mais quoique ces avantages du fel foient connus fuffifamment des Boulangers inftruits, la plupart ne l'emploient pas à caufe de fa chèreté, lorfque précifément il feroit néceffaire ; tandis que dans les provinces où il eft commun & à bon compte, on le fait fervir au même ufage, quelles que foient la faifon, la qualité des farines & l'efpèce de pain qu'on prépare. Il eft même à remarquer que fa dofe excède prefque toujours de beaucoup celle qu'on pourroit mettre fans inconvénient ; c'eft ainfi que l'on abufe toujours des meilleures chofes : or, le goût de fruit, cette faveur de noifette, que la mouture, le pétriffage, la fermentation & la cuiffon développent dans le pain, fe trouve mafquée & détruite par l'âcreté du fel qui y domine. J'expofe donc les feules circonftances où cet ingrédient peut être néceffaire en Boulangerie ; de quelle manière il agit fur les farines, le levain & la pâte ; à quelle dofe on doit l'employer pour améliorer l'aliment, fans diminuer

c ij

son excellence & ses vertus nutritives.

Il est question dans le cinquième Chapitre, de la cuisson : la description du fournil & des principaux instrumens dont il doit être meublé, précède les opérations du levain ; de même aussi, je donne l'idée du lieu où s'achève la fermentation de la pâte, & où se fait la cuisson du pain. Avant d'entrer dans les détails relatifs à cette importante & dernière opération, je démontre que l'emplacement, ainsi que la bonne construction de la Boulangerie & du four, concourent pour beaucoup à la perfection du pain qu'on y prépare, sans compter le bois considérable qu'on peut épargner. Rien n'est à dédaigner dans une fabrique, où la plus légère économie est capable de soulager doublement le pauvre peuple , en diminuant d'une part le prix du combustible déjà fort rare, & de l'autre celui de la nourriture : car, c'est une vérité reconnue & démontrée que le chauffage du four dépend moins de la quantité de bois qu'on y emploie, que de la manière de l'arranger & d'en diriger l'effet.

L'inſtant le plus critique du travail du Boulanger eſt celui où il s'agit d'enfourner : obligé à cette époque de la fabrication du pain, d'obſerver la marche progreſſive de la fermentation de la pâte, & d'épier tout ce qui ſe paſſe dans le cercle de temps qu'elle parcourt, ſon attention eſt continuellement partagée entre ce ſoin important & celui de chauffer le four à propos. Le moment & la manière d'y placer le pain, demandent ce coup-d'œil & cette agilité qu'il n'eſt guère poſſible de preſcrire que par l'exemple, & que l'uſage même ne donne qu'à très-peu d'ouvriers.

Le ſéjour du pain dans le four eſt réglé ſur une infinité de circonſtances qui déterminent l'eſpèce de cuiſſon, & par conſéquent le défournement : je fais mention uniquement des plus eſſentielles, & je n'oublie pas d'avertir que la cuiſſon ne ſauroit être indiquée par tous les ſignes extérieurs auxquels on s'en rapporte le plus ordinairement. Les opérations de la Boulangerie étant achevées, je rapporte en abrégé les principaux phénomènes que le blé préfente avant & après fa converfion en pain, je termine ce Chapitre par l'expofé des manipulations particulières qu'exigent toutes les efpèces de pain ufitées dans le Royaume.

Le fixième & dernier Chapitre roule fur quelques confidérations relatives au commerce de la Boulangerie. Je fais voir d'abord l'économie que les particuliers trouveroient à acheter leur pain au lieu de le fabriquer : je hafarde enfuite quelques réflexions fur les effais, la taxe & la pefée du pain : enfin, je propofe d'établir une police parmi les Boulangers ; ces divers objets intéreffent directement le bien public, la tranquillité du Fabriquant & la perfection de l'Art ; je defire les avoir traités de manière à en faire fentir toute l'importance.

Indépendamment que le pain fait à la maifon eft prefque toujours de mauvaife qualité, & qu'il entraîne des embarras &

une perte de temps, c'eſt qu'il revient encore à un prix fort cher; quand bien même on auroit eu affaire à un Meunier adroit & fidèle. On s'éclaire journellement ſur cet objet; les Maiſons religieuſes où l'on eſt très-ſurveillant ſur tout ce qui peut intéreſſer la ſanté & l'économie, prennent maintenant le parti de renoncer à l'uſage de fabriquer le pain, pour l'acheter. Le Boulanger étant plus occupé, ſes frais de cuiſſon & de main-d'œuvre ſeront moins conſidérables, ſon pain aura plus de qualité, & il pourra le vendre à meilleur compte; car c'eſt une choſe facile à prouver, qu'il faut le concours de pluſieurs garçons pour faire ſeulement deux fournées, & que le double de travail ne coûte pas beaucoup plus en bras & en bois; il ſeroit donc très-avantageux de fixer dans toutes nos villes de province les Boulangers à un très-petit nombre.

Si toutes les méthodes de moudre, pratiquées dans le Royaume, étoient réduites à une ſeule, & que ce fût la

mouture économique ; alors il n'y auroit
plus qu'un pas à faire pour établir généralement la taxe du pain toujours en proportion du prix du blé ; il s'agiroit feulement de faire en préfence des Juges & des
Boulangers du lieu, des épreuves du produit d'un fetier de blé, en mélangeant les
farines blanches qu'on emploîroit au pain
blanc, & les dernières farines pour le pain
bis ; d'ajouter à ce produit les frais de
main-d'œuvre & le bénéfice honnête que
doit retirer le Fabriquant ; mais je le répète,
fans la mouture économique, le pain ne
pourra jamais être par - tout dans fa jufte
valeur, & il arrivera néceffairement que
dans un endroit le peuple coûrra les rifques
de le payer trop, lorfqu'ailleurs le Boulanger
fera vexé.

Ajoutons aux avantages précieux que
la mouture économique eft en état de procurer, ceux de ne donner que vingt livres
de farine bife fur cent quatre-vingts livres de
farine réfultante d'un fetier de blé pefant
deux cents quarante livres, & de pouvoir

offrir par le mélange de l'une & de l'autre, un pain plus blanc que celui qui proviendroit de la farine la plus blanche, obtenue par les moutures ordinaires : il feroit même poffible, dans un temps de difette, d'affocier avec ces farines, celle du feigle également moulue par la mouture économique, pour un tiers ou pour moitié, d'où il réfulteroit un pain auffi blanc & meilleur que celui du froment pur moulu par le moyen des moutures vicieufes.

En entretenant le Boulanger, fur les moyens de perfectionner fon Art, je ne me fuis pas diffimulé les entraves qu'il trouve quelquefois dans les ouvriers qu'il prend pour le feconder ; l'Art lui-même ne préfente pas autant de difficultés à vaincre. Les garçons Boulangers font tellement difpofés à mal faire, foit par inconduite ou par un efprit de contradiction qui les domine, que le Maître ne devroit jamais oublier d'examiner avec les yeux les plus attentifs, leurs procédés, & de les traiter précifément comme des horloges qu'il faut remonter de temps en temps, en mettant la main à l'œuvre. Cette circonstance qui m'a souvent frappé, m'a engagé en finissant, de proposer une police capable de prévenir les abus énormes qui résultent de l'indiscipline des garçons Boulangers.

Telle est la marche que j'ai suivie, & qui m'a paru indiquée par l'objet que je traite ; si avec les raisonnemens les plus à la portée des Boulangers, j'ai placé d'autres réflexions que la Physique fournit en abondance à tout Cultivateur des Arts, c'est qu'il me semble qu'en général ce langage n'est pas si éloigné qu'on le pense des hommes pour lesquels cet Écrit est particulièrement destiné, & que d'ailleurs il est le préservatif contre la propagation des erreurs populaires, qu'on ne peut rencontrer sans étonnement dans des Ouvrages très-modernes, d'un mérite reconnu. Si la Chimie eût dirigé & éclairé leurs Auteurs, ils n'auroient pas avancé sans doute que l'amidon étoit une terre, que l'argile avoit des propriétés alimentaires, que l'alkali volatil se trouvoit à nu dans la décoction fraîche des végétaux vénéneux, & tant d'autres abfurdités de cette efpèce qui peuvent refroidir la confiance du Lecteur inftruit.

J'aurois defiré pouvoir inférer dans cet Ouvrage, mes recherches & mes expériences fur les maladies des grains, & fur leurs effets dans l'économie animale; mais je vois déjà à regret qu'il eft trop volumineux & qu'il paffe les bornes que je m'étois prefcrites en le commençant : le nouveau travail que j'annonce formera la fuite de celui-ci. Je ne puis me difpenfer, avant de terminer cette introduction, d'ajouter encore quelques réflexions qui ont peut-être été faites avant moi; elles ont trop de rapport avec mon objet pour ne pas les rappeler ici.

On affure qu'il falloit autrefois quatre fetiers de blé, mefure de Paris, c'eft-à-dire, neuf cents foixante livres pour la fubfiftance d'un feul homme ; mais l'art de moudre s'étant perfectionné, ces quatre fetiers furent réduits à trois : la mouture économique ayant encore opéré une réduction; deux fetiers un quart fuffifent aujourd'hui pour produire cinq cents foixante livres de pain de toutes farines, ce qui peut nourrir l'homme le plus vigoureux pendant fon année; d'où il réfulte qu'il y a près de moitié profit, & que l'aliment eft plus fubftanciel & plus falubre, tandis que dans les provinces où la mouture économique n'eft pas établie, & où l'on ne fuit pas les bons principes de la Boulangerie, il eft peut-être néceffaire d'employer encore trois fetiers & même plus, pour obtenir un femblable réfultat. Ainfi le pain le plus cher dans fon efpèce qu'il foit poffible de fabriquer, eft le plus mauvais & le moins fubftanciel; tout le monde convient qu'un pain doux, favoureux & parfaitement levé, eft plus falutaire, nourrit & remplit davantage qu'un pain fûr, pâteux, collant & maffif.

Quelle épargne! fi l'on parvenoit à retirer de fon grain la totalité de la farine & du pain qu'il eft poffible d'en avoir :

il est constant que la défectuosité des moutures & la mauvaise fabrication du pain renchérissent davantage le prix de cet aliment, que les années pluvieuses, le dégât de la grêle & du vent, les différens accidens qui font maigrir, noircir, rouiller & germer les blés pendant & après leur végétation : ce seroit donc une richesse presque inconnue dans le Royaume, qu'une bonne Meunerie & une bonne Boulangerie, puisqu'il seroit possible de ménager un tiers des grains qu'on y emploie ; d'où s'ensuivroit l'abondance dans la circonstance où l'on croiroit n'avoir que le nécessaire, & la suffisance lorsqu'il y auroit à craindre une disette. Puisse mon Ouvrage, concourir à augmenter les lumières que Mrs Malouin & Béguillet ont déjà portées sur ces deux Arts les plus essentiels après l'Agriculture, & leur faire acquérir dans toutes nos provinces, le degré de perfection dont ils sont susceptibles !

Je ne ferai plus qu'une observation : on a droit d'espérer que dans ce siècle éclairé, où les Arts vraiment utiles, commencent à obtenir la confidération qu'ils méritent; celui dont nous nous occupons ne fera pas plus oublié. Pourquoi n'établiroit-on pas dans la capitale une école de Meunerie & de Boulangerie, dont les Élèves munis de certificats les plus authentiques, feroient diftribués dans nos villes de provinces? l'École vétérinaire a perfectionné l'Art hippiatrique; la principale nourriture de l'homme vaut bien la fanté des animaux.

TABLE
De ce qui eſt contenu dans cet Ouvrage.

*I*NTRODUCTION.................page j

CHAPITRE PREMIER.
Du Blé.

ART. Ier *De l'origine du Blé*...........1

ART. II. *De la nature du Blé*..........8

ART. III. *Des parties qui conſtituent le Blé*..15
    Du Son de Blé..............21
    De la matière glutineuſe du Blé...23
    Du Muqueux du Blé........25
    De l'Amidon du Blé.........27

ART. IV. *Des accidens qui arrivent au Blé pendant ſa végétation*........28

ART. V. *Des Maladies du Blé*........38
    Du Blé rachitique..........40
    Du Blé charbonné..........42
    Du Blé carié..............45

ART. VI. *De la conſervation du Blé*.....51
    Des effets de l'air ſur le Blé pour le conſerver................58

xlviij

  Des effets du feu pour conferver le
  Blé 71
ART. VII. *Des animaux qui attaquent le Blé.*
            81
  Des Effais tentés pour détruire le
  Charançon 85
  Manière de procéder à la deftruction
  des Charançons 96
ART. VIII. *Des Magafins à Blé* 104
ART.   IX. *Du choix du Blé* 114
ART.   X. *De l'achat du Blé* 122
ART.   XI. *Des tranfports du Blé* 130
ART. XII. *Des préparations qui doivent précéder*
  la mouture 136

CHAPITRE II.

De la Farine.

ARTICLE I. *De la Mouture* 149
ART.   II. *Des diverfes Moutures* 157
  De la Mouture à la groffe 165
  De la Mouture de Melun ou en
  Son gras 168
  De la Mouture méridionale . . . 170
  De la Mouture ruftique ou fepten-
  trionale 173
  De la Mouture à la Lyonnoife . 175
          De la

xlix

De la Mouture économique . . . 179

ART. III. De la préférence qu'on doit accorder à la Mouture économique sur toutes les autres Moutures 185

ART. IV. Des moyens propres à faire connoître la qualité des Farines 201

ART. V. Du mélange des Farines . . . 215

ART. VI. De la Conservation des Farines . 223

ART. VII. Du Commerce des Farines . . . 231

CHAPITRE III.

Du Levain.

ARTICLE I. Des effets du Levain 246

ART. II. De l'Eau considérée comme partie constituante du Pain 253

De la température où doit être l'Eau pour pétrir 264

Des proportions de l'Eau avec la Farine 268

Des précautions pour employer l'Eau. 270

ART. III. Du Fournil 273

ART. IV. De la Préparation du Levain . . 277

De la Fontaine 284

Du Levain de chef 286

d

I

Du premier Levain 287
Du second Levain 288
Du troisième Levain , ou de tout
point 289
ART. V. De l'emploi du Levain 291
Du Levain de pâte 297
De la quantité de Levain 299
ART. VI. De la manière de raccommoder les
Levains 301
ART. VII. Des Levains artificiels 313
ART. VIII. De la Levure 318
De la Levure employée comme
Levain 329
De la Levure employée avec le
Levain 332

CHAPITRE IV.

De la Pâte.

ARTICLE I. Des Ustensiles nécessaires à la pré-
paration de la Pâte 337
Du Bassin & de la Chaudière . 338
Du Pétrin 340
Des Corbeilles & des Panetons.
344
De la Couche & des Couches . 346

ART. II. *Du Sel dans la Pâte*.....348

De l'usage du Sel en Boulangerie.
352

ART. III. *Du Pétrissage*...........361

ART. IV. *Des Opérations du Pétrissage.*367

De la Délayure..........368

Observations sur la Délayure..369

De la Frase.............370

Observations sur la Frase....371

De la Contre-frase........373

Observations sur la Contre-frase.374

Du Bassinage..........375

Observations sur le Bassinage..376

Du Battement..........378

Observations sur le Battement.idem.

De la Pâte dans le Tour...381

Observations sur la Pâte dans le
Tour.................382

ART. V. *Réflexions sur le Pétrissage*..383

ART. VI. *Des différentes sortes de Pâte*..390

De la Pâte ferme........391

De la Pâte bâtarde ou demi-molle.
397

De la Pâte molle ou légère..403

ART. VII. *De l'Apprêt de la Pâte*....413

ART. VIII. *Du repos de la Pâte dans le Tour.* 423

ART. IX. *De la Pesée de la Pâte* 426

ART. X. *De la Façon de la Pâte* 434

ART. XI. *De la Pâte sur couche & en pane-tons* 443

CHAPITRE V.

De la Cuisson du Pain.

ARTICLE I. *Du Four & des Instrumens qui y sont nécessaires* 453
Du Four, des Pelles, du Fourgon & du Rouable 457
De l'Étouffoir 459
De l'Écouvillon & du Lauriot. 460
De l'Allume & du Porte-allume. 463

ART. II. *De la Construction du Four* . . . 466

ART. III. *Du Chauffage du Four* 480

ART. IV. *De l'Enfournement* 495

ART. V. *Du Séjour du Pain dans le Four.* 504

ART. VI. *Du Défournement* 510

ART. VII. *Du Pain* 515

ART. VIII. *Du choix du Pain* 538

Art. IX. *Des différentes espèces de Pain usitées dans le Royaume* 548

Du Pain d'Épeautre 556

Du Pain de Seigle 558

Du Pain de Blé méteil 564

Du Pain d'Orge 566

Du Pain de Blé de Turquie . . 568

Du Pain de Sarazin 572

Du Pain de Pommes de terre . 575

CHAPITRE VI.

De quelques Considérations relatives au Commerce du Pain.

Article I. *De l'Économie que trouveroit le particulier à acheter son Pain au lieu de le fabriquer* 586

Art. II. *Des Essais* 592

Art. III. *De la Taxe du Pain* 603

Art. IV. *De la Pesée du Pain* 613

Art. V. *De la Police des Boulangers* . 633

Fin de la Table.

Mrs TILLET & BUCQUET ayant rendu compte d'un Ouvrage intitulé : *le Parfait Boulanger*, par M. Parmentier, dans lequel il leur a paru avoir consulté avec choix & discernement les différens Auteurs qui ont travaillé sur les sujets qu'il traite dans son Ouvrage, y avoir ajouté un grand nombre de réflexions très-sages, & avoir fait à l'Art du Boulanger, une heureuse application des connoissances Physiques & Chimiques; l'Académie a jugé cet Ouvrage digne de son Approbation. En foi de quoi j'ai signé le présent Certificat. A Paris, ce vingt-trois Mars mil sept cent soixante-dix-huit. *Signé* le Marquis DE CONDORCET, *Secrétaire perpétuel.*

LE PARFAIT

LE PARFAIT
BOULANGER.

CHAPITRE PREMIER.
DU BLÉ.

ARTICLE PREMIER.

De l'origine du Blé.

LE Blé ou Froment, cette production merveilleuse, tant par son étonnante fécondité, que par l'excellence de la nourriture qu'elle procure abondamment aux Européens, est de tous les Graminés, qui couvrent la surface du globe, celui qui mérite le plus notre admiration, le travail assidu des Cultivateurs & les soins que nous prenons pour sa conservation. Aussi la Nature, en mère sage & prévoyante, a-t-elle

A

accordé à ce bon végétal une eſpèce de pré-
dilection , en le faiſant croître avec un égal
ſuccès dans des climats chauds , & dans ceux
qui ſont très-froids ; mais en même temps il
ſemble qu'elle ait exigé de nous que nous
compenſaſſions ſa bienfaiſante prodigalité à cet
égard par des précautions & des ménagemens
plus conſidérables qu'il n'en faut employer
ordinairement pour les autres comeſtibles. Or,
quoique nous ayons une foule d'ennemis à
combattre pour conſerver notre blé , que tout
paroiſſe conſpirer à ſon dépériſſement & à ſa
corruption , que les influences de l'atmoſphère
le vicient quelquefois dès en naiſſant , que
chaque ſaiſon lui faſſe éprouver de nouvelles
viciſſitudes, que différentes eſpèces d'animaux
le rongent & le dévorent ; enfin , malgré
l'avidité des rats & des inſectes dont il a les
attaques à redouter, il n'en eſt pas moins vrai
de dire , & perſonne ne pourra raiſonnable-
ment en diſconvenir , que ce grain ne ſoit
très-précieux , & que l'homme ne doive ſe
trouver amplement dédommagé de ſes ſollicitudes , lorſqu'il eſt parvenu à le mettre à
l'abri de la rapacité de ces animaux deſtructeurs,
& des influences malignes qui l'altèrent & le
détériorent.

Je ne m'attacherai pas à donner ici la description botanique du blé, & de ses espèces plus ou moins nombreuses, parce que le but essentiel de cet Ouvrage est de considérer les grains dans leur emploi pour la nourriture : ainsi, il ne sera question que de ceux dont on se sert ordinairement pour convertir en pain : car il est bon d'observer, avant d'entrer en matière, que sous le nom de blé on comprend souvent, non-seulement les semences de beaucoup d'autres plantes graminées, comme le seigle, l'orge, l'avoine, le sarrasin, &c. mais encore plusieurs semences légumineuses, telles que la vesce, les pois, les lentilles, &c. Pour éviter cette confusion, j'emploîrai la dénomination de froment, lorsqu'il pourroit y avoir quelqu'équivoque.

L'origine du froment se perd dans les annales du monde. Les premiers Historiens & les plus anciens Écrivains que nous connoissions, en font mention avec éloge. Mais ce grain a-t-il toujours été ce qu'il est maintenant, ou bien n'étoit-il d'abord qu'un simple *gramen* qu'on fouloit aux pieds sans y penser, & que l'industrie de l'homme a amené au point où nous le voyons aujourd'hui ! croît-il dans quelque coin de la terre sans culture ; enfin quelle est sa véritable patrie ! Ce n'est qu'aux hommes

A ij

de génie & à l'expérience, qu'il appartient de réfoudre de pareilles queftions ; je hafarderai feulement ici quelques réflexions à ce fujet.

Il paroît que les fentimens font bien partagés relativement à l'origine & à l'état primitif du froment. Quelques Auteurs veulent que dans la Sicile, l'île autrefois la plus fertile en blé qu'il y eût au monde, il exifte une terre qui, fans culture, depuis plufieurs années, en produit comme les nôtres portent des yebles, des chardons & des orties. Ceux qui nient l'exiftence du blé fauvage, prétendent que le froment eft le chiendent que la culture ou des accidens, dont l'hiftoire trop reculée ne fe trouve nulle part, ont affez éloigné de fa première conftitution, pour en faire l'efpèce de plante vigoureufe qu'on appelle *froment*. M. Tournefort dit même qu'on pourroit rapporter au froment toutes les fortes de chiendents qui ont les épis femblables à ce graminé, mais que l'ufage les en a féparés ; enfin M. de Buffon eft dans l'opinion que le blé étant la plante que l'homme a le plus travaillé, il l'a changée au point qu'elle n'exifte plus nulle part dans l'état naturel.

J'ignore fi quelques expériences ont confirmé ce qu'on a avancé tant de fois ; favoir, que les pluies fréquentes qui tombent dans le mois de Mai, font changer le blé en ivroie, & que l'ivroie femée dans une terre légère & pierreufe, fe convertit à fon tour en beau & bon froment. Je ne faurois mieux faire que de me ranger du côté des Phyficiens, qui regardent toutes ces tranfmutations comme fabuleufes & impoffibles, & je ne puis me perfuader que nous ayons la faculté, non-feulement de créer à notre gré de nouveaux genres, mais encore de changer des efpèces en d'autres : & fans adopter l'opinion de Leeuwenhoëck, qui croit que les femences ne font autre chofe que les plantes elles-mêmes en raccourci, développées feulement par la végétation, il me femble que chaque plante a une graine propre & déterminée, que le germe du blé eft différent de celui de l'ivroie ; & que quand on a effayé de tranfplanter le meilleur blé connu, dans un terrein maigre & aride, à deffein de le faire dégénérer, le grain qui en eft provenu, récolté fucceffivement pendant plufieurs années, s'eft trouvé être petit, chétif & léger, mais que c'étoit toujours du blé.

La plus grande partie du froment de Champagne eft barbu : quelques Laboureurs de cette province font venir, pour enfemencer leurs terres, du blé de Picardie, qui ne tarde

A iij

pas à devenir également barbu , pourvu que
dans le voifinage il fe trouve du blé du pays ,
parce que ce dernier pouffant des tiges plus
hautes , la pouffière féminale fe porte fur le
froment étranger , & lui communique le caractère
naturel aux blés de la Champagne ; car cette
efpèce de métamorphofe n'a pas lieu depuis
trente ans qu'on y féme le même froment de
Picardie , dans un terrein ifolé. Mais en fuppofant que la qualité du fol , la culture & l'expofition faffent perdre aux blés barbus leur
barbe , & la leur reftitue enfuite ; le Cultivateur
n'opère pas davantage que le Jardinier , qui ,
d'une fleur fimple , blanche , unie , parvient à
en faire une fleur double , rouge & panachée :
il ne fait qu'en varier l'efpèce , & voilà tout.

S'il falloit décrire ici les caractères principaux
du genre & des efpèces particulières du blé ;
la notice abrégée que nous pourrions en donner ,
deviendroit un article immenfe , qui ne renfermeroit encore peut-être que des conjectures ,
puifque , fi l'on s'en rapporte aux obfervations
des plus célèbres Botaniftes , le nombre des
efpèces de blé qu'on fubdivife à l'infini , monte
déjà à trois cents foixante : il eft vrai , que
dans toutes ces efpèces , il y a beaucoup de
variétés , & que l'on a peut-être compté comme

blé, ainſi que je l'ai déjà fait obſerver, non-
ſeulement tous les graminés poſſibles, mais
même les autres plantes étrangères qui croiſſent
parmi eux : l'Auteur de l'hiſtoire de l'Agriculture ancienne, aſſure dans ſes notes ſur Pline,
d'après pluſieurs expériences, qu'il n'exiſte
qu'une ſeule eſpèce de froment variée, modi-
fiée, & qu'on peut perfectionner par la culture,
le ſol & le climat.

Cependant ſi la deſcription détaillée & exacte
de tous les fromens cultivés dans les différentes
parties du globe, eſt une choſe preſque impoſſible; il faut convenir qu'un ouvrage qui
indiqueroit, d'après des expériences entrepriſes
en grand, variées, comparées & répétées avec
ſoin, quelle eſt, dans cette multitude d'eſpèce
de blé dont la Nature a enrichi le domaine
de l'homme, celle qui conviendroit le mieux au
terrein, qui ſeroit moins aſſujettie aux différentes
viciſſitudes, qui donneroit une farine plus abondante, plus belle & plus propre à faire d'excellent pain, un ouvrage, dis-je, qui traiteroit
cet objet d'une manière étendue, ſeroit ſans
contredit, bien eſſentiel à l'Agriculture, au
Commerce & à l'humanité. J'en ai déjà vu
l'eſquiſſe dans le porte-feuille d'un Savant, auſſi
diſtingué par ſes lumières, que par ſon rang

& ſes vues patriotiques. Nous l'invitons , au nom des bons Citoyens , de continuer ſon travail , & d'y mettre la dernière main.

Je ſais que cette matière importante a déjà été traitée par quelques Botaniſtes, mais d'une manière trop générale ; ils n'en ont même parlé qu'en paſſant , & ce qu'ils en ont dit n'avoit aucun rapport avec les connoiſſances pratiques des Cultivateurs. Le célèbre Manetti, ſeul , mérite à cet égard les plus grands éloges , pour être entré dans plus de détails ; ſon Traité des diverſes ſortes de grains , &c. que M. Bertrand a traduit de l'Italien , & qu'il a inſéré en entier dans l'Art du Boulanger, édition de Neufchâtel, ne ſauroit être trop répandu. Nous ne manquerons pas de le rappeler au Lecteur dans le cours de cet Ouvrage.

ARTICLE II.

De la nature du Blé.

Quoique le froment ait une ſupériorité re-connue ſur les autres farineux , tant par rapport à l'excellence du pain qu'on en prépare, que relativement à la vertu éminemment nutritive qu'il poſſède ; il a cependant été long-temps dédaigné & même oublié par ceux qui nous ont tracé l'hiftoire des végétaux dont nous nous fervons, foit comme aliment ou affaifonnement, foit en qualité de médicament. Une chofe qui paroîtra toujours étonnante aux yeux de l'homme accoutumé à penfer & à réfléchir, c'eft que nous ayons vécu des fiècles fans avoir la curiofité de chercher à connoître la nature de la fubftance qui nous nourrit. En parcourant la lifte étendue des analyfes faites fur les racines, les feuilles, les écorces, les tiges, les fleurs, les fruits & les femences appartenant à toutes fortes de plantes qui croiffent loin de nous, on ne peut qu'être étonné & même formalifé de n'y pas rencontrer celle du blé & des autres graminés qui fourniffent à prefque tous les peuples de la terre leur aliment fondamental.

Il femble que les chofes les plus fimples & les plus familières, celles que la Providence a placées fous nos yeux, & dont l'ufage nous eft continuellement indifpenfable, foient devenues, à caufe de cela même, le partage de l'indifférence & de l'ingratitude ; elles demeurent un temps infini fans confidération, jufqu'à ce qu'une circonftance particulière nous porte à les examiner, ou qu'un heureux hafard en faffe découvrir la nature ; tandis au contraire

que nos efforts, nos lumières & notre attention
fe réuniffent, s'épuifent même fur des fubftances
d'un moindre prix, parce qu'elles nous font
apportées de loin, & qu'elles ont le mérite
de naître fous un autre hémifphère : ainfi nous
avions depuis long-temps l'hiftoire naturelle de
la ferpentaire de Virginie, de l'écorce du Pérou,
de la racine du Brefil, & nous n'avions pas celle
du blé. Il n'y a guère que quarante ans environ
qu'on s'eft aperçu de cette efpèce d'oubli, &
pour le réparer, on a vu éclore tout de fuite
à ce fujet une foule d'excellens Ouvrages,
qui ont pour Auteurs des hommes de toutes
les claffes, & même des hommes d'État. Heureux le fiècle & le Gouvernement où les objets
effentiellement utiles méritent quelque confidération, & où ceux qui s'y livrent font affurés
d'être accueillis & protégés !

La connoiffance de la nature du blé, pouffée
plus loin, a donné lieu à des recherches & à
des obfervations qui nous ont éclairés fur les
bornes des reffources que nous pouvions imaginer ; c'eft par elles que nous favons que
les années sèches nuifent, par exemple, à la
quantité du blé, les années humides & froides,
à la qualité. L'eau en s'infinuant par les pores
du grain, y demeure combinée, diminue de

fa force, & lui communique la difpofition qu'il
a de germer & de s'altérer : dans les cas contraires, cette eau ne fe trouvant pas en fuffifante quantité, les parties conftituantes ne s'y
forment pas en auffi grande abondance.

La nature du blé dépend donc du concours
de beaucoup de circonftances qu'il eft quelquefois impoffible d'empêcher & de prévoir,
mais qu'il n'eft pas moins très - effentiel de
connoître. Pline, cet homme fublime, à qui rien
ne paroît avoir échappé, prétend que dans la
Sicile, il y a des fromens extrêmement pefans,
qui ne rendent prefque point de fon ; que
cela dépend moins du climat & du fol, que
de la nature de la femence ; cependant on ne
peut difconvenir non plus, que le blé des
contrées méridionales, fera toujours fupérieur
en qualité & en produit à celui du Nord, &
que les blés d'Italie cultivés dans une forte
terre, fur des hauteurs, dans de belles plaines
découvertes & récoltés en temps fec, vaudront
mieux que celui de notre pays, à terrein &
culture égale, car le climat feul ne donne pas
le degré de perfection & de bonté à toutes
les productions de la terre ; le fol y eft encore
très-néceffaire. Chacune de nos Provinces
fournit des blés abondamment ; mais quelle

différence de l'un à l'autre, pour la valeur du grain, la quantité & l'efpèce de farine qu'on en obtient!

Le blé, avant de parvenir à fa maturité, eft fenfiblement fucré, il préfente dans fon intérieur une fubftance d'un blanc laiteux, qui n'eft autre chofe que la matière farineufe fufpendue dans un liquide vifqueux & muqueux; à mefure que la végétation fait des progrès, cet état fucré, glutineux & vifqueux difparoît en partie, parce que l'humidité fe combine & s'évapore : or, l'intenfité de cette évaporation, fa durée, fa facilité, étant fujettes à des variations, font varier la nature de cette fubftance glutineufe, muqueufe & farineufe, puifqu'elle doit fa première combinaifon à la préfence de l'eau, & fa perfection à l'évaporation.

Si l'on m'objectoit ici que la connoiffance de la nature & des propriétés du froment eft abfolument inutile au Boulanger, & que l'on répétât, d'après quelques Modernes qui ont écrit fur une matière qu'ils n'entendoient ab-folument pas, qu'il importe fort peu que l'on fache de combien de parties le blé eft com-pofé, quelle eft celle où réfide fpécialement la faculté nutritive ; puifque, comme je l'ai déjà avancé & prouvé, elles font toutes plus

ou moins alimentaires , je répondrois d'abord
que rien n'eſt inutile à l'homme qui cherche à
perfectionner ſon art ; enſuite , que ſi cette
connoiſſance qu'on regarde comme ſuperflue ,
parce qu'on n'en devine , ni l'avantage , ni la
bonté , eût été parfaitement établie , on n'auroit
peut-être pas été expoſé dans des temps malheureux à cette alternative cruelle , ou de faire uſage
de blés gâtés , ou bien de les jeter , & d'occaſionner par-là des pertes & des diſettes , faute d'avoir
ſu en tirer un parti avantageux : je répondrois
que le principe alimentaire des farineux ſe
trouvant dans une infinité de végétaux , ſouvent
aſſociés avec des matières pernicieuſes , on
auroit pu l'en ſéparer , & obtenir une nouvelle
reſſource , en imitant les Américains , qui ont
enlevé le poiſon du manioc. Je répondrois ,
que ſi la nature du blé eût été déterminée &
approfondie , on n'auroit pas laiſſé dans le ſon
cette portion ſi eſſentielle à la fermentation panaire , & rejeté dans le pain bis & groſſier ,
ce qui conſtitue aujourd'hui le pain le plus
blanc , le plus ſavoureux & le plus ſubſtanciel ;
on n'auroit pas donné des Ordonnances qui
défenſoient expreſſément de remoudre le ſon ,
& d'introduire dans l'économie animale les
gruaux : diſconviendra-t-on que la plus belle

farine qu'on retire du blé, celle qui boit beaucoup d'eau & fournit une grande quantité de
pain, ne vienne précisément des gruaux. Je
répondrois enfin, qu'il n'y a que le Meunier,
inſtruit ſur la nature du blé, qui retirera conſtamment de belle farine d'un grain imparfait,
& le Boulanger également inſtruit, qui pourra
faire avec la farine de ce grain, un pain bien
fabriqué dans toutes les ſaiſons. Ceux qui s'occupent des moyens de perfectionner la mouture,
ne ſauroient y parvenir ſans être bien au fait
des propriétés des différentes parties conſtituantes du grain. Car il eſt de toute impoſſibilité de procéder avec méthode & comme il
convient, à la diviſion d'une matière quelconque dont on ignore la compoſition.

Quoique la pulvériſation & la mouture ſoient
des opérations ſimples en apparence, & qu'elles
n'aient, ni l'une, ni l'autre, la faculté de décompoſer les corps qu'on y ſoumet, il s'en
faut bien qu'elles ſoient ſans inconvénient,
puiſque les diverſes poudres qui en réſultent
ne ſont pas non-ſeulement reſſemblantes entre
elles, mais encore au corps lui-même en
ſubſtance : c'eſt ce que l'art du Pharmacien
confirme tous les jours : tantôt il rejette la
première pulvériſation, comme étant la plus

ligneufe & la moins néceffaire : tantôt il conferve
la dernière, comme celle qui eft la plus réfi-
neufe & la plus efficace ; mais il eft inutile
d'accumuler ici d'autres exemples, pour prouver
la néceffité de connoître, autant qu'il eft en
nous, chacune des parties conftituantes des
grains, leurs propriétés fpécifiques, & combien
il importe de favoir à quel degré & comment
elles font nutritives : il n'eft donc pas indifférent
de connoître la nature des blés, puifque l'art
de les conferver, de corriger leurs mauvaifes
qualités, de les affortir avantageufement, de
les bien moudre, & d'en préparer un excellent
aliment, dépend fouvent de cette connoiffance.

Article III.

Des Parties qui conftituent le Blé.

La compofition des corps confidérés chi-
miquement, a toujours été obfcurcie par ceux
même qui ont cherché à y pénétrer : avant
cette diftinction établie entre les mixtes, les
agrégés, les furcompofés, il n'étoit queftion
que de mercure, de foufre, de fel, de flegme
& de terre : toutes expreffions métaphoriques
dont les Anciens fe fervoient pour rendre plus

fenfible l'idée qu'ils avoient des principes des corps & de leurs attributs : bornés long-temps à un feul moyen de les examiner, ils ne fe font pas aperçus que ce moyen étant deftructeur, ils décompofoient précifément ce qu'ils avoient intention d'extraire ; en forte, qu'au lieu de féparer des corps leurs parties conftituantes, & de fe les repréfenter telles qu'elles y exiftoient, ils n'obtenoient que les produits de la décompofition de ces parties conftituantes, fans s'occuper à reconnoître dans leurs réfultats, les veftiges des corps qu'ils analyfoient; beaucoup de Modernes abufant comme eux du mot *principe :* ils l'ont employé également pour défigner les produits de leurs opérations, ce qui a confidérablement retardé les progrès de cette branche effentielle de la Phyfique.

Les Chimiftes d'aujourd'hui, plus éclairés par la Phyfique que n'étoient les Anciens, ayant infenfiblement remarqué combien cette méthode d'examiner les corps pour recueillir leurs principes les plus prochains, étoit infidèle & défectueufe, fe font ouvert une infinité de voies différentes, pour arriver avec plus de certitude, à la connoiffance de la compofition des corps : plufieurs d'entre eux, perfuadés d'après l'expérience que l'analyfe à feu nu

apportoit

apportoit des changemens notables dans les
fubſtances qui la fubiſſoient, ont comparé les
effets de la diſtillation par la cornue, à ceux de
la fermentation : les produits en ſont preſque
tous ſemblables ; une ſubſtance douce alimen‑
taire, une ſubſtance âcre & vénéneuſe, offrent
abſolument les mêmes phénomènes. Ainſi la
méthode de décompoſer les corps par le feu
immédiat, eſt abandonnée, parce que rarement
peut-elle ſervir de moyen d'analogie, & ſi l'on
y a encore recours quelquefois, ce n'eſt plus
que comme à une vieille routine reſpectable par
ſon antiquité, & non pour ſa valeur.

Que d'expériences, il eſt vrai, à tenter, de
recherches à faire, de phénomènes à expliquer,
& de difficultés à vaincre ! avant que nous
poſſédions quelque choſe de clair & d'exact
ſur la nature & les propriétés des parties
conſtituantes des corps, & que l'analyſe nous
les préſente dans l'état de pureté & de ſim‑
plicité où ils doivent être ; il faut eſpérer qu'à
force d'étudier la Nature ſous tous ſes aſpects,
nous aurons peut‑être l'avantage de ſavoir
comment elle s'y prend pour opérer ces com‑
binaiſons, & que nous parviendrons un jour
à les imiter en partie.

Lorſqu'enfin on a ſongé à examiner le blé,

B

la diftillation à feu nu , a été d'abord le premier moyen dont on s'eft fervi pour déterminer la nature de fes parties conftituantes : on a voulu enfuite s'affurer de la valeur alimentaire de ce grain en le traitant avec l'eau , & le produit extractif qui en eft réfulté , a été regardé comme la totalité de la matière nutritive qui s'y trouvoit contenue. L'extrait eft bien le compofé le plus effentiel de tout ce qui concourt à la formation des corps ; mais la méthode de l'en féparer fans altération , ne paroît pas une chofe très-aifée , du moins jufqu'à préfent.

Faire bouillir un végétal dans l'eau , à deffein d'en extraire tout ce qu'il poffède de foluble , ou bien le renfermer dans un vaiffeau diftillatoire , pour féparer à la dernière violence du feu les principes qui le conftituent , c'eft opérer des dé-compofitions & des recompofitions par deux voies différentes : dans le premier cas il eft vrai , on conferve au végétal fa texture & fa forme naturelle , en lui enlevant à plufieurs reprifes ce qu'il contient d'actif , & le réduifant à l'état de fquélette fibreux ; mais quelle eft la vraie matière que l'eau a enlevée ; cette matière a-t-elle quelque rapport avec l'état où elle fe trouvoit , ou plutôt avant d'avoir été extraite ?

On a mis , par exemple , une livre de blé

dans l'eau, on en a fait plufieurs décoctions, qui, réunies en une feule, & rapprochées par une douce évaporation en confiftance de miel, pefoient cinq onces, on en a conclu que ce grain contenoit près d'un tiers de fon poids de matière nutritive, fans faire attention que le blé, après avoir bouilli long-temps dans l'eau, étoit pour ainfi dire, dans fon état d'intégrité, ayant acquis du volume, & fe trouvant encore rempli d'une matière véritablement muqueufe, que la chaleur avoit combinée au point d'en former une fubftance prefque infoluble ; c'eft à peu-près comme fi l'eau dans laquelle on cuit les pois, les fèves, les lentilles, étant évaporée jufqu'à confiftance d'extrait, cet extrait étoit confidéré comme le principe alimentaire de ces femences légumineufes, tandis qu'il ne contiendroit réellement en partie que les principes de leurs écorces. D'après un pareil raifonnement, je pourrois indiquer les moyens d'obtenir d'une livre de blé, deux fois fon poids d'extrait, s'enfuivroit-il que la livre de ce grain renfermeroit trente-deux onces de fubftance alimentaire ? On verra dans mon Mémoire fur la nature & les propriétés de l'amidon, que j'ai pris une toute autre route, pour féparer les parties conftituantes du blé, & les examiner chacune féparément.

B ij

En examinant à la simple vue l'intérieur d'un grain de blé, il préfente une matière blanche & farineufe qui paroît homogène ; mais dès qu'on le foumet au microfcope fous différens états, coupé tranfverfalement, longitudinalement, enfin écrafé groffièrement, on y diftingue d'une manière affez fenfible, les différentes parties conftituantes, par la place que chacune occupe dans le grain. L'écorce qui forme plufieurs couchés ou membranes, s'aperçoit d'abord, on obferve enfuite une matière jaunâtre, tranfparente, fituée immédiatement fous cette écorce, qui fe prolonge jufqu'au centre du grain, & forme des cellules à peu-près comme la pellicule d'une grenade ; après cette matière jaunâtre, il paroît une maffe blanche rempli de points brillans & criftallins : l'expérience prouvera enfuite de quelle nature font ces différentes fubftances.

Le blé qu'on regardoit autrefois comme un être fimple, eft donc de tous les grains qui fervent à notre nourriture, celui qui contient un plus grand nombre de fubftances, ce qui lui donne la fupériorité qu'il a fur les autres farineux employés à la fabrication du pain ; en forte que maintenant il eft poffible de le définir, indépendamment du germe, un

compofé d'écorce ou de fon , de matière glutineufe, de muqueux fucré & d'amidon. Cette
définition du froment adoptée par quelques
Auteurs , n'eft ni vague ni ftérile, j'ai cherché
à l'établir fur des faits , & après m'être affuré
de la place que chacune de ces parties occupoit dans le grain, je les en ai féparées par l'a-
nalyfe à froid, c'eft-à-dire, au moyen de l'eau
& du travail de l'Amidonier , afin de déterminer
leur proportion refpective; & pour préfenter ,
autant qu'il étoit poffible , le complément de
la démonftration, je les ai réunies , & j'en ai
formé un pain comparable en quelque forte
à un autre pain fait tout fimplement de farine
ordinaire : mais bornons-nous à montrer ici
quelques-unes des propriétés princ'pales des
quatre parties dont eft compofé le froment.

Du Son de Blé.

L'écorce du blé eft ligneufe , deftinée par la
Nature, comme dans toutes les autres femences,
à mettre à l'abri des influences de l'atmofphère
la partie effentielle qu'elle renferme ; fon tiffu
eft ferré, compacte, fibreux, & par conféquent
très-éloigné de pouvoir faire partie de nos alimens; auffi depuis qu'il s'agit d'écrafer le blé
fous des meules, ne s'eft-on appliqué qu'à

féparer par des tamis ou bluteaux, cette écorce, dont la plus petite portion nuit à la blancheur, à la légèreté & au goût agréable du pain, ce qui eft caufe que dans plufieurs de nos Ordonnances réglémentaires, on a tellement cherché à l'avilir, qu'on l'a traité comme une matière indigne d'entrer dans le corps humain ; mais il femble que dans cette profcription, on n'ait eu en vue que la quantité du fon. On verra dans le Mémoire fur le pain des troupes, fes avantages & fes inconvéniens, fuivant fes proportions ; à quelle dofe il peut préjudicier, & à quelle autre il peut devenir utile. Enfin, je donnerai l'examen que j'ai fait de cette écorce confidérée fous toutes fes faces.

Le fon de froment ne reffemble pas plus au fon de feigle, d'orge & d'avoine, que les farines de ces graminés entre elles ; l'eau en fépare la moitié de fon poids, tant de farine, que de matière extractive : abandonné à l'air chaud dans un état humide, il paffe aifément à la putréfaction ; & diftillé à la cornue, il fournit de l'acide, de l'huile, de l'alkali volatil & un charbon très-abondant.

Quelque dépouillé que le fon foit de farine, il en contient cependant encore fuffifamment pour blanchir l'eau dans laquelle on le frotte un moment avec les mains, cette eau blanche, si connue dans la médecine Vétérinaire, ne doit ses propriétés nutritives qu'à la farine, & non au son, qui, réduit à l'état d'écorce, n'est nullement alimentaire.

De la matière Glutineuse du Blé.

La seconde partie constituante du blé est la matière glutineuse, dont l'existence a été soupçonnée long-temps par les Physiciens, & même par les Artistes avant qu'on n'en connût la nature : elle n'a cependant été découverte que vers le milieu de ce siècle, par le célèbre Beccari Médecin, de l'Institut de Bologne : c'est même à cette découverte que nous avons l'obligation des premiers pas qu'on a faits dans la connoissance physique des farines : cette substance glutineuse se trouve privativement dans le blé, & il n'existe ailleurs que les matériaux propres à en former ; aussi son absence dans le seigle, l'orge & l'avoine, sera-t-elle toujours un obstacle puissant à ce qu'on puisse jamais faire avec ces graminés, un pain aussi parfait que celui du froment.

La substance glutineuse, en s'emparant de l'eau avec avidité, acquiert de la mollesse, de la flexibilité, de la ténacité & de l'élasticité, ce qui lui fait jouer le plus grand rôle dans la fabrication du pain à l'excellence duquel elle concourt davantage qu'à fa vertu alimentaire : elle fe diffout dans l'eau froide par le frottement, & plus aifément dans le vinaigre ; mais les acides minéraux ne paroiffent pas l'attaquer : elle fe putréfie rapidement à l'air chaud, & paffe à l'aigre au contraire quand il fait froid ; elle donne par l'analyfe à feu nu, des produits femblables à ceux d'une fubftance animale, beaucoup d'huile & d'alkali volatil, très-peu de réfidu.

La fubftance glutineufe eft la matière la plus dure du grain ; elle fe broie difficilement, environne la partie farineufe, devient pour elle un abri contre l'action de certains corps extérieurs, & rend le blé capable de réfifter long-temps aux efforts de la trompe des infectes & de la piqûre des vers. Enfin, d'après les expériences que j'ai faites fur cette fubftance, & les différens phénomènes qu'elle a préfentés, étant traitée avec les diffolvans aqueux, fpiritueux, huileux & acides ; j'ai cru qu'on pouvoit la regarder comme une efpèce de gomme-réfine particulière, fur laquelle nous reviendrons fouvent, parce que fes effets dans la panification doivent en rendre la connoiffance indifpenfable au Boulanger intelligent, qui ne parviendra jamais à faire conſtamment du bon pain , s'il n'eſt inſtruit de la plupart des propriétés qui caractériſent la ſubſtance glutineuſe.

Du Muqueux du Blé.

La dénomination que je donne ici à la troiſième partie conſtituante du blé , a ſervi long-temps aux Chimiſtes pour diſtinguer la ſubſtance farineuſe du blé & des autres graines, diſſoute & extraite par le moyen de l'eau & du feu. Le corps muqueux ſignifioit encore les gelées qu'on retire des fruits, les gommes qui découlent des arbres, le ſuc qui exude des feuilles, le mucilage qu'on ſépare des ſemences, la matière ſirupeuſe qu'on obtient par expreſſion des tiges, des fleurs & des racines des plantes : mais depuis le travail de Beccari, on s'eſt aperçu que les différens principes contenus dans le froment n'étoient pas aſſez caractériſés par le nom générique de *corps muqueux*, puiſque la ſubſtance glutineuſe qui eſt une des parties conſtituantes de ce grain , poſsède des pro- priétés abſolument diſtinctes de l'amidon , & que d'après les expériences multipliées que j'ai faites ſur cet objet, il eſt prouvé que l'amidon lui-même n'eſt pas le corps muqueux proprement dit , & qu'il n'a avec lui que des rapports éloignés.

Le muqueux du blé & des autres graminés, eft confondu & enveloppé d'une matière extractive, dont il n'eft pas aifé de le dépouiller entièrement ; fa faveur eft fucrée, il attire l'humidité de l'air , poiffe les mains , fe diffout aifément dans l'eau froide qu'il colore, & dans les liqueurs fpiritueufes ; foumis à la diftillation , il donne beaucoup de phlegme & d'acide, peu d'huile & d'alkali volatil qui eft dû à cette matière extractive.

Le muqueux fucré fe trouve diftribué dans toutes les parties de la fructification des plantes qui font nutritives : la Nature lui a accordé le privilége exclufif de fournir de l'efprit ardent par la fermentation & la diftillation. Ce muqueux , dans les graminés , devient infiniment plus fenfible par la germination , & c'eft le moyen qu'on emploie ordinairement lorfqu'il s'agit de préparer des boiffons fpiritueufes : le blé femble être le graminé qui en contienne une plus grande quantité , du moins fuivant les expériences de M. de Jufti : le feigle , l'orge & l'avoine, ne font pas auffi abondans en matière fucrée que le froment.

De l'Amidon du Blé.

L'amidon eſt la partie la plus eſſentielle & la plus abondante du blé : il conſtitue l'état blanc, ſec & brillant de ce grain, ainſi que ſa peſanteur, & la diſpoſition qu'il a de ſe convertir en poudre fine, par l'action du pilon ou des meules ; c'eſt une matière vraiment ſingulière, qui préſente des phénomènes ſurprenans ; enfin, ſans l'amidon, il n'eſt pas poſſible de faire du pain, de la bouillie & de l'empois.

L'aliment naturel de l'homme, celui qui paroît le plus analogue à ſa conſtitution, eſt farineux, & l'on ne peut diſconvenir que cet état farineux ne ſoit dû entièrement à l'amidon, qui eſt doué de la plus grande faculté nutritive. Cette ſubſtance n'eſt pas un produit de l'art, comme on l'a cru pendant long-temps ; la Nature l'a répandu abondamment dans une infinité d'autres végétaux que les graminés, & toutes les parties de la fructification le préſentent plus ou moins pur. Les Mémoires que j'ai lûs à l'Académie ſur cet objet, font connoître les reſſources avantageuſes que l'on pourroit retirer de l'amidon pour la nourriture, dans une circonſtance néceſſiteuſe.

L'amidon a le toucher froid, & un cri qui

lui eſt particulier : il n'attire pas l'humidité de l'air, il y demeure au contraire un temps infini ſans s'altérer & ſe détruire : il eſt inſoluble à froid dans tous les véhicules ; mais aidé de la chaleur, il leur fait prendre la conſiſtance & l'état gélatineux : il donne à la cornue beau-coup d'acide, peu d'huile, & aucune trace d'alkali volatil ; ſon réſidu étant converti en cendres, fournit de l'alkali fixe.

Telle eſt l'idée très-ſuccincte que je crois devoir donner ici, de la nature & des propriétés des quatre parties conſtituantes du blé, dont l'état & la proportion varient en raiſon de la ſemence, de la culture, du ſol, du climat & des ſaiſons ; auſſi dès qu'une de ces circonſtances ſuſpend & fait languir la végétation, ces parties conſtituantes n'ont plus un degré égal de valeur & de bonté ; ſouvent même il arrive qu'elles ſont tellement viciées dans leur formation, qu'elles ne conſervent plus aucun des caractères primitifs qui leur appartiennent eſſentiellement, ainſi que nous l'allons voir dans les articles qui ſuivent.

ARTICLE IV.

Des accidens qui arrivent au Blé pendant ſa végétation.

Les végétaux ne ſont pas plus exempts que

les animaux des accidens & des maladies capables de déranger ou même de détruire leur
organifation. Les accidens qui furviennent aux
premiers dès qu'ils fe déveioppent, pendant
qu'ils croiffent, & jufqu'à ce qu'ils foient
parvenus à une parfaite maturité, font infinis
& femblent dépendre autant de la terre qui les
renferme, que de l'abondance & de l'efpèce
de fluide qui y circule ; de l'attaque des
infectes, des intempéries de l'air, & de beaucoup d'autres circonftances auxquelles il n'eft
pas toujours en notre pouvoir de le dérober. La
nature intérieure des femences ou des racines,
peut être altérée par un vice de conftitution,
par des matières pernicieufes qui adhèrent à
leur furface, & par l'humidité qui s'y infinue ;
comme on voit la fanté des animaux dépravée
par un défaut de conformation, par des matières
contagieufes, par l'excès ou la mauvaife qualité
des alimens ; enfin, par une foule d'ennemis
qui les environnent de toutes parts, & les menacent fans ceffe.

Si l'on s'en rapporte aux propos des Cultivateurs, & même de quelques Écrivains modernes, ce font toujours les brouillards, les
rofées, les pluies & le foleil qui occafionnent
les malheurs qu'on effuie dans les moiffons ;

en forte que d'après une pareille opinion, les reffources de l'art & tous les efforts humains feroient vainement tentés pour s'en garantir, ce qui fait que ces bonnes gens, perfuadés que le mal eft irréparable, & qu'il eft impoffible de lui oppofer aucune barrière, s'abandonnent à la douleur & au défefpoir, tandis que dans d'autres évènemens également fâcheux, ils cherchent du moins des moyens de les éviter. La fuperftition, les préjugés, l'habitude, ont tant d'empire fur les païfans, qu'ils voient toujours dans les chofes les plus fimples & les plus naturelles, du merveilleux & de l'extra-ordinaire : eft-on parvenu encore à leur faire entendre, par exemple, que la rofée eft une éva-poration des végétaux ou de la terre échauffée par l'action du foleil, & qui enfuite fe condenfe fur les plantes ! tout vient de l'atmofphère, fui-vant eux, & les différens accidens qui arrivent à leur champ ou à leur verger, font fans ceffe attribués à la nielle : ce mot eft même tellement fignificatif, qu'on pourroit demander chaque année, aux habitans de la campagne ; *qu'a fait la nielle cette fois-ci !*

Il n'y a perfonne qui méconnoiffe l'influence des météores ignés & aqueux fur la végétation : on convient encore que la température de chaque

saiſon, peut concourir au ſuccès de l'Agriculture ; les Recueils des Compagnies ſavantes ,
le Traité de M. Tagioni ; les Diſſertations
étendues auxquelles la Société royale de Mont-
pellier a décerné le Prix & *l'acceſſit* de 1774,
ſur cette queſtion importante, fourniſſent tous
aſſez de faits qui prouvent que la conſtitution
de l'air , la chaleur , le froid, l'humidité , la
diſtribution des pluies en certaines circonſtances,
en certains mois , la force, la direction & la durée
des vents , augmentent, diminuent, vicient ou
anéantiſſent le produit de nos récoltes ; mais
combien de fois n'a-t-on pas accuſé injuſtement l'atmoſphère d'en être cauſe, en cherchant bien loin ce qui étoit près de ſoi, pour
expliquer les différens phénomènes que préſentent ſi ſouvent, aux yeux de l'Obſervateur
attentif , les ſemailles & les plantations ; la
germination , la floraiſon & la maturité des
fruits !

On ſait que ſi pendant la floraiſon, il tombe
des pluies abondantes accompagnées de vents
& d'orages, toutes les pouſſières des étamines
ſont délayées, enlevées, & le blé qui n'a pas
été fécondé, demeure petit & vide : on ſait
que quand les blés ſont encore verds , s'il
ſurvient tout-à-coup de grandes chaleurs , la

tige au lieu de groſſir, ſe deſſèche, les grains mûriſſent trop promptement, ils n'ont pas le temps par conſéquent de ſe remplir ſuffiſamment de farine : on ſait que la grêle peut occaſionner des dommages aux grains en hachant les épis, & produiſant dans la pièce où elle ſe répand un froid glacial, qui ſuſpend la végétation pour laquelle il faut une chaleur douce & continue : on ſait que les vents impétueux faiſant verſer le blé, la tige plus ou moins ployée, ſouffre une eſpèce d'étranglement, la ſève interrompue dans ſon cours ne monte plus juſque dans l'épi, & le grain, s'il n'eſt pas encore bien avancé, prend peu de nourriture, reſte petit & maigre.

Tous ces grains ordinairement menus, chétifs & ridés, ont chacun des ſignes qui décèlent l'eſpèce d'accident arrivé à leur végétation : ils portent différens noms dans le commerce, on les appelle *blés échaudés*, *blés retraits*, *blés coulés*, *blés ſtériles* & *blés verſés* : Enfin, on ſait encore qu'une pluie froide & continuelle, pénétrant juſque dans la texture du grain encore mou, ſe combine avec les parties conſtituantes, leur fait occuper plus de volume, d'où il réſulte un blé renflé aſſez gros, mais léger, à cauſe de l'abondance de ſon écorce, & dont la farine

qui

qui boit peu d'eau au pétriffage, n'eft prefque point de garde; fouvent même, lorfque cette pluie dure plus long-temps, les blés germent dans l'épi, & la perte alors eft beaucoup plus confidérable. Il eft donc certain que dans le peu que nous venons d'expofer, on reconnoît manifeftement l'influence de l'atmofphère; mais que certains brouillards du printemps produifent auffi vifiblement qu'on le prétend, cet accident qui furvient en un clin d'œil au blé, avant & après la formation de l'épi, accident que les Anciens ont connu & défigné fous le nom de *rubigo*, la rouille, c'eft ce qui paroît bien difficile à concevoir.

Sans vouloir examiner ici s'il peut y avoir dans l'air une vapeur qui, en fe condenfant à la furface des plantes, acquierre, comme l'on dit, la confiftance d'une huile qui les brûle ; je ferai remarquer en paffant, que la rouille, ou plus communément la nielle, attaque prefque toujours les plus beaux fromens, à l'inftant précifément où ils font dans une vigoureufe végétation : tant que la rouille ne fe montre que fur les feuilles, elle ne fait pas grand tort à la plante, mais lorfqu'elle fe communique au tuyau, & que l'épi eft à peine hors du fourreau, fi le foleil vient enfuite à paroître, le blé fur

lequel il dardera ſes rayons, ſe trouvera preſque
réduit à rien, & s'il approchoit de la maturité,
il contiendra de la farine en proportion : ſi au
lieu du ſoleil, il arrive une roſée, de la pluie,
ou qu'il faſſe du vent ; alors les germes de la
rouille ſont détruits & le grain eſt ſauvé.

Ne paroîtroit-il pas plus conforme à la ſaine
Phyſique & à l'obſervation, d'attribuer l'accident dont nous venons de parler, à une ſurabondance de ſuc nourricier qui réſulte d'une
végétation trop vigoureuſe, plutôt qu'aux
brouillards qui n'y ont aucune part directe ? Dans
les mois de Mai & de Juin, il règne quelquefois une humidité qui briſe le tiſſu des feuilles
& des tuyaux, donne occaſion à l'épanche-
ment d'une liqueur ſucrée & mucilagineuſe,
qu'on appelle *le miellat ;* cette liqueur, par ſon
épaiſſeur & ſa ténacité, adhère à la ſurface des
feuilles & des tuyaux, bouche les pores de la
plante, intercepte & arrête la tranſpiration ;
en ſorte que, ſi le ſoleil paroît enſuite, la chaleur
de cet aſtre enlève la partie la plus fluide de la
liqueur qui ſe deſsèche ; l'air après cela agit
deſſus, lui fait éprouver un léger mouvement
de fermentation, la colore & la change en une
pouſſière rougeâtre couleur de rouille : la paille
devient caſſante, noire & mouchetée ; mais ſi

au contraire il pleut avant l'apparition du foleil,
les feuilles & les tuyaux enduits & recouverts,
pour ainfi dire, d'un vernis muqueux, fe trouvant lavés & le fuc féveux exudé, étant délayé, diffous & entraîné par l'eau, ne produit
pas un mal auffi confidérable qu'on l'avoit
d'abord appréhendé : ainfi, les dégâts qu'occafionne la rouille font plus ou moins dangereux, felon que les grains font plus ou moins
avancés.

Comme l'accident de la rouille arrive affez
ordinairement par un temps calme, on a imaginé, pour le prévenir, d'agiter le blé, en ten-
dant au‑deffus des cordages, pour empêcher
les brouillards prétendus d'y dépofer ce qui
forme la rouille ; fans doute que par le moyen
de cette agitation, on détermine la liqueur
extravafée à s'étendre & à couler ; il eft d'ailleurs
démontré que les fecouffes imprimées aux
plantes par l'action des vents, leur font quelquefois très-néceffaires : elles facilitent la circu-
lation de la fève, & font, fuivant la remarque
de M. Toaldo, à l'égard des végétaux, ce qu'eft
l'exercice pour les animaux.

Ce n'eft pas toujours l'inconftance des faifons qui trompe l'efpoir du Cultivateur ; la
nature du grain dont il fe fert pour la femence,

& les précautions qu'il y emploie , influent souvent autant que l'atmofphère , le terrein & le climat, fur la qualité & le produit de fa moiffon : auffi les Auteurs des meilleurs Traités d'Agriculture & d'Économie rurale, pénétrés de cette vérité , recommandent-ils d'apporter les plus grands foins au choix des grains que l'on doit enfemencer, & de leur faire fubir une préparation préliminaire avant de les confier à la terre : cette préparation s'appelle le *chaulage*, parce que la chaux en fait la bafe.

On compofe le chaulage de différentes manières, felon les pays ; dans les uns, ce font des fientes d'animaux de plufieurs efpèces, & des cendres de différentes plantes qu'on laiffe infufer enfemble pendant huit jours dans un tonneau rempli d'eau , on ajoute à la liqueur qui en réfulte, un couple de livres de chaux par feau, & on y trempe enfuite les grains ; dans d'autres, c'eft la faumure où l'on fait macérer les femences que l'on recouvre enfuite de chaux ou de coquillages : enfin, l'eau de mare ou de fumier eft fubftituée chez beaucoup de peuples, aux deux autres préparations, & je penfe que c'eft la meilleure qu'on puiffe donner aux femences , parce qu'elle contient des matières extractives végétales & animales en diffolution ,

auxquelles la chaux donne encore plus de corps
& d'activité, en les rendant plus tenaces, plus
vifqueufes, plus fufceptibles par ce moyen,
d'adhérer à la furface des grains, d'y entretenir
une certaine humidité, & de leur fervir comme
d'engrais, d'où il réfulte que la femence germe
plus vîte & plus aifément, devient plus féconde,
& réfifte davantage à la gelée, aux pluies,
aux autres influences de l'air. Mais je prie qu'on
me pardonne ces détails étrangers au Boulanger ;
le Laboureur peut-il être oublié dans un Ouvrage où il s'agit de blé !

Quelque avantageufe que foit l'immerfion du
blé dans une eau de fumier & de leffive, je
fuis fort éloigné de penfer qu'elle puiffe jamais
garantir le grain une fois développé, des accidens qui lui furviennent pendant qu'il croît,
& jufqu'à ce qu'il foit récolté : eft-il donc
poffible d'empêcher les effets de la grêle, de
la pluie, de la féchereffe, &c ? Or, comme un
homme vigoureux, bien conftitué & très-fain,
n'eft pas auffi fufceptible des viciffitudes de
l'atmofphère que celui qui eft né foible & délicat, il en eft de même des végétaux, le chaulage met le grain en état de produire une
plante forte qui réfifte mieux aux intempéries
de l'air ; mais je viens aux maladies proprement

dites du blé, qu'il est bien essentiel de distinguer des accidens, puisque dans ce dernier cas,
le grain conserve encore sa forme extérieure,
sa couleur, & qu'il n'est pas moins propre à la
nutrition & à la production, tandis que dans
l'autre, il est défiguré & incapable de nourrir
& de germer.

Article V.
Des Maladies du Blé.

On a vu régner pendant long-temps, parmi
les Auteurs, beaucoup de confusion relativement à la dénomination des maladies des grains,
quoiqu'elles eussent chacune des symptômes
particuliers, qui auroient dû servir à établir
plutôt entr'elles une distinction caractéristique;
& si nous possédons maintenant l'avantage
d'avoir des idées claires, exactes & précises à
ce sujet, nous les devons aux expériences &
aux observations de Mrs Duhamel & Tillet,
qui ont débrouillé le cahos, en nous présentant
dans un ordre facile à être saisi, & dans des
termes expressifs, les diverses maladies qui affectent les grains, à l'instant même où ils germent. Les excellens Ouvrages qu'ils ont publiés
pour disposer la terre par les labours, l'enrichir
par les engrais, préparer les semences, protéger

les récoltes & conferver les productions, font devenues, malgré le filence profond de quelques Auteurs qui les ont copiés, la fource de tous les développemens que l'on a vu paroître en ce genre ; le premier de ces Académiciens célèbres a confacré le troifième livre de fes Élémens d'Agriculture, à l'examen des Maladies des grains ; le fecond a paffé une partie de fa vie à en découvrir la nature & l'origine, ainfi que les remèdes qu'on devoit y apporter pour les prévenir : un État eft bien riche quand il peut compter un grand nombre d'hommes d'un mérite auffi rare !

Les maladies principales qui attaquent le froment dès qu'il fe développe, & jufqu'à ce qu'il foit parfaitement mûr, font de trois efpèces, le *rachitifme*, le *charbon* & la *carie*, tels font les noms fous lefquels on les connoît maintenant : il ne s'agit pas, comme dans les accidens dont nous venons de parler, d'une fimple altération de la paille, de la maigreur des épis, de la petiteffe des grains, de la diminution de la farine, de l'abondance du fon & de la germination du blé : c'eft une monftruofité particulière qui annonce la perte du blé avant fa formation ; c'eft un épi qui n'eft compofé que d'une pouffière noire & fèche fur laquelle on diroit que le feu

a agi : enfin, c'eſt un grain qui conſerve juſqu'à
la moiſſon ſa forme extérieure ; mais qui au lieu
de ſe trouver rempli d'une ſubſtance blanche
& inodore, ne contient plus qu'une matière
pulvérulente, graſſe, noirâtre & infecte ; en un
mot, une vraie peſte des ſemences. Arrêtons-
nous un inſtant à ces maladies que M. Tillet a
décrites de manière à les faire diſtinguer par
les païſans les moins éclairés : le peu que je
vais en rapporter eſt en partie le fruit des
lectures de ſes Ouvrages, & des détails dans
leſquels il a bien voulu entrer avec moi ſur
ces objets intéreſſans ; on goûte un plaiſir dé-
licieux à converſer avec ce Savant ineſtimable.

Du Blé Rachitique.

Le rachitiſme ou le blé avorté, eſt une maladie du blé que M. Tillet nous a le premier
fait connoître ; elle ſe manifeſte ſenſiblement
au printemps, ſur les pieds qui en ſont affectés ;
à peine les tiges ont-elles acquis trois ou quatre
pouces de hauteur, que l'on s'aperçoit déjà,
avec des yeux exercés, qu'elles porteront des
grains avortés ; non-ſeulement la tige, mais
toutes les parties de la plante annoncent un dérangement conſidérable : le fourreau, les balles,
les barbes, ſont contournés & recoquillés à

mesure que l'épi fort de l'enveloppe, & que le grain avance vers la maturité; la couleur change fensiblement, puifque de verte qu'elle étoit, elle prend une nuance bleuâtre, & paffe au brun plus ou moins foncé. La forme de ce blé contrefait n'a prefque aucune reffemblance avec celle du froment fain : il eft fillonné dans toute fa longueur, qui n'eft que la moitié de celle du grain ordinaire, & fe trouve terminé par une, deux & quelquefois trois pointes : on croiroit, à la première infpection, que ce font plufieurs grains réunis en un feul.

La fubftance que le blé rachitique contient, ne remplit point entièrement la cavité du grain ; elle eft blanche ; étant humectée, elle offre au microfcope des filets mouvans, qui ne font autre chofe que les fameufes anguilles aperçues par Mrs Needham, Roffredy & Fontana : le fecond de ces trois célèbres Obfervateurs, M. Roffredy, a fait des expériences pour favoir fi cette maladie étoit contagieufe, & de quelle efpèce étoient les anguilles dont il s'agit : Il a fuivi la nature & la progreffion de ces anguilles dans tous les états qu'elles prennent, depuis le moment de leur naiffance, jufqu'à celui de leur deftruction totale.

Je ne me permettrai aucune réflexion concernant l'opinion de M. Roffredy , fur l'origine du blé avorté, on peut confulter les deux Mémoires qu'il a publiés à ce fujet dans le Journal de Phyfique des mois de *Janvier 1775* , & de *Mai 1776*. Les épis rachitiques ne renferment rarement que des grains avortés; on y rencontre fouvent des grains cariés , & encore plus fouvent de bons grains.

Cette première maladie du froment , qui eft très-commune dans certains cantons de l'Italie, au grand préjudice des Cultivateurs , ne paroît pas l'être autant dans ces contrées , ni auffi généralement répandue que les deux autres dont on va faire mention : le defir de m'inftruire fur les effets que pouvoit occafionner , dans l'économie animale , la fubftance contenue dans le blé avorté , à la place de la farine , m'a engagé à le chercher dans beaucoup de pièces de froment des environs de Paris , de la Picardie & de la Normandie : J'ai même examiné fort fouvent dans cette intention , les criblures , fans y rencontrer un feul grain rachitique.

Du Blé charbonné.

On a confondu , & on confond encore tous les jours, le charbon , la feconde des maladies du blé, avec la carie ; mais, comme j'ai déjà eu occafion de l'obferver, la dénomination des maladies des grains varie fingulièrement ; chaque pays, chaque province, chaque canton, chaque Auteur leur ont affigné des noms différens : affez communément toutes les maladies du blé font défignées par le mot *charbon*, & on nomme la *nielle*, les accidens qui arrivent à ce grain pendant fa végétation.

La plante charbonnée, ne fe diftingue pas d'abord d'avec celle qui ne l'eft pas ; mais l'épi n'a pas encore acquis deux pouces de longueur, qu'on y aperçoit déjà une efpèce de moififfure : il blanchit infenfiblement ; le fourreau, la tige & les barbes ont une apparence faine, ce qui femble prouver qu'il n'y a exactement que le grain qui foit vicié : cette maladie fe préfente fous un afpect étonnant. L'épi tout entier fe pourrit & fe defsèche ; la partie farineufe du grain, ainfi que fon enveloppe, font réduits en une pouffière noire, fine, légère & comme brûlée : il ne refte plus que le noyau ou le fquelette de l'épi, qui fe brife aifément ; cette pouffière charbonnée examinée au microfcope, n'offre qu'un corps pulvérulent de différentes formes ; mais un épi charbonné ne l'eft quelquefois qu'en partie ; il contient fouvent des grains cariés.

Il n'eft pas furprenant , fans doute , de trouver fur une même tige plufieurs épis, dont les uns font bons & les autres mauvais, puifque chaque épi a fa racine qui pompe l'humidité de la terre, & la façonne d'une manière plus ou moins avantageufe au végétal qu'elle nourrit & fait croître ; mais de rencontrer fur un même épi, des grains avortés, des grains charbonnés, des grains cariés , & enfin des grains fains ; voilà ce qui a droit d'étonner : nous avons, il eft vrai, plufieurs exemples de pareils phéno-mènes ; car, en comparant la tige du blé avec l'arbre , on remarque qu'elle ne diffère qu'en ce que les grains, qui font le fruit du blé , fe trouvent raffemblés autour d'un axe commun, tandis que le fruit des arbres eft épars fur les branches ; mais c'eft toujours le même fuc, les mêmes canaux : or, cependant nous voyons des pommes fans aucunes taches à l'extérieur, pourries néanmoins au-dedans ; des pêches dont la chair eft excellente, & le noyau gâté ; des coings, des prunes & des abricots traverfés par une larme de gomme : ce qui paroît prouver que les fruits & les femences ont chacun leurs vaisseaux particuliers qui déterminent la nature du suc destiné à les nourrir.

La véritable cause du blé charbonné, n'est pas encore bien connue, chacun a hasardé son sentiment : M. Tillet pense avec raison que cette maladie est décidée au moment où le grain germe, & il en a aperçu les premiers symptômes dans la racine : elle n'est contagieuse, ni pour le blé, ni pour les autres graminés ; mais une observation qu'il ne faut pas omettre ici, & dont nous sommes encore redevables à M. Tillet, c'est que quand d'un pied de blé, il sort une tige charbonnée, & que de cette même tige, il en naît une autre qui en est totalement indépendante ; cette tige secondaire est toujours affectée de charbon, ce qui a lieu aussi par rapport au blé avorté & au blé carié.

Du Blé carié.

La troisième & la plus redoutable des maladies du blé, c'est la carie : les phénomènes qu'elle présente sont entièrement différens de ceux du rachitisme & du charbon ; ses suites sont aussi plus dangereuses, parce qu'elle paroît plus universellement & plus abondamment répandue : les Anciens l'ont décrite sans en connoître la nature & l'origine.

Quoiqu'on diftingue cette maladie du grain avant le mois de Février ; les progrès de la végétation ne font cependant pas retardés ; la tige eft droite & élevée ; les feuilles font communément fans défaut ; mais à peine la floraifon eft-elle établie, que les épis cariés fe font reconnoître à une couleur verte : les balles font plus ou moins tachées de petits points blancs. Les grains acquièrent une groffeur plus confidérable que dans l'état naturel, la couleur eft d'un gris fale tirant un peu fur le brun : l'enveloppe eft mince & moins forte.

Si l'on écrafe le blé carié, on le trouve rempli d'une pouffière noire qui exhale une odeur de poiffon pourri : c'eft cette pouffière, qui étant répandue fur un grain parfaitement fain, le pénètre lorfqu'il commence à s'amollir, imprégne de fon poifon, le germe naiffant, & perpétue dans la plante le venin fubtil dont elle eft le principe ; telle eft la caufe de la carie, que l'on auroit peut-être attribuée long-temps, fans M. Tillet, aux intempéries de l'air, aux brouillards, à la nature & à l'état des fumiers, aux rayons du foleil, aux influences de la lune, & à quelques autres raifons femblables auffi peu fondées.

Pour fe convaincre que la caufe de cette

maladie du grain réfidoit dans la femence, qu’elle n’étoit pas l’ouvrage de l’atmofphère, du terrein ou d’une des parties conftituantes détruites ; il fuffifoit de remarquer que, dans le même champ, fous le même ciel, & parmi plufieurs efpèces de blé appartenantes à différens particuliers , il y en avoit qui étoient exceffive-ment infectées de carie, tandis que d’autres en offroient à peine un épi ; il fuffifoit de voir que le dérangement des parties organiques de la plante étoit décidé avant qu’il fût poffible de favoir ce qui pouvoit l’avoir occafionné ; mais il étoit réfervé à M. Tillet de dévoiler le fecret de la Nature fur la caufe de cette ma-ladie , & d’indiquer en même temps le fpéci-fique qu’on pouvoit employer pour la prévenir ; découverte précicufe , qui a renverfé une infi-nité de fyftèmes & de préjugés, qui ne fubfiftent plus que chez les habitans de la campagne, tou-jours les premiers à fe précipiter devant l’erreur, & les derniers à s’en retirer : la carie du blé, vue au microfcope, n’offre aucun mouvement animal, c’eft un amas de globules tranfparens, affez égaux entre eux.

Dès que M. Tillet eut reconnu que la pouf-fière de carie étoit contagieufe, & qu’elle avoit la faculté de corrompre le blé le plus fain, il ne s'occupa plus qu'à en rechercher le remède, & ce ne fut pas infructueusement.

Il employa d'abord différentes leffives falines, qui eurent toutes un fuccès plus ou moins complet, mais aucune ne réuffit davantage & plus conftamment, que celle compofée de cendres de bois neuf & de chaux vive; j'aurai foin d'en rappeler la préparation dans mon Mémoire fur la carie du blé, on ne fauroit la mettre trop fouvent fous les yeux du Fermier, puifqu'elle exige peu de foins de fa part, que la matière qui en eft la bafe eft toujours fous fa main, que d'ailleurs l'application en eft fimple, facile & nullement difpendieufe; mais quand les grains ne feroient pas infectés de carie, la leffive dont il s'agit, ne peut que leur être très-avantageufe; elle les fortifie & les met en état de réfifter davantage aux intempéries de l'air. On doit même préfumer qu'étant bien conditionnée, elle préviendroit le rachitifme & le charbon, qui fe développent dans la terre, comme la carie.

Outre les maladies communes au blé, & les différens accidens qui lui arrivent pendant fa végétation; il peut y avoir encore d'autres circonftances capables de donner lieu à des états particuliers du grain : on a vu des blés ayant une apparence faine, fe trouver gâtés à

leurs

leurs extrémités feulement ; on en a vu couverts
de petites taches noires , & l'intérieur conferver
la blancheur de la farine ; enfin, on a vu des
fromens exhaler fur pied une mauvaife odeur,
quoiqu'ils n'offriffent à la vue aucune marque
de carie : Il en eft de même des animaux dont
les maladies principales font connues , mais dont
les variations font infinies ; cela ne doit pas nous
empêcher de chercher les moyens de prévenir
celles dont on a découvert la nature & l'origine.

Comme le chaulage & les leffives préparées &
appliquées comme il convient , préfervent les
grains des vers , des infectes , de la carie, &c. &
qu'ils leur donnent plus de vigueur , pourquoi
donc a-t-on encore recours quelquefois à ces
prodiges de fécondité , qui nuifent plus à la végétation qu'ils ne la favorifent ? que toutes ces
recettes bizarres , compofées dans les fiècles
d'ignorance ; que ces prétendus fecrets vantés
par les charlatans, foient bannis à jamais de nos
Livres élémentaires, puifqu'ils peuvent faire un
tort infini aux progrès de l'Agriculture, & à la
fortune des Cultivateurs : n'y admettons que ce
qui paroît démontré & confirmé par l'expérience
journalière, choififfons les grains de femence ,
trempons-les dans l'eau de fumier animée par la

D

chaux, & si les circonstances nous forcent à employer des grains salis par la carie, n'oublions pas sur-tout de les nétoyer avec soin, & de les lessiver, si nous voulons avoir des récoltes abondantes & saines. Ces précautions que la saine Physique a reconnues & approuvées, vaudront infiniment mieux que tous ces spécifiques qui n'ont jamais eu de réalité.

Je m'étois proposé, en parlant des accidens & des maladies du froment, de faire connoître les effets que pouvoient produire dans le corps humain, les grains qui en étoient affectés; mais ce sujet m'a paru assez intéressant pour l'examiner en grand, & le traiter dans un Mémoire particulier. La loi que je me suis imposée d'indiquer au Boulanger tous les moyens de préparer un pain bon & salubre, me fait regarder les détails dans lesquels je viens d'entrer, comme essentiels & propres à l'éclairer sur la nature & le choix des grains : l'homme qui prépare l'aliment indispensable à la vie, ne sauroit être trop instruit sur la qualité de la matière première qu'il y emploie. Le meilleur ouvrier dans tous les genres, n'est-il pas celui qui connoît le mieux la nature de l'objet qu'il travaille ?

ARTICLE VI.

De la conservation du Blé.

DE tout temps on s'eſt occupé ſérieuſement des moyens de conſerver le blé, & de le mettre à l'abri des animaux deſtructeurs : la prévoyance, l'économie & la cupidité, ont été quelquefois de concurrence pour le même objet; mais qu'importe le motif, pourvu qu'il ait donné lieu à une découverte heureuſe, pourvu qu'il en ſoit réſulté un avantage pour le bien public, & qu'à la faveur de certaines précautions ſimples, peu diſpendieuſes & de facile exécution, on puiſſe mettre en réſerve le ſuperflu des bonnes années, afin de ſubvenir aux beſoins preſſans que les mauvaiſes occaſionnent! car, c'eſt ſur-tout dans les temps d'abondance qu'il faut ſe ménager des reſſources contre les ſuites de la ſtérilité & les malheurs de la diſette. L'homme affamé ne ſent que le prix du pain, le pain eſt toujours ſon unique refrain, & il ne voit rien au-delà de ſon pain.

Pour ſe garantir de tout évènement fâcheux, les Anciens gardoient les grains dans des dépôts publics. M. Beguillet qui ſuit dans l'Hiſtoire les traces des précautions que l'on a employées

en France jufqu'à ce jour , relativement à cet
article intéreffant , expofe dans fon Traité de
la mouture par économie, quelles font les entraves que l'on peut apporter aux établiffe-
mens de confervation , par quels moyens on
parviendroit à les rendre plus généralement
utiles au Public & aux particuliers.

Les deux plus grands ennemis que nous
ayons à combattre dans la confervation du blé,
font l'humidité d'une part, qui en accélère le
dépériffement , & de l'autre, les infectes qui
s'en nourriffent : occupons - nous d'abord du
premier objet ; nous pafferons enfuite à l'examen du fecond. Il feroit difficile, fans doute,
de préfenter à cet égard des vues toujours
neuves, après les hommes éclairés en tout genre
qui fe font livrés entièrement à l'économie rurale
& domeftique : je crois cependant néceffaire
de raffembler dans les articles qui fuivent, ce
qu'il y a de plus conforme à la faine Phyfique
& à l'expérience, touchant les moyens de préferver le blé des accidens qui le menacent fans
difcontinuer : quand leurs obfervations, & celles
que nous avons eu occafion de faire, ne ferviroient qu'à les répandre encore davantage, elles
pourront toujours être utiles à ceux qui cherchent à s'inftruire : s'il eft étonnant que les

meilleures méthodes ne foient pas fuivies dans toutes les provinces, il l'eft bien davantage, que ces diverfes méthodes ne foient pas réciproquement connues.

Toutes les années ne fourniffent pas également des grains propres à être confervés : il y a des blés dont on a bien de la peine à venir à bout en les foignant & en employant les différens moyens dont nous allons parler. Il y en a d'autres au contraire auxquels il eft prefque inutile de rien faire pour les garder : la faifon leur a été tellement favorable, qu'ils fupportent impunément toutes les viciffitudes, & femblent braver la durée des temps fans s'altérer. L'hiftoire fait mention de plufieurs exemples de blés qui fe font trouvés bons au bout de trente ans, fans qu'on pût apercevoir de traces d'aucune préparation. On fait qu'en 1744, le Roi & la famille Royale goûtèrent du pain qui avoit été fabriqué avec un blé que l'on conferve dans la citadelle de Metz depuis deux fiècles ; phénomène qui dépend peut-être autant de la nature du blé, que des endroits dans lefquels on l'a ferré.

Avant de fonger aux moyens de conferver le blé, il faut néceffairement s'informer des circonftances particulières qui ont accompagné ſa croiſſance & ſa récolte , c'eſt-à-dire , ſi le grain a été recueilli par un temps ſec ou par un temps humide ; ce que la pratique apprend aiſément aux Commerçans : car , c'eſt l'état où il ſe trouve après avoir été coupé , qui doit régler la nature & les eſpèces de ſoins que l'on doit prendre pour ſa conſervation ; dans le premier cas , il n'y a rien à appréhender, le blé ſe perfectionne à la grange , ſe façonne dans l'épi, & gagne de plus en plus de la qualité ; dans le ſecond cas , au contraire , il eſt important de ne pas le perdre de vue un moment ; car pour peu qu'il ne ſoit pas veillé de près , il ne tarde pas à s'échauffer & à s'altérer. Mais comme il ſeroit ridicule d'attendre que le mal ſoit arrivé pour le détruire , il convient de chercher à le prévenir , & de voir ſi , dans la manière de recueillir les grains , on ne pourroit pas les mettre à couvert de cette humidité , & empêcher que les pluies continuelles qui tombent , lors de la moiſſon , ne pénètrent dans l'intérieur , & n'affoibliſſent les propriétés de leurs parties conſtituantes ; car il eſt inutile de s'abuſer : un blé qui a été récolté humide , quand bien même on ne le ſerreroit que par- faitement ſec , tout eſt dit, il n'acquerra jamais dans l'uſage , la valeur & la qualité de celui qui n'aura pas été nourri & imprégné d'eau, quels que foient les foins multipliés du Marchand vigilant, l'induftrie du Meunier, & la manipulation éclairée du Boulanger ; enfin, il s'agit de préferver le blé de la pluie après la récolte, & de le rentrer féchement dans la grange ; puifque, comme nous venons de le dire, dès que l'humidité s'eft une fois infinuée dans la texture du grain, il n'eft prefque plus poffible de réparer entièrement le tort qu'elle y a fait.

Chaque province a fa méthode plus ou moins vicieufe de recueillir les grains ; cependant il feroit bien à defirer qu'on n'en fuivît qu'une feule lorfqu'elle feroit démontrée la meilleure, puifque de fa perfection, réfulte très-fouvent la bonne qualité des fubftances récoltées. Affez ordinairement on n'a pas égard au temps pour fcier le blé, je veux dire que fi l'on ne fauche pas dans les grandes pluies, on le fait au moins dans les intervalles, fans trop s'embarraffer de ce qui arrivera enfuite : les javelles demeurent fur terre, s'il fait beau, à la bonne-heure ; ou bien on les retourne plufieurs fois, jufqu'à ce que deux ou trois jours de temps fec permettent qu'on les enlève : s'il furvient, au contraire, de l'eau pendant plufieurs jours de fuite, quoique avec des intervalles de beau temps, les grains, au lieu de se perfectionner & d'achever leur maturité, contractent une disposition à germer.

Ces observations ont frappé singulièrement M. Ducarne de Blangy ; voyageant au temps de la moisson, il vit les Fermiers désespérés de ne pouvoir rentrer leurs grains, que des pluies continuelles retenoient au milieu des champs, où la plus grande partie étoit déjà germée & presque entièrement gâtée : ce spectacle vraiment attendrissant pour un cœur sensible & patriote, lui imposa à son retour le devoir de faire connoître la méthode qui étoit pratiquée de temps immémorial avec avantage, chez lui, pour recueillir les grains dans les années plu-vieuses. Cette méthode à laquelle M. Ducarne de Blangy a donné la forme de dialogue, comme plus amusante, plus instructive, & plus à la portée des gens de la campagne, qu'il a intention d'éclairer, consiste à mettre le blé en petites moies ou meules sur le champ même où on l'a recueilli & aussi-tôt qu'on l'a coupé : chaque meule doit avoir six à sept pieds d'élévation, & contenir cinquante à soixante gerbes.

On sent bien qu'en suivant la méthode de l'Auteur dont nous parlons, le blé, quoique récolté dans un temps pluvieux, sera toujours remis sèchement dans la grange, sans qu'il y en ait jamais de germé plus de la trentième ou quarantième partie. Dans le cas même où cette perte paroîtroit mériter quelque confidération, on pourroit encore l'éviter en n'employant, pour former le toît des meules, que la paille de feigle battue de l'année précédente ; cette paille eft même préférable à celle du froment, en ce qu'étant plus longue, elle recouvre infiniment mieux. En fuppofant donc qu'il ne faffe que quelques heures de beau temps, c'eft affez pour fécher les blés. Au lieu de les couper au hafard, fans favoir ce qu'ils deviendront enfuite, on ne les fcie qu'à mefure qu'ils font fecs & bons à mettre fur le champ en meule ; ils font fauvés, & il n'y a plus rien à craindre de la part de l'eau : s'il pleut toujours, au contraire, on laiffe les grains fur pied, & ils font bien moins fujets à germer. Mais il faut voir, dans la Differtation de M. Ducarne de Blangy, les détails qui concernent la manière de former les meules, & les avantages qui en réfultent ; on ne fauroit trop recommander une pratique auffi aifée & auffi falutaire.

Ce n'eft pas le tout d'avoir garanti le blé de l'humidité extérieure provenante de la pluie qui tombe pendant la récolte, & de l'avoir rentré en bon état dans la grange ; celle qu'il contient

encore fuffiroit pour l'altérer, fi l'on n'empê-
choit pas la réaction de cette humidité, en la
combinant ou en l'évaporant. Les différens
agens employés à cet effet, font l'air & le feu.
Voyons de quelle manière on les applique pour
la confervation du blé.

Des effets de l'air fur le Blé pour le conferver.

Quelque parfait que foit le grain après la
moiffon, il s'améliore encore fi on le laiffe dans
la gerbe, il y groffit & prend un beau jaune
clair. L'humidité végétative renfermée dans le
tuyau, s'élève jufqu'au grain qui adhère encore
à l'épi, s'y combine infenfiblement, & procure le dernier degré de la maturité; à peu-
près comme certains fruits qui achèvent de fe
murir après avoir été cueillis, fur-tout lorfqu'on
leur a confervé un peu de la tige à laquelle ils
appartenoient. Auffi le blé refté long-temps en
gerbe dans la grange faute d'emplacement,
ou qui a été mis en meule, eft non-feulement
plus propre à fe conferver, mais il acquiert
encore une fupériorité fenfible; tandis que battu
au moment même de la moiffon, il ne quitte
pas volontiers la balle dans laquelle il fe trouve
refferré, ce qui occafionne la perte de tout le
grain qui demeure adhérent à l'épi, fans compter

qu'il perd une partie de ſes excellentes qualités, parce que cette humidité, ce *gas* qui
n'a pas eu le temps de s'échapper ou de ſe
combiner à la longue, peut diſpoſer davantage
le blé à la fermentation ; enfin le grain, ſuivant
l'expreſſion du Cultivateur, n'a pas reſſué &
jeté ſon feu.

Dans quelques villes d'Allemagne où il y a
des greniers publics, on ſerre les blés en épi
dans la grange, & on ne les bat qu'à meſure
de la conſommation : certainement il n'y auroit
pas de méthode plus efficace & moins diſpen-
dieuſe pour garder les blés en bon état, que
de les laiſſer dans la gerbe, s'ils n'exigeoient
alors des emplacemens conſidérables pour les
contenir ; auſſi les Laboureurs qui ont plus de
granges que de greniers, qui peuvent en outre
ſe paſſer de paille pour leurs beſtiaux, ne ſe
preſſent pas de faire battre le blé, ſur-tout quand
il eſt à bon marché. Ceux qui manquent d'emplacement & de paille, qui ne veulent pas faire
des meules, ſoit par préjugés ou par la raiſon
qu'ils ont ſuffiſamment de grains : ceux-là,
dis-je, font battre & vanner le blé. Mais beaucoup remettent enſuite la petite paille avec le
grain, & étendent le tout dans la grange ou
dans le grenier, cette méthode eſt, pour ainſi

dire, celle de M. Sarcy de Suttiere, qui defireroit que quand le blé eft battu, on le laiffât
dans la paille, c'eft-à-dire, dans la paille au
vent, & qu'on le mit enfuite dans la grange
ou autre endroit fec & froid : ce moyen eft
très-bon pour conferver le blé fans avoir befoin
de le remuer, cependant il ne vaut pas celui
de le garder dans l'épi.

Nous avons déjà parlé dans l'article précédent, des avantages qu'il y avoit de mettre en
petites meules, les blés fur les champs mêmes
où on les coupoit, afin de les garantir des
pluies continuelles, qui tombent fouvent pendant la moiffon. Une autre caufe détermine
encore l'ufage des meules que l'on conftruit
plus folidement, & qu'on élève beaucoup plus
haut ; c'eft lorfqu'on manque d'emplacement
pour ferrer les grains : ufage d'autant plus
précieux que, par ce moyen, ils fe bonifient.
On en connoît les avantages dans toute la baffe
Bretagne & dans d'autres endroits. Comme les
gerbes qui compofent les meules doivent être
arrangées & diftribuées de façon qu'il n'y ait
aucun vide entre les épis par où l'eau puiffe
pénétrer, & que le grain ne touche à la terre par
aucun côté ; de cette manière on peut être affuré
de conferver le blé durant trois années frais & en

bon état. Mais l'expérience fuffit pour prouver l'utilité des grandes & des petites meules, & combien il feroit intéreffant qu'on adoptât & qu'on fuivît par-tout une méthode qui offre de fi grands avantages.

Le blé eft encore dans la grange, mais renfermé dans l'épi, il faut l'en féparer pour le vendre ou l'employer : s'il étoit queftion d'expofer ici les différentes préparations qu'on doit faire fubir au blé, féparé de l'épi par le fléau, de la menue paille par le van, & des femences étrangères par le crible, on ne pourroit pas fe difpenfer de parler des attentions qu'on doit apporter avant de mettre le blé en réferve, pour empêcher qu'il ne contracte quelque mauvaife qualité; il feroit en même temps indifpenfable de remonter aux méthodes pratiquées autrefois, afin de faire valoir les avantages de celles qu'on y a fubftituées dans la plupart de nos provinces; mais cet hiftorique, qui exigeroit beaucoup de détail, nous mèneroit trop loin, il fuffit d'obferver que l'état où fe trouve le grain, l'ufage auquel on le deftine, le temps où l'on a réfolu de s'en fervir, indiquent ordinairement l'efpèce de moyen propre à employer pour conferver le blé.

La méthode la plus univerfellement connue

de conferver le grain , dès qu'une fois il eft battu , vanné & criblé , c'eft de le mettre en tas dans le grenier ; mais on fait que le blé le plus fec en apparence , contient cependant encore beaucoup d'humidité, dont il faut empêcher l'effet , en favorifant l'évaporation d'une partie , & en concentrant l'autre. Si ce moyen exige des foins & des précautions , il eft fans contredit un des meilleurs qu'on puiffe mettre en ufage , & le plus conforme aux loix de la Nature ; mais pour peu que du blé, amoncelé dans le grenier, ne foit pas remué la première année , & dans l'été , il travaille & fermente. On fent même , en enfonçant la main dans le tas , une chaleur confidérable & une certaine humidité , qui , n'ayant pas la liberté de s'échapper au dehors, acquiert vers le centre de l'intenfité ; il s'établit un mouvement de fermentation qui altère & décompofe le grain ; cette altération fe communique bientôt de proche en proche à toute la maffe , en forte que s'il règne un froid humide, le blé contracte une odeur aigre, qui devient infecte quand l'altération s'eft opérée par les grandes chaleurs : le blé alors n'eft plus propre à fournir de bon pain, les volailles même auxquelles on le jette, refufent de le manger.

On prévient donc ordinairement cet accident, en ne donnant au tas de blé qu'un pied
ou dix-huit pouces d'épaisseur , suivant que
l'année a été plus ou moins humide : on le
crible & on le remue à la pelle ; par cette opération, on fait passer successivement , & peu
à peu, le grain d'un lieu dans un autre en le
rafraîchissant par de l'air nouveau qui emporte
une partie de l'humidité du blé.

Pour donner plus d'activité à cet air, & en
introduire davantage dans les couches horizon-
tales du blé répandu sur le plancher du grenier,
on a imaginé d'exciter un courant par le jeu
des soufflets, & de faire traverser l'épaisseur de
la masse par de l'air froid & sec , qui renouvelle
à l'infini celui qui se trouve interposé entre les
grains de froment : M. Duhamel s'est assuré
des bons effets du renouvellement d'air , en
éventant un petit grenier qui contenoit quatre-
vingt-quatorze pieds cubes de grains, par le
moyen du soufflet de M. Hales.

On ne doit jamais attendre, pour remuer &
travailler le blé , qu'il exhale de l'odeur, & que
la main introduite dans le tas éprouve de la
chaleur ; car le grain auroit déjà subi un commencement de fermentation , & pourroit être
altéré : cette altération feroit même d'autant

plus prompte & plus confidérable, que la faifon feroit plus chaude & le blé plus humide : il faut donc, par rapport à ces deux circonftances, paffer le blé à la pelle plus ou moins fouvent ; c'eft ordinairement tous les quinze jours en été, & tous les mois en hiver ; le criblage demande à être répété tous les deux mois.

Dans des chaleurs exceffives, & lorfqu'on eft menacé de tonnerre, il eft bon de redoubler d'attention. Les Tranfactions philofophiques rapportent un accident furvenu inopinément par un orage, à un magafin de froment & de feigle, qui étoit de bonne qualité. Le blé qu'on oublie au grenier en tas, fe recouvrant d'une efpèce d'humidité, & l'eau étant le conducteur de l'électricité ; il arrive au grain ce que nous voyons arriver à certains corps fermentés ou fermentefcibles qui paffent à la putréfaction, avec une rapidité incroyable ; il s'agit donc de faciliter l'évaporation de cette humidité & de tempérer cette chaleur par de l'air nouveau & froid ; ce que procurent le criblage & le pelage. Peut-être qu'en faifant traverfer le tas de blé par un fil d'archal qui porteroit au dehors l'é-lectricité magnétique, on mettroit le grain à l'abri des influences de la foudre, ainfi qu'on parvient à en préferver les œufs, le vin, la

viande,

viande, &c. par le moyen d'un morceau de fer : convenons cependant qu'il falloit que le grain, qui eſt le ſujet de cette obſervation, fût déjà bien malade, ou qu'il eût été recueilli extrêmement humide, pour avoir tourné de cette manière; car il ne paroît guère vraiſemblable qu'un corps naturellement ſec comme le blé & le ſeigle, ſe gâte auſſi vîte que les liquides les plus corruptibles.

La Nature nous livre preſque toujours ſes préſens dans le meilleur état, c'eſt à nous à rechercher & à employer les moyens que la raiſon & l'expérience nous indiquent pour les conſerver, & c'eſt ici où commence l'art. L'ignorance eſt ſouvent moins coupable que la cupidité & l'inattention. Combien de fois le blé le plus parfait ne s'eſt-il pas gâté par la faute de ceux qu'on payoit pour le ſoigner! Les propriétaires qui ne peuvent inſpecter par eux-mêmes les hommes qui en ſont chargés, devroient bien à ce défaut les faire ſurveiller par quelqu'un de confiance. En ſongeant que rien ne peut repréſenter le blé, & que dans un temps de diſette l'or, dans les pays où le pain fait la principale nourriture, n'a aucune valeur à côté de lui; on ne ſauroit s'empêcher d'être révolté contre ces négligences affreuſes, qui,

E

dans des circonſtances où l'on n'a que le néceſſaire, occaſionnent des malheurs ſans nombre.
J'ai vu il y a quelques années dans la Brie, des
greniers très - vaſtes remplis de blé détérioré
en partie par la négligence du régiſſeur : le
Seigneur à qui on avoit caché la cauſe de
cet évènement , a perdu près d'un tiers ſur
la quantité & ſur le prix. Celui qui eſt chargé
de la conſervation du blé, eſt non-ſeulement
reſponſable envers le maître qui l'a commis à
cet effet, mais encore envers l'État, qui, comme
un père tendre, veille ſans ceſſe à tout ce qui
concerne la ſanté & le bonheur de ſes enfans.

Toutes les méthodes de conſerver le blé
battu, vanné & criblé , ayant chacune leurs
avantages & leurs inconvéniens, on a cherché
les moyens les plus ſimples, les plus praticables
& les moins diſpendieux pour la multitude des
Citoyens, intéreſſés à garder les grains, ſoit
pour leur propre conſommation, ſoit pour les
vendre. M. l'abbé Villin, Membre de la Société
d'Agriculture de Paris, peut ſe flatter d'être un
de ceux qui a le mieux rempli cet objet : fondé
ſur ce que les œufs de poule ſe gardent très-
long-temps , même en été , étant dépoſés tout
frais ſur des couches de petite paille qui les
empêchent de ſe toucher ; il a imaginé de mettre

le blé dans des paniers de paille de feigle, ayant la forme d'un cône renverfé ou d'un entonnoir, dont la pointe eft terminée par une ouverture fermée ordinairement au moyen d'une petite planche qui gliffe fur des couliffes, & s'ouvre aifément quand il s'agit d'ôter le grain pour le remuer ou pour le vider.

Ces paniers contiennent deux fetiers & demi de blé, c'eft-à-dire cinq cents quarante livres environ : on établit perpendiculairement dans leur milieu une efpèce de tuyau également fait de paille, qu'on affujettit au fond afin qu'il ne fe dérange point pendant qu'on verfe le grain.

Cette méthode de conferver le blé dans des paniers de paille, réunit un très-grand nombre d'avantages, que M. l'abbé Villin expofe fans prétention, & qu'il appuie de raifonnemens & de preuves, comme de garder beaucoup de grain à peu de frais & dans un petit efpace, de pouvoir être pratiquée par les particuliers les moins aifés & qui font logés le plus étroitement, d'avoir, dans le même grenier, différentes fortes de grains fans confufion ni mélange, de permettre l'entrée des magafins fans gâter un feul grain avec les pieds, de ne pas avoir autant à craindre de la part des animaux, enfin de pouvoir fe garantir plus aifément des incendies en ifolant le bâtiment.

On fent aifément que le blé qui s'échauffe & fermente, amoncelé dans le grenier, parce que l'air ne peut s'infinuer dans la couche du grain que perpendiculairement du haut en bas, n'éprouvera pas auffi aifément cet inconvénient dans un panier fufpendu, où ce fluide pénètre avec beaucoup plus de liberté à travers les brins de paille dont le panier eft tiffu, & circule de toutes parts entre les différentes couches ; rien ne paroît mieux fenti ni plus conforme aux bons principes, que l'effet phyfique que M. l'abbé Villin attribue à fa méthode & l'explication qu'il en donne. J'aurois defiré pouvoir tranfcrire ici en entier le Mémoire que cet ingénieux Obfervateur a publié fur la confervation des grains, tout y eft intéreffant, & je ne crains pas d'avancer que cet Ouvrage eft un chef-d'œuvre de netteté, de fimplicité & d'utilité. On le trouve à Paris, chez Moutard, Libraire, *quai des Auguftins.*

Il réfulte donc de tout ce que nous avons avancé, que le moyen le plus fimple, le plus économique de conferver le blé & de le bonifier, c'eft de le tenir long-temps renfermé dans l'épi, parce que chaque grain fe trouve ifolé &

recouvert d'une pellicule de la nature de la paille, c'eſt-à-dire, d'une matière ſèche & liſſe, qui ne s'humecte pas à l'air, qui renvoie les rayons du ſoleil plutôt que de les abſorber, & tient le blé par conséquent dans l'état ſec & froid. L'inégalité du grain empêche que cette pellicule ſoit juxt-appoſée, l'air y pénètre facilement, entretient dans la maſſe une fraîcheur & une ſéchereſſe qui permettent aux parties conſtituantes de s'affiner & de s'arranger entre elles, ſans ſubir aucune évaporation ſenſible, ce qui fait qu'un blé conſervé ainſi dans l'épi, ne perd preſque point de ſon poids, de ſa couleur & de ſa qualité.

En battant & vannant le blé, on diſſipe une légère humidité adhérente à la ſurface du grain. Le crible, en ſéparant la pouſſière & les ſemences étrangères qui s'y trouvent mêlées, favoriſe encore cette évaporation; la pelle, l'inſtrument dont on ſe ſert au grenier pour remuer le blé qui y eſt amoncelé, enlève une matière qui tranſude ordinairement des corps appliqués pendant un certain temps les uns ſur les autres, diminue la chaleur qui s'eſt établie dans le centre & prévient enfin la fermentation.

Or, ſoit que l'on garde le blé en gerbes dans la grange ou qu'on en faſſe des meules, ſoit qu'on le dépofe fur le plancher féparé de l'épi, pur ou mélangé avec la petite paille, foit enfin qu'on le renferme dans des paniers de paille ou bien dans des facs ifolés de toutes parts, fuivant la pratique de M. Brocq, que nous détaillerons à l'article de la confervation des farines; c'eft toujours l'air que nous voyons agir; tantôt comprimé dans plufieurs endroits, il produit un froid fenfible ; d'autres fois, il fe fubftitue à la place de celui qui ayant féjourné un certain temps dans les interftices du grain, s'eft chargé des vapeurs qui en émanent, & a perdu une partie de fon reffort & de fon élafticité : fouvent il fait les fonctions de diffolvant en enlevant avec lui l'humidité qui s'eft échappée de l'intérieur du grain à la furface.

Dans toutes ces circonftances, une partie de l'humidité furabondante du grain s'évapore infenfiblement & au bout d'un certain temps, tandis que l'autre plus adhérente, & logée prefque dans le cœur du blé, cherchant pareillement une iffue pour s'échapper, eft retenue par des obftacles, & ne peut arriver à l'écorce que dans un laps de quelques années ; dans le chemin qu'elle parcourt elle fe combine avec les autres principes conftituans, ce qui achève de perfectionner le blé, & lui donne les qualités qu'on reconnoît aux bons vieux blés. Mais l'operation du feu par laquelle on parvient à diffiper toute l'humidité du blé, & à le mettre en état de fe conferver long-temps fans invoquer enfuite les différens moyens que nous recommandons, produit un tout autre effet ; il eft temps de nous en occuper.

Des effets du feu pour conferver le Blé.

Les premières phrafes que nous avons expofées touchant la confervation du blé en général, indiquoient affez qu'il s'agiffoit déjà du moyen dont il va être queftion, pour mettre dans l'efpace de vingt-quatre heures, les grains les plus humides, & par conféquent les plus fufcepibles de s'altérer, en état de fe garder des fiècles, & de pouvoir être tranfportés par-tout fans craindre qu'ils fubiffent aucune fermentation. Il feroit en effet bien difficile de donner auffi promptement aux blés une pareille propriéé, en employant une des opérations mentinnées dans l'article précédent.

Toute l'Europe connoît l'étuve de M. du Hamel & fes greniers de confervation : ce que je pourrois en dire ici ne vaudroit fûrement point les éclairciffemens détaillés qu'on trouvera dans l'Ouvrage & le fupplément que ce célèbre

Académicien a publiés fur ce feul objet : les opérations qu'il a exécutées en petit & en grand avec un défintéreffement & un patriotifme rares, y font développées de manière à ne pouvoir fe refufer à l'évidence des faits qu'il cite en faveur de fa méthode.

Dans le nombre des avantages qui appartiennent à l'étuve, on peut en compter de très-importans, fur lefquels il paroît qu'on eft affez généralement d'accord : tels font ceux de diffiper une odeur défagréable que les blés ont quelquefois contractée à leur fuperficie, d'arrêter, & même de détruire leur trop grande difpofition à germer; de les rendre moins fufceptibles d'être attaqués par les infectes, de les dépouiller de l'humidité fuperflue, de les mettre en état de fupporter les voyages de long cours & outre-mer; enfin, de procurer à ceux qui ont une immenfe provifion de grains, les moyens de les conferver un temps infini dans des greniers faits exprès, ou dans des caiffes, fans aucun frais de main-d'œuvre; mais comme tout a fes inconvéniens, il ne faut pas s'étonner qu'on ait fait plufieurs objections contre l'étuve, contre cette invention qu'on ne peut fe laffer d'admirer tout en la critiquant.

On prétend d'abord qu'il eft impoffible de

déterminer combien de temps le blé doit demeurer dans l'étuve, & le juste degré de chaleur
qu'il faut employer pour le défsècher, puisque
cela dépend de son humidité. M. du Hamel indique, comme un signe de la parfaite sécheresse du
grain, lorsqu'il se casse net sous la dent comme du
riz. On veut encore que l'étuve soit une opération
difficile & incommode, qu'elle ne puisse être employée par tout le monde, qu'elle préjudicie au
commerce par le déchet prodigieux & les frais
qu'elle occasionne, qu'elle rougit le blé, que la
farine qui en provient n'a pas autant d'éclat,
qu'elle n'a plus cette couleur jaune & ce coup-
d'œil agréable, & que le pain qu'on en prépare
manque de ce goût de fruit qu'on distingue dans
celui fait avec les bons blés non étuvés.

Il est bien certain que le blé soumis à l'étuve,
perd de son volume & de son poids, dont il
est impossible d'évaluer au juste la quantité pour
les raisons déjà déduites; mais cette perte n'est
pas réelle, il ne s'est évaporé que de l'eau,
& la farine en absorbe d'autant plus dans le
pétrissage, qu'il s'en est dissipé davantage à
l'étuve. Cette vérité n'est pas ignorée des Boulangers, ils achettent de préférence les blés ainsi
desséchés, qu'ils payent même plus chers que
ceux qui ne le font pas; mais cette augmentation

peut-elle dédommager entièrement le propriétaire des déchets fur la mefure & des frais indifpenfables de l'étuve? M. l'abbé Villin, que nous
avons déjà préfenté au Lecteur fous les titres
avantageux qu'il mérite, convaincu que le fuccès
de l'étuve dépend du concours de beaucoup de
circonftances difficiles à faifir & à concilier,
en montre les défauts avec cette candeur qui
caractérife le Savant honnête : excité par les
mêmes motifs & animé du même zèle que M.
du Hamel, il entreprend d'arriver au même but
par un chemin en quelque forte oppofé, puifque
fon moyen confifte à empêcher l'humidité de
réagir en la concentrant, pour ainfi dire, par
le froid, tandis que l'autre évapore tout-à-coup
cette humidité par le feu. Mais la méthode des
paniers, toute excellente qu'elle foit, ne doit
être pratiquée que dans les circonftances où le
blé ne périclitera point, qu'il fera recueilli fans
défaut, que fon commerce n'aura lieu que de
Province à Province, de Ville à Ville; toutes les
fois au contraire qu'il s'agira d'un blé qui mena-
cera ruine, qu'il faudra lui adminiftrer un fecours
prompt, qu'il fera deftiné, foit à être dépofé dans
des grands magafins pour les befoins de l'État &
du Public, foit à féjourner dans des vaiffeaux fur
mer pour paffer dans les climats brûlans, alors

l'étuve deviendra indispensable & très-utile dans tous ces cas.

Comme une découverte n'a pas toujours, à son origine, le degré de perfection auquel il est possible qu'elle atteigne un jour, l'étuve fut d'abord construite en bois; après cela on a voulu y substituer l'étuve en fer, sans faire attention qu'indépendamment de la dépense considérable qu'elle occasionne, elle a comme dans les autres étuves le réchaud placé au centre, & c'est un défaut, parce que d'abord le grain répandu sur les tablettes n'éprouvant pas par-tout une chaleur égale, celui qui est le plus voisin du feu peut être trop desséché, tandis que l'autre qui en est le plus éloigné, ne le sera pas suffisamment, ensuite l'humidité qui s'évapore du grain n'ayant pas d'issue pour s'échapper de la chambre, est absorbée par le grain lui-même, ce qui le blanchit & puis le rougit. Nous verrons dans la suite que la chaleur qui règne dans l'étuve, n'a pas non plus le pouvoir de faire périr tout le charançon qui se trouve dans le blé.

Sans vouloir attacher à l'étuve plus d'imperfection qu'elle n'en a, il conviendroit de faire en sorte de la rendre moins dispendieuse, plus commode & plus utile. On pourroit en construire la charpente en bois & les tablettes en fer poli, parce qu'on a éprouvé que la chaleur déjette le bois, ce qui nuit à l'opération de l'étuve & exige des réparations continuelles. Si le fourneau étoit placé au centre avec des tuyaux diftribués dans les parties latérales & inférieures autour de l'étuve, que les tablettes fuffent percées comme un crible au lieu d'être en treillis de fer, le blé ne s'arrêteroit pas dans les mailles, & la chaleur qui tend toujours à s'élever, fe répandant du centre aux extrémités, elle agiroit en tout fens, & deffécheroit le blé d'une manière plus égale & plus uniforme. Mais laiffons aux Citoyens éclairés qui fe font déjà occupés de l'étuve, les foins de lui donner le degré de perfection dont elle eft fufceptible.

On devine bien ce qui fe paffe dans l'étuve, le blé augmente d'abord de volume, l'humidité qui participe encore de la sève, & qui tient le blé dans l'état qu'on peut appeler *blé nouveau* ou *frais*, fe raréfie & s'évapore enfuite ; mais celle qui appartenoit à la bonne nature du blé, qui y entre comme partie conftituante, & qui n'auroit fait, moyennant les précautions ordinaires, que difparoître à la longue, en fe combinant plus exactement ; cette humidité, dis-je, eft, pour ainfi dire, forcée de quitter fon agrégation par un degré de chaleur que n'a aucun climat, ce qui produit le desséchement defiré , qu'on ne peut obtenir que par le moyen de l'étuve, foit en Italie, foit dans les pays fep-tentrionaux ; ainfi le desséchement du grain opéré par l'étuve, eft dû à l'évaporation de ces deux efpèces d'humidité , qui apportent dans la conftitution du grain un dérangement réel, dérangement dont le germe deftiné à re-produire la plante, fe reffent le premier, & qui s'opère infenfiblement dans l'efpace de trois ou quatre ans.

Pour connoître le caraétère phyfique de l'hu-midité qui s'échappe du blé par le moyen de l'étuve, j'en ai diftillé plufieurs fois dans le bain-marie d'un grand alambic , de manière qu'il n'y avoit qu'un pouce d'épaiffeur de blé dans la cucurbite, la liqueur que j'en ai retirée étoit claire, limpide & fans goût, ayant l'odeur du blé : examinée avec les réaétifs, elle n'offrit aucun phénomène. Après quelques heures d'une cha-leur de 70 degrés , chaque livre a fourni une once & demie de liqueur : le grain refté dans l'alambic étant expofé dans un endroit fec pour refroidir, reprit en moins de vingt-quatre heures le tiers du poids qu'il avoit perdu par la diftillation.

Cette manière d'enlever au blé l'humidité qu'il contient , dans un vaiffeau fermé , ne pouvant pas être tout-à-fait comparée à celle de l'étuve, j'ai cherché à imiter cette dernière, en étendant sur un bain de sable à l'air libre un pouce d'épaisseur de blé humide auquel je donnai, pendant quelques heures, une chaleur de 80 degrés; après cela je le pesai, il avoit perdu un douzième de son poids; je le portai dans un lieu frais; la légère odeur qu'il avoit contractée disparut bientôt, & il reprit un quart du poids qu'il avoit perdu dans le desséchement.

J'ai fait écraser ce blé ainsi desséché, dans un moulin à café, & j'en ai séparé autant qu'il m'a été possible tout le son, par le moyen d'un tamis : avec la farine qui en est provenue, j'ai préparé du pain, qui, comparé avec un autre pain du même blé non desséché, mais divisé, tamisé & fabriqué de la même manière, n'a présenté d'autre différence, si ce n'est que la farine s'échauffoit un peu plus, absorboit proportionnément davantage d'eau , pas tout-à-fait cependant la quantité qu'elle auroit prise avant d'avoir été desséchée, & que le pain, quoique très-blanc, très-léger & très-savoureux, ne possédoit pas parfaitement ce goût exquis de noisette que l'on rencontroit dans l'autre.

Ces dernières expériences ont été faites &

répétées en grand par M. du Hamel. Il n'est pas possible de les révoquer en doute ; mais je conclus de celles que je rapporte, que comme les corps reprennent l'eau à proportion de leur sécheresse & de leur densité ; que les grains récoltés extrêmement secs, battus à l'instant de la moisson , & conservés au grenier jusqu'en hiver, augmentent en poids & en volume , les grains étuvés ne sont pas plus exempts de cette loi commune ; que par conséquent au sortir de l'étuve, ils prennent nécessairement de l'humidité ; qu'il faut les remuer avant de les serrer : car, quelque secs que l'on suppose les greniers de conservation , ils permettent toujours l'entrée de l'air & sa pénétration dans le grain : qu'une livre de blé qui a passé à l'étuve, y compris le déchet qu'il y a éprouvé , absorbera un tant soit peu moins d'eau que la même quantité non étuvée, parce que les substances mucilagineuses & gommeuses qui constituent le blé , ne peuvent souffrir une dessiccation forte & brusquée , sans perdre en même temps la faculté qu'elles ont d'absorber & de retenir beaucoup d'eau; qu'il s'est exhalé dans l'opération de l'étuve un principe volatil odorant, qu'on pourroit appeler *l'esprit recteur du blé*, lequel ne se dissipe que lentement & au bout d'un certain temps, ce qui fait qu'à mefure que le blé s'éloigne de l'année où il a été récolté, le pain qu'on en prépare, fans ceffer d'être bon, falubre & nourriffant, n'a plus cette faveur agréable de noifette qu'on aime à y rencontrer ; qu'enfin, l'étuve réduit en un jour le grain à un état qu'il ne parvient à acquérir qu'infenfiblement & par la vétufté.

Malgré ces légers inconvéniens qui n'influent que fur l'agrément & la délicateffe du pain ; ayons toujours recours à l'étuve lorfque nous aurons de grandes provifions à garder ; que le fol de notre habitation fera humide, que l'on deftinera les grains à paffer au-delà de notre hémifphère, que ces grains auront été noyés d'eau fur pied, récoltés dans un temps pluvieux, ou qu'ils feront difpofés à paffer à la germination, ou bien encore qu'ils auront contracté un peu d'odeur ; mais le blé le plus parfait auquel on a enlevé l'humidité fufceptible de le détériorer, n'eft pas encore fauvé de tout accident. Il a d'autres ennemis à redouter, qui ne femblent occupés qu'à le détruire : cette confidération mérite bien qu'on s'y rende attentif : voyons donc les moyens qu'il eft poffible d'employer pour s'en délivrer.

ARTICLE VII.

Article VII.

Des animaux qui attaquent le Blé.

Si le blé est de tous les grains le plus susceptible de s'échauffer & de s'altérer par l'humidité qu'il renferme ; il est aussi celui pour qui les animaux ont le plus d'attrait. Les Naturalistes qui ont observé que chaque production végétale a son ennemi particulier, auroient pu ajouter en même temps que le froment en trouve dans presque toutes les espèces vivantes, que la plupart sont très-friandes de ce grain, & qu'elles le choisissent de préférence lorsqu'on le leur présente confondu & mélangé avec d'autres semences ; mais le tort infini que ces ennemis occasionnent, ne se borne pas seulement au déchet, plusieurs altèrent encore la portion du grain qu'ils n'ont pas rongée, par une mauvaise odeur & un goût désagréable, que le temps, l'air, le moulin & le four ne font souvent qu'augmenter ; ce qui suffit bien pour démontrer l'avantage qu'il y auroit de pouvoir s'en garantir.

En vain la prévoyance du Fermier, l'industrie du Commerçant & les lumières du Physicien se sont-elles réunies quelquefois pour

tâcher de mettre le blé à l'abri de la rapine ·
leurs efforts ont diminué le dégât fans le prévenir : par quel moyen en effet arrêter ces
nuées de pigeons qui fondent fur les femences
& les enlèvent avant qu'elles foient germées ?
quel obftacle oppofer à cette multitude innom-
brable de rats & de mulots qui fouillent la terre,
& dérobent le dépôt que le laborieux Cultivateur y a confié ? de quelle rufe fe fervir pour
empêcher que ces bandes de francs-moineaux,
dont le larcin annuel eft eftimé à près d'un
demi-boiffeau pour chacun, ne raviffent le blé
fur pied, avant que le Moiffonneur y ait porté
la faulx ? enfin, comment interdire l'entrée des
granges, des magafins & des greniers à ces
effaims d'infectes fi redoutables, à caufe de leur
petiteffe, de leur voracité & de leur prodigieufe
multiplication ? Tant que les colombiers de
volière ne feront pas fermés durant les femailles
& la moiffon ; tant que l'on oubliera de tendre
des piéges aux rats, aux mulots, & que l'on
négligera les moyens indiqués & reconnus pour
les détruire fans retour ; tant que les habitans
des campagnes dédaigneront de faire peur aux
francs-moineaux par des épouvantails, ou que
la tête de ces ennemis ailés ne fera pas à prix,
comme dans quelques États d'Allemagne; enfin,

tant qu'on n'obfervera pas , avant de ferrer le blé dans les greniers , fi les infectes n'y exif-toïent pas déjà , & qu'on n'ufera pas des précautions recommandées en pareil cas, il ne fera jamais poffible d'efpérer mettre les grains à l'abri de toutes les déprédations qui en enlèvent une partie & préjudicient à la bonté & à la confervation de l'autre. On dira peut-être que fi les animaux dont je parle , partagent notre fubfiftance, ils font en même temps la chaffe aux infectes, dont ils empêchent l'énorme population : mais cette objection feroit fondée , fi ces animaux étoient carnivores ; d'ailleurs on fait jufqu'où va le défordre des premiers , & on ignore fi l'utilité qu'on leur attribue eft auffi démontrée ; le nombre & le danger des derniers n'ont-ils pas été fouvent groffis par nos craintes.

Parmi les animaux qui attaquent & dévorent le blé, je laifferai de côté les pigeons, les moineaux, les rats , les mulots , &c. parce que le dégât qu'ils occafionnent, s'exerce particulièrement dans les champs, fans nuire à la portion du grain qu'ils n'ont pas mangé : il n'en eft pas de même des infectes, dont l'invafion eft d'autant plus à craindre, que leur génération eft prefque continuelle, & que loin de tarir, elle ne fait qu'augmenter chaque fois : de plus, les infectes rongent fans ceffe l'intérieur du grain, l'échauffent, & lui communiquent une mauvaife odeur : de tous ceux qui font tort aux Cultivateurs les plus attentifs, je citerai particulièrement le charançon, parce que d'un côté, il eft l'ennemi le plus redoutable du blé, dont il femble avoir juré la perte, & que de l'autre, ce que nous allons en dire pourra s'appliquer à toutes les autres efpèces d'infectes.

Beaucoup d'auteurs qui nous ont donné l'hiftoire naturelle des infectes à blé, fe font plus attachés à fatisfaire notre curiofité, qu'à indiquer les moyens de les exterminer ; ce qui auroit dû être leur principal objet. Auffi je me difpenferai de parler des rufes & des manèges qu'on a prétendu qu'ils employoient pour mettre leurs jours en fûreté, foit en contrefaifant le mort afin de défarmer leurs perfécuteurs, foit en fe rappetiffant pour fe fouftraire à leur vue, de peur qu'il n'en foit du charançon comme de plufieurs infectes à qui on a accordé une intelligence humiliante pour l'efpèce humaine, & fur le compte defquels on eft obligé de revenir tous les jours ; telle eft la fourmi, telle eft l'abeille, tels font encore beaucoup d'autres animaux, qui, obfervés de plus près avec des yeux phyficiens, montreront toujours la fageffe

du Créateur, mais jamais un inftinct fupérieur
à la raifon, un inftinct qui aille au-delà des loix
de la confervation & de la propagation.

Des Effais tentés pour détruire le Charançon.

Dans le nombre des Savans qui ont traité du
Charançon, Mrs du Hamel & Deflandes paroiffent l'avoir fuivi de plus près & le mieux
connu : M. de Joyeufe, Commiffaire de la
Marine, s'eft également occupé de cette étude :
fes recherches & fes expériences ont même
obtenu le Prix de la Société royale d'Agriculture de Limoges : le premier objet de fon
Mémoire relatif à la vie de cet infecte, nous
a paru rempli de manière à intéreffer des Na-
turaliftes : le fecond, celui qui concerne les
moyens de préferver le blé du Charançon, &
de le détruire dans celui qui en eft infecté, ne
femble pas avoir le même mérite : l'Auteur fe
contente de rapporter des méthodes déjà connues, & leur multiplicité en décèle l'infuffifance
& leur peu de valeur.

Il eft malheureux fans doute que les différens
remèdes employés jufqu'à préfent pour prévenir
l'accident des charançons, foient infuffifans,
quelquefois dangereux, & par cela même im-
praticables : les propriétés merveilleufes qu'on

leur a attribuées , ne fe font jamais réalifées , ou n'ont eu qu'un fuccès médiocre ; les fumigations , les décoctions , les odeurs fortes , le grand chaud , le grand froid , ont été fucceffivement tentés , fans opérer l'effet qu'on en attendoit ; ceux qui ont eu quelque réuffite agiffoient fur le grain lui-même , le remède alors étoit , comme l'on dit , pire que le mal. On peut citer pour exemple la vapeur du foufre qui communique de l'humidité & de l'odeur au grain ; la pratique des Italiens qui confifte à plonger le blé dans l'eau bouillante ; enfin , les expériences que M. du Hamel a faites fur le charançon , qui doivent rendre pour jamais fufpectes , la plupart des recettes indiquées dans les Traités d'économie domeftique , ou qui courent de main en main , fous le titre impofant de fecret.

Le Phyficien & le Commerçant conviennent , il eft vrai , de la difficulté extrême qu'on rencontre pour fe défaire du charançon , dès qu'une fois il s'eft introduit dans le blé ; les premiers moyens connus qu'on ait mis en ufage pour en venir à bout , font encore employés aujourd'hui dans nos Provinces , je veux dire le pelage & le criblage : l'inftrument qui concerne cette dernière opération a feulement été perfectionné ; on a donc imaginé les cribles à vent

& à cylindre , ce moyen rafraîchiſſant le blé ,
en lui donnant un mouvement continuel , l'humidité s'en exhale , & il ne contracte aucune
odeur capable d'attirer les inſectes ; mais lorſque
le charançon eſt parvenu juſqu'au grain , il ne
paroît guère poſſible que le crible puiſſe l'en
chaſſer entièrement.

Si l'on eût été plus inſtruit des habitudes de
vivre du charançon , de la manière dont il ſe re-
produit , on auroit vu d'abord que le mouvement
de la pelle imprimée à un tas de blé qu'on remue,
peut bien inquiéter cet animal tant que durera
l'opération , parce qu'il · a beaucoup d'attrait
pour le repos, qu'il quitte ſon lieu natal pour
chercher un abri; mais que ſitôt qu'on ceſſe de
remuer le blé , il y revient un moment après
pour dépoſer ſes œufs ; on auroit vu que le
crible eſt bien en état de ſéparer du grain le
charançon qui s'y trouve à nu & en liberté ,
& que par le moyen de cette opération répétée
ſouvent pendant l'hiver & avant le printemps,
on peut détruire juſqu'au dernier de ces inſectes,
mais non pas ceux qui ſont cachés ſous l'enveloppe vide du grain; le mouvement que reçoit
le blé en tombant dans le crible , ne ſuffiſant
point pour l'en faire ſortir , & encore moins
les œufs ramaſſés & attachés à la ſurface du blé

F iv

par un gluten : enfin, on auroit vu que deux ou trois de ces infectes, pourvu qu'il s'y trouvât une femelle, étoient capables de dévafter en peu de temps tout un grenier, & de ne laiffer au Propriétaire que du fon au lieu de farine.

Les moyens ordinaires ne pouvant que diminuer le mal fans en détruire la fource, on a eu recours à d'autres expédiens : fondé fur ce que la chaleur de l'étuve defsèche fort bien le grain fans nuire fenfiblement à fa qualité, on a voulu trop étendre fon pouvoir en lui attribuant des effets qu'elle ne fauroit produire complètement. D'abord on s'eft perfuadé que l'étuve mettant le blé dans l'état fec & compacte, il feroit à l'abri de l'attaque des infectes, & particulièrement du charançon, parce que la peau extérieure du grain devenue coriaffe. & dure, ne permettroit pas à l'infecte de l'entamer, ni de pénétrer dans l'intérieur pour fe nourrir de la matière farineufe; mais l'expérience a prouvé que du blé parfaitement étuvé, & porté enfuite dans un grenier où il y avoit dejà eu des charançons, n'en a pas moins été endommagé par la fuite; c'eft d'ailleurs ce qu'atteftent ceux qui, de bonne foi, ont cherché la vérité. Ils ont aperçu au commencement du printemps ces animaux deftructeurs fe répandre de nouveau fur les

blés étuvés qu'ils rongeoient fans relâche, cependant avec moins d'avidité & de facilité,
ainfi que le prouve l'expérience.

Lorfqu'on abandonne à la voracité du charançon un mélange de blés étuvés ou non étuvés,
ces derniers font dévorés de préférence : ainfi
il eft bien certain que du blé qui a acquis de
la féchereffe & de la dureté en vieilliffant ou
par le moyen de l'étuve, eft beaucoup moins
fufceptible des invafions du charançon ; mais
foit que l'humidité qui tranfpire de ces infectes
ramolliffe le grain, ou que preffés par la faim,
ils redoublent d'effort, & viennent à bout de
percer avec leurs organes, la pointe du blé
pour en tirer leur fubfiftance, toujours eft-il
prouvé que des blés étuvés peuvent devenir la
proie du charançon ; il eft d'ailleurs aifé de s'en
affurer plus pofitivement dans l'hiftoire de cet
infecte, par M. de Joyeufe : mais pourfuivons.

Quelques effais ayant conftaté qu'une chaleur
de dix-neuf degrés fuffifoit pour faire mourir
cet infecte lorfqu'il fe trouvoit fans blé, feul &
renfermé fimplement dans un fac de papier, on
en a conclu, avec quelque fondement, que
l'étuve devoit opérer beaucoup plus promptement cet effet, puifque le degré de chaleur étoit
deux ou trois fois plus confidérable, & que

ce moyen devoit avoir la préférence fur les odeurs fortes & le crible ; mais on a négligé d'obferver les raifons phyfiques pour lefquelles une chaleur moindre pouvoit produire un effet contraire.

Dans l'étuve , le charançon ne reçoit pas l'action du feu immédiatement, la vapeur humide qui s'exhale du grain lui fert comme de véhicule dans lequel il nage & refpire ; au lieu que quand il eft ifolé & renfermé dans un petit efpace, l'air perd bientôt de fon reffort & de fon élafticité en fe raréfiant par le feu, & fe chargeant des émanations de l'animal , qui ne tarde pas à périr fuffoqué.

Feu M. Duverney, cet homme vraiment célèbre par les preuves innombrables qu'il a données de fon patriotifme & de fon humanité, avoit fait conftruire au parc de Vaugirard une étuve , fuivant les plans qu'en a tracés M. du Hamel, dans l'intention d'y conferver une certaine quantité de blé pour l'approvifionnement de l'École militaire pendant une année ; mais ce projet fi louable & fi utile, n'a eu aucune exécution, faute d'avoir choifi un blé pur , nouveau, de bonne qualité , & où les infectes ne s'étoient pas déjà introduits : celui qu'on avoit acheté dans cette intention, provenoit des environs de Rebais en Brie , & étoit non-feulement médiocre , mais rempli encore de charançons , au lieu d'avoir pris le blé de 1762 , qui étoit généralement bon : on en fit faire l'obfervation , mais les partifans de l'étuve crurent que la chaleur appliquée au blé pour le dépouiller de fon humidité furabondante , fuffifoit en même temps pour faire mourir tout le charançon.

C'étoit à la vérité une belle occafion , d'avoir à démontrer le double avantage de l'étuve , & elle fut faifie avec empreffement ; mais les charançons , que la chaleur attaquoit, fe réfugioient aux extrémités de l'étuve , dans les endroits où la chaleur n'étoit pas auffi confidérable. L'humidité qui s'échappoit en vapeur des grains , leur fervoit comme de bain, qui partageoit l'action du feu ; on auroit cru ces infectes morts, tandis que le plus grand nombre étoit reflé dans une efpèce d'engourdiffement qui en impofa fur leur état vivant : dans cette perfuafion, on demeura tranquille fur le compte de ces blés , qu'on renferma enfuite dans des caiffes ; mais les charançons , au retour de la belle faifon fe réveillèrent de nouveau , produifirent également leurs ravages , & l'on fut obligé, l'année d'enfuite , d'employer ces blés avec perte, pour en éviter la deſtruction totale, tandis que le vœu & l'intention de M. Duverney étoit de les conſerver pour les années où le grain ſeroit devenu fort cher : je tiens ce fait d'une perſonne de l'École militaire, qui m'a fait lire le procès-verbal dreſſé ſur l'état de ces blés, lorſqu'on eut réſolu de les employer.

Des expériences poſtérieures à celles que je viens de rapporter, ont démontré qu'en donnant à l'étuve 80 degrés, au lieu de 70, il y avoit à la vérité des charançons qui périſſoient, mais que la plupart demeuroient immobiles & ſe réveilloient enſuite ſans paroître avoir rien éprouvé de particulier, en ſorte qu'il falloit néceſſairement pouſſer juſqu'à 90 degrés, pour que ces inſectes, vieux ou jeunes, ſuccombaſſent entièrement : le malheur eſt qu'une ſemblable chaleur deſsèche trop fortement le grain, & que ſi elle ne le torréfie point, elle met cependant, ainſi que je l'ai déjà dit, la farine qui en réſulte, dans le cas de donner un pain moins blanc, moins léger & moins ſavoureux.

Mais quoique ces degrés de chaleur maintenus un certain temps, ſuffiſent pour faire mourir la majeure partie des charançons; il eſt cependant certain que ceux qui ſe trouvent éloignés du foyer de l'étuve ou dans les tuyaux

qui conduisent le blé sur les tablettes, n'é-
prouvent jamais un degré de chaleur aussi grand,
de manière que les charançons qui sont dans la
partie la plus éloignée du feu respirent un air
dilaté, raréfié, qui ne les incommode pas au
point de les étouffer sur le champ.

Le four doit être préféré à l'étuve lorsqu'il
est question de détruire les insectes mêlés &
confondus dans le blé : il suffit de l'y mettre
deux heures après que le pain en est ôté, & de
le laisser un jour, on est assuré qu'il n'éprou-
vera pas pendant ce temps une chaleur capable
d'altérer aucun de ses principes ; que les œufs,
les vers, les chenilles, les chrisalides & les
papillons seront parfaitement détruits.

Le Ministère informé, en 1761, que les
fromens de quelques-unes de nos Provinces
étoient dévorés par un insecte particulier, il en
écrivit à l'Académie, qui chargea M.^{rs} du
Hamel & Tillet de s'occuper de cet objet : ces
Académiciens se rendirent en Angoumois, le
pays qui en étoit le plus infecté, pour remédier
à leurs ravages, ce qui donna lieu à plusieurs
expériences, dont les résultats furent qu'il falloit
exposer au four les grains attaqués, dans une
espèce de claie faite en bateau.

Si le charançon ne sauroit soutenir l'épreuve

du four fans périr , ce n'eft pas à la chaleur
qui y règne qu'il faut attribuer cet effet, parce
qu'elle égale tout au plus celle de l'étuve ;
mais bien à la forme du four , dont la chaleur
réfléchie de toutes parts , fe porte fur l'animal ,
raréfie l'air qui l'environne , & le fait périr
fuffoqué , à peu-près de la même manière que
dans des vaiffeaux de verre luttés ou renfermés
dans des facs de papier.

Il paroît que jufqu'à préfent le charançon
a fingulièrement intéreffé ceux qui ont traité
de la confervation des grains, & que le ver à
blé n'a pas également fixé leur recherche &
leur attention ; cette efpèce d'indifférence vien-
droit-elle de l'idée qu'on auroit eue que ce dernier
infecte eft moins commun, que fes ravages font
moins terribles , ou bien qu'une fois introduit
dans le blé , il eft impoffible de l'en chaffer ? On
obfervera cependant qu'on a vu dans certains
endroits, des grains infectés de vers , qui ne
contenoient pas de charançon ; qu'il n'y a pas
de Boulanger qui n'ait à fe plaindre du tort
fenfible que leur a fait le ver à blé ; & qu'enfin ,
fi le criblage ne peut opérer fur lui le même
effet que fur le charançon , parce que le ver
adhérant à la furface du blé , gliffe fur le crible
& ne fe détache point , la chaleur de l'étuve

peut, fuivant les expériences de M. du Hamel, le faire mourir aifément à caufe qu'il a la vie moins dure que le charançon.

A peine les vers à blé font-ils éclos, qu'ils grimpent à la fuperficie du tas, s'attachent enfemble par des filamens, pour former ce qu'on nomme des *grappes,* infenfiblement ils font une efpèce de croûte plus ou moins épaiffe, que l'on brife d'abord avec la pelle, & que l'on crible enfuite : le ver fe fépare alors, parce qu'ayant paffé à la première métamorphofe il fe trouve dans l'état de chryfalide, mais comme le Commerçant n'a pas ordinairement d'étuve, & que quand on s'aperçoit de la préfence du ver, le mal eft prefque décidé, il feroit bien plus fimple & plus avantageux d'employer un moyen qui en empêcheroit l'entrée dans le blé. Nous en parlerons à l'article des magafins.

Comme on n'eft pas encore parvenu à anéantir complètement le charançon dans un blé qui en eft infecté, & que de tous les moyens mis en ufage jufqu'ici pour cet effet, aucun n'a eu une réuffite plus marquée que le criblage bien fait & répété à propos, il faut s'en tenir à cette opération, puifqu'elle n'eft ni coûteufe ni embarraffante ; que loin de nuire à la qualité fpécifique du grain, elle empêche au contraire qu'il ne s'échauffe , & ne contracte de l'odeur ; & qu'enfin , elle fépare l'infecte à mefure qu'il fe forme ; mais ne nous laffons cependant point de faire des recherches & des tentatives pour découvrir un fecret auffi précieux à l'humanité , & fans adopter aveuglément tous les remèdes qu'on propofe contre le charançon , ne les rejetons qu'après quelques effais méthodiques & variés qui en affurent la véritable propriété.

Manière de procéder à la deftruction des Charançons.

L'inefficacité que l'on trouve dans un moyen quelconque imaginé pour opérer tel ou tel effet, ne dépend pas toujours du moyen lui-même , elle eft quelquefois dûe à plufieurs circonftances fecondaires , & particulièrement à l'induftrie de celui qui l'emploie : par exemple , rien n'eft plus néceffaire aux arbres fruitiers que la taille ; fur vingt Jardiniers inftruits de cette opération, combien y en a-t-il qui la font de manière à produire un mal infini ?

Un particulier de Limoges , nommé le fieur Manent , avoit propofé au Gouvernement un remède contre le charançon : ce remède confiftoit en une poudre fine , légère & d'un blanc gris. Le Commiffaire Machurin & M.
Brocq ,

Brocq, Directeur de la boulangerie de l'École
militaire, furent chargés d'en fuivre les effets ,
& de ne rien négliger de tout ce qui pourroit
concourir à démontrer l'utilité de cette poudre
annoncée comme infaillible. M. Brocq , dont
nous aurons fouvent occafion de parler dans le
cours de cet ouvrage , crut devoir préfenter
au Magiftrat qui préfidoit alors à la police de
Paris, différens Mémoires dans lefquels il indiquoit la marche qu'il étoit néceffaire de tenir
pour examiner les effets du remède en petit &
en grand. On ne fera peut-être pas fâché de
trouver ici l'extrait du plan qu'il avoit tracé à
ce fujet, d'autant mieux , qu'en ce genre comme
dans beaucoup d'autres , ce ne font pas , ainfi
que je l'ai déjà obfervé , les remèdes qui nous
manquent , mais bien la véritable manière d'en
faire l'application.

Comme les charançons , dit M. Brocq dans
fon premier Mémoire , ne font de ravages dans
les blés que pendant l'été; que durant les temps
froids, ils fe tiennent ramaffés enfemble , tapis
& fans bouger ; enfin dans un engourdiffement
qui les met hors d'état de faire aucun mal au
grain , il ne feroit pas poffible de s'affurer de
l'efficacité du remède propofé pour la deftruction de ces infectes, fi l'on ne cherchoit d'abord

G

à les revivifier , & à leur rendre , par une cha‑
leur factice , celle dont ils ont befoin pour mou‑
voir & agir ; l'hiver s'étant déjà fait fentir , &
l'expérience ne pouvant plus être tentée en
grand, il convenoit de commencer l'effai fur
une moindre quantité. Voici de quelle manière
on peut, fuivant M. Brocq , y parvenir.

On aura dans deux caiffes en bois doublées en
fer‑blanc , pour prévenir la fuite du charançon,
au moins un fetier de blé infecté de cet infecte,
ou que l'on ajouteroit dans une même propor‑
tion fi le grain en étoit exempt. On placera ces
deux caiffes dans un endroit que l'on échauffera
à la faveur d'un poële jufqu'à 30 degrés, felon
le thermomètre de M. de Reaumur , afin d'é‑
quivaloir aux plus vives chaleurs de l'été ; alors
on fera fur l'une de ces caiffes, l'épreuve du
remède, & l'autre fervira à en attefter le fuccès,
en démontrant la confervation de ces infectes
ou leur entière deftruction.

Mais comme il ne fuffit pas de détruire le
charançon, qu'il faut encore s'affurer fi le re‑
mède, au cas qu'il produisît fon effet, ne feroit
pas encore capable de préjudicier à la blancheur
& à la qualité du pain , en conféquence on
fera moudre féparément le blé renfermé dans
chacune des deux caiffes , & après que l'on

aura fait du pain avec l'une & l'autre farine qui
en réfultera, on pourra juger de la différence
entre le grain fur lequel on aura fait l'épreuve,
& celui fur lequel on ne l'aura pas faite.

M.ʳˢ du Hamel & Tillet ayant été invités par
M. le Lieutenant général de Police, de prendre
connoiffance de l'épreuve dont il s'agit, ces
Académiciens ont approuvé la route que l'on
a fuivie pour l'exécution de cette épreuve; & le
fuccès leur ayant paru mériter quelque confidération, ils ont demandé, dans un rapport qui
fut fait, une épreuve en grand de ce remède,
afin d'en conftater plus folidement les effets:
le fieur Manent lui-même le defiroit, & fur
l'obfervation qui lui en avoit été faite que l'expérience entraîneroit dans une certaine dépenfe,
il offrit d'en faire tous les frais. Déjà M. Brocq,
perfuadé de l'importance d'une pareille découverte, s'étoit empreffé de rédiger un fecond
Mémoire concernant la manière dont on pouvoit procéder à cette expérience en grand avec
le plus d'exactitude poffible; mais dans ce
temps, M. de Sartine ayant été appelé au
miniftère de la Marine, on ne mit pas cet objet
fous les yeux de fon refpectable fucceffeur:
comme il étoit effentiel d'entreprendre cette expérience au plus tôt, afin de fuivre le charançon

dans fa reproduction, & qu'il falloit pour cela profiter des premières chaleurs, c'eft-à-dire, lorfque l'infecte commence fon accouplement, on y a renoncé, & l'épreuve eft encore à faire. Voici néanmoins comment M. Brocq comptoit y procéder.

Dans deux chambres ou greniers à proximité l'un de l'autre, & cependant à diftance fuffifante pour que les infectes n'aient aucune communication entre eux, on mettroit dans chacun vingt fetiers de blé pris dans une maffe totalement infectée de charançon; on fuivroit dans ces deux greniers la reproduction de ces infectes, & lorfqu'après les premières chaleurs du mois de Juin on fe feroit affuré qu'ils auroient fait leur ponte & dépofé leurs œufs à la furface du grain, alors on répandroit dans l'un des greniers, la quantité qu'on voudroit du remède propofé, qui auroit bientôt fait périr les vieux charançons, en fuppofant qu'il agiffe fur une grande maffe avec autant de fuccès qu'on l'a éprouvé fur une quantité moins confidérable ; il feroit bon auffi d'examiner fi, fans ajouter une nouvelle portion du remède, celle qui auroit été employée précédemment auroit encore la même vertu ; de quelle manière elle agiroit fur la nouvelle population ; & fi enfin, les charançons qui viendroient d'éclore périroient comme les premiers, ou s'il ne feroit pas à propos de répéter une ou plufieurs fois l'ufage du remède, pour continuer de détruire ces infectes, à mefure qu'ils naîtroient.

En même temps que l'on s'affureroit, dans l'un de ces greniers, de la propriété du remède & de la quantité qu'il faudroit employer à produire l'effet; on fuivroit dans l'autre la reproduction des charançons, avec l'attention dans celui-ci, de ne point les troubler ni d'occafionner leur fuite. Sans doute que leur multiplication fera prodigieufe, fur-tout fi les chaleurs de l'été font vives : à la fin de l'automne, temps auquel le charançon ne multiplie plus, & refte engourdi par le froid, on réveilleroit fon activité au moyen de la chaleur d'un poële, en faifant monter le thermomètre à 30 degrés.

Après avoir revivifié par une chaleur factice, les charançons répandus dans la maffe entière du blé de ce grenier, on feroit ufage du remède propofé dans ce deuxième grenier, on obferveroit en quelle proportion on auroit befoin de l'employer pour détruire une plus grande quantité d'infectes, & fi l'effet en feroit complet : en fe conduifant ainfi, il feroit aifé de prononcer fur le degré de confiance que l'on devroit accorder

G iij

à la compofition du fieur Manent, fur la dofe qu'il faudroit employer fuivant les circonftances, & les fur-frais qu'elle exigeroit. L'auteur ne bornoit pas l'utilité de fon remède à la feule propriété de détruire le charançon : il le propofoit encore contre le ver à blé, ainfi que pour la chenille qui a caufé tant de ravages dans quelques-unes de nos Provinces.

Sans doute on regrettera de ne pas trouver ici la recette du remède du fieur Manent, mais d'après ce que m'en a dit M. Brocq, je préfume que c'eft un mélange de chaux & de foufre, dont l'odeur n'eft foufferte impunément par aucune efpèce d'animal, & qui tue prefque tous les infectes. Comme il feroit poffible que l'application immédiate d'une pareille poudre fur le blé nuisît à fa qualité, & entraînât dans de grands frais ; on pourroit y fubftituer, au moyen des terrines diftribuées dans le grenier, une liqueur connue fous le nom d'*hépar volatil*, qui eft la combinaifon de la chaux, du foufre & du fel ammoniac. La vapeur fétide qui réfulteroit de cette combinaifon n'auroit pas les inconvéniens de celle du foufre que l'on brûle également à cet effet.

Nous avons rapporté ces détails, parce que l'objet a mérité l'attention des Phyficiens ; &

que ſi jamais on propoſoit au Gouvernement des remèdes de cette eſpèce, ils pourroient ſervir de règle & de marche pour en apprécier le mérite & l'utilité : nous le répétons, les épreuves n'ont ſouvent qu'un ſuccès médiocre, par la raiſon que ceux à qui on en confie le ſoin, ne voient rien au-delà de ce qu'on leur preſcrit, & qu'ils mettent en défaut les vues louables de patriotiſme & d'humanité des perſonnes en place qui les emploient.

S'il eſt prudent de ſe défier de toutes ces recettes, pompeuſement vantées par leurs Auteurs, il eſt bon de ne pas négliger d'examiner celles que l'on propoſe : car, loin de blâmer les Citoyens qui ſe livrent à de ſemblables recherches, & dont les motifs ſont purs ; on ne ſauroit trop les accueillir & les protéger, ce ſont, ſi l'on me permet cette comparaiſon, les troupes légères qui font la petite guerre, on profite de leurs ſuccès, leurs défaites ſont pour leur compte ; mais enfin on les encourage : ne ceſſons donc de pourſuivre ouvertement une race que nous avons tant d'intérêt d'exterminer, puiſque ſes déſordres, en nous ruinant, peuvent encore occaſionner des maladies & des diſettes.

G iv

ARTICLE VIII.

Des Magasins à Blé.

TOUTES les précautions employées pour mettre le blé à l'abri de l'humidité pendant la récolte, & le conserver ensuite, soit par l'intermède de l'air, soit par celui du feu, n'empêcheroient point le grain, battu & nettoyé suivant les règles prescrites, de s'échauffer, de s'altérer & de devenir la pâture des insectes, si l'endroit où on va le serrer étoit mal construit, situé désavantageusement & tenu sans soins : C'est ici qu'il faut réunir toutes les lumières que l'on a acquises, tant sur la nature que sur les propriétés du blé, puisque souvent c'est dans le magasin que le grain peut perdre ou acquérir de la qualité, se détériorer ou se bonifier.

En général, les endroits où l'on conserve le blé, n'ont jamais été bâtis ni destinés particulièrement pour cet objet. Assez ordinairement ce sont les endroits les plus sales, les plus élevés de la maison & les plus près du toit, obscurs, mal recouverts, dont les murailles & le plancher sont remplis de crevasses, qui n'ont la plupart que des ouvertures pratiquées au midi, & ne ferment point exactement, qui ont dans leur voifinage de l'eau , des écuries, des latrines. Les magafins même deftinés à contenir les blés pour les approvifionnemens publics , ne font pas plus exempts des défauts que nous expofons. On s'eft contenté, en les conftruifant, de les faire fpacieux & folides ; on a oublié la nature de la matière qui devoit y être renfermée ; en forte que le grain eft expofé à tout ce que la pouffière, la chaleur, l'humidité, les exhalaifons fétides & les infectes peuvent lui faire éprouver.

Les particuliers qui ne gardent le blé que pour la confommation de leur famille, courent beaucoup moins de rifques de voir leur provifion fe gâter, parce qu'à la faveur de quelque foin, il eft poffible d'empêcher de petites maffes de fe détériorer; mais ceux qui font le commerce en grand , ne fauroient trop prendre garde aux conftructions de leurs greniers , & chercher à multiplier les foins en proportion des circonftances qui s'oppofent à la confervation du blé, il faut donc que le magafin , par fon expofition & fa conftruction , ajoute encore aux effets des moyens qu'on y emploie ordinairement pour conferver le blé.

En voyant dans l'Hiftoire les foins & les peines infinies que les Anciens avoient pris pour fe ménager des reſſources contre les malheurs des difettes, on eſt ſurpris que les magaſins où ils renfermoient leurs grains aient reſté impar-faits pendant tant de ſiècles : on eſt étonné que l'expérience & le temps, les deux mîtres du monde, ne leur aient pas montré que ces ci-ternes, ces puits profonds, ces creux ſouterrains, ſi vantés par nos Modernes, conſervoient à la vérité le blé en le mettant à l'abri de l'humidité, de la chaleur, & par conſéquent des inſectes ; mais que ce grain ne tardoit pas à ſe rider, à ſe racornir, enfin à acquérir les défauts qu'on re-proche aux blés *durs de plancher*, d'où il réſultoit un produit inférieur en farine, & un pain moins blanc, moins ſavoureux & en moindre quantité : trop heureux ſans doute de pouvoir ſe procurer de quoi ſubſiſter dans les circonſtances fâcheuſes, de ſi légers défauts pouvoient diſparoître à côté des avantages qu'on trouvoit à jouir des douceurs de l'abondance au milieu même de la difette, j'en conviens, & je ne puis aſſez admirer la ſageſſe d'une pareille adminiſtra-tion, qui ſavoit faire un ſi bon uſage des années fertiles, mais comme nous connoiſſons mieux qu'eux la nature du blé, les effets de l'air & du feu, & qu'il eſt poſſible de conſerver au blé pendant quelque temps ſa fraîcheur,

fa couleur , & toutes les qualités qu'on defire
rencontrer dans le bon blé nouveau ; pourquoi
nos efforts ne tendroient-ils pas à ce but, puifqu'il
n'en coûtera pas plus de dépenfe & de foins!
c'eft dans cette vue que je vais hafarder quelques réflexions.

Pour que les magafins réuniffent tous les
avantages néceffaires à la confervation & à
l'amélioration du blé , il feroit à fouhaiter que
le bâtiment deftiné à cet ufage ne fût pas élevé
fur un fol humide, qu'il fe trouvât éloigné des
endroits où il y a des matières végétales &
animales en putréfaction, que les murs euffent
une certaine épaiffeur, que le toit ne pût retenir
la chaleur du foleil & la tranfmettre enfuite dans
le grenier, que garnis de fenêtres petites & très-
multipliées du côté du nord, il y eût feulement
aux deux extrémités oppofées une ouverture
qui produisît l'effet du ventilateur, que la porte
d'entrée fermât exactement ; & qu'enfin , ils
fuffent le plus à claire-voie poffible ; les charançons, & en général tous les infectes fe plaifent
dans les ténèbres, leurs yeux peu accoutumés à
l'éclat du jour paroiffent en être bleffés.

On empêcheroit la chaleur que reçoit le toit
de fe communiquer au-dedans du magafin en
le lambriffant , & en obfervant une diftance

fuffifante entre le toit & le lambri : cet inconvénient feroit également fauvé, fi la couverture en tuile & en ardoife étoit doublée de chaume, parce que la paille a la propriété de réfléchir la chaleur, & de procurer du froid ; on éviteroit l'effet de l'air humide, en adaptant aux fenêtres une double croifée, dont l'une extérieure feroit en vitrage & l'autre en chaffis revêtu de toile, qu'on ouvriroit & qu'on fermeroit alternativement, fuivant le temps & les opérations du grenier : on pourroit encore augmenter la fraîcheur du magafin en plaçant tout autour des ventoufes, ce qui, fans embarras & fans frais, feroit continuellement l'office des foufflets, il s'agiroit feulement de les diftribuer de manière que par le moyen des tuyaux, l'air froid & fec pénétrat le tas, & qu'ils n'empêchaffent point de remuer & de déplacer le blé, dès que le befoin l'exigeroit. Paffons maintenant aux précautions qu'on doit employer dans les magafins.

Nous avons dit, en parlant de la confervation du blé, qu'il falloit, avant de fonger à lui enlever l'humidité qui eft le principe de fon altération, arrêter le mal à fa fource, c'eft-à-dire, empêcher que cette humidité ne s'introduife dans le grain, & ne pas l'enmagafiner qu'on ne fût bien assuré qu'il n'en contient pas encore suffisamment pour s'échauffer & fermenter malgré tous les soins : nous ferons la même remarque à l'égard du blé rempli de charançon. Il faut savoir en premier lieu , si celui qu'on va serrer n'en est pas déjà infecté ; examiner ensuite si le grenier lui-même ne renferme pas du charançon : ainsi , quand les magasins à blé seroient situés & construits à peu-près de la manière que nous desirerions qu'ils fussent , ils manqueroient encore leur effet , si ces deux objets étoient négligés.

L'examen du grenier est donc un point capital qui mérite la plus sérieuse attention , s'il y a eu du charençon l'année précédente , on doit bien prendre garde d'y serrer du blé avant qu'on ne soit assuré positivement qu'il n'en existe plus un seul , il convient alors de le bien nétoyer , de visiter les planchers , l'escalier du magasin & les lieux qui l'avoisinent ; de faire au mur , s'il est dégradé , & même quand il ne le seroit pas , un crépis avec de la chaux vive , d'employer des odeurs fortes. M. de Monvallon Conseiller au Parlement d'Aix , s'est convaincu qu'en brûlant quelques mèches soufrées dans le grenier , avant qu'on y apporte le blé , son grain n'avoit pas de charançon , tandis qu'il en étoit dévoré quand il oublioit cette précaution : si les murailles se sont fendues, les solives déjetées & le bois gersé, il est essentiel, au lieu de se servir de pommades qui ne produisent jamais un effet complet, de remplir tous les interstices avec du mastic, du mortier ou du plâtre, en revêtir les autres endroits avec du papier bien collé ; cela est d'autant plus essentiel que le plus petit trou, la moindre crevasse, qui permettroit à peine l'entrée d'une lame mince de couteau, pourroient receler des milliers d'œufs, & même des insectes qui, se trouvant à l'abri des grands froids pendant l'hiver, se réveille-roient à la belle saison, & produiroient leurs ravages.

Après avoir balayé, bouché, calfeutré & soufré le magasin, on peut y serrer le grain, & sa conservation dans un grenier ainsi disposé, deviendra très-facile ; mais il faut encore être bien sûr que ce grain est sain : attention qu'on a bien pour les blés vieux ; mais pas autant pour ceux qui sont nouveaux, parce qu'on prétend qu'il y a moins à craindre ; cependant l'endroit de la grange où il a été déposé d'abord, les sacs qui le renferment, ne pouvoient-ils avoir du charançon ? dans ce cas, il faudroit porter le blé dans un grenier particulier éloigné du magasin, là le travailler jusqu'à ce qu'il soit dépouillé tout-à-fait des insectes.

La difficulté de chasser les charançons des magasins & des greniers, lorsqu'une fois ils s'y sont jetés en foule pour trouver leur subsistance, & choisir une retraite commode à leur postérité : les déprédations qu'ils occasionnent ensuite, si on ne les inquiète pas continuellement, nécessitent la recherche des moyens pour leur en interdire l'entrée : car, il n'en est pas du charançon comme des chenilles : ces dernières, dans l'état de papillon, déposent leurs œufs sur le blé monté en épi. Ils y naissent suivant les circonstances favorables à leur développement, & se glissent entre les balles à cause de leur petitesse ; mais le charançon ne paroît point dans les champs, ni même à la grange, soit que le blé y reste en gerbe, soit qu'on le garde en tas après l'avoir battu ; ces insectes n'éclosent que dans le grenier, & si l'on en a été quelquefois incommodé dans la grange, c'est que suivant l'observation de M. Vilin, les tas trop peu serrés & les granges mal fermées, ont laissé pénétrer un degré de chaleur suffisant pour donner au blé une odeur capable de les attirer.

En rafraîchissant continuellement le blé par le moyen des ventouses & du courant d'air que donneroient les ouvertures pratiquées aux extrémités du magafin, le blé ne contracteroit pas une odeur capable d'allécher le charançon, & le froid empêcheroit fon féjour & fa multiplication : on auroit foin que les portes & les fenêtres fuffent hermétiquement fermées, afin que les chats, les rats, les fouris & les infectes n'y entrent point à caufe des dégâts qu'ils occafionnent & des mauvaifes qualités que leurs émanations peuvent communiquer au blé.

Un défaut effentiel qui règne dans les magafins à blé, & dont on ne fauroit trop faire voir le danger, c'eft que quand on travaille & que l'on remue le grain, les croifées & même les portes demeurent toujours ouvertes, ce qui d'une part favorife l'introduction de l'air humide quand il pleut, & de l'autre ces papillons que l'on aperçoit dans les chaleurs de l'automne voltiger au déclin du jour auprès des fenêtres : ce n'eft que par ces ouvertures qu'ils entrent & arrivent au tas de blé pour y dépofer leurs œufs, d'où naiffent des infectes connus fous le nom dé *teigne* ou de *ver à blé :* ces infectes font un tort infini dans le grenier, donnent au grain une odeur de ver qui fe conferve dans les farines, comme dans le pain qu'on en prépare.

Les doubles croifées que nous avons propofé
d'adapter

d'adapter aux ouvertures pratiquées dans les magafins à blé du côté du nord, ferviront particulièrement pour ce troifième objet : on ouvrira le vitrage quand l'air ne fera pas chargé de vapeurs humides, & la nuit fur-tout, lorfqu'on travaillera le blé; l'air frais paffant à travers la toile du chaffis ajoutera à celui des ventoufes, & les infectes n'ayant aucune iffue, il ne fera pas poffible aux papillons de parvenir jufqu'au tas de blé : fi par hafard quelques-uns avoient pénétré dans le magafin, l'air froid qui y règneroit les feroit bientôt mourir, ou empêcheroit leurs œufs d'éclore.

Nous terminerons cet article par une réflexion. Il n'y a qu'une méthode ufitée parmi les Commerçans, pour conferver le blé, c'eft celle de le tenir en couches dans le grenier, & de l'y remuer par le moyen de la pelle & du crible : on pourroit employer une autre pratique, mettre le blé en facs ifolés par des cafes, d'où l'humidité s'échapperoit aifément, & autour defquels l'air circuleroit; mais nous reviendrons fur ce dernier objet, puifqu'il intéreffe fi directement la fortune du Boulanger & le bien public.

H

ARTICLE IX.

Du choix du Blé.

NOUS avons obfervé précédemment, que les accidens qui arrivoient au blé pendant fa végétation, n'apportoient aucuns dérangemens dans fes parties organiques : nous ajouterons ici que le fol, l'expofition & la culture, n'influent pas davantage fur la forme extérieure & les qualités effentielles de ce grain. On remarque en effet, que les blés des contrées les plus oppofées, comme des pays les plus rapprochés, ne diffèrent entre eux que par des nuances perceptibles feulement pour ceux habitués à voir & à trafiquer cette femence ; car aux yeux du vulgaire, toutes les variétés de blé s'évanouiffent ; il n'y a tout au plus que le volume qui les frappe. Mais comme fouvent les alimens nuifent plus par le défaut de qualité que par leurs efpèces, il convient de donner les caractères généraux qui appartiennent au blé, quels font ceux enfuite qui diftinguent le territoire d'où il provient, & enfin le degré de bonté qu'il pofsède.

Le blé à qui l'on a donné le nom de *froment* par excellence, eft la femence d'une plante de la riche famille des graminés ; fa couleur eft d'un jaune clair , doré & luifant, il paroît liffe à fa fuperficie ; mais placé au foyer d'un microf-cope fimple , il préfente à une de fes extré-mités, qu'on appelle la *broffe*, une infinité de petits poils, qui fe trouvent même répandus fur la furface de l'écorce , & font, fuivant les obfervations de M. l'abbé Poncelet , autant de tubes appliqués verticalement les uns contre les autres, & communiquant enfemble par des infertions latérales.

Le blé eft convexe d'un côté & marqué de l'autre par un fillon, ayant une forme ovale, c'eft-à-dire , pointu à la partie du germe , aplati & évidé de l'autre, & s'élargiffant juf-qu'au fommet où eft la broffe , ayant une forte de poli & de féchereffe qui le fait couler, & lui donne ce que les Marchands nomment *la main :* mais la couleur & la groffeur varient en raifon du climat, des années, de la culture & du fol. Le blé a trois nuances de couleur, le jaune, le gris & le blanc : il eft plus ou moins alongé, gros, bombé & profond dans fa rai-nure ; fin , liffe , rude , terne, luifant, ridé , poli, ce qui produit des différences dans le blé, & le fait diftinguer par les noms de patrie ou par une épithète qui défigne fa valeur.

Arrêtons-nous d'abord au blé qui nous vient de l'étranger , & que le commerce nous a mis à portée d'examiner ; nous dirons après cela deux mots fur celui de notre pays.

Le blé de Barbarie reſſemble beaucoup à l'orge mondé ; il eſt gros , jaune , long & preſque ſans écorce ; il eſt ſi compacte & ſi ſec , qu'il ſe briſe avec une peine infinie ſous la dent : l'Italie ne produit pas moins abondamment de blé : il eſt également peſant , jaune ; mais petit , ſonneux , & ſon produit en farine n'eſt pas tout-à-fait auſſi conſidérable que celui qui vient de l'Afrique. L'Italie eſt un des greniers de l'Europe où s'approviſionnent ſouvent les Nations qui ne récoltent pas ſuffiſamment de blé pour leur ſubſiſtance , ou qui ſont affligées par la diſette & la cherté.

Les grains les plus recherchés qui viennent dans les royaumes ſitués au nord de l'Europe , ſont les blés de la Pologne : ceux que nous avons vus , qui étoient ſans mélange , & qui provenoient des bons cantons , étoient d'un jaune clair & vif , petits , ramaſſés , & d'une écorce aſſez fine ; mais ils ne produiſent pas , à meſure égale , autant de farine ; elle eſt blanche & de bonne qualité : il croît auſſi dans ce pays du blé blanc qui a aſſez de réputation. L'An-

gleterre ne recueille pas affez de blé pour fa
confommation; lorfqu'elle tranfporte ce grain
ailleurs, c'eft toujours un blé de commerce
que fes habitans tirent des contrées qui en ont
abondamment. La Hollande, ce pays fi couvert
de riches & grandes Villes, ne produit pas de
blé; cependant fes habitans induftrieux en font
un commerce immenfe; ils le confervent dans
de vaftes magafins qu'ils n'ouvrent que pour
l'exporter enfuite avec quelque avantage : ce
blé ne paroît être qu'un compofé de tous les
blés des différentes Nations avec lefquelles les
Hollandois commercent ; ce qui fait qu'il eft
impoffible de lui affigner aucun caractère particulier.

On peut avancer que les blés des pays mé-
ridionaux ont des propriétés qui leur font communes, telles que la féchereffe, la fermeté,
l'intenfité de couleur & la pefanteur, ce qui les
met en état de fe conferver aifément , & de
fupporter les voyages de long cours fans éprouver d'altération ; les blés du Nord, par une
raifon contraire, muriffant lentement, font d'une
couleur moins vive, plus petits, plus ramaffés;
la température de ce climat conviendroit affez
bien à leur confervation, mais l'humidité qu'ils
abforbent en route dans le tranfport, fur-tout

par la navigation , ajoute à celle qu'ils renfermment déjà : en forte que ces grains arrivent rarement en bon état , à moins qu'ils n'aient été étuvés ; cette précaution encore ne les garantit pas des accidens qui les avarient.

La France, qui par la fertilité de fon fol , la variété de fes productions & l'agrément de fa fituation , peut être regardée comme le pays le plus favorifé par la Nature : la France, dis-je, produit des grains plus qu'il n'en faut pour la confommation de fes habitans, & la plupart ont l'avantage de réunir les différentes qualités de ceux qu'on récolte dans les contrées dont nous venons de parler ; la fécherefse, la pefanteur, la finefse, le jaune doré , enfin tout ce qui caractérife la meilleure qualité : on connoît dans tous les endroits de l'Univers où l'on mange du pain, les blés dont on fait la farine dans les fameufes manufactures de Nerac & de Moffac : nos Boulangers de Paris qui emploient les blés de la Beauce, de la Brie & de la Picardie, prouvent de la manière la plus complète, que ces grains méritent à jufte titre l'éloge que l'on fait de leur fupériorité. Mais dans les blés de tous les cantons il y a encore des nuances qui fixent l'attention des Commerçans, & dont ils

ont formé autant de claſſes : ſavoir, blé de première, ſeconde & troiſième qualités.

Le blé de tête ou de première qualité, eſt
celui dont la couleur eſt d'un jaune clair &
tranſparent, ramaſſé, bien nourri, bombé & peu
profond dans ſa rainure, ſe caſſant nettement
ſous la dent, il préſente dans ſon intérieur une
ſubſtance ſerrée & compacte, d'un blanc jaunâtre & brillant; il ſonne lorſqu'on le fait ſauter
dans la main, & cède aiſément à l'introduction
du bras dans le ſac qui le renferme : il répand
dans la bouche, lorſqu'on le mâche, un goût
de pâte, & on y aperçoit une odeur qui appartient à la bonne qualité de blé, que l'habitude fait diſtinguer plus aiſément que toutes
les deſcriptions.

Le blé de ſeconde qualité eſt celui qui s'é-
loigne un peu des caractères diſtinctifs que nous
venons d'expoſer, c'eſt-à-dire, qu'il eſt plus
maigre & plus alongé, d'un jaune plus foncé,
léger, ſe caſſant moins aiſément ſous la dent,
& offrant dans ſon intérieur une matière moins
blanche & moins ſerrée : on peut mettre dans
cette claſſe les blés gris ou glacés; les blés de
mars qui, quoique de bonne qualité, ſont toujours vendus moins cher à cauſe de leur abondance en écorce & du peu de blancheur de leur

farine : il eft poffible de placer encore ici les blés, qui, ayant été nourris d'eau pendant la récolte, & recueillis humides, font d'un jaune terne, moins farineux, abforbant peu d'eau dans le pétriffage, & ne fourniffant pas autant de pain : il eft cependant des années où ces blés inférieurs approchent de ceux de la première qualité, foit par rapport au volume, à la fécheresse, à la couleur ou au poids, tels ont été les blés de 1762 ; année qui fera époque parmi les Cultivateurs & les Vignerons, en ce que les différents degrés de la végétation furent fi avantageux, que de ce concours de cir-conftances heureufes réfulta une univerfalité de bonne efpèce de blé.

Les blés médiocres ou de troifième qualité, font encore plus alongés, plus chétifs & moins pefans que ceux dont nous venons d'expofer les caractères : leur rainure eft plus profonde, & leur écorce plus épaiffe : prefque toujours ils fe trouvent mélangés d'autres femences, comme le feigle, l'orge, la nielle, l'ivroie, la rougeole & le pois gras, qui colorent & diminuent beaucoup le produit de la farine, rendent le pain mat, bis, & fouvent peu agréable, fans pourtant nuire à fa falubrité. Ces blés inférieurs étant ordinairement humides ; il eft utile de les consommer sur les lieux où on les a récoltés, parce qu'ils se gardent & se transportent moins aisément que les blés secs de première qualité.

A l'égard des blés auxquels il est arrivé des évènemens particuliers pendant la végétation & après la moisson, il y a également des marques d'après lesquelles on peut facilement les distinguer : les blés mouillés sur pied ou qui ont subi quelques préparations , telles que les lotions & la dessiccation, s'écrasent & mollissent sous la dent au lieu de s'y casser : ils ne sont pas coulans, les petits poils qu'on aperçoit à l'extrémité des grains & répandus à la surface de l'écorce, sont hérissés , ce qui les rend rudes à la main : on reconnoît les blés retraits à leur maigreur & à leur légèreté ; ceux qui sont salis par la carie nommée *la cloque*, à leur aspect noirâtre, à leur toucher gras & à l'odeur rance qu'ils exhalent : les blés *durs* ou négligés au grenier sont raccornis, livides, & portent au nez quelque chose de moisi ; enfin les blés réellement altérés, ont une odeur & un goût désagréables qui se développent dans la mastication ; d'ailleurs ils sont presque toujours rougeâtres , & la matière farineuse qu'ils renferment, offre un blanc terne sans aucune liaison ni ténacité entre ses parties.

Mais une des méthodes les plus sûres à laquelle le Boulanger doit avoir principalement recours pour juger de la qualité des grains, c'est de comparer leur pesanteur spécifique. Le blé le plus lourd à mesure égale, sera toujours le meilleur, sur-tout lorsqu'à cette qualité, il joindra encore l'avantage d'avoir l'écorce fine, d'être d'un jaune clair : c'est aussi cette dernière espèce que les Boulangers achettent de préférence, parce qu'indépendamment du produit plus considérable qu'ils en retirent, produit qui les dédommage de l'excédant du prix qu'ils l'ont acheté, ils ont encore beaucoup plus de facilité de le conserver & d'en faire un pain excellent & très-blanc.

ARTICLE X.

De l'achat du Blé.

QUAND le blé est pur & de bonne qualité, les organes sont des témoignages suffisans pour s'en apercevoir : l'œil, le goût, l'odorat & la main, exercés, ne s'y trompent jamais : le grain a des caractères de bonté, de médiocrité & d'altération. Sa forme, sa couleur, son volume, sa sécheresse, son poids, sa netteté, son éclat, sont autant de signes qui peuvent servir à faire juger de son degré de valeur. Mais le choix du blé nous a déjà assez occupé ; voyons ce qu'il est essentiel de savoir lorsqu'il s'agit d'en faire l'achat.

Le commerce du blé se fait de différentes manières & par différens particuliers ; tantôt le Boulanger achette chez le Laboureur, dans le grenier ou au marché ; tantôt c'est chez le Marchand qu'il vient s'approvisionner, ou bien enfin c'est le Commissionnaire qui le représente. Dans l'un & l'autre cas, il y a des règles à suivre pour tirer plus de parti de son achat & ne pas être trompé dans la qualité.

Le Boulanger devroit toujours préférer de faire ses achats au marché, parce qu'il auroit l'avantage de tirer de la première main, & de ne pas être trompé sur le prix du courant, sur-tout si dans tous les marchés on observoit la même police qu'à Provins : quatre Notables du lieu, connoisseurs en grain, sont chargés de veiller aux fraudes qui peuvent se commettre : si l'acheteur a sujet de se plaindre, le blé sur le champ est cacheté, porté dans un grenier de dépôt, & confisqué au profit des pauvres s'il y a prévarication. Cette institution est fort sage, il seroit à desirer que les punitions de toutes les infidélités dans le commerce tournassent au soulagement des malheureux.

Une vérité dont le Boulanger ne sauroit assez se pénétrer, c'est que le vendeur, quel qu'il soit, a le plus grand intérêt de présenter sa marchandise sous la plus belle apparence ; en sorte qu'il est bien important que les moyens dont on se sert quelquefois pour y parvenir, soient parfaitement connus de celui qui achette. Si l'on traite d'après l'échantillon, ce dernier, quoique conforme au blé dont il est l'image, ne peut-il pas acquérir de la supériorité tout naturellement, sans que la fraude s'en mêle ? d'abord si on l'apporte dans la poche pour le montrer, il devient plus lisse par le frottement, & plus sec par la chaleur : l'ôte-t-on ensuite du petit sac qui le renferme ; ceux qui l'examinent, le soulèvent, le font sauter dans la main, en dissipent de la poussière, & tout en reprochant au vendeur les défauts de sa marchandise, ils en rejettent insensiblement *les grains auger, les blés morts, les semences étrangères*, & rendent eux-mêmes sans s'en apercevoir, l'échantillon d'un blé médiocre, d'une qualité qui le rapproche des meilleurs blés.

Supposons maintenant qu'il y a prévarication, & que l'on a dessein de présenter un échantillon

différent du blé qu'on veut vendre , alors on ne
sauroit être trop sur ses gardes. Si le grain est
en tas dans un des angles du grenier , ou bien
qu'il soit répandu en couches sur le plancher ,
la superficie peut être d'une autre qualité que le
fond , & le centre que les côtés : si le blé au
contraire est exposé au marché , l'entrée & le
fond du sac peuvent se ressembler , tandis que
le milieu se trouvera différent : enfin , lorsque
l'objet de la vente est plus considérable , le dessus
de la pile des sacs sera conforme à la *montre* ,
tandis que le Marchand , abusant de la confiance
du Boulanger aveuglé par cette apparence de
régularité , aura glissé , à la faveur de la quantité ,
plusieurs sacs de blé de médiocre qualité.

Ces observations , dont la vérité ne se justifie
que trop souvent , devroient bien rendre le
Boulanger plus circonspect dans les achats &
lorsqu'on lui livre son blé , puisque sa fortune ,
sa réputation & le bien public y sont quelquefois
également intéressés. S'il achette d'après l'é-
chantillon , il pourroit le diviser en trois parts ,
deux seroient cachetées sur ficelle , & contien-
droient un écrit signé du vendeur & de l'acheteur , portant la mesure , le poids & le prix du
blé , la quantité qu'on en a acheté & le jour
qu'on doit le fournir , l'un resteroit entre les

mains du Marchand, & le Boulanger garderoit l'autre : le troisième échantillon serviroit de pièce de comparaison.

Lorsque le Boulanger auroit acheté au grenier ou dans les magasins, il seroit nécessaire d'enlever le blé du fond du tas avec la pelle pour le confronter avec celui de la superficie, enfoncer la main de plus en plus autour du tas & dans le centre; enfin, se servir de l'échantillon divisé, cacheté & déposé; mais au marché, réserver le dernier sac qui a servi de montre, & comparer sans discontinuer chaque sac, jusqu'à ce que tout le grain soit mesuré.

Ces précautions essentielles ne sont, ni gênantes, ni coûteuses, elles ne demandent que quelque soin, & en procurant au Boulanger la certitude de son achat, elles lui donneront de la tranquillité sur les besoins de sa consommation : dans le cas où il arriveroit un renchérissement inopiné, depuis l'instant où le blé seroit vendu, jusqu'à celui où l'on seroit convenu de le livrer; la cupidité aux aguets ne pourroit plus tromper la bonne foi confiante. Les échantillons cachetés deviendroient des preuves juridiques pour le vendeur comme pour l'acheteur, & à l'ouverture du sac, il seroit très-aisé de décider lequel du marchand ou du Boulanger seroit fondé.

On defireroit, pour prévenir d'autres abus, que le commerce des grains fe fît au poids, parce que, dit-on, la même mefure variant d'un lieu à un autre, & la manière de mefurer pouvant donner lieu à de nouveaux inconvéniens, il s'enfuit des différences très-notables dans le prix du blé : mais l'effai de la balance eft-il moins fujet à erreur ?

Un blé très-fec peut abforber un douzième d'eau, & acquérir par-là une augmentation en poids & en volume, fans qu'il foit trop poffible de s'en apercevoir au premier coup d'œil : Or, la pefanteur fpécifique étant un des moyens les plus certains pour juger de la qualité du grain, il eft donc effentiel en achetant au poids, de mefurer enfuite, puifque le fetier de bon blé qui pèfe ordinairement deux cents quarante livres, pourroit donner, s'il étoit humeclé, près d'un boiffeau ou vingt livres de plus, fans pour cela fournir davantage de pain que le même grain auquel on n'auroit pas ajouté d'eau : pour obvier à cet inconvénient, il faut employer les deux moyens à la fois, fe fervir d'une mefure dont le poids foit connu. Par exemple, le fetier de blé étant compofé de douze boiffeaux, pefant chacun vingt livres, le demi-litron qui eft notre plus petite mefure, & qui forme la trente-deuxième partie d'un boiſſeau, pèſera dix onces, de manière qu'autant de demi-once qu'il y aura en moins ou en plus, diminuera ou augmentera de huit livres le ſetier de blé.

Nous obſerverons ici que les grains agiſſant les uns ſur les autres, ils ſe ſerrent & s'entaſſent beaucoup mieux dans une grande meſure que dans une petite, en ſorte que dans le rapport du demi-litron avec le boiſſeau, & du boiſſeau avec le ſetier, il peut y avoir une différence de trois livres, ce qui fait que la balance d'eſſai des Hollandois avec laquelle les Négocians font le commerce des blés, quoique très-excellente pour juger de leur peſanteur réelle, n'eſt pas encore la plus exacte poſſible. Le Boulanger peut aiſément s'en paſſer, la grande habitude qu'il a de manier le blé le met dans le cas de décider du poids d'un ſetier de grain qu'on lui préſente, à une livre près. D'ailleurs, ce n'eſt pas toujours le poids qui le détermine : il préfère ſouvent un blé fin, clair, à un blé de mars ou glacé qui pèſe davantage.

Il y auroit ſans doute beaucoup d'avantages pour le Public & pour le Boulanger, ſi le Gouvernement ordonnoit que le commerce du blé ſe fît au poids ; cette loi préviendroit la fraude des blatiers qui mouillent ſouvent leurs

grains

grains pour les faire renfler ; en employant pour rendre à des blés qui ont souffert, comme aux blés *durs*, une apparence de bonne qualité, par des moyens qu'il seroit peut-être dangereux de faire connoître à ceux qui les ignorent : ces Marchands ambulans n'achettent la plupart du temps que des blés très-inférieurs, qu'ils revendent après cela aux particuliers pauvres ou aux Boulangers de campagne.

N'est-il pas bien étonnant que dans un commerce d'où l'amour de l'humanité, ce sentiment si pur & si naturel, sembleroit devoir bannir toute infidélité, tout intérêt sordide, on voie cependant les fraudes se multiplier à mesure que les grains passent en des mains différentes pour être recueillis, conservés, vendus, transportés, préparés, moulus & convertis en pain : mais puisqu'il le faut, je suis fâché que les malversations de quelques particuliers faisant le commerce des blés, m'aient forcé à indiquer ici des précautions dont, sans contredit, n'ont pas besoin beaucoup de Citoyens, beaucoup de Fermiers, qui commercent avec cette candeur digne de l'âge d'or, si honorable pour l'Agriculture & la Boulangerie.

ARTICLE XI.

Des transports du Blé.

LE Boulanger, dont le commerce est le plus étendu, ne tire pas ordinairement son blé de l'étranger : il est dans l'habitude de l'acheter sur les lieux ou dans les marchés des environs, qui ont la qualité de grain relative à l'espèce de pain qu'il fabrique ; mais comme des circonstances particulières peuvent le déterminer à se procurer des blés ailleurs & dans les Provinces les plus éloignées de son domicile, il convient d'ajouter aux précautions que nous avons cru devoir lui recommander, pour ne plus être trompé à l'avenir dans ses achats, celles qu'il faut encore employer pour que sa marchandise soit bien transportée, qu'elle ne puisse être changée en chemin & qu'elle arrive à sa destination sans avoir éprouvé la moindre altération.

Il seroit superflu de répéter ici ce que nous avons déjà avancé touchant la conservation du blé, & les manipulations qu'il falloit employer pour dérober au grain son humidité surabondante, & prévenir sa germination qui en est la suite inévitable ; il ne s'agit pas de grands approvisionnemens ou de voyages de long cours :

nous n'envisageons dans cet Ouvrage que le commerce du Boulanger : tout ce qui peut concourir à la perfection de son art est notre principal objet. Nous présumons donc que le blé qu'il va faire transporter est de bonne qualité , & qu'il aura prescrit à son commissionnaire ou à son facteur , les règles que l'on doit suivre dans l'achat, qu'il aura comparé la mesure du marché où il a acheté , avec celle du pays qu'il habite ; qu'il aura calculé les frais de voyage , de louage de sac , & autres dépenses d'exportation : enfin , qu'il sait à combien reviendra le blé rendu chez lui.

Les sacs qui doivent contenir le blé pendant son transport & jusqu'à ce qu'il soit converti en farine, ne sont pas toujours soignés ni assez examinés : la toile qui les forme étant une espèce d'éponge, elle peut s'imprégner en dedans de l'humidité qu'exhale continuellement le grain , & en dehors de celle de l'atmosphère ou bien de l'eau ; ces sacs gardés souvent en tas ou les uns dans les autres , peuvent avoir encore renfermé des blés mouillés , charançonnés , mal nétoyés , & receler par conséquent de quoi détériorer le blé. Il convient donc de s'assurer, si les sacs n'ont aucune odeur & sont fort secs , de n'en faire usage qu'après les avoir secoués , retournés, étendus fur des cordes dans un lieu aéré & parfaitement fec : enfin, imiter le Vigneron qui a grand foin de ne pas verfer fon vin dans les tonneaux, qu'ils ne foient bien propres & fans la plus petite odeur.

On doit faire attention enfuite de marquer & contre-marquer les facs de fon nom, afin d'éviter les erreurs, les furprifes, les échanges, & à mefure qu'on y met le grain, cacheter ou plomber fur la ficelle ; fi le blé doit être tranf-porté par eau, il faut que l'endroit où il fera dépofé, en attendant qu'on le charge fur les bateaux, foit fec & à l'abri des injures de l'air ; fi l'on eft obligé de le laiffer fur le port, qu'il foit couvert au moins de toile cirée ou de bannes ; & que quand on le dépofera dans le bateau, le fond de celui-ci foit furmonté d'une petite char-pente, & que les facs foient environnés de paille sèche, pour que les rats & l'humidité ne puiffent l'endommager, que l'air circule tout autour & entretienne de la fraîcheur.

Lorfque le blé vient de Provinces éloignées, il eft rare que les bateaux qui l'apportent, foient fecs, couverts & bien conditionnés : or, pour peu que le grain ait une certaine humidité na-turelle, que les grandes eaux ou les glaces fufpendent la navigation, ou qu'il tombe de l'eau pendant la route, accompagnée de chaleur & d'orages, toutes ces circonſtances réunies peuvent ſingulièrement détériorer le blé. Combien n'en a-t-on pas vu qui étoit de la meilleure qualité à ſon départ, arriver échauffé & germé ?

Si l'on manque de ſacs & de bateaux couverts, le blé alors eſt tranſporté en grenier, & expoſé pendant tout le trajet, à toutes les injures du temps : il conviendroit dans ce cas, au lieu d'employer des ſous-traits, formés de claies ou de paille qui ne garantiſſent pas de l'humidité, & occaſionnent beaucoup de déchet, d'établir au fond du bateau une petite charpente de volige qui remédieroit à ces inconvéniens, on laiſſeroit au milieu & autour du bateau un eſpace vide, on éleveroit au-deſſus une corde tendue ſur des chevalets pour y mettre une banne, qui, recouvrant bien le bateau, ſeroit étendue de manière à laiſſer l'eau dans les eſpaces vides, d'où elle pouroit être vidée, comme on vide celle qui entre naturellement.

Pourquoi donc ne prendroit-on pas pour le blé les mêmes précautions que l'on emploie pour mettre le ſel & la chaux à l'abri de l'eau pendant leur tranſport ? on a vu des maſſes de ſel reſoutes en liqueur : on a vu des pierres à chaux s'effleurir, ſe convertir en pouſſière, &

occafionner fouvent des incendies : quoi , parce
que la détérioration du grain n'a pas un effet
auffi effrayant , s'enfuit-il que cette détérioration
foit moins terrible enfuite par les maladies que
les blés gâtés peuvent occafionner ? Qu'il me
foit permis d'implorer ici , au nom de l'humanité,
la bienfaifance & les lumières des Magiftrats
chargés de veiller au bonheur des peuples & à
la falubrité des fubfiftances de première néceffité , pour ordonner que tous les bateaux
& les voitures deftinés au tranfport des grains ,
foient déformais exactement couverts, conftruits
de manière à ce que l'humidité y pénètre difficilement, & que les facs foient arrangés, garnis
& parfaitement ifolés.

Il arrive quelquefois que les circonftances
des temps, des lieux, des rivières, obligent de
décharger d'un bateau dans un autre, il faut
alors que le Boulanger ait des facteurs prévenus
à temps par des lettres d'avis, de la quantité
qu'il y en a , de la marque des facs, afin de
furveiller aux déchargemens , & à ce que la
marchandife ne dépé.iffe point.

Dès que le blé eft arrivé, s'il eft fort fec, &
qu'il n'ait pas reçu d'eau pendant le tranfport,
on peut le garder ainfi dans les facs fans le
vider ; mais lorfque la faifon eft fort chaude,

& qu'il eſt demeuré long-temps en route, il eſt bon de le remuer & de le travailler afin de le rafraîchir : éviter ſur-tout dans ce cas, d'envoyer une grande quantité de grain au moulin, ſur-tout quand les eaux ſont baſſes ou que le temps eſt calme, parce que le Meunier manque ordinairement d'emplacement, pour permettre l'opération du pélage & du criblage, & qu'alors faute de grenier, le charançon, le ver peuvent endommager le grain : il n'eſt aucun Boulanger qui, dans le cours de ſa vie, n'ait fait cette triſte expérience. On court donc toujours de grands riſques en faiſant entreprendre la mouture d'une proviſion de blé conſidérable, à moins qu'on ne l'envoie qu'à meſure que l'on moud, parce que ne pouvant ſeul jouir du moulin, il eſt néceſſaire, comme dit le proverbe, *que chacun engraine à ſon tour.*

Je ne prétends pas être le premier qui ait fait ces obſervations concernant le tranſport trop négligé des blés ; elles n'ont échappé à aucun des Auteurs qui ſe ſont occupés de l'objet des grains ; mais pouvois-je me diſpenſer de les rappeler ici puiſqu'elles intéreſſent la ſanté des hommes & la fortune de ceux pour leſquels j'écris ! Je répéterai donc aux Boulangers : inutilement vous auriez pris les plus grands ſoins, les mesures les plus sages pour vous procurer des blés de la meilleure qualité, & ne pas être trompé dans vos achats, si vous ne les faites vanner & cribler sur les lieux avant leur transport ; si les sacs ne sont pas bien nétoyés & séchés avant d'y rien renfermer ; si dans les endroits de chargemens & de déchargemens, les blés ne sont pas à l'abri de toute humidité ; si conduits, soit par eau, soit par terre, on les a déposés dans des voitures ou dans des bateaux découverts, n'espérez pas que votre marchandise arrive sans avoir été fatiguée sur la route, & que pendant son trajet elle n'ait souffert assez pour ne plus vous permettre de l'employer à la fabrication du pain sans nuire à votre intérêt & au bien public.

Article XII.

Des préparations qui doivent précéder la mouture.

On sait que les Magistrats chargés de la police, veillent à ce qu'il ne se débite que des blés de bonne qualité, cependant malgré leur vigilance, nos marchés sont quelquefois remplis de grains, qui avec une apparence saine, pourroient préjudicier à la santé & à l'économie, si avant de les envoyer au moulin, on ne leur faisoit ſubir quelques préparations ſimples & faciles à exécuter.

Le blé qui réſulte d'une année sèche & chaude, auquel il n'eſt arrivé aucun accident pendant ſa croiſſance, qui n'a pas été nourri d'eau durant la moiſſon, & qu'on a tranſporté bien conditionné à la grange, qui a été battu, vanné & criblé avec les précautions uſitées en pareil cas; ce blé, dis-je, quoique nouveau, peut ſervir à la nourriture ſans danger : il faut convenir cependant, que quelque parfait que ſoit le grain au moment de ſa récolte, il eſt toujours avantageux d'attendre que l'hiver ait paſſé deſſus, parce qu'il ſe bonifie encore à la grange ou au grenier, qu'il s'y reſſuie, jette ſon feu, & ſe moud enſuite avec plus de profit.

Mais ſi le blé provient d'années pluvieuſes & froides, ſon ſéjour à la grange & au grenier eſt d'une néceſſité indiſpenſable : ſi on en faiſoit uſage, il pourroit occaſionner des déſordres dans l'économie animale. Le pauvre habitant de la campagne qui ſoupire après la récolte, ſe jette ſur le grain qu'il conſomme auſſi-tôt qu'il eſt coupé, quelque temps après les maladies l'aſſiégent, & on en ignore ſouvent la cauſe : c'eſt à l'uſage des grains trop nouveaux, qu'il faut attribuer ces fièvres, ces dévoiemens qu'on a vu régner en automne dans quelques-unes de nos Provinces septentrionales , sans qu'il fût trop possible d'en découvrir d'abord l'origine.

L'expérience a prouvé que la plupart des graminés & des végétaux sont le plus souvent mal sains dans leur verdeur : plusieurs Médecins ont rapporté que des familles entières étoient mortes pour avoir mangé du pain fait avec du seigle nouvellement récolté : on a observé que l'avoine de l'année incommodoit les chevaux, & leur donnoit du dévoiement ; que beaucoup de fruits pris à l'arbre avoient une saveur différente, & produisoient d'autres effets que quand on attendoit quelques heures pour les manger : en sorte que gardés seulement vingt-quatre heures , ils ne causent plus la colique & les diarrhées qu'ils occasionnoient ordinairement, lorsqu'on les mange immédiatement après les avoir cueillis. Vraisemblablement au premier instant de la cueillette, les parties constituantes des fruits & des semences, sont encore dans un mouvement rapide , qui tend à perfectionner leur maturité, de manière que dans l'usage, il en émane un principe volatil, *un gas* pernicieux en raison de la substance d'où il provient : ainsi, depuis le blé jusqu'à l'ivroie, les grains nouveaux peuvent nuire à la santé dans les circonſtances dont nous avons parlé.

Les Cultivateurs que la néceſſité contraint à faire ſervir à leur nouriture les grains qui viennent d'être récoltés , ne devroient jamais négliger au moins de les expoſer auparavant à la chaleur du ſoleil ou à celle du four; avec cette ſimple précaution facile à être employée par-tout , ils opéreroient en un moment , une partie des effets qui ſe paſſent à la grange & au grenier dans l'eſpace de cinq à ſix mois ; je veux dire , qu'ils dépouilleroient le blé d'une eſpèce d'humidité nuiſible & particulière, ap-partenante encore à la végétation , & qui ſe trouve en plus grande abondance dans les autres grains, à cauſe de leur état gras & viſqueux.

Quand il ne devroit réſulter , de la précaution de dépouiller les grains mouillés ou nouveaux , de leur humidité ſurabondante , qu'un avantage pour la ſanté , ne ſeroit-ce pas une raiſon ſuffi-ſante pour s'empreſſer de l'employer ; mais l'é-conomie y trouvera également ſon compte : les grains trop nouveaux ou humides ſe compriment au moulin au lieu de ſe rompre : en les deſſéchant comme nous le recommandons, l'écorce ſe dé-tachera plus aiſément , on aura moins de ſon, les meules ne ſeront pas *engrapées* & les bluteaux graiſſés ; la farine qui en proviendra ſera plus abondante, plus parfaite ; enfin elle ſe conſervera infiniment mieux, boira davantage d'eau au pétriſſage, & donnera par conſéquent une quantité plus conſidérable de pain, & de meilleure qualité.

Les blés, ſans avoir été ſoumis à l'étuve, peuvent avoir acquis une ſéchereſſe précieuſe pour la qualité du pain qu'on en prépare, mais préjudiciable à leur produit : en ſorte qu'envoyés trop ſecs à la mouture, ils ne ſeroient pas non plus exempts de quelques inconvéniens ; il eſt vrai qu'alors les précautions qu'ils exigent, ſont abſolument oppoſées à celles que nous avons indiquées pour achever la maturité ; le blé trop ſec s'écraſe plus aiſément qu'on ne voudroit, une partie de l'écorce ſe réduit en poudre fine ſous les meules, & paſſe à travers les bluteaux les plus ſerrés, ce qui altère la blancheur de la farine, & occaſionne un déchet marqué, ſoit à la mouture, ſoit dans le tranſport, ſoit enfin lorſqu'on l'emploie ; il faut donc reſtituer à ces blés trop ſecs la portion d'humidité que ceux qui ſont trop nouveaux ou mouillés ont par ſurabondance.

Comme les blés ont beſoin, pour être moulus dans le meilleur état, d'avoir un vingt-quatrième d'eau environ que leur a enlevé la faifon pendant qu'ils croiffent & qu'ils mûriffent, ou bien que l'action de l'air a fait diffiper infenfiblement à la grange ou dans le grenier ; il eft néceffaire de mouiller ceux-ci immédiatement avant la mouture dans le temps chaud, & de ne les jamais envoyer au moulin, que l'on ne foit affuré de leur emploi parce que s'il faifoit chaud, le blé ainfi arrofé d'une humidité étrangère à celle qu'il contient naturellement, courroit d'autant plus vîte encore les rifques de s'échauffer & de s'altérer, qu'il feroit entaffé & en maffe.

Sur un fetier de blé trop fec, pefant à peu-près deux cents cinquante livres, on répand environ huit pintes d'eau, c'eft-à-dire, feize livres : on en verfe d'abord la moitié par le moyen d'un arrofoir, & après avoir bien retourné le grain, on ajoute l'autre moitié en retournant fans difcontinuer, afin que chaque grain s'imbibe & fe pénètre infenfiblement de l'humidité qui le recouvre ; vingt-quatre heures après l'opération, on peut mettre le blé en fac & l'envoyer au moulin : cette préparation augmentera le volume du grain, produira *un bon de mefure.*

Dans les années où l'on auroit beaucoup de blés noirs, il ne faudroit pas les envoyer ainfi au moulin ; car la carie fans être malfaifante, noircit le grain , donne à sa farine une odeur de vieille graisse , & rend le pain violet ; rien n'est plus simple que le procédé à employer pour corriger ce défaut, il suffit de mouiller le blé , de le faire sécher , & de le vanner ensuite ; la poussière de carie dont l'adhérence est détruite par un simple mouillage, se détache & s'envole au vent.

Les blés durs de plancher, c'est-à-dire, ceux qui ayant exhalé au dehors une certaine vapeur humide rassemblée en masse à la surface du grain, & dont l'action a été bridée pour ainsi dire par le froid , ainsi qu'il arrive aux blés gardés dans les citernes & dans les autres endroits où l'air n'a pas un libre accès : ces blés, dis-je, ternes & ridés à cause de cette humidité qui, seule, a éprouvé une espèce d'altération, contractent une odeur de moisi qui ne pénètre pas jusque dans l'intérieur, & n'endommage aucune des parties constituantes ; en les lavant, les frottant dans l'eau & les desséchant ensuite, cette odeur disparoît , & la farine qui en provient sans être fort blanche, fait de très-bon pain.

Quant aux blés attaqués par les insectes, outre le déchet de la partie farineuse qu'ils ont dévorée, l'humidité qui résulte de leur transpiration, communique une odeur fétide qui rendroit le pain qu'on en prépareroit rebutant, & peut-être dangereux dans l'économie animale. Il convient donc, après avoir bien criblé ces grains pour féparer les animaux ou les réfultats de leurs débris, de les laver, de les faire fécher, & de les travailler enfuite, l'odeur ne tardera pas à fe diffiper.

On a vu qu'en recommandant de faire précéder la mouture par quelques préparations; c'étoit toujours la nature du blé qui devoit les déterminer, & qu'elles avoient pour objet de conferver à la farine toutes fes qualités fans rien perdre du produit & d'enlever au grain des défauts qui pourroient nuire à la quantité, à l'agrément & à la falubrité du pain. Ces trois circonftances ne fauroient trop nous rendre attentifs fur l'état où fe trouvent les blés, lorfqu'on eft difpofé à les envoyer au moulin : ces préparations exigent peu de foins, d'embarras & de dépenfe : quand elles en demanderoient davantage, une pareille confidération ne doit-elle pas difparoître à la vue des avantages fans nombre qui peuvent en réfulter ? le pauvre habitant de la campagne eft le premier qui fouffre de la mauvaife qualité des grains : Or, la fanté du Cultivateur eft de la plus grande importance à un État.

Après avoir confidéré le blé fous tous les

points de vue qui pouvoient le faire connoître dans les divers états ou la Nature nous le préfente. Après avoir expofé les différentes précautions & les travaux qu'il falloit employer pour lui conferver fes qualités, ou le priver de défauts que des accidens ou le temps lui avoient communiqués ; un autre objet doit nous occuper. Les parties conftituantes du blé font diftinctes & féparées dans le grain, elles ont chacune une place à part, mais bientôt elles vont être confondues & mélangées par le moyen des meules ; leurs propriétés, ainfi que leurs effets, ne feront plus les mêmes ; alors d'autres foins, d'autres manipulations ; enfin ce ne fera plus du grain.

CHAPITRE II.

CHAPITRE II.
De la Farine.

ARTICLE PREMIER.
De la Mouture.

COMME il eſt démontré que le blé le plus parfait peut perdre une partie de ſes excellentes qualités par l'ignorance ou la négligence du Meunier, ou bien par l'imperfection du moulin, & que ſouvent il y a une différence étonnante entre les produits d'un bon ou d'un mauvais moulage; j'ai cru devoir commencer ce ſecond Chapitre par quelques réflexions ſur la mouture.

J'obſerverai d'abord que la Meunerie a tant de rapport & de liaiſon avec la Boulangerie, qu'il ſeroit à deſirer que le même homme exerçât l'un & l'autre état, ou qu'au moins le Boulanger pût réunir les connoiſſances principales de l'art de moudre, pour éclairer & diriger quelquefois ſon Meunier, lui rappeler de temps en temps ſes principes, en lui indiquant les précautions qu'il doit prendre ſuivant les circonſtances, la nature des grains & les vues qu'il a pour ſes opérations. Qui doit mieux connoître en effet

K

la perfection d'une farine que celui qui l'emploie! aussi les Boulangers propriétaires de moulins, & ceux qui font le commerce des farines, savent-ils tirer un parti plus avantageux du blé pour la fabrication du pain.

Quelque persuadé que soit le Boulanger, des talens du Meunier, il ne peut & ne doit se dispenser cependant de veiller sans cesse sur son travail, parce que s'il survient des pertes & des défauts dans la mouture, c'est toujours lui qui les éprouve, & que si l'ouvrage est bien ou mal fait, le Meunier n'en retire pas moins le prix convenu : il est donc de son intérêt de bien connoître le moulin & le Meunier qui le conduit. Une farine trop fine, ou celle qui ne l'est pas suffisamment, auront même effet, c'est-à-dire, qu'elles n'absorberont pas assez d'eau dans le pétrissage, d'où il s'ensuivra nécessairement une diminution dans le produit en pain.

Nous ne nous proposons nullement de parler ici du mécanisme des moulins & de toutes les pièces qui composent ces industrieuses & grandes machines. Le Manuel du Meunier, le Traité de la mouture économique, publié par M. Beguillet, ainsi que l'Art du Boulanger, par M. Malouin, offriront à ceux qui voudront avoir une connoissance plus exacte & plus étendue à ce fujet, tout ce qu'il eſt poſſible de defirer. Notre objet principal confiſte à donner au Boulanger quelques notions ſur la mouture, en lui indiquant en même temps les précautions qu'il a befoin d'employer tant avec ſon Meunier que pour le moulin dont il doit ſe ſervir.

Avant d'envoyer le blé au moulin, il eſt bon de prévenir le Meunier de la quantité qu'il en envoie, & du poids de chaque ſac qui feront cachetés ou plombés, pour les raifons que nous avons détaillées à l'article du tranſport des blés : mais comme le Boulanger eſt ſouvent trop éloigné du moulin pour être à portée d'examiner par lui-même le grain dans le moment où il arrive ; le Meunier, dans cette circonſtance, doit le repréſenter vis-à-vis du commiſſionnaire, compter les ſacs, en peſer pluſieurs devant le voiturier, & les ouvrir indiſtinctement, afin de vérifier ſi réellement la quantité & le poids font conformes à l'énoncé de la lettre de voiture, & ſi enfin la qualité répond à l'échantillon que le Boulanger aura eu ſoin de faire paſſer au Meunier. Ce dernier, après ſon examen fait, délivrera au voiturier un reçu dans lequel il n'oubliera pas de rappeler le nombre des ſacs & le poids de chacun : cette pièce bien en règle deviendra pour le Commiſſionnaire une

K ij

preuve non équivoque de son exactitude & de sa fidélité ; pour le Meunier , une assurance qu'on ne lui demandera pas un produit différent de celui du blé qu'il a reçu ; enfin , pour le Boulanger , la certitude d'avoir une qualité de farine relative au blé qu'il aura acheté , & il sera en droit d'exiger qu'elle soit proportionnée à l'espèce de grain dont il a confié la mouture.

Ces précautions me paroissent d'autant plus essentielles & plus utiles , que souvent le Meunier ne trouve pas dans le blé le même degré de pesanteur que lui avoit accusé son Commissionnaire ; plusieurs causes peuvent occasionner cette différence de poids , sans pour cela changer le grain. Il faut d'abord s'informer si le blé a été pesé long-temps avant son chargement , parce qu'il peut avoir diminué de poids au grenier ou dans le transport en perdant de son humidité : s'assurer après cela si la manière de mesurer s'est bien faite , si les mesures & les poids dont se sont servis le Commissionnaire ou le Meunier , se rapportent & sont bien étalonnés : ainsi quand il y a contestation , in-dépendamment de la montre à laquelle il faut avoir recours , il est nécessaire de faire encore entrer en considération , ce que nous observons , sans quoi le Boulanger s'en prend au Meunier , celui-ci au Commiſſionnaire, & ce dernier au Voiturier, en ſorte que chacun crie au voleur, & que c'eſt toujours le Boulanger qui devient la victime, ſi ce n'eſt le Public.

Quand le Boulanger achette ſon grain au marché, & que le moulin eſt dans ſon voiſinage, il court beaucoup moins de riſque, parce que non-ſeulement il a vu meſurer le blé qu'il a acheté, qu'il a pu le faire peſer ſous ſes yeux & en préſence du Meunier; mais encore par rapport à la facilité qu'il a d'aller à tout moment inſpecter le Meunier, le moulin & la mouture.

Nous avons déjà inſiſté ſur les motifs qui devroient déterminer à ne faire porter le blé au moulin qu'à l'inſtant où on voudroit le convertir en farine : il eſt néanmoins des circonſtances qui peuvent néceſſiter le Boulanger d'en agir autrement, ſa conſommation étant plus conſidérable que ſon emplacement n'eſt grand, il fait porter le grain d'avance chez le Meunier, afin de pouvoir ſaiſir le moment où l'on peut moudre; mais dans ce cas, il eſt important d'examiner la ſituation du lieu où il doit reſter en dépôt, & ne rien négliger pour empêcher que le blé ne s'échauffe ou que les inſectes ne s'y introduiſent.

Lorſque le blé eſt ſorti du magaſin & tranſporté chez le Meunier, le Boulanger doit pref-crire le moulage qu'il defire & qui doit varier, en raifon de la nature & de l'efpèce de blé qui en eft l'objet ; obferver fi les meules ne font pas nouvellement rhabillées ou piquées , parce que leur action trop vive pourroit influer fur la blancheur & la perfection de la farine. Si les pierres dont font compofées ces meules, n'ont pas les qualités requifes, le meilleur blé entre les mains du plus habile Garde - moulin, ne rendra qu'une farine défectueufe ; mais comme on dit, à l'ouvrage on connoît l'ouvrier, le Boulanger avant d'avoir fixé fon choix fur un Meunier , doit avoir l'attention d'examiner la qualité & le produit de la farine que celui-ci fait tirer d'un blé qu'il voit moudre.

Quel que foit le moteur qui faffe agir le moulin ; fi fon action eft modérée, fi les meules font bonnes & qu'elles ne foient pas trop rap-prochées , les farines fortiront froides ou tout au plus tièdes ; mais dans le cas contraire, elles feront chaudes & brûlantes, alors les parties favoureufes & odorantes développées par l'action du broiement, fe volatiliferont, la matière hui-leufe du blé augmentera de couleur, & éprou-vera une forte de décompofition ; la fubftance glutineufe perdra de fa ténacité & de fon élasticité : en un mot, la farine *mollira* au travail, & n'aura presque plus de corps. Il faut donc éviter, autant qu'il est possible, un semblable inconvénient, & empêcher que le Meunier ne dénature le blé à ce point.

Le Boulanger ne doit pas faire venir du moulin les farines à mesure qu'elles sont finies, il est bon qu'elles reposent quelque temps avant de les mélanger ou de les transporter; les sacs doivent rester dans un endroit sec & frais, en y enfonçant le manche d'une pelle, pour former ce qu'on appelle une *cheminée*, afin que l'air se renouvelle dans l'intérieur du sac, & rafraîchisse la farine qu'il contient ; ces précautions sont indispensables si le blé est humide, la saison chaude, & que les farines ne puissent être placées ailleurs qu'au pied ou au rez-de-chaussée du moulin. L'humidité qui y règne souvent, a l'inconvénient de faire pelotonner la farine, même celle qui est la plus sèche.

Lorsque le blé est moulu & bluté à l'avantage du Boulanger, c'est-à-dire, que la farine est douce, blanche, sans odeur, & que le son est bien épuisé ; que tout est marqué, pesé & mélangé suivant l'espèce de mouture & l'intention de celui à qui appartient la marchandise ; les dernières précautions qu'il y a encore à employer, c'eſt de fixer les ſacs à un poids invariable, de les faire tranſporter dans des voitures garnies de planches & ſoigneuſement couvertes, d'envoyer chaque fois une lettre de voiture dont le Boulanger donnera ſon reçu, après avoir toutefois examiné ſa farine & peſé quelques ſacs. Dès qu'il voudra compter avec ſon Meunier, il ſe fera repréſenter tous ſes reçus, & il verra ſi le produit eſt réellement conforme au poids & à la qualité du blé qu'il a donné à moudre.

Il n'exiſte, autant que je ſache, aucun règlement en France ſur la police des moulins & le prix des moutures. Il paroît qu'à cet égard on eſt encore aſſujetti aux anciens uſages établis dans chaque Province; les Meuniers qui travaillent pour les Boulangers de Paris ou pour les Marchands qui les fourniſſent, perçoivent dix à douze ſous pour la mouture à la groſſe, c'eſt-à-dire, pour moudre une ſeule fois, & le double environ pour moudre & remoudre ce qu'on appelle *par économie*. Le tranſport coûte vingt ſous par ſetier.

Dans beaucoup d'endroits les Meuniers font la loi, ils demandent ou prennent ce que bon leur ſemble, en argent ou en nature. La plupart ſe ſont mis en poſſeſſion d'exiger le douzième ou le dixième, ou même le huitième du poids du blé, fans compter le fon qu'ils retiennent fans mefure pour la voiture ; ils ont par ce moyen trois livres à trois livres dix fous, indépendamment des frais de tranfport, ce qui eft exhorbitant ; ailleurs on eft parvenu à faire rendre la farine brute au poids ; mais cette précaution fuffit-elle pour empêcher toute fraude ! ne peut-on pas enlever la farine la plus pure, la remplacer par des gruaux, ou même par du fon !

Si dans toutes les circonftances la bannalité eft regardée comme un abus, c'eft fur-tout pour la mouture que cet abus eft criant : dans un moulin bannal on y moud toujours mal, & le prix eft pour le moins auffi cher : on n'a pas la liberté de faire moudre comme on veut & où l'on veut ; on ne peut moudre qu'à fon tour, & deux facs à la fois ; en forte que les Boulangers les plus intelligens n'employant jamais la farine qu'après un certain temps qu'elle a été moulue, parce qu'ils ont obfervé que la fabrication du pain étoit plus aifée & plus parfaite, fe trouvent entièrement privés de cet avantage. Un autre abus non moins révoltant, eft celui des Propriétaires, qui en louant leurs moulins un prix exceffif, & même au-delà de ce qu'ils pourroient légitimement rapporter quand ils feroient occupés le jour & la nuit à des moutures très-chèrement payées, mettent le Meunier honnête & intelligent dans la cruelle alternative, ou de faire mal son métier, ou de nous tromper pour pouvoir vivre : au lieu d'employer trois quarts d'heure que dure ordinairement la bonne mouture d'un setier de blé, ils n'y mettent que le tiers de ce temps : alors la farine moulue avec autant de vîtesse, est échauffée, bise, grossière, & le son mal fini, contient encore le quart de la farine, ce qui diminue la bonté du pain, & augmente d'autant le prix du blé. Il ne faudroit jamais permettre de fournir à autrui l'occasion de nous tromper.

Dans presque toutes nos Provinces, les Meuniers sont plus à leur aise que les Boulangers; ces derniers invoquent quelquefois leur secours pour avoir de quoi s'établir, ou pour étendre & agrandir leur commerce. Mais qu'ils paient cher un pareil service! Le Meunier qui craint toujours de ne pouvoir être remboursé de la somme qu'il a prêtée, commence par prendre ses précautions : il met à contribution le grain du Boulanger, qui gémit & n'ose se plaindre quand il s'en aperçoit. Le dernier homme à qui le Boulanger devroit s'adresser pour emprunter de l'argent est le Meunier. Ne nous lions jamais, par la néceffité de la reconnoiffance, avec ceux qu'il nous eft effentiel d'infpecter, ou qui tiennent notre fortune dans leurs mains : à Dieu ne plaife cependant que je cherche à rendre fufpecte la conduite de qui que ce foit! je defirerois au contraire qu'il fût poffible d'effacer ici toute impreffion défavorable fur le compte du Meunier : j'en connois d'honnêtes qui font leur état avec une probité digne d'éloges.

Lorfque les grains étoient à bon compte, le prix de la mouture en fubftance balançoit affez celui de la mouture en argent; mais le renchériffement fucceffif du blé ayant rompu cette balance, & augmenté les autres denrées à proportion, il s'en eft fuivi que le Meunier qui retient la mouture fur le grain, a vu fon bénéfice doublé & même triplé ; tandis que celui à qui on paye la mouture en argent **a** perdu un tiers, à caufe des prix exceffifs des baux, des frais d'entretien de moulins, de voitures & de main - d'œuvre : en forte que l'un perçoit par fetier quelquefois un écu ou quatre francs, dans la cherté des grains, & que l'autre ne fe trouve pas avoir trente fous pour la même mefure.

On doit efpérer que le Gouvernement, convaincu déjà par l'expérience des avantages qu'il y auroit d'établir dans tout le Royaume une seule & même mouture, voudra bien se rendre un jour aux vœux des Citoyens éclairés, qui desireroient un Règlement concernant les Meuniers, & que les Arrêts rendus par le Parlement en 1719, qui ordonnoient que les Meuniers seroient dorenavant payés en argent & non en grain, fussent exécutés dans tout le Royaume. Il s'agiroit de fixer dans chaque Province le prix en argent de la mouture & de la voiture, suivant l'espèce, la quantité de grain & la distance où l'on se trouveroit du moulin. Par exemple, pour se rapprocher du taux des prix des moutures de Paris, on pourroit par setier fixer dix sous pour la mouture à la grosse, dans les moulins où la mouture à blanc n'est pas encore pratiquée, & trente sous pour cette dernière, sans y comprendre la voiture qui, pour aller chercher le blé & conduire la farine, seroit suffisamment payée à raison de cinq sous par lieue.

En Saxe il y a à ce sujet des loix fort sages, & des Inspecteurs qui veillent à leur maintien. Il faudroit obliger ensuite les Meuniers d'avoir, comme ceux des environs de la Capitale, des balances, pour recevoir le blé & rendre la farine à un poids invariable.

Il réfulteroit d'un pareil Règlement, que le particulier & le Boulanger pourroient avoir tout d'un coup l'aperçu du produit en farine & en iſſues de leur blé; qu'ils ne feroient plus continuellement ſur le *qui vive* au ſujet du Meunier; que celui-ci acquerroit également la faculté de pouvoir ſans crainte occuper le moulin pour ſon compte lorſqu'on le laiſſeroit chaumer : tout le monde y gagneroit ; celui qui ne récoltant pas de grain, ou qui préférant de le vendre pour éviter les embarras de la mouture, feroit à même d'acheter les farines qu'il deſireroit; le Meunier à ſon tour, pourroit vendre ſes iſſues ou avoir une baſſe - cour pour les conſommer, ſans être dans aucun cas ſuſpecté. C'eſt ce qui arrive dans la Beauce & dans certains cantons de la Picardie, où la plupart des Meuniers ſont fariniers, & moulent alternativement pour le public & pour eux-mêmes.

ARTICLE II.

Des diverſes Moutures.

DÈs que l'expérience eut appris que les grains entiers, crus ou cuits, n'étoient pas autant nourriſſans ni auſſi agréables qu'ils pouvoient l'être, pris ſous une autre forme, l'induſtrie chercha les moyens d'en tirer un parti plus avantageux : la division des grains parut d'abord fixer l'attention, & l'on se servit pour cet effet de mortiers de pierre ; mais l'action de piler, au lieu de mettre à part les différentes parties constituantes du corps qui y étoit soumis, les combinant ensemble pour en former une poudre homogène ; d'un autre côté, cette méthode employant un temps trop long pour préparer la subsistance de quelques hommes ; on fut obligé de l'abandonner.

Le broyement du grain qu'on avoit en vue, & non sa décomposition, fit imaginer des meules, qui succédèrent aux mortiers : ces meules commencèrent par être petites, construites en bois & armées de pointes de clous, dont l'arrangement produisoit l'effet des meules piquées : on les faisoit mouvoir par le moyen des manivelles ; mais ce moyen ne pouvoit agir assez efficacement sur le grain, il occupoit d'ailleurs trop de bras à proportion de la petite quantité qu'il pouvoit moudre ; on lui substitua un corps plus lourd, plus solide & d'un diamètre plus considérable.

Les meules de pierre remplacèrent celles de bois : on les fit mouvoir par des hommes que la loi ou la misère forçoient à ce travail : on en a même une preuve dans la perfonne de *Plaute*, qui, malgré fon génie fupérieur pour le genre comique, n'en fut pas moins réduit à la dure & humiliante néceffité de faire le métier de tourneur de meules chez un Boulanger. Ces meules ne produifant pas encore un effet complet, on les augmenta de volume, & on les mit en œuvre par des chevaux; mais le mouvement inégal d'un femblable moteur, produifant toujours fur le blé une action plus ou moins vive, les tamis trop clairs ayant également un mouvement indéterminé, la farine qui en réfultoit étoit toujours groffière & mal-faite. Tel fut néanmoins, pendant des fiècles, l'état de la mouture parmi les peuples les plus anciens.

Lorfque les hommes fongèrent à diriger leurs travaux vers les objets utiles, leurs premiers regards fe portèrent fur l'aliment principal à la vie, & ils s'aperçurent bientôt qu'il étoit poffible de le perfectionner. Les meules conduites à bras d'hommes ou par des animaux, qui avoient fuccédé à la méthode de piler les grains dans des mortiers, furent mifes en action par l'air & par l'eau; l'art, l'expérience & le raifonnement furent enfuite combiner, modifier, accélérer les effets de ces deux élémens, au point de les maîtrifer; de-là les moulins à eau & les moulins à vent : on ne connoît guère l'époque de l'invention des premiers ; nous favons feulement que les moulins à vent nous viennent des Orientaux : peut-être que les inondations ou le défaut d'eau y ont donné lieu ; mais il importe fort peu lequel des deux moulins foit le plus ancien : ce point de difcuffion éclairci n'ajoutant rien à l'objet que j'ai eu en vue dans cet Ouvrage, il feroit fuperflu de s'y arrêter. Qu'il me foit permis feulement de faire ici une réflexion.

Comment eft-il poffible que depuis que l'on a abandonné l'ufage de piler les grains pour y fubftituer celui de les écrafer fous des meules, cette opération, qui a été un fi grand nombre de fiècles pour parvenir au point de perfection où elle eft aujourd'hui, ait pu mériter, dans l'état de défectuofité où elle étoit originairement, des éloges de la part de quelques Auteurs qui regrettent de ce qu'on ne la pratique plus ainfi, parce que, fuivant eux, elle produifoit plus de farine & de pain d'un même blé ! Les paffages de Pline qu'on cite toujours pour appuyer une pareille affertion, prouvent qu'en remettant les fons fous les meules, les réduifant en poudre fine, & ne retirant de la mine de blé pefant cent huit livres, que trois livres de gros fon de

rebut,

rebut, on n'obtenoit qu'une farine très-bife remplie de petit fon, un pain bis, groffier & mat. Si c'eft-là ce qu'on appelle la perfection de l'art, rien n'eft plus aifé d'y atteindre; il fuffira de revenir fur fes pas, c'eft-à-dire, de faire une mouture baffe, de remoudre le fon & d'employer des bluteaux clairs.

Sans rappeler ici par leurs noms phyfiques les différentes parties dont le blé eft compofé, nous obferverons qu'il porte avec lui trois caractères diftinctifs entre les mains du Meunier: l'écorce, qui eft la fubftance la plus extérieure du grain, qu'on appelle *fon ;* la farine qui eft déjà diyifée dans le grain dont elle occupe le centre, qu'on y aperçoit au plus léger effort qu'on emploie pour l'écrafer, & qu'on défigne par *farine de blé ;* enfin une autre farine la plus voifine de l'écorce qui, étant détachée, fe préfente fous la forme de petits grains durs & folides, lefquels ont le plus befoin d'être broyés, & qu'on nomme vulgairement *gruaux ;* mais ces diverfes parties, pour être féparées les unes des autres fans fubir aucune altération, exigent de l'attention & des procédés.

L'art du Meunier confifte donc à dérober au grain fon écorce, fans la réduire en poudre,

L

fans qu'elle change de couleur ; à divifer la farine fans l'échauffer ni trop l'atténuer, afin qu'il ne s'établiffe pas entre les parties une défunion capable de préjudicier à la blancheur, au goût & à la perfection de l'aliment qu'on a deffein d'en préparer. Mais on ne parviendra à produire complètement ce double effet qu'en employant des meules dures & piquantes, en les rebattant par rayons, fuivant la méthode pratiquée par les Meuniers les plus habiles qui approvifionnent la Capitale & les environs ; en les allégeant & modérant leur action de manière qu'au fortir de la huche la farin e foit froide ou tiède au plus, qu'elle n'ait perdu aucune de fes qualités, que le fon fe trouve parfaitement évidé, ne renferme prefque plus rien de farineux, & qu'enfin il conferve la même couleur qu'il avoit avant d'avoir été féparé du grain. Tel eft le but que l'on doit fe propofer, dans quelque moulin dont on fe ferve, de quelque manière que l'on procède à la mouture, & quelle que foit l'efpèce de grain qu'on y foumette.

En examinant avec attention ce qui fe paffe fous les meules, nous voyons que le grain y eft d'abord déchiré, & que, paffant du centre à la circonférence, la partie déjà divifée & connue fous le nom de *farine de blé*, fe fépare du gros fon, & l'autre, qui eft la fubftance la plus dure, la plus fèche & la plus pefante, les gruaux enfin, échappent à la première trituration, & fe préfentent fous la forme de grains ronds plus ou moins blancs & revêtus à leur furface d'une pellicule mince : ces trois réfultats fe montrent dans une mouture quelconque.

Que la farine fortant des meules tombe dans un bluteau & foit féparée en même temps que l'on moud, ou bien que cette opération de la mouture (la bluterie) fe faffe chez le particulier, de la même manière qu'elle fe pratique au moulin, les produits feront toujours femblables. Mais fi les meules fatiguées, ufées, montées trop hautes ou tournant trop lentement, n'ont fait que concaffer le grain, il reftera beaucoup de farine dans le fon, tandis que ce fera la farine au contraire qui abondera en fon, fi les meules trop rapprochées, trop nouvellement piquées & mues par un courant trop rapide, ont réduit une portion de l'écorce en poudre fine : c'eft donc du premier broiement que dépend la perfection du moulage & la quantité du produit; la bluterie la mieux perfectionnée ne pourra pas reftituer à la farine les produits & les qualités qu'une mouture défectueufe lui aura fait perdre.

L ij

En vain on objecteroit que les meules ne
font pas toujours les caufes effentielles & principales du produit du blé en farine, puifque
les bluteaux trop fins pourront laiffer dans le
fon une bonne partie des gruaux, & que s'ils
font trop groffiers, les gruaux pafferont avec
la farine, mais nous fuppofons une bluterie bien
conditionnée, une bluterie par laquelle on tire
la farine, les différentes efpèces de gruaux &
de fons, chacun féparément. Ainfi il n'en eft
pas moins vrai que le fon fera conftamment le
même, s'il eft ce qu'on appelle *bien fini*, ce qui
eft très-fenfible à la fimple vue & au poids;
le boiffeau de fon qui réfulte d'une mouture
trop ronde ou mal-faite, pourra pefer jufqu'à
douze livres, & quatre livres & demie feulement
s'il a été détaché du grain par une mouture
très-baffe.

D'après ces réflexions préliminaires, il eft
aifé de voir que l'état où fe trouvent la farine,
les gruaux & les fons, après que le grain a
été écrafé, eft dû au premier broiement qui fait
la bafe d'une bonne mouture, & que fi les méthodes de moudre, ufitées dans le Royaume,
font connues fous différentes dénominations, il
eft poffible cependant de les réduire à une feule
& même efpèce : la mouture méridionale, la

mouture feptentrionale, la mouture de Melun, la mouture à la Lyonnoife, ne font que des nuances de la mouture à la groffe, & approchent plus ou moins de la mouture à blanc, connue depuis peu fous le nom de *mouture économique;* mouture qu'on doit regarder aujourd'hui comme la perfection de l'art du Meunier, & qui, malgré fes détracteurs, n'en a pas moins mérité les recherches des Phyficiens, la protection du Gouvernement éclairé, & des encouragemens honorables pour ceux qui fe font occupés de la répandre. Pour donner la preuve de ce que nous avançons, il eft néceffaire de dire un mot fur toutes les moutures, de montrer les rapports qu'elles ont entre elles, les défauts de chacune, & combien l'art de moudre, perfectionné & foigné par-tout, peut rendre de fervices à l'État & au Public.

De la Mouture à la groffe.

La mouture à la groffe eft fans contredit la plus ancienne & la plus généralement pratiquée dans le royaume : elle confifte à moudre une feule fois, & à bluter hors du moulin : mais on peut dire que cette mouture eft encore chez la plupart de nos habitans de la campagne, dans

le premier état d'imperfection : les meules composées de plusieurs pierres à carreau de mauvaise qualité, y sont mal montées : on ignore
la façon de les rhabiller : on les rebat à coup
perdu ; le moulin conduit sans intelligence va
toujours trop fort ou trop lentement, il s'en
détache une poussière fine, qui, mêlée avec
celle que le blé non criblé a sur sa surperficie,
passe dans la farine, d'où il résulte un pain mat
& bis qui craque sous la dent. Ajoutez à ces
inconvéniens, qu'au lieu de reporter les gruaux
sous les meules, on les mêle avec les farines
bises ; ce qui fait que les gros gruaux sont rejetés dans les sons, qu'on ne retire pas du blé
la moitié de farine blanche qu'il contient, & que
la meilleure partie est convertie en pain bis &
grossier.

Il y a une grande différence entre cette mouture à la grosse, pratiquée dans nos Provinces,
& celle qui est usitée près de Paris. Les moulins
sont construits & dirigés par des Meuniers intelligens qui en connoissent le mécanisme &
l'effet ; les meilleures pierres pour composer les
meules , sont dans le voisinage ; on fait les
monter & les rhabiller à propos, suivant la
nature & la qualité du grain ; on a soin de ne
donner aux meules que le mouvement relatif

à la force du moteur, de manière que la farine n'eſt nullement échauffée, qu'elle eſt très-blanche, & que le ſon eſt parfaitement écuré & fini.

Le Boulanger qui reçoit ſon blé moulu à la groſſe ſe ſert de bluteaux compoſés de pluſieurs lées de diverſes groſſeurs, afin de tirer à part la farine, les gruaux & le ſon : ce qui a paſſé par le premier bluteau ſert à faire le pain blanc, & au lieu de rejeter le reſte dans la compoſition du pain bis, il profite des lumières qu'a fournies la mouture économique, en les ſoumettant de nouveau à l'action des meules, d'où il obtient une très-belle farine & de bonne qualité : ainſi le blé donne tout ce qu'il contenoit de farineux, & fait beaucoup plus de pain blanc que de pain bis ; c'eſt donc, à quelque choſe près, l'image de ce qui ſe paſſe dans les moulins montés à blanc ou à l'économie, que la mouture à la groſſe, pratiquée par les bons Boulangers. Cependant ils gagneroient beaucoup plus, ſi au lieu de bluter chez eux, ils faiſoient faire cette opération au moulin, parce que le double tranſport, les déchets plus conſidérables, les frais indiſpenſables de main-d'œuvre pour bluter, ſaſſer, peſer, meſurer & tranſporter enſuite, entraînent toujours dans des embarras

L iv

& dans des frais qu'on peut réellement éviter sans aucun inconvénient.

Je conviens que le Boulanger qui blute lui-même, a l'avantage de mieux séparer les gruaux blancs & bis, de les nétoyer plus exactement ; mais le Meunier saffant & blutant avec le même soin , épargnera toujours une évaporation de farine : il s'agit seulement de veiller ces différentes opérations, & on gagnera encore sur les frais de tranfport : nos réflexions ont été sans doute celles de beaucoup de Boulangers, qui ont abandonné la méthode de bluter chez eux, ce qui a engagé en dernier lieu les Meuniers des environs de Paris de faire monter leurs moulins à blanc ou à l'économie.

De la Mouture de Melun ou *en son gras.*

Il s'eft écoulé bien des années avant qu'on fût remoudre la portion du blé qui refte après la féparation de la première farine : cette portion qui contient les gruaux & l'écorce, étoit appelée *fon gras ;* long-temps elle fervit à faire l'amidon & à engraiffer les beftiaux. Qui auroit cru qu'une matière avilie , profcrite & regardée comme indigne d'entrer dans le corps humain, deviendroit un jour propre à fournir la plus belle farine & le meilleur pain !

La mouture de Melun ne diffère de la mouture à la groſſe , dont il vient d'être queſtion ,
que par un bluteau adapté au moulin , & qu'un
même moteur fait agir : ce bluteau eſt aſſez fin
pour ne laiſſer paſſer que la farine dite *de blé* ,
ce qui reſte enſuite eſt le ſon gras que le Boulanger reblute au bout d'un certain temps , afin
d'en ſéparer les gruaux qu'il renvoie au moulin.

Le motif qui a pu déterminer le Boulanger à
adopter cette méthode de moudre , c'eſt qu'elle
lui permet de ſéparer , par la bluterie , les gruaux
blancs , les gruaux bis & les recoupettes ; de
les faire ſaſſer après cela pour en ôter une eſpèce
de petit ſon , qu'on nomme *rougeur* ou *ſoufflure.*
En ſorte que les gruaux ainſi épurés , donnent
une farine plus claire ; mais on ne peut obtenir
un pareil avantage dans les moulins où il n'y a
point de bluterie , & où l'on ſépare les gruaux
par le moyen d'un dodinage qui , laiſſant les
gruaux & les rougeurs confondus enſemble , ne
fourniſſent qu'un produit moins blanc & plus
piqué.

Un autre motif qui a pu encore engager de
ſe ſervir de la mouture de Melun , vient ſans
doute de ce que dans le temps où les grains
étoient à bas prix ; le Boulanger ne trouvant pas
à ſe défaire de ſes dernières farines , parce que

alors le peuple dédaigne le pain bis; il se contentoit de faire remoudre les gruaux blancs qui
rendent peu de bis, & vendoit les autres aux
Amidonniers.

Mais dans la circonstance où il s'agit de faire
servir tous les produits du blé, excepté les sons,
à la nourriture des hommes; il est plus avantageux de n'employer que les moulins où l'on
blute & où l'on sasse les gruaux, comme nous
l'avons vu chez plusieurs Meuniers intelligens,
le sieur Buot entre autres, près les Gobelins :
par ce moyen le Boulanger auroit toujours des
farines pour le moins aussi belles & aussi abondantes; il éviteroit en outre les embarras, les
déchets & les frais inséparables de la mouture
de Melun.

De la Mouture méridionale.

Je ne sais pourquoi on a distingué cette
mouture de celle qu'on nomme *mouture à la
grosse*, puisqu'elle consiste à transporter du
moulin chez le particulier, la farine sans être
blutée : on croiroit qu'elle en diffère, parce
qu'on laisse pendant un certain temps la farine
& le son mêlés ensemble; ce qu'on appelle
conserver la farine en rame ou en couche, &
que cette méthode, dit-on, procure aux farines,

que l'action des meules a trop échauffées , le temps de fe détacher du fon , par une defficcation infenfible , & de fe féparer plus aifément par le moyen des bluteaux ; mais par la mouture à la groffe , le Boulanger ne laiffe-t-il pas quelque temps la farine en fac ou vide pour les mêmes vues !

Nous avons déjà dit que quand les farines fortoient chaudes ou tièdes des meules , il falloit laiffer un intervalle entre la mouture & le blutage ; mais c'eft une erreur de penfer que cet intervalle doive être auffi long , fous le pré- texte que l'écorce les conferve & les bonifie , fous le prétexte encore qu'il eft effentiel que la farine s'échauffe naturellement , faffe fon effet , & prenne la fermentation de la rame : il eft démontré au contraire , par une multitude d'ex- périences , que le fon s'échauffe & s'altère plus promptement que la farine , qui contracte à la longue une difpofition à fermenter , de l'odeur , de la couleur , & particulièrement une faveur que l'on défigne par le nom de *goût de fon* ou de *bis*. D'ailleurs , c'eft une maxime parmi les Meuniers & les Boulangers , que les farines s'échauffent d'autant plus facilement , qu'elles font moins blanches , c'eft - à - dire , qu'elles contiennent plus de fon.

La mouture méridionale est donc semblable à la mouture à la grosse, qui fait à peu-près la même chose, mais elle a deux défauts essentiels; le premier, d'échauffer la farine; le second, de l'exposer à prendre de l'odeur & de la couleur pendant son séjour avec le son. Cette circonstance bien observée par M. Brocq, l'avoit engagé, il y a une quinzaine d'années, à montrer les inconvéniens d'une pareille mouture, & les avantages de la mouture économique; ce ne fut qu'après des essais de comparaison variés & multipliés, qu'il parvint à faire adopter la mouture à blanc qu'il proposoit.

Si l'on renonçoit à l'habitude dans laquelle on est de laisser séjourner le son dans les farines qui résultent des moulins de Nérac, de Mossac, & qu'au lieu de se borner à ne retirer que la farine dite *de blé*, on fît remoudre les gruaux pour y mêler ensuite les farines qu'on en obtiendroit; le mélange seroit plus beau, plus sec, plus susceptible de se conserver long-temps, plus propre à être exporté, & donneroit un pain meilleur, moins cher & plus savoureux; les farines qu'on prépare dans ces fameuses manufactures, n'acquerront jamais le plus grand degré de perfection dont elles sont susceptibles, qu'au moyen de la mouture économique.

De la Mouture *rustique* ou *septentrionale.*

La mouture dont il s'agit est encore nommée la *mouture des pauvres :* on pourroit la regarder comme l'origine de la mouture économique ; elle consiste à ne moudre qu'une seule fois, en ayant soin de tenir les meules fort rapprochées, de les rhabiller differemment que pour la mouture à blanc, & de se servir d'un bluteau assez ouvert pour laisser passer tout d'un coup la farine, les gruaux, les recoupettes, excepté le gros son.

Si on emploie un bluteau moins clair, qui ne permette qu'à la farine & aux gruaux les plus fins de passer, alors cette mouture porte le nom de *mouture pour le Bourgeois.* Si enfin le bluteau est encore plus serré, on ne retire que la farine dite *de blé,* c'est la mouture du riche ; mais pour peu qu'on se rappelle ce que nous avons avancé concernant les avantages qui résultent du premier broiement bien fait, on apercevra aisément le vice d'une semblable méthode.

Quelques Auteurs qui ne connoissent pas parfaitement les opérations de l'art de moudre & de bluter, ont prétendu, d'après le Commissaire *Lamarre,* qu'on ne retiroit de la mouture

ruſtique que quatre-vingts livres de farine par
ſetier, & ils ſe ſont beaucoup récriés relativement aux pertes énormes qui en réſultoient ;
mais ils n'ont pas voulu faire attention qu'il
ne s'agiſſoit que de la mouture du riche, qui,
comme nous venons de l'obſerver, laiſſoit dans
le ſon, les gruaux, & que ſi ces gruaux euſſent
été moulus, le produit de quatre-vingts livres
auroit plus que doublé. Les plaintes ne devoient
donc pas porter ſur la première manière de
moudre & de bluter, puiſque les meules très-
rapprochées, hachant le ſon & le réduiſant en
poudre, puiſque les bluteaux fort clairs laiſſant
preſque tout paſſer, la totalité du grain ſe
trouvoit être réduite en poudre, & propre à
fournir un pain qui, à la blancheur & à la légèreté près, peut devenir économique pour les
hommes adonnés à des travaux forcés & violens.

Ainſi, tous les reproches qu'on a faits à la
mouture ruſtique, ne regardoient que la bluterie
de la mouture du riche, il étoit naturel que le
pain fût plus blanc ; mais on auroit évité toutes
ces pertes qui ſont extrêmes, ſi au lieu de laiſſer
les gruaux dans le ſon, on les eût introduit
dans la compoſition du pain des domeſtiques :
quelle autre différence encore, ſi ces mêmes
gruaux euſſent été moulus & rebltés comme

dans la mouture à blanc, dont nous parlerons inceſſamment !

Si la nature & la quantité des produits, réſultans de la mouture ruſtique, diffèrent autant de ceux des autres moutures ; on voit donc que cela dépendoit de la fineſſe ou de la groſſeur des bluteaux qu'on y employoit ; mais cette mouture eſt heureuſement abandonnée, & comme l'obſerve très-judicieuſement M. Malouin dans ſon *Art du Boulanger,* on ne devoit pas autoriſer une pareille méthode, ſous le prétexte que le riche, pour qui on la faiſoit, eſt en état de ſupporter les pertes qu'elle occaſionnoit néceſſairement, parce qu'il s'agit ici d'une denrée qui appartient en quelque ſorte à la ſociété, & qu'il faut éviter ſur-tout une conſommation préjudiciable.

De la Mouture à la Lyonnoiſe.

On a encore appelé *mouture à la Lyonnoiſe,* le raffinement de la mouture économique ; mais elle n'en eſt, à bien dire, que l'abus ; car ſi l'une eſt l'art de retirer la totalité de la farine que le grain renferme ſans aucun mélange de ſon : l'autre au contraire tend à moudre les ſons avec les gruaux, & à les réduire en poudre fine, qu'on appelle fort improprement en cet état, *la farine :* c'eſt ce qu'il eſt aiſé de voir, en examinant attentivement la manière d'agir de cette mouture & les produits qu'elle fournit.

La mouture ſur laquelle je m'arrête, bien appréciée, n'eſt réellement bonne qu'à faire des farines biſes; elle conſiſte à retirer par un premier broiement, la farine de blé; enſuite par la mouture des gruaux, la première & ſeconde farine dite *de gruaux,* ainſi que fait la mouture à blanc; mais elle en diffère, en ce qu'au lieu de continuer de remoudre, on jette ce qui reſte avec les gruaux bis dans les ſons, pour en faire une ſeule mouture; d'où il réſulte un produit plus conſidérable, ce qui a valu à cette méthode le nom de *mouture des pauvres;* cependant, de l'aveu même des Meuniers & des Boulangers, cette mouture eſt très-défectueuſe, & on peut la regarder comme l'art dans ſon enfance.

On ſait que les gruaux étant la ſubſtance la plus dure du grain, ils exigent une mouture différente de celle qu'il faut employer pour les ſons dans leſquels ils ſe trouvent comme enveloppés, & que pour avoir de ces derniers le peu de farine qu'ils contiennent, il eſt néceſſaire de faire une mouture ronde, afin de ne pas les réduire en pouſſière; ainſi, quelqu'avantageux qu'il ſoit de retirer du blé deſtiné à la

ſubſiſtance

fubfiftance du peuple & des habitans de la campagne, tout ce qu'il eft poffible d'en extraire,
encore ne doit-on pas s'écarter des principes
établis, puifqu'en parvenant au même but, il
n'en coûte pas davantage.

Si on vouloit donner aux produits de la
mouture économique, une augmentation, on
pourroit mêler avec la farine des derniers gruaux,
le petit fon ou remoulage, & en laiffant repofer long-temps le gros fon & les recoupes
pour les bluter enfuite, il feroit poffible d'en
féparer tout ce qu'il y a de farineux; par ce
moyen on obtiendroit ces produits confidérablement vantés, & en faveur defquels on s'abufe,
en prenant pour de la farine, ce qui n'eft que le
fon réduit en pouffière & mélangé avec elle.

Suivons un moment dans le commerce la
farine réfultante de la mouture à la Lyonnoife,
& nous verrons qu'en fuppofant qu'un fetier
de blé, fuivant les partifans de cette mouture, produife douze ou quinze livres de plus
que la mouture par économie; ce ne fera jamais
que de la farine bife; or, cette farine eftimée
vingt livres le fac, c'eft fur le pied de dix-fept
fous le boiffeau; mais le mélange de toutes les
farines provenant de la mouture à la Lyonnoife,
étant encore plus bis, fe vendra un écu par fac

M

de moins ; voilà donc une perte réelle. Une autre obſervation, c'eſt que pendant que les moulins remoulent les ſons, ils ne font pas de farine, ce qui occaſionne une nouvelle perte : ajoutons encore, que les iſſues devenues plus petites, plus fines, diminuent d'un quart de leur volume, & que n'étant plus auſſi farineuſes, elles perdent encore de leur valeur.

C'eſt ainſi qu'il eſt toujours dangereux de donner dans les extrêmes. La mouture à la groſſe, la mouture ruſtique laiſſoient originairement dans le ſon beaucoup de farine, & tous les gruaux qui échappoient au premier broiement ; alors les beſtiaux, pour qui cette partie, la plus ſubſtantielle du grain, étoit deſtinée, y trouvoient amplement de quoi s'engraiſſer ; mais aujourd'hui que l'art de moudre s'eſt perfectionné, non-ſeulement on ne ſe contente pas d'épuiſer l'écorce de tout ce qu'elle peut contenir de farineux ; on cherche encore par la mouture à la Lyonnoiſe, à en réduire une portion en poudre, auſſi fine que la farine, comme ſi on envioit aux animaux leur nourriture habituelle & ſouvent principale. Quand une fois nous ſommes parvenus à faire bien, ne cherchons le mieux qu'avec circonſpection, dans la crainte de tomber préciſément dans les excès que nous voulions éviter.

De la Mouture économique.

La mouture économique, connue d'abord fous le nom de *mouture à blanc*, n'eſt pas auſſi moderne qu'on veut bien le prétendre : elle fut apportée il y a plus d'un ſiècle dans la Beauce, par un particulier nommé *Rouſſeau* ; il paroît même, par nos anciennes Ordonnances, qui défendoient l'uſage de remoudre, que cette mouture étoit connue bien auparavant, & que comme on avoit obſervé que le pain dans lequel on rejetoit les gruaux, étoit mat, bis & groſſier, à cauſe de leur état ſolide & inſoluble, on ne permettoit pas de les moudre, parce qu'on imaginoit que la farine & le pain qui en ſeroient réſultés, conſerveroient encore les mêmes défauts.

Quelques eſſais tentés en ſecret dans des temps fâcheux, par des Boulangers intelligens, qui regrettoient de voir la moitié du grain perdu pour la nourriture des hommes, leur ayant vraiſemblablement appris que ces gruaux donnoient de belle farine, avec laquelle il étoit poſſible de préparer le pain le plus blanc & le plus ſavoureux ; ils ſe haſardèrent de tranſgreſſer une loi qui, enchaînant l'induſtrie, tendoit à nous fruſtrer de la meilleure partie du grain. Voilà comme ſouvent le beſoin plus preſſant donne lieu à des recherches que l'induſtrie , aux priſes avec l'extrême néceſſité, n'a jamais le courage d'entreprendre.

Dans le temps qu'on ne faiſoit qu'un ſeul moulage, à deſſein de convertir tout d'un coup la farine & les gruaux en poudre , auſſi fine qu'il eſt poſſible : il ·ſuffiſoit de rapprocher les meules, pour ne laiſſer que peu de réſidu ; maintenant le Meunier dirigé par le Boulanger, agit bien différemment : il ne cherche pas à avoir une trop grande quantité de farine par la première mouture , & plus ſes repriſes ſont conſidérables, plus auſſi les différentes farines qu'il obtient enſuite par la mouture des gruaux , ont de corps & de bonté. Je dis , le Meunier dirigé par le Boulanger, parce que la plupart abandonnés à leur routine, ſuivent ſouvent le contraire de cette méthode.

Si l'on m'objectoit ici que la mouture ronde, c'eſt-à-dire , celle où l'on tient les meules plus hautes, & où on les fait aller très-légèrement, rend peu de farine de blé ; je répondrai qu'elle produit en revanche beaucoup plus de gruaux qui ſont infiniment plus gros & plus propres à fournir une belle farine , & que tous les réſultats ſont plus blancs & plus parfaits : cette vérité importante devroit bien frapper tout

Meunier, dont le premier intérêt eſt toujours de contenter ſon Boulanger ; ainſi lorſque dans la mouture à la groſſe tout eſt fini quand la farine ſort d'entre les meules, dans la mouture économique au contraire l'opération ne fait que commencer.

Un moulin économique reſſemble, au premier coup d'œil, aux autres moulins ; les pièces principales en ſont les mêmes ; les cribles & les bluteaux en conſtituent ſeulement les différences : tous les moulins peuvent donc être facilement montés à l'économie ; ſi ce n'eſt cependant que dans les moulins à vent qui font d'auſſi belles farines que les moulins à eau, quand ils font bien gouvernés, le même moteur ne ſauroit faire agir le criblage & la bluterie : ces deux opérations s'exécutent dans des bâtimens à côté du moulin, ou bien au pied, pourvu que la maçonnerie en ſoit ſolide, propre & revêtue de planches exactement jointes enſemble.

Le moulin économique a deux ou trois étages ; dans le premier, le blé en réſerve, tombe dans deux cribles, dont la réunion forme un angle : l'un s'appelle *crible à cylindre,* il ſert à purger le grain, *des blés morts,* de l'ivroie, de la nielle, des calandres, des pierrettes, & d'une partie de la pouſſière ; l'autre qu'on nomme *tarare,* ſépare *la cloque* & *les hotons ;* le blé paſſe enſuite dans l'étage au-deſſous , & eſt reçu dans un troiſième crible , déſigné ſous le nom de *crible d'Alle-magne ,* qui achève ce que les autres ont commencé ; de-là il eſt conduit dans la trémie : ces différens cribles mus par le moteur qui fait agir les meules & les bluteaux , doivent être regardés comme le commencement de la mouture économique , & une des cauſes eſſentielles de la netteté du grain , d'où s'enſuit la blancheur & la bonté des farines.

Quoique je diſe que le moulin économique a ordinairement deux ou trois étages , il ne faudroit pas croire malgré cela , qu'un moulin où il n'y auroit qu'un étage , ne fût pas également propre à la mouture économique : le mou-lage deviendroit ſeulement plus gênant , plus diſpendieux & plus pénible , parce qu'il ne ſeroit pas poſſible d'adapter les cribles , dont il a été queſtion , au-deſſus du moulin , & qu'on ſe trouveroit obligé de les faire travailler à la main ; opération qu'on ſeroit obligé d'employer de cette manière , ſi le courant d'air ou d'eau étoit trop foible ; mais il n'en réſulteroit pas moins une auſſi belle farine.

Le blé bien dépouillé de ſemences étrangères & parfaitement nétoyé par les différens cribles , étant dans la trémie, il paffe bientôt fous les meules, où il perd fa forme, fe déchire & s'écrafe; il tombe après cela dans la huche, féparé, au moyen des bluteaux, des gruaux mêlés avec le fon : ce mélange fe rend dans un dodinage agité par le moulin, où il eft divifé en deux parties ; favoir, les gruaux & les gros bis : dans les forts moulins il y a un fecond dodi-nage, placé comme les cribles en fens con-traire, lequel met à part les différens gruaux ; mais on doit préférer les bluteaux à cylindre de dix lès de longueur, parce qu'ils féparent chaque efpèce de produit d'une manière plus diftincte & plus favorable au genre de mouture qu'elle exige.

La première mouture du blé étant achevée, on reprend les gruaux féparés par les bluteaux, on les faffe & on les porte fous les meules pour en obtenir, par plufieurs moutures, diffé-rentes farines ; favoir, une première & une feconde qu'on nomme *farine blanche de gruaux*, une troifième, une quatrième, quelquefois même une cinquième & une fixième appelée *farine bife :* le reftant de toutes ces moutures n'eft plus que le remoulage, la pellicule ou le petit fon qui recouvroit les gruaux, & dont les Boulangers fe fervent pour faupoudrer la toile fur laquelle on met la pâte à fermenter & la pelle pour enfourner.

On voit par ce court expofé de la mouture économique, que chaque mouvement de la roue fait aller les cribles deftinés à nétoyer le grain, les meules qui doivent l'écrafer, enfin, les bluteaux qui féparent la farine d'avec les gruaux & les recoupettes d'avec les fons : ces différentes opérations fe font plus ou moins parfaitement, fuivant que les inftrumens qu'on y emploie font bien conditionnés, montés comme il faut, & dirigés avec intelligence ; car on ne peut fe diffimuler que la plupart des Meuniers qui font ufage de la mouture par économie, ne foient dominés par la routine, en forte qu'ils n'obtiennent pas tous les avantages que cette méthode eft en état de procurer lorfqu'elle eft exécutée fuivant les vrais principes : ajoutons encore, avant de terminer ce qui concerne les moutures, quelques obfervations à ce fujet, heureux fi elles peuvent concourir aux progrès d'un art qui, après l'Agriculture, eft le plus intéreffant, puifqu'il eft le commencement de la perfection de la Boulangerie que je décris !

ARTICLE III.

De la préférence qu'on doit accorder à la Mouture économique sur toutes les autres Moutures.

QUOIQUE la mouture économique, par une suite naturelle de l'empire des préjugés, ne soit pas aussi universellement répandue que la mouture à la grosse & les autres moutures, dont nous avons exposé très-brièvement les procédés; cette mouture ne doit pas moins mériter la préférence, & être regardée comme la perfection de l'art de moudre : les preuves que nous allons en donner seront prises dans les détails qui concernent la qualité & l'abondance des produits en farine, dans l'état d'épuisement où elle réduit les sons, & enfin, dans l'avantage, tant d'éviter une multitude d'embarras de transport, de bluterie, que d'épargner sur le déchet & les autres frais. Ces preuves vaudront infiniment mieux que les divers raisonnemens que nous pourrions allégu r en faveur de la mouture économique; il suffira d'ailleurs de voir les tableaux des résultats des produits de différentes moutures, comparés entre eux, insérés dans le Traité de la connoissance générale des grains, & de la mouture par économie, pour en être pleinement convaincu : cet Ouvrage, que M. Béguillet a rédigé ſur différens Mémoires, ne ſauroit être trop conſulté ; on le trouve chez Panckoucke Libraire, rue des Poitevins.

Rien en apparence n'eſt plus aiſé que d'écraſer le blé & le réduire en farine : rien cependant n'exige autant de ſoin & de précaution, puiſque d'une ſubſtance qui ſemble homogène, il s'agit d'en obtenir juſqu'à onze produits différens entre eux ; ſavoir, ſept eſpèces de farine & quatre ſortes de ſon, ſans qu'aucuns de ces produits ait éprouvé la plus légère altération. C'eſt, nous le répétons, du premier broiement que dépend la perfection de toutes les farines ; une fois manqué, il n'eſt plus poſſible d'y revenir : nous ne ſaurions donc trop inſiſter ſur l'attention qu'on doit donner à ce premier broiement, & ſur les avantages de la mouture ronde, qui d'abord détache parfaitement l'écorce du blé, & enſuite la farine d'avec le ſon : la mouture des gruaux ne mérite pas moins de ſoins & de précautions.

Il paroît que la plupart des Auteurs qui ont parlé de la mouture économique, ſéduits par un zèle aſſurément bien louable, ont attribué à

cette mouture plus d'avantage ou d'imperfection
qu'elle n'en a réellement.

M. Béguillet, peu fatisfait des produits ordinaires de la mouture à blanc, qui, dirigée
par les Meuniers les plus habiles, ne retirera
jamais d'un fetier de blé, pefant deux cents
quarante livres, plus de cent quatre-vingts livres
de farine, a prétendu, d'après le rapport de
Pline & de quelques Meuniers enthoufiaftes,
qu'il étoit poffible d'obtenir encore un plus
grand produit; mais qu'il me permette de lui
obferver que le fon eft une écorce qui a de
l'odeur, de la couleur & de la faveur, qu'en
vain on le réduiroit en particules menues, en
poudre impalpable, les organes tant foit peu
exercés, l'apercevront toujours dans la farine
& dans le pain; il y jouira continuellement
de toutes fes propriétés ; enfin, quelle que foit
la nature du blé d'où il provienne, & la
ténuité extrême que lui donne la méthode de
moudre, il ne fera jamais au pouvoir de l'art
d'affimiler le fon à la farine.

Tout a fes bornes : la fubftance qui revêt
le grain à l'extérieur, ne reffemble point à celle
qu'il renferme intérieurement. L'écorce a un
poids qu'on ne peut diminuer, jufqu'à un
certain point, fans nuire à la farine; lorfqu'on

vise à la quantité, & qu'on dépasse le produit en question, la farine est plus piquée, n'a pas autant de valeur dans le commerce, ainsi que le pain qu'on en prépare. Les blés d'Italie qui passent pour avoir peu d'écorce ; les blés blancs de Pologne qui semblent en être dépourvus, ayant été soumis aux mêmes essais de comparaison que nos bons blés de France, ont donné un produit égal en son, à quelque différence près.

M. Bertrand, si avantageusement connu dans les Sciences & dans les Lettres, a avancé dans ses notes sur l'Art du Boulanger, édition de Neufchâtel, que la mouture économique en France ne méritoit pas ce nom, & que, comparée à la mouture pratiquée en Saxe, elle lui étoit bien inférieure ; nous lui répondrons, que cela peut être vrai quant à la quantité, & que cette mouture Saxone, tant vantée, sera d'autant plus défectueuse, que les produits seront encore plus considérables que ceux de la mouture à la Lyonnoise, dont nous avons apprécié le mérite & l'effet. Si donc on obtient plus de cent quatre-vingts livres de farine d'un setier du meilleur blé, nous pouvons assurer avec certitude d'après des expériences variées, répétées,

multipliées & comparées chez nos Meuniers les
plus habiles, que les meules ayant été fort rapprochées & les bluteaux très-clairs, la totalité
du fon s'eft trouvée être réduite en poudre fine,
& a paffé dans les farines où il demeure confondu ; ainfi lorfque M. Bertrand conclud qu'un
Meunier Saxon fait tellement tirer parti du
froment, que fur deux cents quarante-fix livres
de blé, il n'y a que vingt livres de fon, c'eft
comme s'il difoit que de cinquante-deux livres
environ de fon, que donne ordinairement le
fetier de blé, il en convertit trente-cinq en
poudre auffi fine que la farine; dans ce cas,
il n'y a aucun de nos Meuniers qui ne puiffe
égaler & même furpaffer le Meunier faxon ; car,
en tenant les meules encore plus baffes, & les
bluteaux moins fins, il feroit poffible de faire
tellement difparoître le fon, qu'il n'en refteroit
plus que fix livres ; tel étoit vraifemblablement
le réfultat de la méthode citée par Pline, & que
l'on a tant préconifée en dernier lieu.

Tous ces grands produits que l'on dit avoir
retirés du blé, par la mouture économique,
n'en ont pas impofé à ceux qui ont coutume
d'examiner avant de prononcer ; à ceux qui
par état n'auroient pas manqué d'adopter
avec tranfport cette méthode, fi elle eût été

capable, en augmentant le poids de la farine, d'ajouter à leur bénéfice. Plufieurs Auteurs, perfuadés que c'étoit-là le but de la mouture économique, fe font récriés hautement contre fes effets, en la définiffant, l'art de faire manger le fon avec la farine ; lorfque c'eft au contraire un moyen de conferver à la farine fes qualités fpécifiques, d'obtenir tout ce que le grain en renferme, d'écurer les fons fans les réduire en poudre, & de les féparer exactement. Les farines bifes qui font le douzième du produit, ne contiennent pas même une parcelle de fon, à plus forte raifon les farines blanches. Un criblage dirigé comme il convient ; un excellent moulage répété plufieurs foi, & une bonne bluterie ; voilà ce qui conftitue la véritable mouture économique.

Ayant toujours en vue la perfection de la meunerie, & non une abondance nuifible, nous avons rejeté l'avantage que procure la mouture à la Lyonnoife, parce qu'il eft tout-à-fait contraire au véritable but que doivent fe propofer le Meunier adroit & le Boulanger inftruit. Connoiffant les limites où il faut s'arrêter dans la mouture, ils ne courent jamais les rifques de facrifier la perfection d'où dépend la valeur d'une matière, à une fuperfluité qui la déprife & la gâte.

Qu'on n'imagine point que je blâme les motifs de ces Auteurs eftimables qui ont prodigué des éloges à la mouture à la Lyonnoife : il feroit ridicule en effet de ne fonger qu'à la blancheur des farines, lorfque ne devant pas entrer dans le commerce, elles font particulièrement deftinées à la confommation de cette claffe d'hommes, d'autant plus refpectable, qu'elle eft indigente & malheureufe. Nous penfons au contraire, que quand on retireroit d'un fetier de blé cent quatre-vingt-dix à cent quatre-vingt-quinze livres de farine, le pain qu'on en prépareroit feroit bon & falubre ; mais c'eft une erreur de préfenter cette mouture comme un modèle de la perfection de l'art. Nous avons déjà dit qu'il étoit poffible de produire par-tout & à volonté une femblable économie par une voie plus fimple & moins difpendieufe.

Que de foins, que de bonne foi, que de lumières, que de prudence ne doivent pas réunir ceux à qui on confie les effais qui doivent fervir enfuite de règle pour fixer les produits des grains en farine & en pain ! On ne fauroit trop examiner l'efpèce de moulin dont on fe fert, comment il eft monté, quel eft le talent de celui qui le dirige , les qualités du blé & des produits qu'on en obtient , avant de prononcer. Quand il s'agit d'établir une loi , l'homme impartial doit tout confidérer , tout calculer ; le moulin , le Meunier , les lieux , l'atmofphère , occafionnent des différences notables ; en veut - on la preuve , il fuffit de faire par-tout la même épreuve avec les mêmes précautions & fur la même efpèce de grain , pour être affuré qu'elle ne peut convenir qu'à un feul endroit , qu'à un feul temps. Ces différences n'arriveroient pas s'il n'y avoit qu'une mouture , & que ce fût la mouture économique.

Pour que les effais acquièrent la confiance publique , il faut toujours en rendre témoins ceux dont la fortune eft intéreffée à ce qu'on ne commette aucune erreur , foit par défaut de lumières ou par excès d'enthoufiafme. L'intention du Magiftrat qui confulte , eft toujours de chercher la vérité , de foulager le peuple dont il eft le protecteur , & de ne pas ruiner le fabricant : il feroit révoltant , lorfque la qualité & les produits feront le réfultat de l'attention & de la bonne foi, d'exiger que les Meuniers & les Boulangers rendent encore plus de farine & de pain qu'il eft poffible d'en retirer légitimement , en employant les précautions

indiquées

indiquées & toutes les reſſources de l'art. Écrivains, qui que vous ſoyez, ne préſentez jamais
des réſultats d'eſſais faits dans le particulier &
arrangés dans le ſilence du cabinet, puiſqu'ils
ſervent enſuite de loi écrite, qu'après cela ils
ſont copiés & cités par d'autres, ſouvent moins
clairvoyans, comme la preuve de ce qu'on
a fait, & de ce qu'il eſt poſſible de faire
encore.

Ce n'eſt pas aveuglement de patriotiſme de
ma part, qui me porte à réfuter le ſentiment
que M. Bertrand, trop prévenu en faveur des
Meuniers de Saxe, a de nos Meûniers françois,
mais quand il dit avec aſſurance qu'il y a des
défauts conſidérables dans la mouture ſuivie
en France, & que pour parvenir à faire auſſi
bien que les Allemands en ce genre, il faut
commencer par apprendre d'eux une foule de
choſes qu'on ignore ; j'oſe lui proteſter qu'il
n'a vu ſans doute que nos moulins défectueux,
car il eſt trop bon Obſervateur pour ne pas
s'être aperçu, s'il eût été inſtruit à fond de la
théorie & de la pratique de la mouture économique uſitée dans les environs de la Capitale,
qu'il eſt phyſiquement impoſſible d'aller au-
delà du degré de perfection qu'ont atteint nos
habiles Meuniers à cet égard, parce qu'en con-

fidérant l'art de moudre fous fes différens points de vue les plus effentiels, ils les rempliffent tous complètement : le parfait nettoiement des grains, la blancheur & la quantité des farines qu'on en retire, la féchereffe & la légèreté des fons.

Nous avons déjà fait remarquer que la mouture économique n'étoit pas par-tout au degré de perfection où elle pouvoit être, que cela dépendoit non-feulement de l'efpèce & de la pofition du moulin, de la nature des meules, de la manière de les rhabiller & de la mouture des gruaux, mais encore du talent du Meunier dont les connoiffances avoient quelquefois la faculté de remédier à des vices locaux de mouture. Le meilleur moulin économique ne doit faire que vingt-quatre à trente fetiers du premier coup dans l'efpace de vingt-quatre heures, afin que la farine dite *de blé* qui en réfultera, forme, fi les bluteaux font proportionnés, environ la moitié du produit.

C'eft ordinairement d'après cette divifion exacte que le Meunier & le Boulanger inftruits jugent de la perfection du moulage : car fi le produit dont il vient d'être queftion eft très-inférieur, ils font affurés que la mouture étoit trop ronde, & qu'il eft refté par conféquent de la farine dans le fon , ce qu'ils appellent *fon dur ;* fi au contraire la farine dite de blé excède la moitié du produit, c'eft que la mouture a été néceffairement trop baffe , alors la farine eft molle , échauffée , contient beaucoup de petit fon, & les gruaux font moins gros & plus remplis de *rougeur.* Voilà les inconvéniens de ces grands moulins preffés , forcés & où l'on convertit foixante fetiers de blé par jour.

Après la première opération de la mouture du blé , ce qui refte à faire eft le complément de la mouture économique : ce mélange groffier compofé de gruaux & de fon , dont on ne favoit retirer autrefois qu'un parti défavantageux fe change , entre les mains du Meunier, prefque tout en farine très-blanche ; il s'agit feulement d'employer la mouture ronde pour l'écrafer , mais on ne peut fe flatter d'y parvenir fans faffer préalablement les gruaux ; le produit eft même plus beau fi on fe fert du *lanturlu*, inf- trument deftiné , ainfi que le fas , à féparer les petits fons & les rougeurs confondus avec les gruaux ; c'eft à ces deux opérations négligées dans le plus grand nombre des meilleurs moulins qu'il faut rapporter les défauts qu'on reproche même aux farines de gruaux de la Beauce , d'être quelquefois piquées & molles ; c'eft ainfi que souvent la perfection d'une chose tient à des soins peu dispendieux dont on est bien dédommagé par la beauté & la valeur des marchandises qui en sont l'objet. Quelques Meuniers de cette Province, qui séparent exactement leurs gruaux & se servent du sas, trouvent la récompense de leurs peines dans la préférence qu'on donne à leurs farines & dans le prix qu'y mettent les Boulangers curieux de préparer ce pain agréable & savoureux qu'on sert sur nos meilleures tables.

Nous allons joindre ici un tableau abrégé des produits, tant en son qu'en farine, qu'on retire d'une quantité donnée de blé par le moyen de la mouture économique bien faite, soit afin de fixer les idées à ce sujet, soit dans la vue d'établir la base de toutes les espèces de produits qui en résultent, & d'ajouter une nouvelle preuve à celles que nous avons déjà apportées pour faire sentir la préférence que l'on doit accorder à cette mouture :

ÉTAT des produits retirés par la mouture économique d'un setier de blé, mesure de Paris, du poids de 240 liv.

Produits en farine.

livres.

1.ere farine dite de blé. 92
2.e ———— dite 1.ere de gruau. . 46
3.e ———— dite 2.e de gruau. . . . 23 } 180 liv.
4.e ———— dite 3.e de gruau. 12
5.e ———— dite 4.e de gruau. 7

Produits en issue ou son.

livres.

Remoulage. 13
Recoupes. . . . . 15 } 54 liv.
Gros son. 26

Déchet des moutures. 6

POIDS égal à celui du blé. . . . . 240 liv.

Nous aurions bien desiré pouvoir offrir également ici le tableau des produits de toutes les moutures en particulier, afin de les comparer entre eux ; mais comment le faire sans donner lieu en même temps à des erreurs & à des inconvéniens préjudiciables, puisque les Meuniers & les Boulangers blutant chacun différemment, l'un tire trop d'un produit, & l'autre n'en tire pas suffisamment ? Une circonstance en outre à laquelle on ne fait peut-être pas assez d'attention, & qui mérite d'être obfervée ici, parce qu'elle feule feroit capable d'empêcher la précifion de ces tableaux de réfultats, c'eft que le Boulanger qui reçoit fa farine brute, c'eft-à-dire, mélangée avec le fon, n'a d'autre moyen, pour s'affurer de l'exactitude & de la fidélité de fon Meunier, que la balance : or, ce moyen fuffit-il pour prévenir toutes les prévarications ! n'eft-il donc pas poffible d'enlever la farine la plus pure & de la remplacer enfuite par du fon en proportion égale ! c'eft ce qui eft arrivé plus d'une fois, & ce qui pourra arriver fort fouvent dans les moutures où la farine, les gruaux & les fons font rendus pêle-mêle, fans aucune féparation.

La mouture économique eft, non-feulement l'unique moyen de parer aux inconvéniens en queftion ; mais il n'y a qu'elle qui puiffe donner la certitude conftante des produits qu'on peut obtenir du grain, puifqu'ils font mis à part & déterminés à un poids connu. Quant aux tableaux de réfultats des blés inférieurs à celui dont nous avons expofé les produits, on les trouvera dans le Manuel du Meunier, où l'on verra que, comme les grains font d'autant plus farineux qu'ils font plus pefans ; il réfulte que, dans la différence des qualités, l'Auteur fait tomber avec raifon celle des produits fur la farine ; mais non pas fur les fons qui augmentent toujours en quantité, à mefure que le blé eft fpécifiquement plus léger.

Si l'exactitude qu'on annonce par l'ordre des réfultats, n'eft nullement confirmée par l'expérience, & que ces tableaux de produits dans lefquels tout eft compaffé jufqu'à un grain, un gros ou une once (comme fi dans la meunerie on connoiffoit de pareils poids) , fourmillent d'erreurs de calcul qui font tort à la précifion qu'on étale ; nous ne craignons pas de mériter jamais un pareil reproche ; le tableau de produit que nous venons de tracer, eft fondé fur nos effais & d'après le fuffrage des Meuniers & des Boulangers auxquels nous l'avons foumis. Comptant la blancheur & la qualité pour beaucoup, nous n'avons pas cherché à augmenter les produits en farine aux dépens du fon ; il nous fuffit de préfenter les réfultats d'une mouture parfaite, & elle ne fera parfaite qu'autant que chacun des produits, la totalité des farines & des fons, ne s'éloigneront pas trop de l'aperçu que nous avons donné.

On ne peut eftimer le déchet réel de la mouture qu'autant que le blé fera pur & parfaitement nettoyé, autrement il peut beaucoup varier en raifon de la féchereffe des grains, de leur netteté, de la perfection du criblage, du climat & des magasins dans lesquels ils sont conservés. Il seroit donc injuste de ne passer au Meunier que le déchet que le moulage seul occasionne, puisqu'indépendamment de l'humidité qui s'est échappée du blé avant la mouture, ce déchet peut être porté, dans un blé extrêmement sale ou mêlé de semences étrangères, jusqu'à un douzième de la mesure & un dix-huitième du poids.

Sans doute il ne faudroit pas regarder comme mouture défectueuse celle dont les produits s'écarteroient de quelque chose de ceux que nous avons exposés, puisque le même moulage, les mêmes bluteaux peuvent être susceptibles de quelques variétés entre les mains des mêmes Meuniers ; d'ailleurs combien d'espèces de blé qui exigent de légers changemens dans les procédés ! Un blé tendre, nouveau & humide fourniroit moins de farine dite de blé, si l'on n'étoit pas attentif à rhabiller plus souvent les meules & à tenir les bluteaux plus ronds ; les blés glacés, les blés de mars donneroient davantage de cette farine, si l'on n'évitoit précisément le contraire ; les blés vieux & les blés étuvés sont dans un cas semblable.

Ainsi concluons : la meilleure farine dans

quelque pays qu'elle fe faffe, quel que foit le grain d'où elle provienne & l'efpèce de moulin dont on fe ferve, fera toujours celle qui réfultera d'un moulin économique bien monté & conduit avec foin, parce que non-feulement elle fera plus blanche & moins fufceptible de s'altérer, mais encore à caufe qu'elle abforbera davantage d'eau par rapport à fon extrême divifion, ce qui permettra d'en fabriquer un pain plus abondant, plus léger & plus favoureux. Enfin, pour terminer, la bonne mouture à blanc dite économique, pratiquée fuivant les principes que nous avons énoncés précédemment, fera feule capable de faire évanouir toutes les nuances légères qui diftinguent les bons blés entr'eux, & de rapprocher les blés mediocres de ceux-ci, en retirant tout ce qu'ils renferment de farineux pour en préparer, finon un pain extrêmement blanc & délicat, du moins un aliment falubre, agréable au goût & très-nourriffant.

ARTICLE IV.

Des moyens propres à faire connoître la qualité des farines.

LES farines font toutes compofées des mêmes principes que le grain d'où elles proviennent;

il s'y trouve seulement dans des proportions différentes, de-là cette variété de nuances qu'offre si souvent le pain qu'on en prépare; ainsi la farine dite de blé qui est la plus blanche, la farine dite quatrième de gruau qui est la plus bise, contiennent l'une & l'autre les quatre parties que nous avons dit constituer essentielle- ment le blé; l'amidon & la matière glutineuse sont seulement beaucoup plus abondans dans les premières farines blanches que dans les der- nières qui possèdent une plus grande quantité de muqueux extractif & de cette membrane qui revêt intérieurement le son.

Les farines diffèrent donc entr'elles, non- seulement par rapport au blé auquel elles appartenoient, mais encore relativement à la quantité de chacune des parties dont elles sont formées; il faut ajouter en outre que la farine d'un blé mal moulu ressemble, on ne peut pas mieux, à celle d'un blé de médiocre qualité ou humide : nous en avons détaillé les raisons dans les articles précédens, qui traitent de la mouture; il s'agit maintenant des moyens de connoître la qualité des farines, considérées indépendamment du grain qui les a produites.

Si la connoissance des grains est d'une utilité importante pour le Boulanger, celle des farines ne lui est pas moins très-essentielle :

fans ce double avantage , jamais il ne faura l'efpèce de farine qu'il doit traiter , & continuellement expofé à être trompé dans fes achats & au moulin , il ne pourra point fe flatter d'obtenir conftamment la qualité de pain qu'il a intention de fabriquer. Heureufement que les farines ont des caractères de bonté , de médiocrité & d'altération, comme le grain d'où elles réfultent, qu'il eft même impoffible à l'œil, à l'odorat & à la main, un peu exercés, de ne pas faifir.

La meilleure farine eft d'un blanc jaunâtre, douce, sèche & pefante; elle s'attache aux doigts, & preffée dans la main , elle refte en une efpèce de pelote ; elle n'a aucune odeur, mais la faveur qu'elle laiffe dans la bouche peut être comparée à celle de la colle fraîche : la très-petite quantité de fon que les meules détachent & réduifent en poudre fine, n'y eft pas perceptible pour aucun de nos organes. La farine de moyenne qualité a un œil moins vif, & eft d'un blanc plus mat , quand elle n'auroit pas davantage de fon que la première, le pain n'en feroit pas moins un peu bis ; mais fi on la ferre dans la main, elle échappe entièrement, à moins cependant qu'elle ne provienne de blé humide.

Les petits blés parmi lefquels fe trouvent beaucoup de femences étrangères, fourniffent une farine qui a différentes nuances de couleur, de faveur & d'odeur : le pois gras, par exemple, lui donne un gris blanc, d'où il réfulte un pain lourd & maffif; *la cloque* lui communique une odeur de graiffe, la femence de nielle un goût amer; enfin, la rougeole rend la farine d'un jaune de rouille.

Quant aux farines altérées, elles s'annoncent fuffifamment par leur odeur & leur afpect; elles font quelquefois aigres ou infectes, d'un blanc terne ou rougeâtre, & dans la bouche elles laiffent un goût âcre & piquant, qu'il faut bien diftinguer de celui qu'elles doivent au terroir ou aux engrais fétides qui ont fumé le fol fur lequel ont crû les grains.

Mais les blés ne fourniffent pas feulement de la farine blanche, l'art a fu en retirer celle qui, étant la plus voifine de l'écorce, en conferve l'odeur & la couleur; on la caractérife ordinairement par le nom de *farine bife,* dont la bonne qualité eft marquée par une couleur d'un jaune plus ou moins obfcur & lorfqu'elle n'eft pas piquée ou mêlée de petit fon.

Les qualités inférieures des farines bifes fe connoiffent par un toucher un peu rude, par une couleur rougeâtre, par du petit fon qui s'y trouve mêlé en fi grande abondance qu'elles fe rapprochent de très-près du remoulage, c’eſt-à-dire de l’écorce qui revêt les gruaux.

Puiſque l’état des farines peut être aperçu dans leur odeur, dans leur faveur, dans leur couleur & dans leur toucher , il convient toujours d’invoquer préalablement le témoignage des organes, avant d’employer d’autres moyens pour fe décider fur leur qualité ; mais comme ces moyens fe font multipliés, & que la plupart ne peuvent rien apprendre de plus, je vais me contenter de rapporter feulement ceux dont les Boulangers fe fervent le plus communément, & qu’ils regardent avec quelque forte de raifon comme la véritable pierre de touche de la valeur d’une farine.

Pour juger de la blancheur, de la fineſſe & de la douceur d’une farine, le Boulanger commence d’abord par en prendre une poignée dans le fac qu’il roule entre les doigts, & après l’avoir comprimée dans la main , il traîne le pouce fur la maſſe afin de voir les points gris ou rouges qui fe préfentent à la fuperficie ; il vaut mieux fe fervir pour cet effet d’une lame de couteau qui, rendant la furface de la farine plus liſſe & plus unie , permet au rayon de lumière qui tombe deſſus de réfléchir fon éclat, fa blancheur , & de laiſſer voir diſtinctement le petit son que la farine peut contenir; le lieu où se fait cette épreuve doit entrer en considération, il est bon de choisir celui dont le jour est fort clair & de changer de position. Passons au second des moyens pratiqués par le Boulanger pour s'assurer de la qualité des farines.

On prend la quantité de farine que le creux de la main peut renfermer, & avec de l'eau fraîche on en fait une boulette d'une consistance qui ne soit pas trop ferme : si la farine a absorbé beaucoup d'eau, c'est-à-dire, environ le tiers de son poids; si la pâte qui en résulte s'affermit promptement à l'air, qu'elle prenne du corps & s'alonge sans se séparer, c'est alors un signe que la farine est bien faite, que le blé qui l'a fournie est de bonne qualité; si au contraire la pâte mollit, s'attache aux doigts en la maniant, qu'elle soit courte & se rompe volontiers, on en conclud que la farine est de moyenne qualité, & même qu'elle est altérée, si à cette circonstance elle ajoute celle d'avoir une odeur désagréable & un mauvais goût.

Néanmoins la boulette, quoique le moyen d'épreuve le moins équivoque pour déceler la bonté d'une farine, peut aisément induire en erreur par la manière dont elle est faite : & en effet, fi l'on ne donne pas à l'eau le temps de fe combiner avec la farine, fi la maffe qui en réfulte eft formée par des mains mal propres ou trop chaudes, fi on ne la manie pas affez long-temps pour qu'elle devienne flexible & uniforme, la pâte, loin de s'alonger, fe caffera & fera foupçonner que la farine manque des qualités requifes, lorfque cette apparence défavorable aura pour caufe un défaut d'obfervation de la faifon & des moyens employés pour la bien juger, car il eft conftant que la boulette, préparée en été avec de l'eau chaude & en hiver avec de l'eau prête de fe glacer, eft courte, fe rompt aifément & ne prend pas de corps. Ces moyens ne font donc pas fans inconvénient pour acquérir dans tous les temps la certitude de la fidélité des marchandifes qu'on achette. En voici un autre qui nous paroît moins équivoque.

Prenez une livre de farine dite de blé, formez-en une pâte avec fuffifante quantité d'eau froide, maniez enfuite cette pâte pendant un demi-quart d'heure pour qu'elle foit fans aucuns grumeaux, puis tenez-la entre les mains fous le robinet d'une fontaine d'où fort un filet d'eau qui, en paffant fur la pâte, doit traverfer un tamis, afin que s'il fe détachoit quelque chofe de la pâte, on pût l'y incorporer : faites en forte fur-tout de contenir toujours la pâte dans fa forme, de la retourner, de l'exprimer continuellement fans jamais la défunir : dès que l'eau aura entraîné toute la matière farineufe, & qu'elle ceffera d'être blanche, il reftera dans les mains une fubftance collante qui, en s'étendant, préfente une membrane tranfparente, incapable de s'attacher aux doigts mouillés : on pèfera cette fubftance, & s'il s'en trouve entre quatre & cinq onces, on doit préfumer que la farine eft très-bonne.

Quand bien même le moyen que nous venons d'indiquer pour acquérir la connoiffance de la nature & des qualités des farines, paroîtroit fuperflu à certains Boulangers qui s'en tiennent à la boulette, toute infuffifante qu'elle foit, nous ne faurions trop les engager à l'employer au moins une fois, ne fût-ce que pour voir le caractère fingulier de cette matière glutineufe, entièrement féparée des différens principes avec lefquels elle fe trouve affociée dans la farine, & pour peu qu'ils aient la plus légère envie de s'inftruire des fonctions qu'elle remplit dans leur travail, ils n'ont qu'à la foumettre à quelques expériences fimples, comme de l'expofer à l'air chaud & humide, de la laiffer

tremper

tremper dans l'eau froide ou dans l'eau chaude,
de la faire sécher sur le four, les effets qui s'en-
suivront leur prouveront évidemment que la
matière glutineuse joue le plus grand rôle dans
la panification.

Quel est le Boulanger un peu instruit &
curieux de se rendre raison des phénomènes
dont il est quelquefois témoin dans sa fabrique,
qui n'a pas été intrigué lorsqu'il a fallu expliquer pourquoi des fournées entières ont été
gâtées sur le champ, par des circonstances
particulières de l'atmosphère ou l'influence des
exhalaisons fétides? pourquoi par accident ou
par inattention, les garçons ayant employé de
l'eau extrêmement chaude ou des levains trop
prêts, *ils* n'ont pu, malgré leurs efforts &
leurs lumières, restituer à la pâte sa consistance
& sa ténacité pour en obtenir un bon pain!
M. Brocq qui soupçonnoit, non sans fondement, qu'il y avoit dans la farine de froment
un agent autre que celui de la fermentation &
de la nutrition, fut singulièrement étonné
lorsque je retirai devant lui la matière collante
ou glutineuse, il détermina même, à ma sol-
licitation, plusieurs Boulangers, tels que M.
le Roux, M. Destor, à répéter l'expérience
en présence de leurs garçons, & depuis ils

ont grand foin de la faire fervir dans leurs achats, de moyen d'épreuve, concurremment avec ceux que nous avons rapportés & difcutés, parce qu'on ne doit pas négliger d'employer plufieurs moyens à la fois, fur-tout lorfque l'un peut aider & fervir de preuve à l'autre.

Combien ne fe tromperoit-on point, fi dans la préoccupation où l'on eft toujours, que la connoiffance phyfique des farines eft inutile aux Boulangers, on prétendoit encore que celle de la matière glutineufe doit leur être également étrangère ! j'affure ici que rien ne leur eft plus effentiel & plus utile, & que leurs garçons, dont il faut fubjuguer la routine & les préjugés par des démonftrations, plus puiffantes ordinairement que tous les raifonnemens, renonceroient fans doute à cette fureur qu'ils ont toujours d'employer de l'eau chaude, s'ils voyoient que la matière glutineufe extraite & féparée de la farine, acquiert encore plus de fermeté dans l'eau froide, qu'elle diminue par la chaleur des mains, qu'elle fe relâche dans l'eau tiède, s'amollit dans l'eau chaude, & ceffe d'avoir de la confiftance dans l'eau prête à bouillir : n'eft-ce pas-là pofitivement ce qui fe paffe dans la fabrication du pain, felon la température de l'eau où elle eft prife !

Nous ofons le dire , le Boulanger qui dé-
daigneroit d'acquérir la connoiſſance du moyen
ſimple que nous propoſons , ſeroit expoſé à
être puni de ſa froide indifférence ; car, ſans
beaucoup d'intelligence & une habitude raiſonnée qui ſuppléent ſouvent aux lumières
phyſiques, il ne retirera même de la plus belle
farine qu'un pain mal fabriqué , qui, en le mettant
continuellement en butte aux reproches des
Magiſtrats & aux plaintes du Public, circonſ-
crira ſon commerce au point de gagner à peine
de quoi ſubſiſter ; tel eſt aſſez ordinairement &
ſera toujours le ſort de ces hommes ſtupides, qui,
pour l'avantage de la ſociété, devroient être dé-
clarés incapables d'exercer un état, dont l'objet
principal intéreſſe ſi directement la ſanté , &
où la main-d'œuvre éclairée fait infiniment plus
que la qualité des matières premières qu'on
y emploie.

Plus la farine fournira de cette matière collante ou glutineuſe , plus auſſi elle aura de
qualité, ſera d'un bon travail, rendra de pain
ſavoureux, léger, agréable, *& vice verſâ.* Je
dis toujours la farine, parce que le blé pourroit
en contenir beaucoup, & la farine très-peu.
Le Meunier en moulant mal, laiſſe beaucoup
de gruaux dans les ſons, diminue d'autant la

valeur & la bonté de la farine, ainfi que la proportion de cette matière collante qui n'eft jamais
auffi ténace, auffi élaftique, auffi abondante
dans les blés auxquels il eft arrivé quelques
accidens pendant leur végétation, ou qui ont
été nourris d'eau à l'approche de la moiffon; car,
c'eft une vérité que je crois avoir mis dans le
plus grand degré d'évidence, que la fubftance
glutineufe varie en proportion & en qualité, à
raifon du fol, de la culture, des faifons, de l'efpèce & de l'état des blés où elle fe trouve
contenue. *Voyez mon Ouvrage économique des
pommes de terre.*

Outre que l'abondance de la matière glutineufe eft un caractère de la bonne qualité des
farines, elle peut fervir encore à faire reconnoître leur mélange & leur détérioration. Ceux
qui ne font le commerce que pour un moment
ont quelquefois trompé la bonne foi confiante
en introduifant dans les farines celles du feigle,
de l'orge, de fèves, &c. Or, la matière collante
ne fe rencontrant que dans la farine qu'on retire
du blé, tous les ingrédiens qu'on y ajouteroit
enfuite pour l'augmenter & la falfifier ne ferviroient qu'à diminuer la proportion de cette
matière glutineufe.

Mais fi jamais on pouvoit fe permettre,

ainfi qu'on l'a avancé fouvent fans preuve, de mélanger la farine avec des matières qui n'ont aucune analogie avec elle ni même avec l'effet nutritif, comme le plâtre, la craie, la chaux, il fuffiroit de la délayer à grande eau, ces matières terreufes fe précipiteroient bientôt par leur propre poids au fond des vaiffeaux & fe préfenteroient fous la forme qui leur appartient; rien d'ailleurs ne décèleroit mieux une fraude auffi puniffable qu'un effai en pain qui feroit lourd, maffif & craqueroit fous les dents. Et comme je crois avoir démontré que les diverfes altérations éprouvées fe portent en général fur la matière glutineufe, que dans cet état elle manque ordinairement d'un peu d'élafticité, il feroit poffible que la matière glutineufe devînt encore un moyen d'épreuve pour reconnoître les farines gâtées, mais je prie qu'on ne prenne aucun parti à ce fujet, qu'on n'ait pefé les faits que je rapporterai dans mon Mémoire fur les farines altérées.

L'épreuve de la matière glutineufe peut donc répandre un très-grand jour fur la nature & les qualités des farines, indépendamment qu'elle fervira à rendre les différentes opérations de la boulangerie plus fûres & plus parfaites : nous avons dit qu'on retiroit ordinairement du blé,

par le moyen de la mouture économique, cinq
fortes de farines qui ont chacune des propriétés
générales & particulières ; c'eſt ſpécialement la
matière glutineuſe qui les diſtingue par rapport
aux effets du pétriſſage , de l'apprêt de la pâte
& de la cuiſſon du pain. La farine blanche de
gruau en contient environ cinq onces par
livre ; la farine dite de blé quatre onces &
demie dans un état moins blanc & moins clair;
la troiſième farine de gruau trois onces; enfin la
dernière , dite quatrième de gruau , à-peu-près
une once & demie d'un gris ſale.

On ſent bien , puiſqu'il eſt prouvé que les
viciſſitudes des ſaiſons & les différences du ſol
peuvent influer d'une manière très-ſenſible ſur
la quantité & la qualité de cette matière glutineuſe , que les proportions qui ſe trouvent
dans les farines , doivent varier , non-ſeulement
en raiſon des circonſtances que nous avons
rapportées , mais encore relativement à la mouture , les meules trop rapprochées , par exemple ,
produiſant une action trop vive ſur la matière
glutineuſe. Cette dernière éprouve une telle
chaleur , qu'elle acquiert une odeur d'échauffé
qui ſe communique à toute la farine , & perd un
peu de ſa ténacité & de ſon élaſticité.

Comme les farines biſes poſsèdent davantage

de matière extractive que les farines blanches qui font plus riches en glutineux, elles abforbent auffi moins d'eau, & ne fourniffent pas autant de pain. Les Auteurs modernes qui avancent le contraire, n'ont fait fans doute que rapporter les anciennes épreuves faites d'après les produits des moutures vicieufes qui laiffoient les gruaux bruts confondus dans les farines bifes, lefquels gruaux font, comme nous l'avons démontré, la partie du grain la plus abondante en matière glutineufe. Ce n'eft qu'en diftribuant cette matière glutineufe uniformément, & en dofe fuffifante dans les farines qui n'en font pas affez pourvues. que nous pourrons nous flatter de retirer un parti avantageux des mélanges fur lefquels il eft temps de nous entretenir.

ARTICLE V.

Du mélange des farines.

Si la connoiffance des parties conftituantes du blé, peut fouvent guider & éclairer le Boulanger fur le choix des différentes farines, ainfi que fur les procédés à employer pour les conferver & les changer en aliment digeftible; c'eft particulièrement dans la circonftance où il s'agit de les mêler fuivant leur nature, & en proportion convenable, afin d'obtenir un réfultat meilleur & plus avantageux. Il y a des blés qui réuniffent toutes les qualités néceffaires à la bonne fabrication du pain. Il y en a au contraire qu'on eft obligé quelquefois de mélanger, parce que le temps, la faifon, le terrein, l'expofition leur ont refufé cette efpèce de perfection qu'ils acquèrent enfuite, en fe prêtant mutuellement leurs propriétés fpécifiques.

Mais le mélange des blés étant fujet à inconvénient, il vaut infiniment mieux combiner leurs farines déjà faites, parce que la diverfité des formes & le degré de féchereffe du blé empêchant l'action égale des meules, il en réfulte une farine qui n'eft jamais auffi belle, ni auffi abondante, que fi les grains avoient été écrafés féparément. Nous allons d'abord dire deux mots du mélange des différentes farines provenant d'un même blé; nous parlerons enfuite de l'affociation de celle qu'on retire de plufieurs efpèces de blé.

Quand on ne doit employer que la farine d'une feule efpèce de blé, comme la mouture économique en produit de cinq fortes, que le Boulanger ne confomme nulle part féparément, il faut déjà qu'il en faffe différens mélanges, relativement à la qualité du pain qu'il a coutume de fabriquer : la plupart n'en font que deux fortes, l'un eft le réfultat des trois premières farines blanches, l'autre des deux dernières qui font bifes ; mais ceux d'entre eux qui vendent tous ces pains de fantaifie, que le luxe, le caprice & la délicateffe ont imaginés, y font fervir communément la farine de gruau, de manière, que c'eft avec la farine dite *de blé*, & la deuxième de gruaux, qu'ils font ce qu'ils appellent *pain demi-mollet* ou *de pâte ferme*, fuivant le degré de confiftance que l'on donne à la pâte : les deux dernières farines bifes mêlées avec un tiers de farine blanche, forment le pain bis-blanc, qui approche beaucoup de celui réfultant du mélange de toutes les farines, qu'on nomme à caufe de cela *pain de toutes farines* ou *de ménage*.

Les Boulangers qui ne donnent pas de blé à moudre, n'achettent pour l'ordinaire que de deux ou de trois efpèces de farine au plus : les marchands qui les leur vendent font eux-mêmes différens mélanges ; les uns, par exemple, réuniffent toujours la feconde farine de gruau quand elle eft belle, avec la première ; les autres y ajoutent encore la farine dite *de blé*, pour des trois n'en former qu'une feule, parce que les blés qui les produifent font tendres ; ils mêlent enfuite les troifième, quatrième & cinquième farines enfemble, en forte que des cinq produits farineux qu'ils obtiennent par la mouture éco- nomique, ils ne les débitent que fous deux efpèces, tandis que les Meuniers de la Beauce les vendent féparément ; voilà à peu-près ce qui fe pratique à l'égard des blés qui n'ont pas befoin d'être affociés à une autre efpèce qui les bonifie & les améliore.

Nous avons déjà dit qu'il ne falloit mélanger les blés qu'autant qu'ils avoient quelque défaut particulier, & que pour les moudre avec avan- tage, il étoit néceffaire de leur faire fubir une préparation : tels font les blés très-humides qui engrapperoient les meules & engraifferoient les bluteaux, fi on ne les faifoit fécher avant de les envoyer au moulin : tels font les blés exceffivement fecs, qui éprouveroient des dé- chets confidérables, & laifferoient paffer beau- coup de fon dans la farine, fi on ne les hu- mectoit ; alors il eft bon de mêler les blés deux fois vingt-quatre heures auparavant la mouture; mais fans cette circonftance, il convient de moudre les blés à part, & de ne les mêler qu'après leur converfion en farine.

Tout en faifant valoir les avantages du mé- lange des farines, qu'on n'imagine pas que les bons blés mêlés avec d'autres plus médiocres, deviendront encore meilleurs qu'ils n'étoient : Pline, il eſt vrai, fait mention de grains qui, employés féparément, donnoient moins de pain & plus bis, qu'ils ne fourniroient, étant mêlés & moulus enſemble. L'autorité de ce célèbre Naturaliſte que je reſpecte dans tant de circonſtances, ne m'en impoſe point ici ; un blé inférieur n'égalera jamais en qualité celui auquel on l'aſſociera, dans la vue de le bonifier ; s'il devient plus facile au travail, & qu'il donne un meilleur pain, c'eſt toujours aux dépens de celui-ci, qui perd d'autant de ſes propriétés.

Il ne faut pas s'abuſer, les mélanges n'auront de réuſſite conſtante & aſſurée, que quand ils feront aſſortis, proportionnés & fondés ſur la nature des ſubſtances qui en font l'objet. Plu-ſieurs circonſtances peuvent les déterminer, les rendre même indiſpenſables : tantôt les farines font *revéches*, c'eſt-à-dire, très-abondantes en matière glutineuſe, comme celles de la Beauce & de la Brie ; alors il convient de leur aſſocier une farine qui ait moins de corps, telle que celle de la Picardie : d'autres fois les récoltes n'étant pas toujours égales, & l'inſtant de les faire fixé aux mêmes époques dans tous les cantons, ſi les blés de l'année ont été fort humides, & ceux de la moiſſon précédente extrêmement ſecs, il convient de mêler leurs farines, quel que ſoit le pays d'où elles proviennent, afin de les mieux conſerver, & de faciliter leur travail au pétrin : ſouvent enfin une farine, ſans être altérée, peut néanmoins avoir perdu, par la vétuſté, ſes parties ſavoureuſes. Le moyen de les lui reſtituer conſiſte à mêler avec elle la farine d'un blé nouveau qui partage le goût de fruit, dans lequel réſide l'agrément du pain. Ainſi le mélange des farines eſt indiqué par la néceſſité de donner à quelques-unes ce qu'elles n'ont pas en proportion ſuffi-ſante, & de former par-là un tout approchant de la meilleure farine. Le Boulanger ne ſauroit donc être trop attentif à la qualité des blés qu'il achette & qu'il emploie, à la nature de leurs farines & au bon choix qu'il doit en faire.

Il eſt bien eſſentiel ſur-tout de ne pas attendre, pour mélanger les farines, l'inſtant où l'on va les ſoumettre à la fermentation panaire ; les corps ſolides, quand ils ſe trouvent auſſi atté-nués, auſſi diviſés qu'eſt la farine, peuvent être comparés en quelque ſorte aux fluides, dont les molécules ſe pénètrent, ſe combinent & s'iden-tifient au point de ne plus former inſenſible-ment qu'une ſubſtance tout-à-fait homogène ; c'eſt ainſi que le vin bu à l'inſtant de ſon mélange avec un autre vin , quoique compofé tous des mêmes parties , n'eft abfolument pas potable, tandis qu'il le devient au bout d'un certain temps.

En mélangeant les farines peu de temps après la mouture, elles n'ont pas encore laiffé échapper cette vapeur huileufe , cet efprit recteur qui fe diffipe en les gardant ; ce qui , à ce que je crois , concourt pour beaucoup à leur combinaifon ; d'ailleurs , l'odeur que les meules développent fouvent dans la farine , & que celle-ci ne perd qu'à la longue , s'exhale & difparoît pendant l'opération du mélange, en forte qu'il eft toujours avantageux de le faire dès que la farine eft refroidie.

Ainfi , foit que le Boulanger faffe moudre fon blé dans le pays d'où il le tire, ou que cette opération s'exécute fous fes yeux , foit qu'il achette fes farines toutes moulues , la première attention qu'il doit avoir , c'eft de faire les mélanges néceffaires pour l'efpèce de pain qu'il cuit ; car, outre que la durée du féjour des farines entre elles , les affimile & les perfectionne , les garçons qui feroient chargés de faire ces mélanges dans le pétrin , n'obferveroient point les juftes proportions , occafionneroient beaucoup de déchet en remuant, & pourroient fe tromper en prenant une farine pour l'autre : toutes ces raisons doivent engager les Boulangers à faire eux-mêmes les mélanges, & sur-tout à prendre leur précaution d'avance pour remplir plus complètement leurs vues.

Le Boulanger, pour s'assurer de plus en plus de la qualité de ses farines & des différentes proportions qu'exige leur mélange, doit toujours avoir en réserve une certaine quantité de chaque espèce de farine, dont il a coutume de se servir, qu'il tiendra renfermée dans des vases de verre numérotés, & sur lesquels seroient inscrits la qualité, la patrie & le prix du blé, l'espèce de farine & la quantité qu'il en a obtenue s'il l'a fait moudre, combien cette farine absorbe d'eau, contient de matière glutineuse, & fournit de pain. Cet objet de comparaison qui pourroit être renouvelé chaque année, lui serviroit continuellement de boussole dans ses moutures, dans ses mélanges, dans son travail, en même temps qu'il deviendroit contre le Meunier une preuve qu'il auroit mal moulu ou retenu quelque chose sur les produits.

Avant de quitter l'article des mélanges, je crois qu'il est nécessaire d'observer que les dernières farines bises qu'on obtient d'un blé quelconque par la mouture économique, ne

devroient jamais être employées feules à la fabrication du pain, qu'il faudroit toujours leur
affocier partie égale de farine de feigle, ou un
tiers de farine blanche, par la raifon que fous
un même poids, il fe trouve fort peu d'amidon
ou de matière alimentaire : l'homme du peuple
eft ordinairement celui qui a le plus befoin de
trouver dans fon pain beaucoup de nourriture.

Cette obfervation intéreffe particulièrement
les perfonnes chargées de grande adminiftration,
qui ne fauroient trop furveiller les manœuvres
de ceux auxquels elles confient la fourniture du
pain fous quelque forme que ce puiffe être. Nous
les avertiffons fur-tout de ne jamais accorder
cette fourniture que d'après un modèle en blé
ou en farine, mais non en pain, parce que ce
dernier ne peut fervir long-temps de pièce de
comparaifon, & qu'on a bientôt oublié fon apparence & fes qualités ; avec la farine, au contraire,
on peut répéter à volonté des effais en petit,
pour vérifier fi la fourniture eft conforme aux
engagemens qu'on a contractés.

ARTICLE VI.
De la confervation des Farines.

DANS le nombre des grains deftinés à la
nourriture fondamentale de l'homme, fous la

forme de *pain* ; il n'en eſt point de comparable
au blé , ſoit qu'on le conſidère du côté de ſon
produit en farine, ou bien qu'on l'examine dans
la quantité & l'excellence de l'aliment qu'on en
prépare ; mais la Providence en nous accor-
dant un pareil bienfait, ſemble y avoir mis un
prix, en multipliant les obſtacles qui rendent ſa
conſervation difficile.

En voyant tout ce qui a été fait & écrit
ſur la conſervation des blés , on a droit d'être
ſurpris que celle des farines n'ait pas également
fixé l'attention des Savans eſtimables, qui ont
conſacré leurs veilles à l'étude de cet objet
important, avec d'autant plus de raiſon, que
les farines s'altèrent plus aiſément & plus
promptement que le blé. Comme lui , elles
ſont ſujettes aux influences de la chaleur humide, des mauvaiſes exhalaiſons , & à la voracité
des inſectes ; mais elles en diffèrent en ce qu'elles
ne peuvent être remuées, tamiſées, tranſportées
& vidées , ſans ſouffrir des déchets conſidérables, & qu'il n'y a plus enſuite de moyens
de les dépouiller, comme le blé , des matières
étrangères qui y ont été apportées , avant de les
convertir en pain. Quelles ſont les reſſources
qu'on employoit autrefois , & qu'on emploie

encore

encore aujourd'hui pour tâcher de garder les farines en bon état.

L'humidité ayant été regardée de tous les temps comme l'inftrument de l'altération des farines, & cette marchandife ne pouvant être tranfportée au loin fans fe détériorer, on a cherché à la deffécher par le feu, en lui appliquant comme au blé, la chaleur du four; par ce moyen, les farines acquièrent bien la faculté de pouvoir être gardées dans des barils bien fecs, plufieurs années de fuite en bon état; mais après cela, quelque foin qu'on fe donne, il eft impoffible d'en faire un pain léger & bien favoureux; c'eft ce qu'a très-bien remarqué M. Deflandes, dans fes Obfervations phyfiques fur la manière de conferver les grains. Le feu agiffant fur la farine plus immédiatement que fur le blé, défendu par l'écorce qui lui fert d'enveloppe, elle perd un principe volatil; d'ailleurs, la fubftance glutineufe qui eft, des parties conftituantes du blé, celle qui abforbe le plus d'eau, ne fauroit éprouver le degré de chaleur le moins confidérable, fans perdre un peu de cette propriété, d'où réfultent l'infipidité & l'état maffif du pain préparé avec un blé ou une farine que le feu a trop defféché. Les farines qui paffent les mers connues fous le nom de *minot*, & deftinées à la

P.

fubfiftance de nos Colonies , s'altèrent fouvent
en route au point d'être entièrement gâtées avant
d'arriver à leur deftination , fur-tout lorfque les
blés qu'on y emploie proviennent d'années
froides & humides , quoique récoltés dans les
provinces méridionales : M. du Hamel forma , en
1760 , le deffein de faire des recherches précifes
fur ce point intéreffant. Perfuadé d'abord qu'on
pouvoit faire des farines de minot avec tous les
blés de l'intérieur du Royaume , même des pays
feptentrionaux , pourvu qu'ils fuffent fort fecs ;
il entreprit des expériences fur des blés extrêmement humides , qu'il étuva & qu'il fit encore
étuver étant convertis en farines , afin de donner
à ces dernières le plus grand degré de féchereffe poffible : ces farines font arrivées bien
conditionnées à l'Amérique. On peut voir à ce
fujet le *Supplément au Traité de la confervation
des grains;* mais l'étuve très-bonne en pareil cas ,
n'eft jamais employée par les Marchands qui
font le commerce des farines dans l'intérieur
du Royaume. Paffons aux différentes méthodes
qu'ils fuivent pour les conferver.

On met la farine en garène , en couches ou en
tas dans les angles , fur le plancher ou le carreau
du magafin ; mais abandonnée ainfi aux injures
de l'air qui pénètre par les différentes ouvertures ,

à la pouffière qui tombe du plancher & ternit la fuperficie, aux dégâts qu'y occafionnent les chats, les rats, &c. à la voracité des infectes; cette farine qui eft fale, qui contient des animaux, qui a contracté de l'odeur, fert cependant à la fabrication du pain dans les grandes maifons & chez la plupart des Boulangers qui fuivent cette méthode de conferver les farines, parce qu'ils la trouvent la plus commode.

Ceux qui gardent les farines en facs pour éviter les inconvéniens dont nous parlons, commettent d'autres erreurs pour le moins auffi préjudiciables : ils rangent les facs près les uns des autres ou en pile ; en forte qu'ils fe touchent par tous les points de leur furface. L'air ne pouvant circuler tout autour du fac, l'humidité qui s'en exhale, n'eft pas diffoute ni entraînée, & comme elle ne fait plus partie du corps d'où elle émane, elle réagit fur lui, y difpofe & établit la fermentation : la farine alors commence par fe pelotonner à la furface interne du fac, bientôt l'altération arrive au centre, & ne préfente plus qu'une maffe qui prend la forme du fac qui la contient ; dans cet état, le principe fermentefcible commence à fe développer avec d'autant plus d'activité, qu'il fe trouve comme gêné & renfermé dans un corps devenu prefque folide, qui paffe bientôt à la corruption, fi le lieu où elle eft expofée fe trouve plus humide.

Mais cette méthode, quelques précautions que l'on mette en ufage pour empêcher qu'elle ne foit auffi défectueufe, peut devenir perfide : fouvent on eft dans la plus parfaite fécurité fur le compte de fes farines, parce qu'on a eu foin de vifiter de temps en temps les facs qui font les plus extérieurs des piles, & par conféquent rafraîchis par le contact de l'air; ce qui fait qu'ils n'ont éprouvé aucune altération, tandis que les autres facs placés au centre, font déjà échauffés & détériorés.

M. Brocq, plus expofé qu'aucun autre aux mauvais effets des méthodes fuivies pour la confervation des farines, à caufe du peu d'étendue & d'élévation qu'avoit fon magafin de l'École militaire, voyant que nonobftant la vigilance & les foins, fa farine s'échauffoit & s'altéroit même : perfuadé d'un autre côté qu'il étoit très-important de tenir la farine renfermée en fac, telle qu'on la reçoit du Meunier & du Commerçant, afin d'empêcher l'accès des infectes qui lui font particuliers, & éviter les pertes qu'elle éprouve néceffairement en la travaillant

& la vidant ; il imagina un moyen pour parer
à ces inconvéniens.

Ce moyen confifte à pofer les facs de farine
dans des cafes en bois, dont la largeur fuffit
pour permettre quatre facs de front fur une
étendue déterminée par la grandeur de l'emplacement du magafin : la première rangée fe
trouve ifolée par deux traverfes qui font à la
hauteur du tiers des facs, & ainfi de fuite dans
chaque cafe : ces facs qui fe placent d'eux-
mêmes, permettent à l'air de circuler tout autour, & d'entraîner avec lui l'humidité qui s'é-
chappe continuellement de leur intérieur : dans
le cas où la farine eft fort humide, on peut y
pratiquer des cheminées, c'eft-à-dire, des trous
perpendiculaires, depuis l'orifice jufqu'au fond
du fac, ainfi que cela fe pratique ordinairement ;
mais il faudroit avoir l'attention de couvrir le
deffus de ces facs avec une toile fort claire,
pour éviter toujours l'introduction des mites
& autres infectes.

Pour s'affurer de plus en plus des bons effets
de fa méthode, M. Brocq divifa deux parties
égales de la farine qui n'étoit pas parfaitement
sèche ; la première qu'il avoit ifolée fuivant le
moyen indiqué, a bravé toutes les chaleurs de
l'été, l'autre au contraire, confervée à l'ancienne

manière, c'eſt-à-dire, les ſacs en pile les uns à côté des autres, s'eſt échauffée au centre : cette expérience a juſtifié ſon opinion, & depuis douze ans, il éprouve de cette méthode tout le ſuccès qu'on en peut-attendre.

Si l'on conſtruiſoit exprès un magaſin pour conſerver les farines, il ſeroit utile d'y pratiquer des ventouſes, qui, pendant les chaleurs de l'été, porteroient un courant d'air frais, & empêcheroient qu'on n'ouvrît les ſacs ; il faudroit encore que le plancher fût en bois parce que la fraîcheur & l'humidité du carreau durcit à la longue la farine, qu'entre ce plancher & le ſol, il y eût de l'intervalle pour établir ſous les ſacs des petites trapes qu'on ouvriroit d'eſpace en eſpace, ce qui iſoleroit de toutes parts les ſacs : c'étoit d'après un pareil plan que M. Brocq avoit propoſé de conſtruire au Collége de la Flèche un magaſin à blé & à farine, & de réunir dans le même lieu la meunerie & la boulangerie. Le Miniſtre en ordonnant l'exécution de ce projet, avoit encore en vue de fournir un grand exemple à toute la province d'Anjou, où comme ailleurs le pain eſt mauvais & revient fort cher.

D'après les avantages réels que procure la méthode de M. Brocq, & dont nous avons été témoins, pourrions-nous nous dispenser de terminer l'exposé que nous en avons fait, sans engager les Boulangers à l'adopter, d'autant plus qu'elle est simple & nullement dispendieuse ? Les farines qu'on reçoit de différens blés, de différentes moutures, provenant de différens marchands, ne seront plus exposées à être confondues, en cas d'absence, par leurs garçons, dont les méprises sont fréquentes : chaque envoi placé dans des cafes, étant numéroté, ils auroient la facilité de l'employer par conséquent suivant sa date.

ARTICLE VII.

Du commerce des Farines.

L'OBJET qui concerne le commerce des blés ayant été considéré sous tous les points de vue possibles, & développé dans une multitude d'Écrits dictés par l'intérêt ou l'amour du bien public ; nous nous sommes restreints dans celui-ci à ne parler que du choix, des transports & des achats de ce grain : mais comme le commerce des farines ne paroît pas avoir été traité d'une manière aussi détaillée, nous avons cru qu'il méritoit ici un article

particulier, fans prétendre néanmoins y renfermer tout ce qu'on pourroit dire à ce fujet.

Autrefois le commerce des farines étoit abfolument ignoré : on achetoit le blé, on le
faifoit moudre fur les lieux, & on le blutoit
long-temps après chez foi, en forte que le grain
écrafé fimplement fous les meules, fortant brut
du moulin, c'eft-à-dire, le fon, les gruaux,
la farine, confondus enfemble, demeuroit en
cet état un certain temps dans les magafins
comme approvifionnement; le particulier ou les
Boulangers, à l'aide de tamis ou bluteaux plus
ou moins groffiers, féparoient ces différens
produits à mefure qu'ils en avoient befoin; c'eft
ainfi que dans quelques cantons on en agit
encore, foit par ignorance ou par habitude, foit
encore dans l'efpérance d'être moins trompé :
nous nous fommes déjà fuffifamment étendus
fur l'abus d'une femblable méthode.

A peine la mouture commença-t-elle à fe
perfectionner, que le nombre des moulins
devint plus confidérable ; alors le commerce
des farines parut plus commode & plus économique, aux Boulangers fur-tout, qui n'ayant
pas une connoiffance parfaite des blés & des
moutures, étoient continuellement volés dans
les achats & dans les produits : pour faire ce

commerce on se servit d'abord de la mesure, qu'on abandonna dès qu'on en eut aperçu les inconvéniens, & l'on ne vendit plus la farine qu'au poids, en fixant les sacs de vingt-quatre boisseaux à trois cents vingt-cinq livres, la tarre comprise ; il faut bien que ce commerce ait présenté réellement dans la spéculation & dans la pratique, des avantages infinis, puisque maintenant on ne voit plus à la halle de Paris que de la farine, & fort peu de blé.

Si une pareille révolution a pu s'opérer dans la capitale, quoiqu'environnée de bons moulins bien conduits, combien ne seroit-il pas à desirer qu'elle eût lieu dans nos provinces où l'on ne sait pas bien moudre, & qu'on y transportât des farines, jusqu'à ce que la mouture économique fût établie ! car enfin, c'est toujours de la farine qu'on se propose de faire avec le blé, & l'abondance des grains ne suffit pas pour tranquilliser sur les besoins de la consommation. L'éloignement où l'on se trouve quelquefois du moulin, les mauvais chemins pour y arriver, le temps calme, la sécheresse, les inondations, les gelées, font autant d'obstacles qui peuvent retarder & même suspendre pendant long-temps les moutures, renchérir la farine au point qu'elle n'est plus en proportion avec le prix du blé.

Que l'on ajoute encore à ces inconvéniens celui des moulins mal conftruits, mal entretenus, dirigés fans intelligence, l'on ne pourra point fe difpenfer de convenir de la néceffité qu'il y auroit d'établir le commerce des farines dans tout le Royaume, & d'en garnir nos marchés autant que de blé ; puifqu'on ne feroit plus expofé à être trompé par la cupidité, la maladreffe & la négligence du Meunier. Les pertes, les mauvaifes façons feroient toujours à la charge du marchand, qui, par cette raifon-là même auroit le plus grand intérêt à veiller de près les farines, dont la bonté & la blancheur ne répondent pas fouvent à la qualité du blé qui les a produites.

Les particuliers, de leur côté, ne pourroient que trouver du bénéfice en vendant leurs blés pour acheter de la farine à la place, parce que quand ils font moudre ils ne s'attachent point à connoître d'une manière pofitive le produit en farine & en fon qu'on leur rend des grains qu'ils ont confiés à la mouture ; ils n'en ont pas même les moyens, puifque la plupart du temps ils font livrés à l'ignorance & à la difcrétion du Meunier qui exige & rend ce qu'il veut, tandis que la farine qu'ils auroient payée au poids leur donneroit bientôt la facilité d'établir, d'après un calcul exact , le prix auquel reviendroit leur pain qu'ils fabriqueroient à la maifon , fans compter qu'ils n'auroient plus d'inquiétude ni de foupçon , la peine de foigner la mouture, l'attirail des bluteaux , les gênes continuelles de vider & de remplir les facs , tous embarras qui occupent & partagent en pure perte le temps en occafionnant des déchets.

Une obfervation qui nous paroît très-importante , c'eft que fi la mouture parfaitement exécutée , augmente encore en qualité & en valeur les produits , cette confidération mérite d'autant plus de nous intéreffer , que les blés de médiocre qualité qui , excepté les temps de difette , n'ont de débit qu'à la faveur du très-bon marché , peuvent donner , étant moulus comme il convient , une farine plus abondante & plus belle que celle des meilleurs grains écrafés dans nos moulins défectueux. Les blés qui fervent à la confommation de Paris , fourniffent, comme l'on fait , les meilleures farines & les plus grands produits : ces mêmes blés tranfportés dans plufieurs de nos Provinces , telles que l'Anjou , en fuppofant qu'ils y arrivent en bon état , donnent une farine femblable à peine à celle que nous retirons dans nos moulins-économiques, des blés très-inférieurs;

quelle différence ne réfulteroit-il pas, fi au lieu de tranfporter ces blés de fi bonne qualité, on y fubftituoit leur farine toute préparée ! c'eft ce qu'on a déjà éprouvé toutes les fois qu'on a tranfporté nos farines de la Beauce, de la Brie & de la Picardie dans l'Orléanois, la Bretagne, &c.

Comme les chofes les plus utiles font ordinairement celles qui trouvent le plus d'oppofition lorfqu'on cherche à les rendre générales, je ne doute pas qu'on ne multiplie ici les objeçtions, & qu'on ne dife d'abord, que la forme des corps étant un moyen de plus pour reconnoître leur nature & leurs propriétés, le grain converti en farine n'auroit pas cet avantage ; que le commerce de farine remplaçant celui du blé , donneroit lieu à de nouveaux abus d'autant plus dangereux, qu'il feroit difficile, & peut-être même impoffible de s'affurer des mélanges de toutes fortes d'ingrédiens qu'on auroit pu mettre en ufage pour la falfifier & l'alonger ; & qu'enfin, le blé déjà difficile à fe conferver, quoique revêtu d'une enveloppe qui le dérobe aux influences de l'atmofphère, en deviendroit bien plus fufceptible dès qu'il en feroit dépourvu. Toutes ces objeçtions fpécieufes en apparence ne manqueroient pas d'en impofer, fi nous ne les prévenions.

Rien d'abord n'eft plus aifé de répondre à la première objection, fi on fe reffouvient fur-tout que nous avons fait voir que la connoiffance des farines étoit pour le moins auffi facile à acquérir que celle des grains d'où elles pro-venoient, qu'elles avoient des caractères dif-tinctifs & frappans de bonté, de médiocrité & d'altération qui n'échappoient jamais, aux fens un peu exercés ; que les procédés les plus fimples fuffiroient pour s'affurer de la préfence d'une matière étrangère qu'on y auroit mêlée. Mais fi jamais le Négociant qui a le plus grand intérêt que fa marchandife foit pure & de bonne qualité, pouvoit fe permettre des mélanges illi-cites qu'aucun moyen ne décéleroit, comment feroit-on plus en fûreté avec le Meunier, tou-jours indifférent fur la matière qu'il rend, parce qu'il en eft également payé ! Enfin, je dirai plus, c'eft que le blé peut avoir contracté une légère odeur que le Marchand aura mafquée, foit en le lavant ou en l'étuvant, mais que les meules développent au point de devenir très-fenfible dans la farine ; voilà donc une nou-velle circonftance favorable encore au com-merce des farines.

Pour peu qu'on veuille aussi se rappeler des précautions que nous avons recommandées au Boulanger, pour ne pas être trompé dans ses achats, & ne pas laisser endommager les grains sur la route pendant leur transport; on conviendra qu'il sera également facile de les employer par rapport aux farines qui demandent les mêmes soins, si les Marchands ont l'attention de cacheter ou de plomber les sacs, de bien revêtir les voitures & les bateaux en paillassons, de les couvrir exactement, d'y tenir les sacs isolés, de les transvider aussitôt qu'ils arrivent, lorsque la saison est humide & chaude; les farines alors ne courront pas plus de risques que le blé, & la preuve la plus complète qu'on puisse en donner, c'est que depuis la découverte du Nouveau-monde, nous n'approvisionnons nos Colonies qu'en farines. Lorsqu'elles se gâtent en passant les mers, c'est la faute de ceux qui ont négligé d'employer des blés secs, ou de les dépouiller de leur humidité surabondante avant de les convertir en farine. Ainsi, en isolant les sacs, il y auroit à la vérité un peu plus d'espace vide qui rendroit le chargement plus volumineux; mais l'expérience prouve que sous ce volume les efforts du tirage ne sont pas aussi considérables : les chevaux traînent plus aifément quatre milliers de foin, que le même fardeau en pierre ou en plomb; un bateau chargé de blé en grenier navigue moins aifément, que celui dans lequel le grain feroit en facs. Ce phénomène de ftatique, qui a donné lieu à cette queftion plaifante, lequel étoit plus lourd d'une livre de plume ou d'une livre de plomb, n'a pas befoin d'être expliqué ici; il fuffit feulement de le rapporter.

Lorfque dans les tranfports fur les rivières, il arrive que les bateaux chargés de grains en facs ou en grenier prennent l'eau, le blé alors eft perdu; mais le même accident n'eft pas autant préjudiciable aux farines, parce que l'eau ne pénètre dans le fac que jufqu'à un pouce, ce qui forme une croûte qui défend tout l'intérieur, & réduit la perte à un douzième environ, fuivant que la farine a été foulée.

Indépendamment des reffources fans nombre que le commerce des farines offre aux particuliers, le Négociant & le Boulanger y trouveront également leur compte : le premier qui garderoit cette marchandife, dans l'efpoir de profiter des circonftances, faifiroit le moment de la vendre avec plus d'avantage que le blé, parce qu'elle feroit toute prête à être employée : le Boulanger qui feroit la même fpéculation, auroit un autre avantage fur le Négociant, c'eſt qu'en fuppofant que l'état des eaux & de l'atmoſphère fût favorable aux moutures, & que le prix de la farine ſe trouve en proportion de celui du blé, il ne perdroit jamais le fruit de ſon attente, parce que les farines bien faites & gardées, ſuivant la méthode de M. Brocq, expoſée à l'article de la conſervation des farines, ne coûtent aucune dépenſe, qu'elles ſe bonifient en vieilliſſant, ſont d'un travail plus facile & donnent davantage de produits, ce qui le dédommageroit de la miſe de ſes fonds.

D'après ce qui précède, il eſt inconteſtablement démontré que le commerce des farines ſeroit avantageux, non-ſeulement au Public, aux Boulangers & aux Marchands ; mais encore au Gouvernement qui pourroit accorder une préférence marquée à l'exportation des farines ſur celle des blés, parce que, comme l'obſerve l'Auteur de la Légiſlation du commerce des grains, *troiſième Partie, page 96* (dont nous ne ſaurions mieux faire que d'emprunter ici les propres paroles) « les Étrangers auroient à » payer, outre le prix des grains, les frais de » mouture, & enfin, le bénéfice des divers » agens de ces ſortes d'opérations : ces objets » réunis augmenteroient peut-être le prix du

ſetier

ſetier de trois à quatre livres au profit de la «
France; cependant comme les Étrangers ſont «
obligés de payer chez eux une partie de ces «
frais, quand ils achettent des grains, la loi qui «
ne permettroit que l'exportation des farines, «
n'empêcheroit point les Étrangers de ſe pour- «
voir en France, d'autant plus que dans le «
temps où cette exportation ſeroit permiſe, les «
prix ſeroient très-modérés, & conviendroient «
probablement aux différens ſpéculateurs de «
l'Europe; enfin, il eſt une convenance eſſen- «
tielle que j'apercevrois dans l'obligation de «
n'exporter que des farines, c'eſt qu'elle en- «
gageroit à une ſorte de meſure & de lenteur «
qui ſeroient ſouvent ſalutaires. » Il eſt très-
conſtant qu'une loi pareille pareroit à bien des
inconvéniens, & procureroit une infinité d'a-
vantages, parce que la main-d'œuvre qui reſte-
roit dans le Royaume, donneroit lieu à des
établiſſemens conſidérables.

Le commerce des farines ſeroit ſans doute
l'unique moyen qui pourroit rendre la mouture
économique plus générale en France, ce ſeroit
encore un moyen de tirer de l'indifférence &
de l'inertie, les propriétaires de moulins & les
Meuniers de nos provinces, au ſujet de l'u-
tilité évidente de cette mouture : tant qu'ils

Q

auront la certitude d'avoir de l'ouvrage & d'être également payés ,.tout en faisant mal, ils éterniferont leur entêtement & leurs préjugés : mais le commerce des farines, l'établissement d'un seul moulin économique dans chaque canton, produisant une plus belle marchandise à un moindre prix, les forceroient de renoncer à leur routine, & de-là naîtroient sans contrainte & sans dépense, l'émulation, la perfection & le meilleur marché.

Dans ce changement de commerce, nos Marchands trouveroient, par la beauté & la qualité des farines, un bénéfice au-delà du prix d'achat du blé, & les issues, en ajoutant encore à ce bénéfice, deviendroient un supplément de ressources alimentaires pour nos bestiaux, sans compter que le poids de ces issues formera toujours une diminution réelle sur le prix de transport.

A l'aide de nos moulins multipliés & d'un grand nombre de fariniers, le quart de la quantité de blés nécessaires à la consommation de la Capitale & des environs, se trouve converti en farine ; les Marchands qui iroient s'établir dans les provinces, avec l'intention de faire le même commerce, y porteroient nécessairement leur industrie, leurs talens & leur habitude de bien travailler. Ils monteroient de bons moulins, &

pourroient même exporter fans aucun danger : il eſt étonnant quels frais de tranſport on éviteroit, tous frais qui, ſans améliorer le produit, ne font qu'augmenter le prix du blé.

Si on prenoit le parti que propoſe l'Auteur de l'ouvrage ſur la Légiſlation & le Commerce des grains, de faire des proviſions de blés, & de ſe ſervir pour cet effet de l'entremiſe des Boulangers, dont les achats très-diviſés, devenant imperceptibles, pourroient fournir au beſoin, & écarter les craintes ; ce parti ſeroit d'autant plus ſage, qu'il n'eſt pas poſſible de mettre ces proviſions en de meilleures mains ; elles ſe feroient ſans appareil, ſans frais, & auroient pour ſurveillant l'homme dont la fortune, la réputation & l'induſtrie ſeroient également intéreſſés à en retirer dans tous les temps, les plus grands avantages ; mais je crois qu'il vaudroit beaucoup mieux que ces proviſions fuſſent plutôt en farine qu'en blé.

Il faut avouer auſſi que la plupart des Boulangers, très-inſtruits d'ailleurs, ne poſſèdent, ni emplacemens, ni fonds pour faire des approviſionnemens conſidérables ; beaucoup vont au jour le jour, & ceux d'entre eux qui pourroient profiter des circonſtances, & étendre leur commerce à la faveur de leur crédit, ſont ſans

Q ij

ceſſe arrêtés par la crainte de perdre le fruit de leurs ſoins & l'intétêt de leur argent, à cauſe de la diminution ſubite que les viciſſitudes des temps occaſionnent dans un commerce qui varie perpétuellement. Ajoutons à ces motifs, ce dernier ; la taxe de diminution eſt impoſée dans certains endroits au moment même , & ſans avoir aucun égard aux approviſionnemens, qui méritent pourtant d'être protégés , quand ils ſont formés dans la vue d'aſſurer le ſervice public ; tandis qu'au contraire, la taxe d'augmentation n'eſt preſque jamais ſignifiée que quelques ſemaines après.

Le commerce des farines une fois démontré plus avantageux que celui des blés, donneroit lieu à une exportation d'autant plus néceſſaire, que les combinaiſons inſtantanées produites par la mobilité des circonſtances, permettroient à ceux qui apporteroient de la farine, d'avoir la préférence ſur le blé, parce que leur marchandiſe ayant déja ſubi une préparation eſſentielle, ils profiteroient de la faveur du moment, & les marchands appelés en foule, par la certitude de la vente, mettroient la concurrence, produiroient bientôt l'abondance, & par conſé-quent un très-grand bien au Gouvernement : il ne ſeroit plus néceſſaire de calculer le voifinage & la diftance du moulin ; on ne feroit pas expofé autant à ces pertes, à ces inconvé-niens qui réfultent du commerce des grains par rapport aux moutures, aux faifons & au temps, on pourroit approvifionner de farines les grandes Villes où le choc des évènemens & les hafards, comme l'obferve l'Auteur, que nous citons toujours avec plaifir, font terribles en matière de fubfiftance : on ne verroit plus nos provinces épuifées par des levées de grains trop confidérables, à raifon de la confommation ; on ne feroit pas revenir des grains d'abord ven-dus vingt livres le fetier, que le befoin rappelle & paye un tiers de plus qu'on ne l'avoit vendu après avoir paffé par différentes mains, & perdu même de fes qualités ; mais je m'arrête pour revenir à mon objet principal, quelqu'important que foit celui que je viens de traiter.

CHAPITRE III.
Du Levain.

ARTICLE PREMIER.
Des effets du Levain.

DANS un Ouvrage qui traite de la Boulangerie, il n'est pas nécessaire, je pense, d'expliquer ce que j'entends par levain, on devine bien sans doute qu'il ne s'agit point de ces fermens destructeurs qui bouleversent nos liqueurs & produisent des épidémies, de ces développemens qui métamorphosent le germe en œuf, l'œuf en insecte, l'insecte en chrysalide & la chrysalide en papillon : je vais parler de cette matière végétale farineuse en fermentation, qui, dispersée dans une substance à demi-solide, qu'on nomme *la pâte* , communique bientôt sa mobilité & de la vie à la totalité de la masse où elle est confondue , d'où il résulte une transposition de parties , une combinaison de principes, enfin un nouveau corps.

On ne doit faire remonter l'ancienneté du pain qu'à la découverte importante du levain ;

car avant, qu'étoit cet aliment! une galète plate, visqueufe, lourde, indigefte, qu'on cuifoit tout fimplement dans l'âtre du four ou fous la cendre; telle fut pendant long-temps la nourriture principale de nos bons ayeux. Vraifemblablement un morceau de pâte oublié aura été cuit au bout d'un certain temps, ou pétri avec de nouvelle pâte, d'où il fera réfulté un meilleur pain : mais quelle que foit l'origine du levain, c'eft toujours la partie la plus effentielle de la panification, puifque fans lui la farine combinée avec l'eau dans l'état de pâte, & abandonnée dans un lieu froid, tiède ou chaud, ne boufferoit pas autant ni auffi vîte, ne prendroit pas cette odeur vineufe qui caractérife la fermentation fpontanée, pafferoit bientôt à l'aigre, & infenfiblement à la putréfaction, en préfentant ces anguilles de colle farineufe obfervées par les Phyficiens qui s'occupent d'expériences microfcopiques.

Ce que nous difons ici par rapport à la pâte, fe remarque journellement à l'égard de la bière & de la préparation du grain pour tirer l'eau-de-vie. Il ne feroit pas poffible d'obtenir ces liqueurs fans des opérations particulières; car, pour porter la farine au mouvement de fermentation fpiritueufe, ce n'eft pas le tout que d'y

Q iv

introduire un levain & de l'eau pour en favorifer l'effet, il faut encore des procédés & des
combinaifons qui augmentent l'état vifqueux,
& développent la matière fucrée, la feule fubftance connue jufqu'à préfent pour être fufceptible
de fournir de l'efprit ardent.

Si les fucs fucrés contenus dans la plupart
des fruits paffent fpontanément à la fermentation
vineufe fans avoir befoin d'aucun agent, ni
d'opérations préliminaires : il n'en eft pas de
même des corps farineux qu'il ne fuffit pas
d'affocier avec un levain approprié & la dofe
d'eau néceffaire ; il faut des proportions juftes
dans les mélanges, un degré de feu convenable,
des foins pour établir la fermentation, la ralentir, l'accélérer ou la fufpendre ; enfin de l'attention à faifir le véritable moment de diftiller à
propos & fans interruption : telles font encore
une bonne partie des conditions fans lefquelles
les graminés, quels qu'ils foient, ne donnent
que des atomes de fpiritueux.

La fermentation du levain ayant été regardée
par M. Malouin, comme fpiritueufe, j'ai voulu
m'affurer de fon degré de fpirituofité ; en conféquence, j'ai mis fix livres de levain de tout point,
c'eft-à-dire, bon à être employé pour pétrir,
dans le bain-marie d'un alambic fans aucune

addition, & j'ai diftillé ; il s'annonça d'abord par
un fiflement, un principe volatil incoërcible ;
bientôt une liqueur volatile & gafeufe fe raffem-
bla dans le récipient ; je la préfentai à la flamme
d'une bougie, & elle ne prit pas feu.

J'ai pris la même quantité & la même efpèce
de levain, que j'ai délayé dans fuffifante quantité
d'eau, & que j'ai diftillé enfuite à feu nu ; dès
que l'ébullition a été établie dans la cucurbite,
j'ai féparé les premières quatre onces de liqueur
qui avoient paffé, & j'ai pourfuivi la diftillation
jufqu'à ce que j'euffe encore le double de
liqueur ; alors je l'ai arrêtée pour examiner mes
deux produits : le premier étoit un flegme volatil, qui tendoit à devenir fpiritueux & inflammable, s'il eft permis de s'exprimer ainfi, il
n'altéroit pas les couleurs bleues des végétaux :
le fecond produit étoit manifeftement acide, il
rougiffoit la teinture de tournefol.

J'ai répété cette dernière expérience ; mais pour
la faire, au lieu de me fervir d'un levain de tout
point, c'eft-à-dire, dans le plus grand degré de
force, j'ai attendu qu'il fut très-aigre pour diftiller ; j'ai mis à part le premier produit qui a paffé,
& l'ayant examiné avec précaution, j'ai obfervé
qu'il étoit fpiritueux & inflammable ; le fecond
produit avoit tous les caractères d'un acide.

L'efprit du levain, fi connu par fes effets dans la Boulangerie, qu'on aperçoit aux lumières qui languiffent lorfqu'on délaye la maffe qui le renferme, eft donc de la même nature que celui qui fixe maintenant l'attention des Chimiftes, auquel ils accordent tant de noms & de propriétés différentes. Cet efprit fe développe dès l'inftant qu'un corps éprouve le premier degré de la fermentation : une partie fe combine avec les autres principes, pour former l'efprit ardent ; l'autre s'échappe au dehors, mais renfermé dans une maffe à demi-folide, comme la pâte, il cherche une iffue en foulevant la maffe, & rompant les capfules vifqueufes dans lefquelles il fe trouve comme emprifonné; il eft donc bien néceffaire d'empêcher que l'efprit dont il s'agit ne fe faffe jour à la furface ou par les côtés, parce qu'alors le levain s'affaiffe, s'aigrit, & perd fon principal effet. Ainfi le levain, dans l'état où on l'emploie pour faire la pâte, fe trouve voifin de la fermentation vineufe, puifque foumis à la diftillation à feu nu, il ne fournit qu'une liqueur volatile *gafeufe* qui n'eft pas inflammable. La bière nouvelle & le cidre fortant du preffoir, font précifément dans le même cas; mais fi on attend que ces liqueurs tournent un peu à l'aigre, alors on en obtient de l'esprit ardent : le vieux levain, comme nous l'avons vu, offre un phénomène semblable : l'acide en effet est un des principes constituans de l'esprit ardent, & l'on sait que les Bouilleurs allemands ne commencent à distiller leur eau-de-vie qu'après que la fermentation a passé à l'acide.

On dit communément que plus les levains sont aigres, plus ils ont de force & d'activité ; mais il faut bien se garder de jamais les employer pour la panification immédiatement en cet état, la fermentation n'est nullement avantageuse au pain quand elle est brusquée & rapide ; c'est un mouvement qui doit s'opérer lentement & par degrés, afin que les parties de la farine aient le temps de s'affiner, de s'arranger entre elles, & de se combiner intimement, pour qu'il en résulte un tout plus homogène & plus parfait : la petite portion d'esprit ardent que les levains aigres contiennent, n'est pas assez développée pour agir ; d'ailleurs, leur effet spiritueux n'en dépend absolument point, puisqu'à l'instant où les levains sont dans le meilleur état, il n'y a pas encore une molécule de liqueur inflammable de formée.

Les effets des levains donnent ordinairement trois qualités de pain différentes, ou ils sont trop prêts, ou ils ne le sont pas suffisamment, ou bien enfin ils se trouvent à leur vrai point : les levains sont-ils trop prêts, ils se crevassent, s'affaissent, s'aigrissent, & le pain qui en résulte est lourd, sûr & bis : si au contraire ils ne le sont pas suffisamment, la pâte lève peu, ne bouffe pas au four, & le pain, quoique plus blanc, est mat, sans yeux, indigeste, & a le goût de pâte.

Les levains sont à leur vrai point, quand la surface en est lisse & élastique, que leur volume est double, & qu'ils exhalent, lorsqu'on les entre-ouvre, une odeur vineuse & agréable : tel est l'état où ils doivent être pour produire le meilleur effet; c'est aux Boulangers adroits & vigilans d'épier tout ce qui peut les conduire, non-seulement à obtenir un pareil levain, mais encore à combiner avec tant de précision la quantité qu'il faut en mettre, le degré de l'eau pour le pétrissage, la consistance de la pâte; afin que le levain se trouve dans le meilleur apprêt au moment où ils vont commencer son travail; mais avant de parler des soins multipliés que doivent employer les Boulangers pour préparer le levain, le veiller sans discontinuer & le conduire à son degré de perfection, il convient de parler de l'eau qui est l'agent principal de la fermentation.

ARTICLE II.

De l'Eau considérée comme partie constituante du pain.

DE tous les fluides connus, il n'y en a point de plus généralement répandu que l'eau : ce grand instrument que la Nature emploie dans toutes ses opérations, donne de la fraîcheur, du ressort & de l'humidité à l'air que nous respirons ; à la terre, sa fécondité ; aux végétaux, leur aliment principal ; aux animaux, une liqueur salutaire pour appaiser agréablement leur soif ; enfin, l'eau concourt si souvent & de tant de manières aux besoins & aux commodités de la vie, à la formation des corps des trois règnes, qu'il ne faut pas s'étonner si les Anciens l'avoient regardée comme l'agent universel, le seul élément, le principe de toutes choses, &c. Mais ne me proposant point d'exposer ici en détail tous les avantages que nous retirons de l'eau ; je renvoie aux Physiciens dont les Ouvrages sur ces objets sont trop connus pour les indiquer ici ; je parlerai seulement de ses propriétés dans la fabrication du pain.

L'eau, ainsi que je viens de le dire, n'est donc pas seulement la boisson que la Nature ait accordée à tous les êtres vivans, elle fait encore partie essentielle de nos alimens, la plupart doivent même à ce fluide, sinon leur degré éminemment nutritif, du moins la propriété qu'ils ont d'être solubles & digestibles, mais c'est particulièrement dans la panification que l'eau joue le plus grand rôle; sans son concours, il ne seroit jamais possible d'obtenir le levain, & par conséquent le pain fermenté qui en est le résultat : cependant une vérité dont il est très-important de se pénétrer, & sur laquelle je ne saurois trop insister, c'est que la qualité de cet aliment ne dépend nullement de celle des eaux avec lesquelles on le fabrique, c'est du degré de chaleur qu'on leur donne, de la quantité qu'on en met; de la manière de les employer : voilà ce qui y contribue. Ces trois points essentiels nous occuperont bientôt, tâchons auparavant de démontrer que la nature de l'eau ne fait pas le pain.

En vain on a prétendu que l'eau de pluie étoit la meilleure pour faire lever la pâte, parce qu'étant plus légère que celle de fontaine & de rivière, elle s'insinuoit beaucoup mieux dans les parcelles de farine mêlées avec le levain, que les eaux dures & froides qui avoient de la difficulté à chauffer, n'étoient pas propres au pain, & que la variété de cet aliment provenoit de la diverſité des eaux qu'on y employoit : cette opinion eſt abſolument ſans aucun fondement , nous devons en faire voir le ridicule & l'abus.

On auroit peine à ſe perſuader combien l'idée dans laquelle on eſt en province que l'eau fait le pain ; combien , dis-je , cette idée nuit à la bonté de cet aliment : quand il eſt mauvais , on ne s'en prend jamais à l'imperfection du moulage ou à l'ignorance du fabriquant , c'eſt toujours ſur la qualité de l'eau qu'on ſe rejette , & tout en gémiſſant ſur l'impoſſibilité de s'en procurer d'autre dans le lieu qu'on habite , on s'accoutume inſenſiblement à une nourriture défectueuſe , qu'on pourroit rectifier ſi l'on n'étoit pas trompé ſur la véritable cauſe ; c'eſt ainſi que ſouvent on attribue à l'air des phénomènes qu'on ne ſe donne pas la peine de chercher ailleurs. Les expériences que j'ai faites dans quelques endroits où l'opinion que je crois devoir combattre étoit le plus en vogue , ne me permettent plus de douter de cette vérité ; je me bornerai à en rapporter les principales.

J'ai pris cinq livres de farine , & la même doſe de levain pour chacune : j'ai pétri l'une avec de l'eau de rivière , la ſeconde avec de l'eau de puits, la troisième avec de l'eau de pluie, la quatrième avec de l'eau de fontaine, la cinquième enfin avec de l'eau pure distillée ; les pâtes ayant été tournées, apprêtées, enfournées au même moment, & retirées à la fois du four ; les pains qui en sont résultés, bien examinés, n'ont laissé apercevoir nulle différence entre eux par rapport au goût, à la blancheur & à la légèreté.

Cette même expérience répétée sur de plus grosses masses avec les mêmes précautions, présenta des résultats entièrement semblables, sans qu'il fût possible de discerner par aucun côté, le pain fait avec de l'eau de pluie, qu'on dit être la plus légère, d'avec celui fabriqué avec l'eau de puits qui passe pour la plus pesante.

Une autre expérience qui sert encore à confirmer ce que j'avance, c'est qu'après avoir imprégné l'eau distillée d'une surabondance de ce qu'on nomme *air fixe*, & l'avoir mise par conséquent dans le plus grand degré de légèreté possible, le pain que j'ai obtenu avec une pareille eau n'étoit pas différent de ceux dont il vient d'être question.

Ceux qui prétendent toujours, malgré les expériences décisives qu'on leur cite, & la solidité des raisons qu'on allègue, que la nature de l'eau influe essentiellement sur la qualité du pain, donnent pour étayer leur sentiment, quelques exemples ; ils disent entre autres, que des garçons boulangers ayant travaillé dans des endroits où l'on fabriquoit d'excellent pain ; transportés à quelques lieues de-là, ils n'avoient pu obtenir une même réussite, quoiqu'employant la même farine, à cause de la nature de l'eau qui s'y opposoit ; tel est le grand argument qu'on m'a fait, & qu'on a répété par-tout, lorsque j'ai entrepris d'attaquer le préjugé, & de pénétrer dans les raisons sur lesquelles on le fondoit. Mais en supposant que l'expérience dont il s'agit, ait été faite avec tout le soin qu'elle exigeoit ; je demande si l'eau étoit au degré où il faut qu'elle soit pour être employée, si le levain se trouvoit à son véritable point, si l'on a suivi ponctuellement les vrais procédés de chaque opération concernant la fabrication du pain, & quoique ce soit le même ouvrier, le préjugé de son déplacement n'auroit-il pas influé sur sa manipulation ?

Pour m'assurer de plus en plus de la vérité de mon opinion, & convaincre en même temps, s'il étoit possible, les esprits les plus incrédules à ce sujet : j'ai emporté avec moi, dans un voyage que j'ai fait l'année dernière en Picardie,

R

une petite provision de farine, avec laquelle on préparoit de bon pain à Paris, & par-tout où j'apprenois que l'on accusoit l'eau d'avoir une crudité préjudiciable à la bonne fabrication du pain, je mettois aussitôt la main à la pâte pour manifester le contraire.

Enfin, si l'on hésite encore de se rendre aux expériences dont je viens de rendre compte, je prie du moins qu'on fasse attention à cette remarque qui, à elle seule, vaut toutes celles que je pourrois rassembler ici. Les trois quarts du pain qui se consomme à Paris se fabriquent avec de l'eau de puits, c'est-à-dire, avec une eau lourde, chargée de matière saline, & contenant peu d'air ; l'autre quart est fait avec de l'eau d'Arcueil & de rivière ; cependant on n'observe point, chez les Boulangers intelligens, que le pain varie dans les différens quartiers, & l'on ne disconviendra point, sans doute, qu'il ne soit un des meilleurs qu'on mange en Europe.

Les Auteurs qui sont continuellement disposés à imaginer des phénomènes, pour les expliquer, à perpétuer des erreurs qui n'ont aucune vraisem-blance, & à répandre l'alarme sans aucun sujet, devroient bien vérifier par quelques expériences, si réellement leur crainte ou leur opinion sont fondées avant d'en faire part au Public : pourquoi fans ceffe crier l'eau de rivière pour faire le bon pain ! pourquoi défigner avec affurance celle où cuifent les légumes, qui dégraiffe les étoffes & diffout parfaitement le favon, comme la feule propre à cet effet, puifque la plupart des Boulangers de la Capitale, ainfi que je l'ai dit, n'emploient que de l'eau de puits, qui n'a précifément aucune des propriétés que ces Auteurs exigent ! Il y a mieux, c'eft que bien loin que l'eau de rivière foit regardée comme la meilleure pour préparer le pain, ceux d'entre eux qui croient le plus à l'influence de l'eau dans leur travail, préfèrent celle de puits, qui fuivant leur fentiment, donne à la pâte plus de corps & de foutien : voilà même les raifons qu'ils ont fait valoir, lorfqu'on a voulu les obliger à ne fe fervir que de l'eau de rivière, à ce furcroît de dépenfe qui deviendroit en pure perte, & pour les Boulangers & pour le Public.

Mais fi réellement l'eau de puits méritoit une telle préférence dans la fabrication du pain, c'eft qu'étant plus crue, plus lourde & plus groffière, elle réfifte davantage aux efforts de la fermentation qui l'atténuent : car je fais très-bien que les eaux douces ne poffèdent pas toutes les mêmes propriétés, & qu'elles varient entre elles, non-feulement par rapport à la

nature de l'élément aqueux qui les conftitue ;
mais encore relativement aux matières à travers
lefquelles elles fe filtrent, ou qui s'y décom-
pofent : je fais bien encore que l'eau, dont le
courant eft lent & tranquille, diffère de celle qui
coule avec rapidité ; que le palais d'un buveur
d'eau faura diftinguer une eau de rivière d'avec
une eau de puits, une eau qui a roulé fur du
fable ou fur du gravier, d'avec celle qui a
paffé fur de la glaife ; enfin, une eau filtrée
& celle qui ne l'eft pas, tous ces effets tiennent
à la plus ou moins grande quantité d'air que
les eaux contiennent, & qui eft le principe de
leur fapidité. On peut confulter les détails que
j'ai donnés fur cet objet dans ma Differtation
fur l'eau de la Seine, *Journal de Phyfique, Février
1775.*

Ceux qui regardent les fels comme le principe des faveurs, objecteront ici que plus l'eau
contiendra de fels, plus le pain dans lequel on
la fera entrer aura de goût ; mais j'obferverai
ici que dans le nombre des eaux dont nous
nous fervons comme boiffon, & par conféquent
pour faire le pain, il n'y en a point qui renferment une plus grande quantité de matière
faline, & qui foient plus fades en même temps
que les eaux de puits ; la félénite qui fe trouve

abondamment dans ces eaux, empêche bien qu'elles ne diſſolvent le ſavon, & ne cuiſent parfaitement les légumes, mais elle n'eſt pas également la cauſe de cette ſaveur plate, & de leur peſanteur ſur l'eſtomac qui les caractériſent : il faut plutôt attribuer ces défauts à la privation d'air de ce fluide élaſtique, de ce *gratter*; puiſqu'il y a des eaux minéra'es, qui, quoique très-ſéléniteuſes, ne ſont pas moins legères, ſavoureuſes, piquantes & très-digeſtibles, par la raiſon qu'elles renferment une ſurabondance d'air qui s'eſt formé pendant leur trajet.

Si on abandonne ces eaux quelques inſtans dans des vaſes débouchés, elles deviennent entièrement ſemblables à celles de puits, ſans avoir perdu néanmoins de leur limpidité. Que l'on faſſe chauffer d'ailleurs l'eau qui a le plus de goût, & on verra bientôt combien elle eſt fade, ſans avoir perdu aucun de ſes ſels. Il ſeroit en effet impoſſible au meilleur gourmet en ce genre, de deviner l'eau qu'il boiroit, ſi elles étoient toutes dans l'état tiède.

Je n'entreprendrai pas non plus d'examiner, juſqu'à quel point l'eau peut avoir de l'influence dans quelques arts; & ſi, comme on le prétend, le ſuccès de certaines opérations dépend abſo lument de sa nature : les Chimistes, dit-on, éprouvent tous les jours, à cause de cela, des obstacles infinis dans la cristallisation de plusieurs sels : telle eau réussit aux Confiseurs & aux Liquoristes, telle autre fait manquer leurs gelées & leurs ratafias ; les faiseurs de colle & d'empois prétendent la même chose. On assure encore que ces singularités ne s'aperçoivent pas moins dans les ateliers & les manufactures, que l'eau dans une des provinces de la Chine, contribue à la valeur de la porcelaine, comme la rivière des Gobelins à la beauté de la teinture écarlate.

Tous ces effets différens de la part de l'eau, ne sont pas dûs seulement à l'espèce & à la quantité de substance qu'elle contient, mais encore à la nature de l'eau, qui varie peut-être autant qu'il y a de rivières, de fontaines, de sources & de puits : l'eau en se combinant ainsi peut bien, sans éprouver d'autre altération que celle du feu, relever l'éclat des couleurs, augmenter la transparence des gelées & de l'empois, la sapidité des liqueurs, &c. Mais toutes les fois qu'elle entrera dans la composition d'une substance qui doit subir le mouvement de fermentation, elle change comme elle de manière d'être : ses parties se confondent avec celles du corps auquel on l'affocie, & il arrive que bientôt elle n'agit plus par elle-même.

L'eau mêlée d'abord avec la farine, dans l'état froid, ne tarde pas à perdre une partie de l'air qui la conftitue, à caufe de la combinaifon & de la chaleur qui en réfulte : dans le pétriffage, cet air continue d'abandonner l'eau, de fe diftribuer par le mouvement des mains dans la pâte, & de fe nicher dans les enveloppes vifqueufes dont elle eft compofée; mais à peine la fermentation a-t-elle commencé, que c'eft l'eau elle-même qui éprouve un changement total; fes parties s'atténuent & fe fubtilifent au point, que l'eau a beau être pefante avant de s'être corporifiée avec la pâte, elle fe trouve par ce moyen affimilée à l'eau la plus légère : auffi l'idée des Braffeurs & des Bouilleurs, à cet égard, ne me paroît-elle pas plus fondée que celle des Boulangers : tous auront une réuffite complète dans leur fabrique, beaucoup de forte eau-de-vie, une très-bonne bière & d'excellent pain, quand ils auront difpofé leurs matériaux à une fermentation graduée & fagement conduite. En fuppofant qu'une eau légère puiffe accélérer cette fermentation, & qu'une eau pefante, au contraire, foit capable de la retarder, ce feroit-là tout au plus à quoi fe borneroit le pouvoir de

R iv

l'eau à l'égard du pétriſſage & de la fermentation de la pâte ; mais alors plus ou moins de levain & de chaleur rendroit l'opération égale & uniforme.

Toutes ſortes d'eaux, pourvu qu'elles ſoient bonnes à boire, peuvent donc ſervir indifféremment à la préparation du levain, au pétriſſage, à la fermentation de la pâte, & donner conſtamment d'excellent pain, ſi elles ſont employées comme nous allons le décrire ; mais je ne ſaurois trop le répéter : l'eau de puits, l'eau de fontaine, l'eau de rivière, l'eau de pluie, l'eau diſtillée, l'eau *gaſeuſe* ou *aërée*, ne préſentent aucun phénomène différent entre elles durant la fermentation, & le pain qui en réſulte, n'offre après ſa cuiſſon, aucune nuance de légèreté, de blancheur & de goût, qui puiſſent faire décider la nature, l'eſpèce & l'origine de l'eau qui a ſervi à la compoſition de cet aliment.

De la température où doit être l'eau pour pétrir.

TROIS choſes me paroiſſent déterminer la température que l'eau doit avoir pour être employée dans la fabrication de cet aliment ; la ſaiſon, la qualité de la farine, & l'eſpèce de pain qu'on a intention de préparer ; mais en

général on établit qu'il faut prendre l'eau ;
1.° telle qu'elle eft ; 2.° tiède en hiver ; 3.°
chaude dans les grandes gelées ; mais ces différens états de l'eau donnent toujours, avec la
même farine, trois qualités de pain différentes
dans les mêmes faifons. Il faut donc, autant qu'il
eft poffible, n'employer l'eau que dans l'état le
moins chaud, puifque le pain qui a été pétri à
l'eau froide ou tiède, eft conftamment meilleur,
plus blanc & plus favoureux que celui fait à l'eau
chaude.

C'eft une vérité qu'on ne fauroit trop fouvent répéter aux Boulangers, fur-tout à ceux
de province, qui ont coutume d'employer dans
tous les temps l'eau la plus chaude, fans remarquer en même temps que c'eft à cette fatale
habitude qu'ils doivent rapporter les défauts
qu'on reproche avec raifon à leur pain : n'eft-il
pas bien étonnant, qu'après avoir donné à l'eau
un degré de chaleur trop confidérable, ils
prennent enfuite tant de peines & de foins pour
en retarder l'effet, comme de mettre la pâte à l'air,
d'accélérer le chauffage du four ! tandis qu'ils
pourroient s'épargner ces embarras, toujours
préjudiciables à la bonne qualité du pain, s'ils
avoient feulement la précaution de n'employer
dans toutes les faifons, excepté dans les grands

froids, l'eau plutôt froide que tiède, & plutôt tiède que chaude ; en forte que la certitude dans leur manipulation fera pour l'eau froide ; le moindre inconvénient pour l'eau tiède, & le plus grand inconvénient pour l'eau chaude.

Pour régler le degré que l'eau doit avoir dans fon emploi au pétriffage , nous allons entrer dans quelques détails, & fi le Boulanger veut nous fuivre il ne pourra pas difconvenir que nos obfervations ne foient conformes à fon expérience. Dès qu'on ajoute l'eau à la farine, il en réfulte une chaleur , parce qu'il n'y a pas de combinaifon fans mouvement ; cette chaleur eft fingulièrement augmentée en été par celle de la farine elle-même , par la chaleur des mains , & l'action du travail de la pâte , d'où il réfulte avec l'eau la plus froide, une pâte déjà tiède : dans l'hiver, au contraire, l'eau la plus chaude eft tempérée d'abord en la verfant fur le levain, par l'air dont elle éprouve le contact, en la délayant & la combinant avec la farine qui eft froide , & en faifant entrer pendant le travail de la pâte expofée dans le pétrin, un air froid , ce qui fait que dans les grands chauds, on ne fauroit employer l'eau trop froide, & dans les temps extrêmement froids, de l'eau trop chaude ; car , dans l'une & l'autre circonftance, la pâte n'est que tiède, & c'est toujours-là le degré de chaleur qu'elle doit avoir au sortir du pétrin, afin que la fermentation s'y établisse, de manière à ne pas aller trop vîte ou trop lentement.

Beaucoup de Boulangers qui, semblables aux autres Artistes, ne veulent jamais vérifier par une ou deux expériences au plus, si les inconvéniens ou les avantages qu'on leur assure être attachés à leur fabrique, sont vrais ou faux, font pendant toute leur vie des fautes capitales qui nuisent à leur fortune & à la perfection des ouvrages dont ils s'occupent : combien, par exemple, de Boulangers qui prétendent qu'on ne doit jamais employer l'eau au sortir du puits ou de la fontaine ; parce que, dans cet état, elle saisit les levains & en empêche l'effet ! cependant plusieurs ont eu le courage de s'écarter de cette opinion : M. Brocq entre autres est dans l'usage de se servir de l'eau telle qu'elle sort des conduits, & qui est alors beaucoup plus froide que si on venoit de la tirer du puits, son pain est toujours léger, blanc, agréable à la vue & au goût. L'eau froide donne à la pâte de la consistance, en procurant à la matière glutineuse encore plus de fermeté & d'élasticité ; d'où il suit, que la pâte même la plus molle se raffermit à mefure qu'elle s'apprête, au lieu que l'eau chaude rendant la pâte graffe, loin de fe raffermir, elle s'affaiffe & s'amollit : fi le Boulanger a eu la curiofité de faire l'expérience de la matière glutineufe, & qu'il l'ait mife à tremper un moment, ainfi que nous lui avons recommandé, dans l'eau froide ou dans l'eau chaude, il doit déjà nous entendre & être d'accord avec nous fur ce que nous lui obfervons. Lorfque la farine eft tendre & humide, l'eau froide lui donnera du corps, & en employant une plus grande quantité de levain jeune, on en obtiendra un meilleur pain.

Des proportions de l'Eau avec la farine.

IL feroit difficile, pour ne pas dire impoffible, d'évaluer au jufte la quantité d'eau qu'il faut employer pour la pâte, puifqu'elle eft toujours relative à l'efpèce de farine & de pain qu'on fe propofe de fabriquer. Nous allons cependant donner ici des *à peu-près*, non pour les Boulangers inftruits qui, ayant une connoiffance exacte de la qualité de leur farine, des véritables effets de l'eau, & de l'état de l'atmofphère, ne fe trompent jamais fur leurs proportions; mais c'eft fur-tout pour ceux qui travaillant fans principes, & ne confultant jamais le temps, font prefque toujours leur pâte trop molle ou trop ferme, de manière que le pain qu'ils obtiennent, eft ou plat, féparé de fa croûte, ou bien fûr, pâteux & lourd, fans apparence.

C'eft une chofe connue, que, plus la farine eft sèche, blanche & bien faite, plus elle abforbe d'eau; la bonne farine, pour produire un pain qui ne foit, ni trop lourd, ni trop léger, boit un tiers au moins de fon poids; celle d'une qualité médiocre en abforbe un quart, mais la farine provenant d'un blé humide peut n'en prendre qu'un cinquième; en général une farine abforbe d'autant plus d'eau, que la pâte qui en réfulte eft plus travaillée.

La quantité d'eau augmente encore par rapport à la faifon; la pâte de la même farine, pour faire le même pain, exige plus de molleffe en hiver & plus de confiftance en été, afin que la fermentation dans toutes, emploie toujours le même efpace de temps pour s'opérer : mais en général il faut toujours donner à la pâte un certain degré de molleffe qui permette à la matière glutineufe de produire fon effet, & à celui qui pétrit, les moyens de bien travailler fon pain.

Il y a beaucoup moins d'inconvéniens de l'excès de l'eau par rapport à la fabrication, que pour le pain qui en réfulte dont le goût eft très-affoibli, mais celui auquel on n'a pas donné fuffifamment d'eau, non-feulement fatigue au travail, fe tourne mal, mais encore il lève difficilement, & le pain qu'il produit n'a pas de volume, fent la farine, & ne cuit jamais bien ; le meilleur pain fera donc celui où l'eau entrera pour un tiers.

Des précautions pour employer l'eau.

EN fuppofant que l'eau foit à la température où elle doit être pour pétrir , qu'elle fe trouve dans les proportions relatives à la qualité de la farine & à l'efpèce de pain qu'on a intention de fabriquer ; la manière de l'employer exige encore quelques foins , que nous allons indiquer ; rien n'eft minutieux dans un art dont l'objet unique intéreffe fi directement notre premier befoin.

Il eft bien effentiel de ne jamais verfer fur le levain de l'eau bouillante , même dans le temps où les grands froids rendent l'eau chaude néceffaire , dans l'intention de la tiédir auffitôt par le mélange de l'eau froide , parce qu'elle furprendroit la pâte , la rendroit grife , molle , lui ôteroit de fa fermeté & de fa confiftance ; c'eft même comme cela qu'il faut entendre les mauvais effets qu'on attribue sans preuve à l'eau qui a bouilli, on a voulu dire sans doute l'eau bouillante.

Dans beaucoup d'endroits, on est dans l'usage de chauffer la totalité de l'eau qu'on veut employer pour préparer le pain ; mais il suffit d'en faire bouillir une partie, & de la mêler ensuite toute bouillante avec l'autre qui est froide, d'où il résulte une eau à la température que l'on desire, & lorsqu'il est question de s'en servir, il ne faut pas la verser de haut, ni trop précipitamment dessus le levain, dans la crainte qu'elle ne rejaillisse sur la farine qui est à côté, & ne forme des *marrons.* Il est bon en même-temps de n'en mettre jamais que le tiers environ qu'on doit employer, afin d'empêcher que le levain n'échappe des mains, & que son esprit, d'abord trop étendu, ne se volatilise.

Dans les temps de sécheresse, & quand les rivières sont très-basses, leurs eaux contractent souvent un goût marécageux qu'elles ne manqueroient pas de communiquer au pain, si on ne les exposoit sur le feu pour la leur faire perdre. Lorsqu'il fait chaud, il ne faut jamais se servir d'eaux stagnantes de citerne, qu'au préalable on ne les ait fait bouillir, afin de détruire les substances tendantes à la putréfaction, &

avoir foin, en la verfant dans le pétrin, de la paffer à travers un tamis de crin ferré pour en féparer les œufs, les infectes & autres hétérogénéités que l'eau pourroit contenir.

Il eft du devoir des Boulangers de tenir leur réfervoir & leur chaudière dans une extrême propreté ; comme il s'y introduit journellement de la pouffière, des infectes, ils ne doivent jamais employer l'eau fans la paffer, quelque bonne que foit la fource d'où elle provient.

Enfin, pour dernière attention dans l'emploi de l'eau pour pétrir, nous ne diffimulerons pas qu'il arrive quelquefois que les puits font fi voifins des latrines, que l'eau qu'on y puife peut communiquer avec elles, & donner de l'odeur & de la couleur au pain ; la Police alors ne fauroit trop s'empreffer de réprimer un pareil abus, & de défendre l'ufage d'une eau auffi malfaine, qui entre pour un tiers dans la préparation de notre nourriture journalière, parce que la fanté & la vie des citoyens s'y trouvent intéreffées.

Avant de continuer ce qui regarde les levains, je crois qu'il eft à propos de faire mention de l'endroit où on les prépare & où on les expofe à fermenter, parce qu'il peut, par fa fituation, influer fur leur qualité, & faciliter

par

par la manière dont il eſt conſtruit, une bonne partie de la perfection de tout l'ouvrage.

Article III.

Du Fournil.

Le fournil eſt le laboratoire du Boulanger; rarement commode, toujours mal expoſé & entretenu ſans ſoin, la plupart du temps obſcur & peu aëré; voilà pourquoi ſouvent les différentes opérations ne s'y font ni d'une manière également avantageuſe, ni avec aſſez de promptitude, dans une manutention ſur-tout où ces opérations ſe ſuccèdent rapidement, & où le retard d'une d'entre elles ſuffit pour faire manquer toutes les autres, & préjudicier à l'objet qui doit en réſulter.

Communément ce n'eſt qu'une petite ſalle, une arrière-boutique, le deſſus d'un four ou la cave, qui compoſent tout le laboratoire du Boulanger, en ſorte que ſouvent le four ſe trouve tellement circonſcrit & à l'étroit, qu'à peine l'ouvrier peut faire jouer la pelle, & ſon camarade travailler au pétrin, ſans ſe gêner & s'embarraſſer mutuellement.

Le vice eſt encore bien plus grand lorſque le fournil ſe trouve placé au-deſſus du four,

S

la chaleur y eſt toujours beaucoup trop conſidérable & pour la pâte & pour le pétriſſeur
qui fatigue aiſément dans une atmoſphère trop
raréfiée, & où l'air a perdu de ſon reſſort : la
pâte fondroit même très-aiſément, & s'aplati-
roit, ſi on ne lui donnoit de la fermeté & du
ſoutien pour prévenir cet inconvénient, en ſorte
qu'il eſt extrêmement difficile de fabriquer du
bon pain dans de pareilles boulangeries. J'ai
été ſouvent frappé en entrant dans beaucoup
de fournils par une odeur déſagréable d'aigre
échauffé qui provenoit d'une fermentation trop
accélérée, & de la malpropreté des inſtrumens
qui ſervent à préparer & à contenir les levains,
la pâte, &c. Dans quelle circonſtance peut-on
employer plus efficacement la propreté, que
lorſqu'il s'agit de l'aliment le plus eſſentiel à
la vie !

On ne ſauroit trop ſe récrier encore contre ces
fournils trop bas, dont les ſolives deſſéchées
s'enflamment par le contact du moindre corps
dans l'état d'ignition, & qui ont produit ces
incendies terribles que l'on n'a pu encore oublier : de ſemblables accidens arrivés trop ſouvent par cette ſeule cauſe, font deſirer que
toutes les boulangeries ſoient voûtées ou pla-
fonnées : ceux qui ont tranſporté leurs fournils

dans les caves pour éviter les inconvéniens du
feu, ne voient pas clair dans leur travail, & la
chaleur s'y trouvant toujours concentrée faute
du renouvellement d'air, la pâte, sur-tout en
été, s'apprête continuellement trop vîte, & le
pain n'est jamais parfait.

Il est bien malheureux, que dans les grandes
Maisons, la Boulangerie soit précisément la
partie la plus négligée; cependant si les ustensiles qui doivent servir à une fabrique quelconque, sont soumis à des loix dans leurs proportions & dans le choix des matières, si de
ces loix, plus précises qu'on ne pense, résulte
la meilleure exécution de ce qu'on se propose
de faire; la considération des lieux & des emplacemens destinés à mettre en jeu ces ustensiles,
mérite sans doute pour le moins autant de soins
que l'examen des matières sur lesquelles on doit
opérer. Il peut s'être glissé quelques préjugés
sur cet objet; mais il n'est pas moins certain
que de tous les temps, les hommes de génie
qui ont perfectionné les Arts, ont eu une attention extraordinaire au choix des lieux où il s'agit
d'établir une fabrique. On peut dire avec vérité,
que l'emplacement & la bonne construction
d'une Boulangerie, concourent pour beaucoup
à la perfection & à la qualité du pain qu'on y fait.

Il conviendroit qu'une Boulangerie fût ifolée, bien claire & exactement fermée, qu'elle fût voûtée ou du moins plafonnée & pavée en dales de pierre, pour parer à la fois, aux inconvéniens du feu & aux effets de la malpropreté ; qu'elle foit commode, élevée & fuffifamment grande ; qu'il n'y ait pas dans fon voifinage d'égoûts, d'écuries, de latrines, ou autres matières végétales & animales en putréfaction ; car, on ne voit que trop fouvent la fermentation de la pâte arrêtée ou troublée tout-à-coup, que, ne fachant à quoi s'en prendre, l'on attribue à des vices de matières & de fabrication.

On devroit ajouter à ces précautions indifpenfables pour la conftruction d'une bonne Boulangerie, qu'il y eût un réfervoir avec deux robinets, l'un laifferoit couler l'eau dans la chaudière, & l'autre la fourniroit dans l'état froid ; ce dernier ferviroit en même temps à laver la Boulangerie, & à nétoyer les uftenfiles : cette précaution, jointe à celle des ventoufes, qu'on pourroit y pratiquer, détruiroit d'abord cette odeur aigre, défagréable, elle arrêteroit, dans les grandes chaleurs la fermentation qui va toujours trop vîte dans les Boulangeries étroites, privées d'air & mal tenues.

Mais le fournil est ordinairement meublé de beaucoup d'ustensiles ; nous parlerons des principaux ou de ceux qu'il seroit nécessaire de perfectionner, chaque fois qu'il s'agira des opérations auxquelles ils servent. Reprenons la suite des levains.

ARTICLE IV.

De la préparation du Levain.

LE levain, comme nous l'avons déjà défini, est une substance à demi-solide, qui étant dans un état voisin de la fermentation spiritueuse, & plus apprêtée qu'il ne faut pour être convertie en pain, communique à la pâte, c'est-à-dire, au mélange de l'eau & de la farine, un autre état qu'elle n'auroit pas en aussi peu de temps si on l'abandonnoit à elle-même, sans y introduire un agent actuellement fermentant ; c'est ce qu'on nomme *levain de pâte, franc levain* & *levain naturel*, pour le distinguer d'une autre espèce de levain également en usage pour le même objet, connu sous le nom de *levure*; nous aurons bientôt occasion d'en parler.

Si toutes les parties de la Boulangerie sont importantes dans la fabrication du pain, le levain est sans contredit celle qui demande le plus de soin & d'habileté, puisque la blancheur, le volume, la légèreté & le bon goût de cet aliment en dépendent absolument, & que, quand bien même la matière première qu'on y emploîroit se trouveroit avoir la perfection desirée, si l'on a négligé de mettre en usage les bons procédés pour préparer, veiller & conduire le levain comme il convient, le pain sera toujours de médiocre qualité : on verra bientôt de quelle manière ce levain parvient insensiblement au véritable degré de fermentation qu'il lui faut pour produire le meilleur effet.

Les levains n'ont pas toujours été au degré de perfection où les ont portés nos Boulangers instruits. Employés continuellement trop vieux, trop aigres & en trop petite dose, ils communiquoient au pain tous leurs défauts ; l'expérience, l'industrie, peut-être même le hasard, firent naître l'idée de les renouveler souvent, c'est-à-dire, d'y ajouter une nouvelle quantité d'eau & de farine, opération qui, diminuant leur aigreur, augmente leur spiritueux, & qu'on désigne en Boulangerie, par *rafraîchir* ou *renouveler le levain*. Mais la portion de pâte destinée à commencer la préparation des levains, est demeurée dans le premier état d'imperfection par rapport à l'éloignement où l'on eſt encore du pétriſſage , & à la faculté qu'on ſuppoſe toujours avoir, d'être à temps au dernier levain, pour corriger les vices du premier ou du ſecond levain , en ſorte que le pain n'a pas conſtamment toute la qualité qu'il peut & qu'il doit avoir.

Beaucoup de Boulangers , dans l'opinion que l'état de fermentation où ſe trouve le premier & le ſecond levain , importe peu à la qualité du dernier , ne lui donnent pas le même degré d'attention ; fortifiés par cet antique préjugé , ſi commun parmi eux , *veilles remouillures & jeunes levains , font de bon pain* , ils le citent ſans diſ-continuer comme un axiome tranſmis par leurs parens , & qu'ils ſe croient obligés à leur tour de tranſmettre à leurs garçons; ils le répètent dans nos Provinces , particulièrement aux femmes , qui , ayant oublié de mettre en réſerve un morceau de pâte de leur dernière fournée , accourent chez eux demander, par grâce, du levain fort aigre. Sourdes à la voix qui leur crie ; *n'employez que du levain nouveau , & en très-grande quantité;* elles n'écoutent que celle du préjugé ou de l'habitude qui les maîtriſent dans ce moment , & perſiſtent à ne vouloir ſe ſervir que d'un petit levain vieux & paſſé, objet de leurs vœux ; toutes fières de leur opinion , elles gâtent la farine, & approvifionnent leur ménage d'un pain mauvais, coûteux & peu falubre.

Les garçons boulangers, plus dociles au confeil de leurs maîtres, parce qu'il favorife leur pareffe, emploient, fuivant la maxime favorite, de *vieilles remouillures,* un morceau de pâte très-aigre, ne foignent pas fuffifamment le premier levain qui en réfulte ; & leur négligence à ce fujet s'étend même jufque fur le fecond levain, dans la préoccupation où ils font toujours, qu'en réuniffant tous les foins fur le dernier levain, ils pourront corriger les défauts des premiers ; mais c'eft une erreur qui ne prend que trop faveur ; puiffions-nous l'anéantir pour l'intérêt du Public & la perfection de l'art du Boulanger !

La première portion de pâte mife de côté pour former fucceffivement les différens levains employés dans la fabrication du pain, doit être regardée comme le fondement de tout le travail : fi elle eft trop levée, elle contracte une aigreur qui fe conferve, paffe jufque dans les derniers levains & dans le pain, à moins qu'on n'emploie enfuite les plus grands foins chaque fois qu'il s'agit de les renouveler : encore ne parvient-on pas à obtenir, pour la première fournée, un levain parfait. Il faut donc prendre cette première portion de pâte fur le levain, ou ne la compofer que des ratiffures du pétrin, ne pas attendre qu'elle ait paffé fon apprêt pour en former le premier levain, le rafraîchir trois à quatre fois quand il fait chaud, & que l'intervalle du travail eft confidérable ; car, la qualité du dernier levain dépend de tous ceux qui ont concouru à fa formation, comme la qualité du pain appartient à celle de la pâte qui a été enfournée.

J'ai fouvent réfléchi fur l'efclavage pénible où font les Boulangers, d'épier le jour & la nuit, ce qui fe paffe dans leurs levains, & fur la gêne continuelle de les rafraîchir trois ou quatre fois, ce qui laiffe à peine à cette claffe d'Artiftes trois heures de fuite au plus pour fe livrer au repos. Je me fuis dit à ce fujet, ne feroit-il pas poffible de les fouftraire à un pareil travail, & de produire le même effet! En employant d'abord très-peu de levain, le délayant dans l'eau froide avec beaucoup de farine, en donnant à la pâte de la confiftance, & l'expofant dans un endroit frais, afin de mettre des entraves au travail prompt de la fermentation, d'en ralentir, pour ainfi-dire, l'activité, & d'opérer par ce moyen, en douze ou quinze heures, ce qui arrive ordinairement dans l'efpace de trois heures avec l'eau tiède ou

chaude, moins de farine, une pâte molle &
peu travaillée.

Ces réflexions me paroiſſoient d'autant mieux
fondées, que je m'étois aſſuré en différentes
circonſtances, qu'avec un feul levain, comme
je viens de le dire, on pourroit faire de très-
beau pain, cependant avant de prononcer à ce
ſujet, je voulus conſulter M. Brocq pour favoir
ſi cette économie de temps & de peines n'entraîneroit pas dans d'autres inconvéniens que je
n'apercevois pas. Il convint avec moi qu'à
la vérité, le levain réſultant d'une feule préparation bien dirigée pouvoit procurer l'effet
des levains rafraîchis ; mais il m'objecta en
même temps, que la diſtance de la première
fournée juſqu'à la dernière, étant quelquefois
très-conſidérable, il feroit de toute impoſſibilité
aux Boulangers, non-feulement de déterminer
le moment où ce levain fe trouveroit au point
juſte d'apprêt pour être employé ; mais encore,
de prévoir, dans un intervalle aſſez long, toutes
les circonſtances des temps qui accéléreroient,
ſuſpendroient ou gâteroient la fermentation, tandis que le renouvellement leur permettoit de
calculer les évènemens qui ſurvenoient dans l'eſpace de trois heures ; il m'ajouta encore, que la
méthode de n'employer qu'un feul levain dans

un état trop prêt, étoit l'unique caufe de l'imperfection du pain qu'on fabriquoit en Anjou,
où il avoit été exprès examiner la fabrication, à
Chartres & Orléans, &c. Il faut donc, malgré
l'affujétiffement qui affecte notre fenfibilité, que
les Boulangers fe foumettent à la néceffité
gênante de rafraîchir les levains au moins
trois fois.

Il eft indifférent de remuer le levain quelques
inftans après qu'il a été préparé ; mais une fois
placé dans l'endroit où il doit s'apprêter, il ne
faut plus y toucher : autrement on troubleroit
& on interromproit fa fermentation ; il n'acquerroit pas le volume & l'état qu'on defire.
Si des circonftances particulières obligent de le
changer d'un lieu dans un autre, foit pour retarder, foit pour accélérer fon apprêt, il eft
néceffaire d'enlever la corbeille qui le contient
avec beaucoup de ménagement, la faire porter,
fi elle eft lourde, par deux perfonnes, dans la
crainte qu'elle ne foit ballotée en chemin, &
que s'ouvrant à la furface, il ne s'exhale une
vapeur invifible qui produit le gonflement,
conftitue les propriétés fpiritueufes, & toute la
force des levains. La corbeille dans laquelle
on met la pâte à fermenter, doit être beaucoup
plus haute que large, & d une capacité au moins

double, afin que le levain ne dépaſſe les bords, ne ſe deſsèche & ne coule : il faut encore que la corbeille ſoit bien sèche & parfaitement pro- pre , la gratter, même, quand il s'y eſt formé une croûte, qui, ſe moiſiſſant, pourroit altérer les levains.

En général, on peut établir , qu'un levain a été bien préparé , & qu'il eſt au degré convenable pour être employé , lorſque pen- dant ſon apprêt il a acquis environ le double de ſon volume, qu'il eſt bombé vers le centre, qu'en appuyant doucement ſur la ſurface liſſe, il repouſſe légèrement la main qui le preſſe, qu'en le verſant dans le pétrin, il conſerve ſa forme, & nage ſur l'eau, qu'en l'ouvrant il exhale une odeur vineuſe , agréable, & qu'en le délayant enfin, il ait encore de la ténacité & un état ſavonneux. Mais il eſt temps de dire comment on procède à la préparation des dif- férens levains.

De la Fontaine.

On appelle en Boulangerie la *fontaine*, une eſpèce de retranchement qu'on pratique à une des extrémités du pétrin , avec de la farine amoncelée, foulée & élevée en forme de coffre, deſtinée à retenir l'eau & la pâte qu'on **y** délaye, fa grandeur doit être proportionnée à la quantité de levain & de pain qu'on a intention de préparer.

La manière dont on conftruit la fontaine, paroît trop indifférente aux yeux des Boulangers : la plupart la font trop promptement pour être folide, & trop large pour favorifer la bonne combinaifon du levain : lorfqu'elle eft trop large, le volume d'eau ne fuffit pas pour brider & diffoudre auffitôt la totalité de l'efprit du levain. Il fe diffipe en partie : fi elle manque de folidité, elle ne réfifte pas aux efforts du travail de l'eau & du levain qui la compriment de toutes parts ; en forte qu'elle fe rompt & ouvre un paffage à l'eau qui coule dans la farine , & laiffe prefqu'à fec le levain, qui perd d'autant de fes propriétés.

On parera à ces inconvéniens en proportionnant la quantité de farine avec celle du levain qu'on veut préparer, en faifant la fontaine plus haute que large, toujours bien foulée, avec une planche qui fert au pétrin, afin qu'en la raffemblant , elle ne puiffe être rompue. Indépendamment de la fontaine, le reftant de la farine deftinée à faire le pain, doit être placé dans le pétrin à une certaine diftance, & affez élevé, afin que dans le cas où la fontaine viendroit à fe rompre, tout le liquide ne puiffe s'échapper fous la farine, la gâter, & ne faffe manquer toute la fournée ; c'eft ce qu'on nomme *la contre-fontaine.*

On emploie ordinairement plus d'attention & de temps à la fontaine deftinée à contenir le levain, que pour celle où l'on fe propofe feulement de le délayer ; cette négligence a pour caufe l'habitude dans laquelle font les garçons boulangers de ne faire la fontaine qu'au moment où elle eft néceffaire : les Maîtres devroient bien y remédier en les obligeant d'avoir toujours, à l'un des bouts du pétrin, une fontaine bien conditionnée, & propre à fervir à l'inftant où le levain eft parvenu à fon apprêt.

Du Levain de chef.

Le levain *de chef,* eft ainfi appelé, parce qu'il fert d'élément aux autres levains ; c'eft un morceau de pâte qu'on doit compofer avec les ratiffures du pétrin, ordinairement renforcées par un peu de farine & d'eau, d'où il réfulte une maffe affez ferme, qu'on met dans une febile, ou qu'on tient enveloppée dans un morceau de toile ; la confiftance qu'on donne à ce *chef* eft un obftacle à fon prompt travail, & permet qu'on le garde environ douze heures fans rien perdre de fes propriétés fpiritueufes.

En hiver il faut prendre *le chef* fur le levain, l'envelopper d'une couverture, & le placer dans un paneton que l'on porte fur le four, afin qu'il ne foit pas expofé au contact de l'air froid, & que dans cette faifon il y a moins d'inconvénient qu'il foit un peu trop prêt ; car, quelque vétufté qu'ait le levain *de chef,* pourvu qu'il ne foit pas gâté, on peut lui faire perdre fon aigreur, & le rappeler à un bon état, fi on a foin de bien foigner les levains qu'on doit en préparer.

Du premier Levain.

On prend le levain de *chef* qu'on met dans une petite fontaine avec la moitié de l'eau environ que l'on doit employer ; on délaie bien exactement, en ajoutant peu à peu le double de fon poids de farine, qui formoit la fontaine & le reftant de l'eau : on la travaille vivement & fortement, afin qu'elle acquière de la confiftance & de la ténacité : on met cette pâte, ainfi préparée, dans une petite corbeille que l'on couvre avec une toile légère, humide, & qu'on expofe dans un lieu chaud ou froid, felon la faifon, pour en accélerer ou en retarder le travail. Ce levain eſt connu ſous le nom de *levain de première.*

Le levain *de première* parvenu à ſon état de maturité, n'eſt pas encore employé au pétriſſage de la pâte, à moins, comme je l'ai dit dans *mon Avis aux bonnes Ménagères*, qu'il ne s'agiſſe du pain préparé à la maiſon ; car il ſeroit ridicule d'impoſer à quelqu'un qui pétrit & cuit chez ſoi, la même gêne & le même travail qu'aux Boulangers. Il n'a pas comme eux un cercle d'opérations déterminées, pourvu que ſon pain ſoit bien fabriqué & bon, voilà l'eſſentiel : le levain de *première* ſouffre donc encore d'autres préparations avant de ſervir à la fabrication du pain, & ces préparations s'appellent *rafraîchir le levain.* Elles conſiſtent à y faire entrer une nouvelle quantité d'eau & de farine pour augmenter la maſſe, au moins d'un tiers chaque fois, la rendre ſpiritueuſe en lui faiſant perdre à meſure, de ſon aigreur & de ſa force.

Du ſecond Levain.

Le levain de première, ainſi rafraîchi, étant verſé de la corbeille dans une fontaine, le plus doucement qu'il eſt poſſible, eſt combiné de nouveau avec de la farine & de l'eau ; on fait la pâte moins ferme que celle du levain précédent ;

mais

mais on la travaille encore davantage ; on la met enfuite dans une corbeille affez grande, pour qu'en fermentant, elle ne dépaffe point les bords, c'eft ce qu'on nomme *levain de feconde.* Il emploie ordinairement, moins de temps à acquérir fon apprêt.

C'eft une vérité que l'expérience confirme tous les jours, que plus les levains font travaillés, plus auffi la fermentation va lentement & plus leur apprêt eft meilleur. La pâte vivement & long-temps maniée acquière de la ténacité & de la vifcofité : la matière glutineufe devient plus ferme & plus élaftique, en forte que formant une efpèce de couvercle à l'échappement du principe volatil contenu dans les levains, ces derniers offrant plus de réfiftance, demeurent plus long-temps dans le véritable état de perfection où on doit chercher à les faire arriver.

Du troifième Levain, dit de tout point.

La préparation de tous les levains exige beaucoup de précautions ; mais le dernier en demande encore davantage, puifqu'il doit être employé immédiatement au pétriffage, & que fon degré d'apprêt influe puiffamment fur la bonté du pain qui va en réfulter. Le levain *de tout point* mérite donc la plus grande attention.

T

Quand le levain dit *de seconde*, eſt parvenu au degré d'apprêt convenable, on en forme un volume de pâte aſſez conſidérable, pour que dans l'été il puiſſe faire le quart de la fournée, & en hiver le tiers au moins; c'eſt ici principalement que l'on doit redoubler d'attention, & bien prendre garde que le levain *de tout point*, ſoit autant éloigné du levain *de chef*, qu'il doit reſſembler à la pâte qu'on va enfourner.

Ainſi le levain *de chef* a paſſé par trois états avant de parvenir à celui du levain *de tout point :* ſon aigreur, quelque forte qu'elle ſoit, a dû abſolument diſparoître, ſi chaque fois qu'on l'a renouvelé, on a eu ſoin d'employer de l'eau tiède ou froide, ſuivant la ſaiſon, de le bien délayer, de le travailler long-temps, & de le prendre dans le degré d'apprêt où il eſt le plus ſpiritueux.

Nous avons déjà remarqué qu'il falloit envelopper le levain *de chef,* d'une toile ou d'une couverture, le mettre après cela dans une corbeille à l'air ou ſur le four, ſuivant la ſaiſon, & que quand ce levain *de chef* a paſſé à l'état de levain *de première ,* c'étoit alors dans une petite corbeille qu'il devoit être renfermé, & dans une plus grande lorſqu'il s'agiſſoit du levain *de ſeconde ;* mais le levain *de tout point* reſt ordinairement, à moins qu'il ne fasse très-froid, dans le pétrin, au milieu d'une fontaine, plus ou moins recouvert à sa surface; si on le plaçoit dans une corbeille, il seroit difficile de juger aussi aisément de son véritable état, & les secousses qu'on pourroit lui donner en l'apportant & le vidant, seroient encore autant de moyens de lui faire perdre quelques-unes de ses propriétés.

A R T I C L E V.

De l'emploi du Levain.

IL est impossible d'établir des règles fixes & invariables, relativement à la préparation des différens levains qui viennent de nous occuper, ni de déterminer précisément le temps que chacun d'eux exige pour devenir propre à être renouvelé ou employé au pétrissage, puisqu'il n'y a rien de plus assujetti aux vicissitudes de l'atmosphère, que la pâte qui fermente : si dans trois saisons de l'année, l'action de l'air & du levain suffit pour établir une bonne fermentation, il faut avoir recours dans l'autre, qui est l'hiver, à une chaleur artificielle, pour opérer à peu-près, dans le même espace de temps, un semblable effet.

T ij

Il n'eſt aucun Boulanger qui ne dût deſirer que dans toutes les ſaiſons, la fermentation
du levain & de la pâte pût s'achever comme
il convient dans un temps donné ; car, trop
lente ou trop hâtive, il n'en réſulte jamais un
auſſi bon pain , quand bien même elle ne
ſeroit pas ſortie de ſes limites ; auſſi en hiver ſe
rapproche-t-on des effets de l'été par rapport
aux levains , en employant plus *de chef* , en
chauffant l'eau , en augmentant le volume &
diminuant l'aigreur chaque fois qu'on les renouvelle , en les travaillant plus long-temps , en les
expoſant près du four , en les mettant enfin
ſous des couvertures ſèches & chaudes; par ces
différentes précautions, on excite le mouvement
de fermentation, que l'on tempère en été par
des moyens oppoſés.

Si on ne court aucuns riſques en hiver de
laiſſer prendre au levain un peu plus d'apprêt,
il n'y a pas plus d'inconvéniens en été qu'il
en ait moins ; parce que dans le premier cas,
la chaleur de l'eau & du levain eſt bientôt tiédie
par la farine, le pétrin , les mains & par l'air
froid qu'on fait entrer dans la pâte , à la faveur
des différens mouvemens qu'on lui donne pour
la travailler ; dans le ſecond cas au contraire, le
levain continue ſon effet ; l'opération de la

délayer & de l'affocier avec de la nouvelle farine, produit de la chaleur, & il auroit paffé fon premier degré d'apprêt, fi pour l'employer, on eût attendu qu'il y fût tout-à-fait parvenu. Il faut donc prendre dans les différentes faifons, l'eau froide, tiède ou chaude, & le levain jeune, moins jeune ou fort, dans des proportions que nous déterminerons bientôt.

Les farines ne fe reffemblent pas toujours entre elles ; elles exigent des manipulations différentes, foit par rapport au travail, foit relativement à l'efpèce ou à la quantité de levain avec lequel on doit les pétrir ; par exemple, les farines fèches, les farines revêches étant plus riches en matière glutineufe, demandent que le levain foit pris dans l'état jeune & en grande quantité, au lieu qu'il faut pour les farines humides ou nouvellement moulues & provenant de blés tendres, une plus grande quantité de levain fort, afin d'empêcher que la pâte ne molliffe & ne fe relâche à l'apprêt.

L'effet du levain dépend encore de la nature des farines dont il eft compofé, plus elles font blanches & plus la fermentation s'y établit lentement, & d'une manière complète. Nous fommes donc bien éloignés de confeiller, ainfi que quelques Auteurs l'ont fait, de former le levain deftiné à la fabrication du pain blanc avec des farines bifes, fous le prétexte qu’elles fermentent plus promptement & plus vivement; car, ces farines ne pouvant avoir autant de liaifon & de ténacité entre leurs parties, la pâte qui en réfulte ne peut prendre beaucoup de volume, & l’odeur qu’elle contracte eft plutôt aigre que vineufe; d’ailleurs, en fe fervant d’un pareil levain, on feroit du pain bis avec des farines blanches. Il feroit à fouhaiter que tous les Boulangers, à l’imitation de quelques-uns de nos plus habiles, n’employaffent jamais que des levains de pâte blanche dans la compofition du pain bis : cet aliment feroit infiniment meilleur, plus fubftantiel, & ne reviendroit pas plus cher, parce qu’on prendroit pour la pâte des farines plus bifes.

Le levain *de chef* eft donc le morceau de pâte mis de côté de la dernière fournée, & qui étant rendu encore plus ferme à la faveur d’un peu de farine & d’eau, refte environ douze heures avant d’être employé : la quantité de ce levain *de chef* varie; c’eft affez communé- ment depuis une livre jufqu’à quatre, pour le pétriffage d’une fournée de quatre-vingts pains de quatre livres.

Le levain *de première*, c’eft-à-dire, celui que

l'on fait immédiatement avec le levain *de chef*, de la farine & de l'eau, est un peu moins ferme, & ne demeure pas aussi long-temps en fermentation : c'est l'affaire de quatre à six heures, & entre la saison la plus chaude & celle qui est la plus froide, la masse ne doit varier que de douze à vingt-quatre livres.

Le levain *de seconde* demande encore un peu moins de consistance & de temps pour s'apprêter, que le levain *de chef* & *de première*; sa quantité peut être doublée & même triplée; en trois ou quatre heures il acquièrt le degré d'apprêt nécessaire pour être renouvelé. Enfin, le levain *de tout point*, qui est la réunion des différens levains *de chef*, *de première* & *de seconde*, doit toujours doubler ou tripler la quantité de celui *de seconde*, il parcourt ordinairement deux heures pour arriver au point nécessaire au pétrissage.

Ces différens levains préparés successivement, & qui se trouvent réduits, à la fin, en un seul, lorsqu'il s'agit de les employer à la première fournée, sont sans doute suffisans ; mais quand il est question d'un travail plus considérable, pour assurer la réussite des fournées qui se succèdent, il faut s'arranger autrement. On songe, dès la préparation du levain *de première*, à former une plus grande masse, qu'on aug-

T iv

mente encore pour le levain *de seconde*, mais toujours dans des préparations relatives entre elles.

On prend le levain *de seconde*, on en forme un volume de pâte affez confidérable avec de l'eau & de la farine qu'on délaye & qu'on mêle enfemble auffi intimement qu'il eft poffible ; les trois quarts font deftinés pour le levain *de tout point*, & le reftant pour le levain *de seconde*, ces deux levains étant prêts à la fois, l'un fert au pétriffage de la première fournée, tandis que l'autre eft employé pour la deuxième, & ainfi de fuite : telle eft la conduite à tenir lorf-qu'on a beaucoup de fournées à faire, ou que l'on cuit à deux fours ; alors il fuffit de doubler la quantité de levain comme celle de la pâte.

Pendant l'hiver on divife le levain *de seconde* en deux, & afin que le travail ne fouffre aucun retard, le premier dont on accélère l'apprêt, devient le levain *de tout point* de la première fournée, après en avoir féparé toutefois un morceau de pâte qui fournit encore un autre levain *de seconde*, en forte que le premier de ces deux levains *de seconde*, qui a été fait trois heures avant, & qui a fix heures d'apprêt, eft employé comme levain *de tout point* à la feconde fournée, & l'autre à la troifième ; ce qui fe répète dans le même ordre , tant qu'on continue le travail ; voilà du moins ce qu'on fait en hiver chez les Boulangers qui *pétriffent fur levain ,* c'eſt-à-dire, qui n'emploient d'autre agent pour faire lever la pâte, que le levain ordinaire. Il n'y a pas encore très-long-temps que c'étoit la feule méthode qu'on pratiquât pour obtenir le plus beau pain ; mais on en a imaginé une meilleure qui réunit tous les avantages qu'on peut efpérer de l'emploi des levains jeunes , c'eſt le *nec plus ultra* de la Boulangerie , il s'agit de la bien fuivre.

Du Levain de pâte.

La qualité de ce levain mérite fans contredit la préférence fur tous les autres levains , non-feulement à caufe qu'il produit le meilleur effet, mais encore parce que fa préparation eſt plus fimple , & qu'il eſt fujet à moins d'inconvé-niens : fa reffemblance avec la pâte lui a fait donner le nom qu'il porte, & nos bons Bou-langers l'emploient dans la compofition de leur pain mollet & demi-mollet , c'eſt ce qu'on appelle *pétrir fur pâte.*

Comme le levain de pâte n'a aucune aigreur , & qu'il eſt moins fort que le levain *de tout point* ordinaire , on en augmente la quantité , afin d'équivaloir l'effet d'un levain plus prêt & plus petit; dans cet état, il soutient la pâte, & conserve au pain, non-seulement ses propriétés nutritives, mais encore tout son agrément.

La méthode de *pétrir sur pâte* mérite, je le répète, la préférence : les Boulangers éclairés ne sauroient en disconvenir ; mais plusieurs hésitent de l'adopter, parce qu'ils prétendent qu'elle cause du retard dans le travail, & que c'est par cette raison qu'ils ne l'emploient point; on verra au pétrissage qu'il est possible d'aller aussi vîte en pétrissant sur pâte comme sur levain. Lorsqu'on veut préparer le levain de pâte, on suit à peu-près les mêmes loix que pour le levain *de première* & *de seconde*, c'est-à-dire, qu'on prend un petit chef que l'on délaye dans beaucoup d'eau & de farine pour en former d'abord un premier levain, plus abondant que n'est le levain ordinaire, & dont l'état se rapproche déjà de la pâte ; on fait toujours en sorte que ce levain, dont on va faire celui *de seconde*, soit encore moins apprêté, plus volumineux & plus considérable, afin que le levain *de tout point* soit jeune & très-bouffant.

En hiver, on doit s'écarter un peu de cette marche, d'autant mieux que la pâte n'ayant pas autant de force que le levain, éprouvant en outre de la part de l'air froid, des obſtacles pour arriver dans le même temps au degré de fermentation convenable, elle ne pourroit lever à propos, & n'auroit plus la faculté de faire, dans le même eſpace de temps, la quantité de fournée dont on a beſoin. En pareil cas, on s'arrange de manière à avoir un levain *de tout point* qui faſſe la moitié de la fournée, & on met de côté, chaque fois que l'on pétrit, un morceau de pâte à apprêter dans une corbeille, que l'on ajoute enſuite au levain, comme un ſecours pour augmenter ſa force, afin que l'apprêt du pain ſoit vif & prompt : lorſqu'on fait des fournées aſſez fortes pour avoir plus de pâte tournée qu'il n'en peut entrer dans le four, on les fait ſervir au pétriſſage, & elles produiſent dans la fermentation l'effet de la pâte miſe en réſerve.

Mais la meilleure préparation du levain *de tout point* & du levain *de pâte*, ne produiroit pas toujours un ſuccès conſtant, ſi on ne la ſoumettoit à des proportions qui doivent varier, relativement aux circonſtances que nous allons rapporter.

De la quantité de Levain.

On ne connoiſſoit autrefois aucune proportion entre la quantité de levain & celle de la pâte dont on compofe le pain ; les faifons, la nature des farines, la température du lieu où l'on fabriquoit, n'étoient d'aucune confidération, ou du moins on ne les confultoit pas lorfqu'il étoit queftion d'employer le levain, en forte que, livré toujours à une routine aveugle, jamais on ne favoit l'inftant où le pain feroit prêt à être enfourné ; mais cette manière d'opérer, tout-à-fait vicieufe, qui a été foigneufement corrigée par les Boulangers intelligens, n'eft plus fuivie que dans certains endroits, où il faut efpérer qu'un jour, à force de prôner les bons procédés, l'expérience & l'exemple parviendront à les répandre plus généralement.

Si les farines étoient fans ceffe les mêmes, il feroit toujours poffible d'indiquer les proportions du levain : il ne s'agiroit feulement que de régler la température de l'eau & l'apprêt du levain ; mais cette manière de conduire les levains feroit fujette à trop d'inconvéniens ; ce font donc les farines & la faifon qui doivent déterminer la quantité de levain ; ainfi, pour la même farine & la même efpèce de pain, on peut, pendant les grands froids, en prendre la moitié ; pour les temps doux, un tiers ; & dans les grandes chaleurs, un quart au plus, afin

d'équivaloir la force des levains très-apprêtés ,
& d'éviter les inconvéniens qu'éprouvent ceux
qui les emploient vieux, & dans une proportion
très-éloignée du quart.

En général, le levain *de tout point* doit toujours former le tiers du total de la pâte , &
environ la moitié, lorſqu'il eſt dans l'état de
levain de pâte, parce que ce dernier étant plus
jeune, il en faut davantage pour produire l'effet
dont on a beſoin ; quand la farine provient d'un
blé tendre ou humide, il eſt bon que le levain
ſoit plus fort pour donner du ſoutien & de la
fermeté à la pâte qui n'en a pas ſuffiſamment,
c'eſt entièrement le contraire pour les farines
sèches & revêches.

ARTICLE VI.

De la manière de raccommoder les Levains.

JUSQU'À préſent nous n'avons indiqué que
la nature du levain & ſes effets dans les différens états où il ſe trouve ; la préparation & la
quantité qu'il faut en employer ſuivant les
ſaiſons , la qualité des farines & l'eſpèce de
pain qu'on veut fabriquer; mais il eſt des circonſtances où la vigilance, les ſoins , & même
les talens ſont en défaut, le temps peut changer

tout-à-coup ; un dégel inopiné, un orage, ou
d'autres caufes locales, font capables d'accélérer,
de retarder ou de fufpendre la fermentation ;
en forte qu'il ne réfulteroit que de mauvais
pain, fi on ne cherchoit à y remédier en donnant au levain ce qu'il n'a pas fuffifamment, ou
en le privant de ce qu'il a de trop, c'eft ce
qu'on appelle *raccommoder les levains ;* cette partie
de la Boulangerie fi effentielle, eft trop ignorée
parmi ceux qui la pratiquent, pour oublier les
plus petits détails qui foient en état de la mieux
faire connoître. On dit & on répète, fans avoir
fait aucune expérience, fans même être entré
dans une Boulangerie, que quand le levain eft
vieux & aigre, il n'eft plus propre à faire lever
la pâte, & dans cette perfuafion, on confeille
aux Boulangers qui n'en ont pas d'autres, d'en
emprunter chez leurs confrères plutôt que de
l'employer ainfi ; mais l'avis, tout fage qu'il
paroît, eft rarement fuivi, parce que la démarche
qu'il prefcrit ne peut fe faire fans néceffiter
l'aveu de fa négligence : on en a vu, pour
éviter cette efpèce d'humiliation, faire courir
un inconnu aux extrémités de la Ville pour avoir
du levain, & d'autres aimant mieux facrifier
leur intérêt à leur amour-propre, fe fervir du
levain tel qu'ils l'avoient, & fabriquer un

mauvais pain ; il eſt donc plus prudent de donner ici des moyens de raccommoder les levains.

Loin que le levain vieux ne ſoit plus en état, comme on le prétend, de faire lever la pâte ; il eſt prouvé, au contraire, qu'il précipite la fermentation & l'accélère au point que le pain qu'on en prépare, a le défaut d'être trop élevé, c'eſt-à-dire, qu'ayant paſſé ſon apprêt, il eſt gris & ſans apparence, plat & aigre, enfin ſemblable au pain qu'on mange dans nos campagnes & dans pluſieurs de nos Provinces où l'on garde le levain pluſieurs jours, & même des ſemaines entières ſans le rafraîchir : ſi l'on eût dit, que quand le levain eſt aigre, il n'en falloit pas autant, que l'eau ne devoit pas être auſſi chaude, qu'il n'étoit pas même poſſible, en multipliant les ſoins, de faire un pain auſſi léger & auſſi agréable à la première fournée ; on ſe ſeroit fait entendre, on auroit montré que l'on poſſédoit quelque idée de la Boulangerie : nous allons démontrer que le levain le plus vieux, & le plus aigre par conſéquent, pourvu qu'il ne ſoit pas gâté, peut être rappelé au meilleur état, en ſuivant les procédés que nous allons indiquer pour le raccommoder.

Comme les levains produiſent ſur la pâte des effets différens, ſuivant les états dans leſquels ils fe trouvent au moment de leur emploi ; on leur a donné des noms particuliers qui fervent à déterminer les propriétés & les ufages aux-quels on peut les appliquer ; on les appelle *levains vieux* , *levains forts* & *jeunes levains*. Éclairciffons ces dénominations.

Le vieux levain eft une pâte, qui , après avoir gonflé , s'eft affaiffée & aplatie au point de ne plus occuper le même volume qu'elle avoit avant la fermentation : ce levain fe sèche à fa fuperficie, forme une croûte dure, tandis que l'intérieur eft prefque liquide , quoique la pâte ait été très-ferme : fa couleur eft d'un gris blanchâtre : il n'exhale plus cette odeur vineufe volatile ; l'acide qui le conftitue eft pefant.

Le levain fort qu'on confond mal-à-propos avec le levain vieux , ce qui a jeté dans l'em-barras tous ceux qui ont cherché à s'inftruire fur les phénomènes que préfente la pâte en fermentation ; le levain fort , dis-je , eft celui qui ayant acquis un volume très-confidérable, eft parvenu au plus haut degré d'apprêt, fe gerfe, fe crevaffe & répand une odeur acide volatile, tel feroit le levain *de première* où *le chef* fe trouveroit par moitié , ou bien encore le

levain

levain *de seconde*, dans lequel tous les deux domineroient.

Le levain jeune, ne ressemble nullement aux deux autres levains dont il vient d'être question ; il a un très-grand volume, sa surface est unie & blanchâtre, il est léger, tenace & visqueux, son odeur est agréable, pénétrante, sans encore être acide.

Ainsi le levain vieux est celui qui a passé son apprêt, & est très-acide, le levain fort est au plus grand degré d'apprêt ; il accélère la fermentation de la pâte, & a le caractère vineux & spiritueux ; enfin, le levain jeune est dans un commencement de fermentation ; son état est seulement *gaseux*, c'est lui qui soulève douce-ment la pâte sans l'aigrir ni la faire créneler, & donne en même temps un bon goût au pain. Hâtons-nous de proposer les moyens de rap-procher de cet état les levains qui l'avoient perdu par des accidens.

Lorsque les levains *de premiere* & *de seconde* sont trop prêts, il faut commencer par faire la fontaine, si on a négligé de la préparer d'a-vance, prendre ensuite de l'eau fraîche ou tiède, que l'on emploîra d'abord en très-petite quan-tité, afin que le mélange puisse avoir de la consistance, & être travaillé vivement & long-

U

temps pour diffiper le fluide élaftique, l'acide volatil qui conftitue la force du levain; on prend après cela le reftant de l'eau qu'on incorpore exactement, que l'on bat de nouveau pour produire cet effet, qu'on exprime en Boulangerie, par *décharger, fatiguer le levain :* quand la pâte a acquis toute la ténacité que les différens mouvemens peuvent lui donner, on y ajoute un peu d'eau pour affoiblir de plus en plus l'aigreur du levain : cette opération doit avoir lieu pour tout levain trop prêt, & particulièrement pour le levain *de feconde & de tout point*, d'où dépendent entièrement le fuccès du pétriffage, le bon apprêt de la pâte, & la perfection du pain.

Quand le levain, trop apprêté, a été ainfi renouvelé & travaillé, il eft néceffaire que la fontaine qui doit le contenir foit un peu plus large que de coutume ; dans la vue toujours de ralentir fon apprêt, on le diftribue en plufieurs parties, afin que la maffe compofée de couches, offre des folutions de continuité à la fermentation ; on le couvre d'une toile légère, humide, qui porte du frais à la fuperficie. Si le pétrin n'eft pas voifin d'une fenêtre ou d'un courant d'air, on jette de l'eau dans le lieu où il eft expofé pour le rafraîchir.

Si, malgré toutes les précautions que nous venons de recommander, on craignoit encore que le levain allât trop vîte pour le moment où on doit le renouveler ou pétrir, il faudroit y faire entrer un peu de sel, qui ayant la propriété de procurer du froid à tous les corps avec lesquels on l'associe, tempère aussitôt la fermentation, & en retarde l'effet, ce qui prolonge le temps de l'employer.

Mais si les levains sont trop foibles, & qu'ils ne s'apprêtent pas assez vîte pour le moment où il s'agit de les employer, alors il faut se conduire différemment : on pratique d'abord une fontaine très-solide & fort étroite, ou si le levain est déjà en fontaine, on verse à la superficie & tout autour, un tiers de l'eau extrêmement chaude ; on attend que cette eau, en réchauffant la pâte, la soulève & l'entr'ouvre : on ajoute à diverses reprises l'autre tiers de l'eau pour faciliter cet effet, & bientôt on délaye, en versant dans la fontaine le restant de l'eau encore chaude ; on incorpore le tout promptement pour former une pâte un peu moins ferme & moins travaillée qu'à l'ordinaire, & au lieu de la laisser en fontaine dans le pétrin, on la dépose dans des corbeilles placées près

du four , & recouvertes d'une double couverture de laine.

Si les levains ne s'étoient pas du tout apprêtés
parce qu'on y aura employé un petit chef trop
foible, ou qu'on les aura expofés par impru-
dence à découvert dans un endroit froid, il
eft néceffaire, en les refaifant , d'y ajouter du
vin , de l'eau-de-vie ou du vinaigre ; les liqueurs vineufes & fpiritueufes, réchauffant &
vivifiant, s'il eft permis de s'exprimer ainfi ,
le levain. Celles qui font en fermentation , produifent encore plus fenfiblement cet effet ,
comme la bière , le cidre doux , le vin de Champagne ; ce font des efpèces de levains qui
mettent en action le principe fermentefcible, &
donnent occafion au développement de tous
fes effets : il eft bon de borner la dofe de ces
liqueurs à un demi-fetier ou une chopine au plus
pour le levain d'une fournée , parce qu'une trop
grande quantité de vinaigre fur-tout, commu-
niqueroit au pain le même défaut qu'a celui qui
réfulte d'un levain vieux ou trop fort.

Il eft d'autant plus effentiel d'employer ces
agens étrangers, dans les temps extrêmement
froids, que la fermentation va très-lentement,
quoiqu'on emploie de l'eau bien chaude, des
premiers levains forts, & en grande quantité,

quoique la pâte ne foit pas trop maniée, qu'elle fe trouve dans un endroit chaud & bien enveloppée de couvertures; on ne peut fe difpenfer, malgré cela, d'avoir encore recours à ces expédiens. J'ai vu dans le mois de Février 1776, où le thermomètre étoit à 14 & 15 degrés au-deffous du terme de la glace, le levain, dit *de fecond*, dans le pétrin près de la fenêtre qu'on avoit été forcé d'ouvrir à caufe de la fumée qui régnoit dans la Boulangerie, j'ai vu, dis-je, ce levain être faifi tout d'un coup par le froid, au point que la fermentation fut entièrement fufpendue; on auroit perdu indubitablement une fournée entière, fi M. Brocq ne fût arrivé au moment où on alloit employer ce levain. Les connoiffances étendues qu'il poffède dans cette partie, lui offrirent des reffources pour remédier à cet accident : après avoir fait délayer ce levain *de feconde*, dans de l'eau voifine de l'ébullition, il y ajouta une chopine de vinaigre, il mit la pâte qui en réfulta dans des corbeilles près du four, en moins de deux heures il parvint à obtenir un très-bon levain *de tout point*, qui produifit fon effet.

Les levains qui ont paffé leur apprêt, & qu'on a été obligé de raccommoder par le moyen des manipulations expofées ci-deffus, doivent être employés un peu plus tôt que ceux auxquels il n'eſt rien arrivé à cauſe de leur grande propenſion à paſſer au-delà du terme du premier degré de la fermentation ; c'eſt abſolument le contraire pour les levains qu'on a accélérés, & qui tendent continuellement à rétrograder pour ainſi dire. On ſe trompe donc en croyant qu'il eſt plus difficile d'arrêter les progrès de la fermentation du levain, que de les exciter ; car, on eſt aſſuré que moyennant les précautions indiquées, on pourra tirer parti du levain le plus paſſé, tandis que quand il s'eſt arrêté, il eſt difficile de lui reſtituer le mouvement & la chaleur dont il a beſoin pour produire le même effet.

Nous n'héſitons pas de l'aſſurer : il eſt abſolument au pouvoir de l'art de diriger les opérations du levain, de bruſquer la fermentation, ou de la faire naître à volonté d'une manière douce & inſenſible, de l'animer lorſqu'elle languit, de l'arrêter quand elle va trop vîte, en un mot, de la fixer au terme où elle doit être, ſuivant les ſaiſons & la qualité des farines ; mais en vain s'attendroit-on à produire conſtamment dans la matière qui fermente, les modifications & les changemens qu'on jugeroit à propos, ſi on ne poſsède pas une connoiſſance

ſuffiſante de l'influence de la chaleur & de l'air ;
connoiſſance qu'il eſt aiſé d'acquérir avec un
peu d'étude & de réflexions. De même que le
Vigneron peut, quand il lui plaît, faire avec la
même eſpèce de raiſin, du vin doux, fermenté
& demi-fermenté ; déterminer ou ſuſpendre à
l'aide d'une chaleur ou d'un froid artificiel,
ou bien encore d'une matière particulière, tout
le travail de la cuve, raccommoder, moyennant
quelques précautions, les vins trop verds ou
trop ſucrés, corriger ceux qui menacent de
tourner à l'aigre, de filer & de ſe corrompre :
de même auſſi, le Boulanger a la faculté de
préparer des levains de différens degrés de force,
d'échauffer ou de ralentir leur activité ; enfin,
d'améliorer par les états variés qu'il leur donne,
le pain qu'on obtient de farines médiocres,
humides ou revêches.

Si l'on délaye dans du vinaigre, du ſucre, du
miel, de la mélaſſe & d'autres matières muqueuſes
de cette eſpèce en diſſolution, le mélange paſſe
bientôt à l'acide ſans s'arrêter à l'état de vin,
parce que le ferment acide l'emporte ſur tous
les autres : pareille choſe arrive à la farine
dans laquelle on introduit un levain vieux ou
aigre ; la pâte qui en réſulte tient de la nature

du levain, & le pain ne manque jamais d'avoir une faveur aigrelette très-marquée.

Ainsi la perfection du levain & ses bons effets sur la pâte, dépendent autant du choix de la matière qui le constitue, que des règles que l'on suit dans sa préparation & dans son emploi. Que les Boulangers oublient donc leurs anciens proverbes, & renoncent à leur routine, pour se pénétrer de cette vérité. *Grands levains jeunes, dans presque tous les temps & pour les farines de presque tous les blés. Levains forts dans les grands froids & pour les farines tendres ou humides ; jamais levains vieux en aucune saison & pour quelque espèce de farines que ce puisse être.* Vérité que les Maîtres ne doivent pas se lasser de répéter à leurs apprentifs, comme les maximes fondamentales de l'Art, & qui pourroient être inscrites dans toutes les Boulangeries, pour rappeler les vrais principes.

Nous avons parcouru suffisamment les différens détails relatifs aux levains ; savoir, leur nature, leur préparation, leur proportion dans le pétrissage, leur renouvellement & la manière de les raccommoder ; chacune de ces opérations auroit même mérité d'être traitée dans autant d'articles séparés ; mais pour éviter les répétitions, je me suis borné aux points principaux à connoître. Il ne nous reste plus à présent, pour terminer cet objet important de la Boulangerie, qu'à parler des substances dont on compose des levains pour ajouter quelquefois à ceux-ci, dans la vue d'en favoriser l'effet, ou bien qu'on substitue à leur place pour obtenir encore plus promptement le résultat qu'on desire. Ces substances sont connues sous le nom générique de *levains artificiels.*

Article VII.

Des Levains artificiels.

CET article seroit fort étendu, si j'y insérois un abrégé des différentes recettes essayées ou proposées comme levains artificiels ; j'observerai seulement ici que les corps des trois règnes ont été employés à leur composition : la pressure, le blanc d'œuf, l'eau minérale acidule, la semence de citrouille, le millet, le son, les sucs des fruits récemment exprimés, telles sont les différentes substances que l'on a recommandé de mêler avec la farine pour en former des levains artificiels, & les faire servir ensuite à la fabrication du pain.

Mais il me semble que la dénomination de *levains artificiels* ne devroit convenir qu'à une matière déjà fermentante, éloignée de la nature du corps avec lequel on l'affocie pour y établir le mouvement de fermentation plus prompte-ment qu'on ne pourroit le faire fi on l'aban-donnoit tout fimplement à lui-même ; ainfi la levure, la lie, la bière nouvelle, le cidre doux & le vin de Champagne, font par rapport au pain, des levains artificiels, tandis que le vin parfait, le vinaigre & l'eau-de-vie, ne doivent être confidérés que comme des fecours que nous avons confeillé dans les cas où il s'agit de ranimer une fermentation arrêtée.

Nous avons dit, en commençant le Chapitre des levains, que les corps fufceptibles de la fermentation, n'avoient pas befoin de levains pour fermenter, que l'hydromel, le cidre, le poirée, le vin, &c. s'obtenoient ordinairement fans aucun fecours étranger : il feroit égale-ment inutile d'ajouter à la farine autre chofe que de l'eau, & de l'abandonner enfuite à l'air libre ; mais le principe fermentefcible s'y trouve plus enveloppé qu'il ne l'eft dans le fuc fucré des végétaux, il faut néceffairement l'aider par une matière déjà en fermentation, ou par des fubf-tances végétales, plus difpofées qu'elle à pren-dre ce mouvement inteftin.

La néceffité d'exciter la fermentation dans

une matière farineuse, soit qu'il s'agisse d'en obtenir une boisson ou un aliment, me paroît suffisamment démontrée par tout ce que nous avons rapporté touchant l'action des levains. Il est certain que sans la levure, la bière ne feroit pas une liqueur vineuse, sans le malt on ne retireroit que très-peu d'eau-de-vie de grain, enfin, sans le levain, la farine abandonnée à elle-même, aigriroit sans gonfler, sans se tuméfier, & l'on n'auroit qu'un pain fade ou aigre : d'après ce principe, les Brasseurs, les Bouilleurs & les Boulangers, doivent réunir leurs lumières & leurs efforts pour préparer un bon levain, l'introduire à propos & en proportion suffisante, puisque de ces trois circonstances dépend entièrement la réussite de leur opération.

Ce n'est cependant pas qu'on ne puisse, avec de la farine seule & de l'eau, composer un levain; pour cet effet, on prend la quantité de farine que l'on veut, on la mêle avec de l'eau bien chaude, on travaille peu le mélange que l'on tient très-mou, on l'expose après cela dans un endroit fort chaud, afin qu'il s'y aigrisse promptement, c'est ordinairement l'affaire de douze heures.

Dès que cette pâte a contracté une odeur

affez aigre, on la délaye dans la même quantité d'eau chaude & de farine pour en faire une pâte plus ferme, qu'on place fur le four, & qui n'eft plus autant de temps à fermenter, on répète encore une fois cette opération, & on obtient un levain propre à être employé. C'eft vraifemblablement de cette manière, comme nous l'avons déjà remarqué, que le premier levain aura été formé, & qu'il fe fera perfectionné tout naturellement à force d'être renouvelé ; cette conjecture du moins me paroît plus probable que celle qui prétend en trouver l'origine dans des mélanges trop compofés, pour jamais former de bons levains.

Il faut pourtant convenir qu'un levain préparé fuivant la méthode ci-deffus énoncée, ne donne pas d'abord au pain toute la légèreté & la faveur qu'il peut avoir, par la raifon, qu'étant trop long-temps à acquérir le point d'apprêt convenable, il eft dans le cas de celui qui languit dans la fermentation ; mais il fe perfectionne à mefure que l'on cuit & parvient dans les fournées fuivantes à prendre tous les caractères d'un levain parfait. Il ne feroit donc pas néceffaire comme l'on voit, fi l'on manquoit de levain, qu'on ne voulût pas en emprunter, & qu'on eût d'ailleurs le temps de le préparer,

d'avoir recours à des matières étrangères toujours préjudiciables à la bonté du pain, puifque
la farine combinée avec l'eau, dans l'état de
pâte, peut devenir infenfiblement un très-bon
levain. Dans le cas où l'on defireroit avoir un
levain artificiel fur le champ, on peut fuivre la
pratique des Anglois, adoptée dans plufieurs de
nos Provinces; elle confifte à mêler de la levure avec de la farine & de l'eau, pour en
obtenir une pâte qui lève très-rapidement; on
l'appelle en Angleterre l'*éponge*, lorfqu'on y a
ajouté un peu de fel, c'eft-là le levain dont on
fe fert communément dans les endroits où l'on
braffe, à la place du levain ordinaire.

La levure eft le levain artificiel le plus généralement connu & le plus en ufage dans la
fabrication du pain; tantôt elle y eft employée
feule pour faire les fonctions du levain ordinaire,
& tantôt auffi comme un moyen d'accélérer
ce dernier, afin d'obtenir un pain qui ait plus
d'apparence & de légèreté; mais c'eft toujours
un inconvénient que la fermentation foit trop
vive ou trop lente. Il faut qu'elle commence
doucement & augmente par degrés, fans éprouver aucune interruption dans fon cours, afin
que les parties du corps qui l'éprouvent s'affi-
nent, fe fubtilifent & s'arrangent entre elles,

ce qui ne peut avoir lieu d'une manière auffi complète par un mouvement rapide, qui bouleverfe tout, ou par celui qui languit & fait tout le contraire.

Quoique je fois dans la certitude que la levure faffe rarement de bon pain, & qu'il feroit à fouhaiter qu'on en profcrivît l'ufage en Boulangerie, je ne puis néanmoins me refufer de donner à ce levain artificiel un article, pour y traiter de fa nature, de fon commerce & de fon emploi; car, quoique mes raifons foient fondées (de l'aveu de quelques Boulangers éclairés par l'expérience), je n'ofe me flatter de faire revenir les efprits prévenus à ce fujet : mais n'importe, les vérités utiles doivent toujours être préfentées; il vient un temps où les nuages qui les couvrent fe diffipent.

Article VIII.

De la Levure.

La levure eft cette matière mouffeufe, légère, graffe & vifqueufe, qui pendant la fermentation, fe préfente fous la forme d'écume à la furface de la bière, dès que cette liqueur a été mife en tonneaux, qui fort par le bondon, à mefure qu'on les remplit, & coule enſuite dans des baquets placés deſſous exprès pour la recevoir.

La levure eſt ou fluide, ou ſolide; c'eſt ſous cette dernière forme qu'on s'en ſert le plus communément, & pour l'obtenir ainſi, on met la levure molle dans un ſac, on en exprime doucement l'humidité par le moyen d'une preſſe, juſqu'à ce que la matière renfermée dans le ſac ſoit sèche & ferme, ce n'eſt même que dans cet état qu'on peut la conſerver, la tranſporter, & qu'elle eſt commerçable. Nos Vinaigriers s'y prennent de la même manière pour obtenir la lie sèche.

On reconnoît que la levure eſt de bonne qualité lorſque ſa couleur eſt d'un blanc jaunâtre tirant ſur le chamois : cette couleur, il eſt vrai, varie en raiſon de l'état où ſe trouvoit l'orge, de la quantité de houblon employé, & de l'eſpèce de bière qu'on a braſſée : la bonne levure ſe rompt nettement, & n'exhale aucune odeur aigre, la mauvaiſe eſt gluante, molle, déſagréablement aigre & noirâtre à ſa ſuperficie.

Mais les Boulangers ſont très-ſouvent la dupe des belles apparences de la levure, les Marchands en ce genre ſavent lui donner une couleur & un air de fraîcheur qui en impoſent même aux connoiſſeurs, en y mêlant de la

farine qu'ils pétriffent enfemble : trompés eux-
même quelquefois par ceux qui leur envoient
cette marchandife ou qui la tranfportent ; ils
vendent, fans le favoir, une levure raccommodée ou alongée, qui dans cet état ne produit
plus que très-peu d'effet.

La levure fraîche peut être comparée au
levain jeune ; d'abord elle n'a nulle odeur aigre :
délayée dans l'eau, elle ne rougit pas le papier
bleu, n'occafionne aucune effervefcence avec
les alkalis ; & diftillée à feu nu, elle ne fournit
qu'une liqueur gafeufe volatile qui n'eft pas
inflammable.

La levure ancienne ou aigre peut être également comparée au levain vieux, elle change en
rouge la teinture bleue ou violette des végétaux,
fait effervefcence avec les alkalis, exhale l'o-
deur aigre & donne de l'efprit ardent par la
diftillation ; mais que fes effets fur la pâte font
différens de ceux du levain !

La levure nouvelle a une action vive, prompte
& marquée fur la pâte, le levain jeune, au
contraire, agit doucement & d'une manière
prefque infenfible ; chaque molécule qui conftitue la levure, fe trouve en pleine fermentation,
au lieu que dans le levain il n'y en a pas la
vingtième partie qui foit dans cet état, excepté

la

la fubſtance muqueuſe ſucrée, qui a paſſé à la fermentation, l'amidon s'y trouve en entier ; auſſi eſtime-t-on qu'une livre équivaut ordinairement à la quantité de levain qu'on doit employer pour faire une fournée, c'eſt-à-dire, environ quatre-vingts livres.

Le levain fort ou aigre, produit ſur la pâte un effet plus conſidérable que la levure aigre ou paſſée : dans le premier cas, la fermentation continue, & il ſe trouve une plus grande quantité de matière en action : dans le ſecond cas, au contraire, cette fermentation s'affoiblit, & la moitié de la levure tournée eſt dans un état d'inertie ; d'où il réſulte qu'il faut en employer davantage pour produire un effet moindre : c'eſt préciſément tout le contraire pour le levain dans l'état aigre ou fort.

En ſuppoſant que la levure étoit nouvelle au moment où on l'a employée, que l'on n'en a mis que la doſe néceſſaire pour l'eſpèce de pâte & ſuivant la ſaiſon, que le pain dans lequel on la fait entrer, a été parfaitement fabriqué, qu'il ne lui eſt rien arrivé pendant la fermentation & la cuiſſon ; ce pain, dis-je, ne pourra jamais être mis en parallèle avec celui fait de levain jeune au lieu de levure ; s'il eſt paſſable le premier jour, le lendemain il eſt ſec,

X

gris, s'émiette aifément, a une faveur amère, défagréable, qui fe communique aux potages & autres mets.

La pâte faite avec la levure eft moins tenace & moins longue que celle où il n'y a que du franc levain; la fermentation s'y établit trop promptement, elle fond & mollit à l'apprêt; fouvent au four elle s'aplatit tout-à-fait; l'autre a une reffource de plus, quand elle feroit même un peu trop prête elle bouffe encore au four; ainfi les levains à levure font très-infidèles, & manquent prefque toujours leur but, quant à l'apprêt, à la blancheur & au goût de l'aliment qui en réfulte, en forte que la plupart du temps on ne fait que de très-mauvais pain avec la plus belle farine, comme nous le prouverons.

La levure très-fraîche a une action fi vive & fi prompte, qu'en été les Boulangers ont à peine fini de tourner leurs derniers pains, que les premiers font déjà prêts : la levure un peu ancienne, fans être altérée, n'a plus la même propriété; enfin celle qui eft paffée n'en a pas du tout, feulement fon introduction dans la pâte leur donne de l'amertume & de l'aigreur fans légèreté.

Si les effets de la meilleure levure font fouvent équivoques, que peut-on efpérer de celle

qui fera inférieure ou altérée? Nos Braffeurs de
Paris font affez de bière en été pour fournir
aux Boulangers la quantité de levure qu'ils
confomment ; mais pendant l'hiver on la tire
de Picardie & de Flandre ; il eft rare dans les
chaleurs que cette denrée arrive en bon état,
dans les différens endroits où on la tranfporte ;
un coup de tonnerre, un vent de fud, quelques
exhalaifons fétides fuffifent pour la gâter en
chemin : étant fufceptible de tourner auffi rapidement que le poiffon de mer, il eft bien
étonnant qu'on n'ufe pas toujours pour elle
des mêmes précautions, je veux dire qu'on ne
la voiture pas également en pofte, fans mettre
de Lille ou de Valenciennes, par exemple,
quatre ou cinq jours pour nous l'apporter.

On ne peut douter que la levure tranfportée
ne dépériffe fur la route ; il eft dit dans les
ftatuts des Braffeurs, qu'il ne fera colporté
aucune levure de bière, mais qu'on la vendra
toute dans la Brafferie, aux Boulangers & aux
Pâtiffiers, & non à d'autres ; que les levures
venant de Flandre, &c. feront vifitées par les
Jurés avant d'être expofées en vente : il feroit
bien à defirer que le refpectable Magiftrat qui
préfide aujourd'hui à la police de Paris, voulût
bien faire exécuter ces Règlemens que la fageffe

a dictés, & les perfectionner pour le bien public, dont il s'occupe paffionnément.

L'influence des temps & des émanations fur la levure, ne font pas les feuls fléaux de cette matière ; les Boulangers en ont encore d'auffi puiffans pour le moins à redouter ; la plupart d'entre eux s'abonnent pour la fourniture de la levure, dont ils ont befoin toute l'année, parce qu'il y a des temps où elle vaut un ou deux fous la livre, & d'autres où elle va jufqu'à trente & quarante fous ; mais les conditions du marché, quelles qu'elles foient, ne leur font pas toujours très-favorables ; quand la levure eft à vil prix on la leur livre excellente, mais dès qu'elle renchérit, ils font expofés à ne recevoir que des levures de rebut qu'on a raccommodées ou qui font même un peu paffées : la levure fraîche eft vendue à ceux avec lefquels on n'a fait aucun engagement, en forte que ce font toujours les marchands qui gagnent à ces arrangemens, parce que les Boulangers de leur côté ne pouvant rien faire de la levure altérée ou médiocre qu'on leur fournit, en vont acheter de meilleure chez les levuriers.

Rien n'eft donc plus difficile de conferver long-temps en bon état que la levure, celle qui eft liquide fur-tout paffe à l'aigre, & même à la putréfaction avec une vîtesse incroyable ; comment en effet arrêter une matière qui fermente, sans la souftraire en même temps à l'accès de l'air extérieur ! Nous ne saurions trop inviter les Marchands qui font le commerce de la levure, de la tenir en petites maffes bien renfermées afin de ne pas être obligés d'en détacher continuellement des morceaux & de la gâter, enfuite de l'expofer dans un endroit frais & fec ; en s'efforçant de la raccommoder, ils expofent les Boulangers à des pertes inévitables, & le Public à être mal fervi ; il vaut mieux, fans doute, la payer quelque chofe de plus, & être affuré qu'elle eft nouvelle & pure.

On fait que la levure manque fon effet les trois quarts de l'année, & que fes Boulangers qui l'emploient en qualité de levain, ne font jamais certains du fuccès de leur fournée ; quand on leur a vendu de la levure ancienne ou raccommodée, ils ne peuvent guère s'en apercevoir qu'à l'état du levain qui en réfulte : une fois manqué, il faut, fans perdre de temps, fonger à fe procurer une meilleure levure ; leur pofition devient bien critique quand les levuriers auxquels ils s'adreffent font dans l'impuiffance de fatisfaire à leurs demandes ; obligés pour lors de courir de Marchands en Marchands, la nuit fe paffe en effais & dans les tourmens : le jour paroît, l'inftant de la vente arrive, les pratiques viennent en foule crier contre le Boulanger qui a manqué l'heure ; & ne pouvant fournir que du mauvais pain qui lui revient plus cher qu'on ne le lui paye, il effuie de toutes parts des reproches pour fon retard & la mauvaife mine de fa marchandife : heureux encore fi, pour comble de difgrâce, la Police ne le met pas à l'amende !

Ces évènemens trop communs ne devroient-ils pas déterminer les Boulangers, maudiffant fi fouvent la levure qui en eft la caufe unique, à l'abandonner au moins comme levain : affervis déjà par des peines & des embarras attachés à la profeffion qu'ils exercent ; pourquoi les augmenter encore par un joug onéreux, qu'il feroit fi aifé & fi avantageux de fecouer ! Nous déplorons fincèrement l'aveuglement où font plongés à cet égard les Boulangers, mais dans ce moment, c'eft moins encore leur intérêt qui nous anime que la bonne qualité du pain que nous confidérons.

Quel que foit donc le rapport fous lequel on puiffe envifager la levure, il n'eft pas permis d'avoir de fes effets, fur la pâte & dans le pain, une idée bien favorable ; fi elle eft nouvelle, elle détermine fouvent trop vîte la fermentation ;

quand elle eft ancienne ou raccommodée, elle ne produit pas fuffifamment d'effet, & rien du tout, lorfqu'elle eft tournée; mais dans tous ces cas, elle communique de la couleur au pain, détruit fa faveur naturelle pour lui communiquer la fienne qui eft quelquefois très-amère.

Si à force de foins & de réflexions on rencontre encore beaucoup de difficultés pour bien conduire les levains, relativement à la quantité & à l'état où ils doivent être fuivant les faifons & l'efpèce de farine, pourra-t-on jamais fe flatter d'être maître de la levure, dont les effets varient à tout moment, & qui a encore pour défaut capital d'exiger, dans toutes les faifons indiftinctement, de l'eau chaude, qui diminue l'effet de ce principe fi effentiel à la perfection du pain (la matière glutineufe) pour lequel nous avons tant recommandé l'eau froide ou tiède ! Si je ne fuis pas le premier qui faffe des reproches à la levure, je crois pouvoir affurer que perfonne n'a plus été à portée que moi d'en apercevoir l'inutilité, l'abus & l'ufage; on fait qu'il s'eft élevé des conteftations à ce fujet; c'eft même ce qui a donné lieu à ce badinage ingénieux, que M. de la Condamine a publié dans les dernières années de fa vie, fous ce titre : *Le pain mollet.* Ce Philofophe eftimable qui

X iv

favoit employer toutes fortes d'armes pour le progrès de la raifon & le bien de l'humanité, met dans la bouche de *Guy-Patin*, une harangue plaifante à fes confrères, contre *Perrault* qui étoit *pain mollifte*, en ajoutant cette expreffion :

> *Il conclud que la mort voloit*
> *Sur les ailes du pain mollet.*

Le Parlement, pour terminer la querelle, avoit rendu, en 1670, un Arrêt par lequel il enjoignoit aux Boulangers de ne fe fervir de la levure qu'autant qu'ils l'affocieroient avec le levain, & qu'ils n'emploîroient que celle préparée fur les lieux ; mais j'ofe bien affurer que la Cour auroit profcrit la levure de la Boulangerie, fans réferve ni aucune modification, fi dans ce temps, la nature des levains de pâte eût été appréciée & connue ; fi l'on eût fu les mieux diriger dans leur apprêt & dans leur emploi, les fixer au terme où ils doivent être, & les raccommoder quand ils ont quelques légers défauts, de manière à pouvoir en obtenir conftamment un pain auffi léger, plus blanc, plus favoureux & plus agréable que n'eft & ne fera jamais celui préparé avec de la levure.

Il m'eft indifférent de pénétrer dans les motifs qui ont pu déterminer les Boulangers de Goneffe, *ennemis nés du pain mollet*, à dénoncer alors au Parlement le pain dans lequel il y avoit de la levure, comme un dangereux aliment ; il m'importe peu également de connoître les raisons que les Médecins eurent pour prononcer en faveur de la levure ; tout ce que je sais, c'est que si elle ne préjudicie pas directement à la santé, elle altère notre nourriture principale, elle n'est pas analogue à la pâte comme le levain, elle s'y trouve séparée sans être confondue ni combinée avec les autres parties constituantes du pain ; enfin, c'est dans les pays où l'on brasse, & où par conséquent la levure est la plus commune, que le pain est constamment moins bon que dans les contrées où l'on ignore l'usage de la levure ; dans celles-ci, cet aliment est plus agréable & plus savoureux : mais, quoique je me sois appuyé sur l'expérience & la raison pour donner mon avis concernant la levure, afin d'en circonscrire l'usage, je présume à regret que j'aurai long-temps pour devise, *vox clamantis in deserto.*

De la Levure employée comme Levain.

L'imperfection des levains, l'ignorance dans laquelle on étoit autrefois de les renouveler & d'en tirer le meilleur parti dans la fabrication du pain, firent recourir à quelques essais, pour obtenir en moins de temps une fermentation plus complète : rien, fans doute, n'étoit plus capable de feconder ces vues que la levure, puifqu'employée à la place du levain, elle permet de moins travailler la pâte, de la faire lever plus aifément, & n'affujettit pas dans fa prépation à ces foins multipliés qu'exige l'opération de rafraîchir les levains ; ainfi on s'en impofa fur les effets de la levure, parce que dans le vrai, ceux du levain de pâte lui-même n'étoient pas plus parfaits.

Dans les premiers temps, on ne fe fervoit de la levure que pour faciliter l'apprêt des petits pains à café ; jufque-là cet ufage n'avoit rien qui pût être préjudiciable, mais comme les meilleures chofes dégénèrent prefque toujours en abus, non-feulement on introduifit la levure en trop grande quantité dans ces mêmes petits pains, mais on la fit entrer encore, d'abord affociée avec le levain dans la compofition du pain demi-mollet, & après cela on réforma tout-à-fait le levain pour n'employer que la levure; telle eft actuellement la pratique de beaucoup de Boulangers de Paris & des autres pays où l'on braffe.

Pour faire le levain à la levure, on fait une petite fontaine dans laquelle on verfe une certaine quantité d'eau chaude pour délayer la moitié de la levure qu'on deftine au pétriffage;

on en forme une pâte plus molle que ferme,
principalement en hiver, & on la travaille peu :
fi on veut que ce levain aille vîte, ou qu'on
craigne que la levure ne foit pas affez active,
on le met dans une corbeille près du four :
on ne doit jamais attendre que ce levain foit
parvenu entièrement à fon apprêt. Il eft bon
de l'employer très-jeune, car paffé, il ne produit plus qu'un mauvais effet. Il y a des Boulangers qui ne font pas de levains à la levure,
ils l'introduifent tout de fuite dans le pétriffage ;
ils pratiquent une fontaine dans laquelle ils
délayent la quantité de levure fuffifante, en
ajoutant l'eau néceffaire au pétriffage ; mais c'eft
la plus mauvaife méthode qu'il foit poffible de
fuivre, parce qu'il faut toujours connoître le
degré de force de la levure, afin que dans
toutes les faifons, l'apprêt de la pâte n'aille ni
trop vîte, ni trop lentement. Pour acquérir cette
connoiffance, la préparation du levain de levure fervira d'effai, & cet effai pourroit avoir
lieu en petit, afin d'être affuré de la qualité
de fa levure, & de ne pas être pris la nuit au
dépourvu ; mais il arrive fouvent que la levure
qui n'a pas trompé au commencement du
travail, dégénère dans l'intervalle des autres
fournées, parce que les garçons l'ont laiffé trop

près du four ; & c'eſt encore une preuve nouvelle des mauvais effets de la levure.

En parlant des circonſtances particulières qui
interrompoient la fermentation des levains &
les mettoient hors d'état de pouvoir être employés immédiatement à la fabrication du pain,
nous avons indiqué aux Boulangers les moyens
dont ils pouvoient ſe ſervir pour les conſerver
& les raccommoder. Nous n'avons pas les
mêmes reſſources à leur offrir à l'égard des
levains compoſés de levure ; une fois gâtés,
on ne peut les rétablir : il eſt même démontré
que le défaut ordinaire de ces levains, c'eſt de
ne jamais être pris dans l'état jeune, parce que
cet état eſt inſtantané, & que pour le ſaiſir,
il n'y a abſolument qu'un moment. Comme la
fermentation de la levure va toujours trop vîte,
les nuances du mouvement inteſtin qui s'y paſſe
ſont à peine perceptibles pour les ſens.

De la Levure employée avec le Levain.

Toutes les fois que la levure eſt employée
concurremment avec le levain pour accélérer
l'apprêt de la pâte & lui donner plus d'apparence & de légèreté, ce n'eſt jamais que dans
le pétriſſage qu'on la fait entrer, parce que
mêlée d'abord dans les levains, elle forceroit

leur apprêt & les décomposeroit; on doit suivre pour cet effet les deux méthodes différentes que nous avons déjà proposées.

Quand on pétrit fur levain, comme on a, indépendamment du levain *de tout point*, un levain *de feconde* pour les fournées fuivantes; on peut, fans inconvénient, mêler la levure dans la fontaine, & même dans la délayure du levain; mais il n'en eft pas ainfi lorfqu'on pétrit fur pâte, il faut quand le pétriffage eft achevé, c'eft-à-dire, que la pâte a été fuffifamment raffemblée, commencer par mettre à part la portion de pâte deftinée à fervir de levain *de tout point* pour la fournée qui fuccède; on délaye la levure dans un peu d'eau, on la répand fur la pâte, ces précautions doivent être d'autant plus recommandées, que fi la levure manque fon effet, au moins le levain y fupplée-t-il; l'apprêt devient feulement plus lent.

Les Auteurs qui ont avancé qu'on mettoit moins de levure dans les dernières fournées que dans les premières, auroient dit tout le contraire, s'ils euffent parlé d'après l'expérience: pour peu qu'on daigne fe rappeler ce que nous avons dit à l'occafion de l'effet de, levains qui s'affoibliffoient, à mefure qu'on faifoit des fournées, que c'étoit à caufe de cela que nous

avons infifté de doubler la quantité de levain ;
ainfi, fans ajouter plus de levure aux dernières
fournées , il fuffit feulement d'augmenter la
quantité de levain.

N'oublions pas de faire ici une remarque : le
feul temps où la levure pourroit être de quelque
utilité dans la compofition du pain, c'eft précifément celui où étant plus rare & plus chère,
beaucoup de Boulangers l'emploient le moins ;
on fait que dans les grands froids la fermentation
a befoin d'être aidée , & qu'alors un peu de
levure réuffit très-bien ; mais dans l'été, où il
s'agit de tempérer l'action des levains & de la
pâte, n'eft-ce pas le comble de l'aveuglement,
de voir les Boulangers plus difpofés alors d'employer de la levure en quantité , parce qu'elle
eft commune ! ils ont pourtant une intention ,
le bon marché les follicite & le travail plus facile
& plus prompt , mais fi la cherté & la rareté
forcent les Boulangers à fe paffer de levure en
hiver, n'ont-ils pas une facilité plus grande de
ne pas l'employer dans des temps plus doux.

M. Brocq, moins à même par fa pofition
qu'aucun Boulanger, d'avoir d'autre levure à
l'inftant où la fienne manquoit, a cherché des
reffources dans les levains eux-mêmes pour y
fuppléer, & ce n'a pas été fans fruit ; car, il

eft parvenu avec un levain de pâte travaillé &
bien gouverné, à obtenir un pain qui le difpute
pour la légèreté, à celui dans lequel il y a de
la levure, mais qui l'emporte de beaucoup pour
la blancheur & le goût; avantage d'autant plus
précieux, que le pain préparé de cette manière
eft toujours égal & fe conferve plus long-temps
frais. Nous ne doutons pas qu'on n'adopte cette
méthode, puifqu'en faifant du pain plus agréable
& plus falubre, on évitera des frais inutiles, les
accidens, les plaintes du Public & les reproches
que font les Maîtres à leurs garçons, qui, indépendamment de leur négligence naturelle, commettent des fautes qui viennent particulièrement des
variétés infinies auxquelles la levure eft fujette.

Quand le tableau des inconvéniens que l'ufage
de la levure entraîne après foi dans la fabrication
du pain, fera-t-il ouvrir les yeux aux Boulangers
fur leurs véritables intérêts ! quand voudront-ils
fe perfuader qu'il eft poffible de faire du pain
au lait très-léger, fans le fecours de la levure,
en réglant bien l'apprêt & la quantité de leurs
levains, & que par ce moyen, ils peuvent s'é-
pargner une foule de follicitudes, d'embarras, &
de dépenfes qui accompagneront éternellement
l'emploi de la levure le mieux dirigé ! mais enfin,
fi l'habitude & les préjugés les dominent au
point de croire qu'on ne peut venir à bout

d'obtenir cette espèce de pain sans levure, à cause de sa petitesse, & de la nécessité qu'il soit cuit dès l'aube du jour ; au moins, qu'ils tentent quelques essais, pour se convaincre combien il est facile de s'en passer pour le pain qu'ils appellent *demi-mollet*, & dont le volume est assez considérable pour qu'il lève aisément ; alors la petite quantité de levure dont ils auroient besoin pour leurs petits pains de fantaisie, n'excédera peut-être plus celle qu'on a la liberté de se procurer sur les lieux ; ils ne seront plus autant exposés à être trompés sur la qualité de cette denrée, qui, dans certain temps, est assez rare, pour ne pas permettre au Marchand le moins cupide, de jeter celle qui est gâtée, parce qu'il est obligé de fournir toujours la même quantité, & la levure qu'on fait à Paris, suffira pour la consommation, sans qu'il soit nécessaire d'employer celle qui vient de loin, souvent altérée, que les Marchands, pour satisfaire à l'empressement de leurs pratiques, alongent encore ou raccommodent. Enfin, la levure est de toute inutilité ; son usage dans toutes les circonstances est au moins abusif, & devient un surcroît de dépense ; ainsi, le Fabriquant & le Consommateur doivent également s'intéresser à cette réforme.

CHAPITRE IV.

CHAPITRE IV.
De la Pâte.

ARTICLE PREMIER.

Des Uſtenſiles néceſſaires à la préparation de la Pâte.

UNE Boulangerie placée avantageuſement, & autant bien que les circonſtances peuvent le permettre, doit être conſtruite de manière qu'il ne ſe perde aucune chaleur pendant l'hiver, & qu'en été il ſoit poſſible d'y établir un très-grand froid : il faut auſſi qu'elle ſoit ſuffiſamment garnie des uſtenſiles néceſſaires aux différentes opérations que la farine ſubit avant d'être changée en pain ; & ſur-tout que ces uſtenſiles ſoient commodes & bien entretenus ; car, on ne ſauroit croire combien la propreté des inſtrumens & leur forme influent ſur les corps en fermentation : *Gmelin* remarque que l'eau-de-vie des Chinois doit ſa ſaveur dégoûtante & nauſéabonde, à la malpropreté des vaſes dans leſquels on la prépare.

La propreté, ſi eſſentielle dans toutes les cir-conſtances de la vie, devroit toujours être la

Y

première loi de ceux qui font voués à la préparation de nos alimens : si l'on mettoit le meilleur vin dans des fûtailles où il y auroit eu du vinaigre putréfié, ce vin ne feroit même pas du vinaigre, il fe corromproit immédiatement. Il en eft de même de la corbeille, du pétrin ou des panetons, dans lefquels il feroit refté de la pâte en fermentation ; le levain & la pâte, qui y féjourneroient, acquerroient bientôt une aigreur qui rendroit le pain défagréable.

Du Baſſin & de la Chaudière.

Il feroit à fouhaiter qu'on pût bannir à jamais de l'ufage économique les uftenfiles de cuivre : quand ce métal ne feroit pas dangereux par lui-même, il le devient fi aifément & fi fouvent par la moindre inattention, par le plus léger oubli, qu'on ne fauroit trop fe méfier de fes effets, ni affez applaudir aux vues bienfaifantes du Roi, qui vient, pour ces raifons, d'interdire les vafes de cuivre à quelques Marchands.

Le baſſin eft un vaiſſeau de cuivre, de forme ronde, garni d'une anfe de fer, deftiné à mefurer l'eau, & à la verfer dans les feaux. Ce vaiſſeau eft rarement propre, les garçons s'en fervent ayant les mains remplies de pâte, ils y laiſſent des croûtes qui s'attachent à la ſurface externe & interne, deviennent aigres, attaquent & diſſolvent le métal, tombent enſuite avec l'eau, ſe délayent & entrent dans la compoſition du pain : quelques Boulangers à qui j'ai donné la preuve de ce que j'obſerve, ont déjà pris le parti de ſubſtituer au cuivre, le fer-blanc ou le bois.

Il n'en eſt pas de même de la chaudière, deſtinée à chauffer l'eau pour pétrir ; elle ne peut guère être d'un autre métal que de cuivre, à cauſe de la néceſſité dans laquelle on eſt de l'établir à demeure ; on pourroit ſeulement la faire en cuivre jaune, parce que l'alliage du zinc partage & affoiblit la vénénoſité du cuivre ; mais comme il n'entre que de l'eau dans la chaudière, & qu'elle n'eſt pas expoſée au contaƈt de l'air humide, le verd-de-gris s'y forme difficilement, ſur-tout lorſqu'on a l'attention de la récurer une fois au moins toutes les ſemaines, de la mettre à ſec avec une éponge auſſitôt que le pétriſſage eſt fini, & de l'eſſuyer avec un linge très-propre. Il convient que la chaudière ſe trouve environnée de maçonnerie, en y ménageant une porte ſuffiſamment grande pour y aborder librement ; il faut que le robinet du réſervoir ſoit placé au-deſſus de la chaudière,

& qu'il s'en trouve un autre au bas, comme une fontaine, afin de ne pas être obligé de la découvrir continuellement, & de puiſer l'eau avec des vaiſſeaux mal-propres extérieurement.

La chaudière eſt toujours proportionnée à la quantité de pain qu'on fabrique; il eſt bon même qu'elle ſoit plus grande, afin qu'il reſte toujours environ un ſeau d'eau au fond, ſauf à la jeter après tous les pétriſſages.

On doit faire en ſorte de placer cette chaudière à un des côtés du four où l'on pratique un conduit par lequel on fait tomber toutes les braiſes qui réſultent du menu bois ſervant à éclairer le four; c'eſt un moyen économique d'échauffer la chaudière; vaſe qui devroit être défendu en été, & même cadenacé par les Boulangers, afin que leurs garçons n'emploient pas malgré eux de l'eau chaude, ſoit par habitude ou pour aller plus vîte.

Du Pétrin.

La forme du pétrin varie comme ſes dimenſions & l'eſpèce de bois dont on le conſtruit; c'eſt ordinairement une auge ou coffre long, plus étroit à ſa partie inférieure qu'à ſon ouverture, d'une capacité plus ou moins conſidérable, en raiſon de la quantité de pain qu'on doit faire; mais rarement il eſt aſſez grand pour permettre de pétrir à un bout, & de préparer les levains à l'autre bout, en sorte que souvent ces deux opérations se nuisent & se confondent. Un pétrin de douze pieds est d'une grandeur honnête pour travailler dans ses deux extrémités.

Une forme plus commode de pétrin, & que l'on devroit préférer à celle du carré-long, c'est la forme demi-cylindrique, ou celle d'un tonneau qu'on auroit coupé par la moitié dans toute sa longueur, on y remue plus aisément la pâte, elle s'y trouve mieux rassemblée, & facilite davantage les bras du pétrisseur qui fatigue beaucoup moins ; d'ailleurs, on nétoye plus exactement ce meuble ; ce qui est un très-grand avantage ; car, on ne sauroit être trop attentif à entretenir le pétrin dans la plus grande propreté.

Le pétrin est encore connu sous le nom de *moie* ou de *huche*, on doit le faire du bois le plus dur & le moins poreux, tels que le noyer & le cormier : le pétrin dont on se sert à Paris, a précisément la forme d'un tombeau ; mais cette forme, je le répète, est la moins commode, outre qu'elle ne réunit pas les avantages du demi-cylindre dont nous venons de parler, elle a encore l'inconvénient de permettre à l'eau de séjourner dans les angles ; de dissoudre infenfiblement le bois, & de pénétrer enfuite à travers ou par les interftices ; combien de fois n'a-t-on pas vu le levain délayé & étendu s'échapper au moment du pétriffage ? au moins faut-il pour y remédier, bien garnir ces angles de farine entaffée, afin d'y contenir l'eau deftinée à faire la pâte.

Il eft bon que le pétrin ne foit, ni trop près du four, ni trop éloigné, dans la crainte, en été, qu'une chaleur vive n'accélère l'apprêt, & ne fatigue le pétriffeur, ou que dans l'hiver, la pâte ne refroidiffe ; il faut donc que le pétrin foit placé dans un lieu fort clair & fitué favorablement pour l'ouvrier, afin qu'il puiffe y voir & travailler à l'aife : s'il eft fous une fenêtre, on l'ouvrira en été, afin de tempérer la fermentation ; on la fermera, au contraire, en hiver pour garantir le levain & la pâte, des impreffions de l'air : il faut encore que le couvercle joigne exactement, & qu'il n'y ait pas dans le voifinage du pétrin, d'égoût ou de matière en putréfaction.

Il feroit effentiel que le magafin à farine fût prolongé jufque fur le fournil, & qu'on pratiquât une ouverture à laquelle on adapteroit une efpèce de poche de peau, qui conduiroit la farine dans le pétrin ; par ce moyen, on éviteroit le tranfport des facs ou des corbeilles qui occafionne de l'embarras & du déchet : il en réfulteroit d'ailleurs un autre avantage, la farine placée ainfi en hiver, acquerroit un degré de féchereffe & de chaleur, qui permettroit d'employer l'eau plus tiède, & procureroit un meilleur travail : il faudroit cependant éviter en été, fi les planchers étoient fort bas, & que les farines fuffent humides, de les y laiffer féjourner long-temps, parce qu'avec la difpofition qu'elles ont à fermenter, elles ne tarderoient pas à s'échauffer & à s'altérer : auffi, dans ce cas, on doit faire attention de n'y laiffer que la quantité néceffaire de facs pour la confommation de quelques jours.

Le pétrin a plufieurs outils, le coupe-pâte & le grattoir font les plus effentiels ; tous deux en fer, l'un fert à ratiffer l'intérieur du pétrin quand on fait la pâte, à détacher celle qui tient aux mains & au pétrin, à découper la pâte, à la divifer à mefure qu'on la tourne ; l'autre, qui eft le grattoir, ne fert que quand le travail eft fini, il ratiffe les recoins du pétrin : dans l'intérieur du pétrin, on a des planches de la hauteur & de la largeur de cet inftrument pour raffembler la farine, la contenir, ainfi que la pâte dans le pétriffage. Il doit y

avoir encore aux environs du pétrin des broffes
pour ramaffer la farine & les ratiffures éparfes,
le bien nétoyer en dedans & en dehors : dans
l'été on pourroit de temps en temps le laver.
Enfin, les proportions que doit avoir le pétrin font ordinairement réglées fur la quantité
de pâte qu'on a befoin d'y travailler ; mais il
faut toujours qu'il foit plus long que large, &
profond, parce que celui qui manie la pâte a
plus de moyens de la retourner & de lui donner les différens mouvemens néceffaires pour
qu'elle devienne tenace, égale, légère & fort
longue.

Des Corbeilles & des Panetons.

Les corbeilles fervent affez ordinairement à
renfermer les différens levains, pendant qu'ils
s'apprêtent ; on les emploie auffi à porter la
farine du magafin dans le pétrin, afin d'éviter
l'embarras de ces facs, dont le poids, & quelquefois l'éloignement, gênent beaucoup. La matière
dont ces corbeilles font tiffues eft d'ofier ou
de jonc ; mais l'ofier eft préférable à caufe de
fa grande folidité ; cependant il laiffe des intervalles à travers lefquelles la farine s'échappe
en la tranfportant & la verfant ; d'un autre
côté, ce qui s'attache au dedans forme à la

longue des grumeaux qui s'aigriffent, durciffent,
& fe mêlent ainfi dans la farine & dans la pâte,
à laquelle ils peuvent préjudicier : cet inconvénient feroit fauvé, en garniffant l'intérieur
des corbeilles d'une toile, au moyen de laquelle
on ne perdroit pas de farine, & on détacheroit
facilement ce qui adhéreroit; au refte les corbeilles plus élevées que larges, feront toujours
les plus commodes pour protéger l'apprêt du
levain.

Les panetons font de grandeur & de forme
différentes entre eux, tantôt ils font longs &
étroits, tantôt entièrement ronds; mais leur
intérieur eft toujours revêtu d'une toile, & ils
fervent à contenir la pâte jufqu'à ce qu'elle foit
prête à être enfournée. Il y en a de plufieurs
dimenfions pour les pains ronds de douze,
de huit, de fix & de quatre livres; pour les
pains longs de huit, de fix, de quatre, de trois
& de deux livres : on ne fauroit trop prendre
garde que la grandeur des panetons foit analogue
au poids & à l'efpèce de pain qui doit s'y apprêter, parce que le volume que la pâte doit
acquérir infenfiblement pour être à fon vrai
point, peut fe manifefter par la hauteur du
paneton qu'elle occupe.

Comme la pâte qui touche à la toile du

paneton laiffe une humidité qui, mouillant le petit fon dont on faupoudre l'intérieur, y forme en peu de jours un enduit que la chaleur du fournil, le défaut d'air & les panetons en pile font fermenter, ce qui communique un goût de relan au pain qu'on ne manque pas d'attribuer à la farine, & qui eft dû entièrement à la négligence des garçons ; il faut alors les bien gratter, les broffer & les expofer à l'air fec.

Indépendamment des corbeilles & des panetons, il y a encore dans les Boulangeries d'autres vafes d'un ufage moins commun, mais qui fervent cependant ; ce font des febilles, des plateaux & des baquets faits & tournés en bois de hêtre ; fuppléant, dans quelques cantons, au défaut des corbeilles toujours préférables quand on aura de l'ofier ; à l'égard des baquets dans lefquels on met le levain s'apprêter, leur forme évafée devroit les faire profcrire, parce qu'elle eft contraire au travail de la fermentation de la pâte.

De la Couche & des Couches.

On a confondu la couche avec les couches, comme il arrive fouvent qu'on prend la partie pour le tout : chez la plupart des Boulangers, la couche n'eft autre chofe qu'une table folide montée fur des tréteaux, garnie de toile, & où l'on range la pâte pefée, divifée & tournée, pour qu'elle s'apprête enfemble, au lieu de la diftribuer dans les panetons qui doivent toujours être employés, quand les pains pèfent plus d'une livre : on dit alors que *la pâte eft fur couche.*

Mais les bons Boulangers qui favent combien les uftenfiles commodes peuvent influer fur la perfection de l'ouvrage, ont une couche infiniment mieux difpofée, c'eft une armoire compofée de cinq à fix tiroirs arrangés les uns au-deffus des autres, dont la partie antérieure bordée d'une planche, s'ouvre & fe ferme à volonté, par le moyen de deux verroux placés aux extrémités ; de cette manière, la chaleur s'y conferve, & on ne perd pas de place. On commence par le premier tiroir d'en bas, on tire à foi la tablette fur laquelle on étend des toiles, lorfqu'une fois la portion de pâte figurée en pain eft mife, on fait un pli qui dépaffe toujours la hauteur du pain, afin que le fecond pain placé à côté, n'adhère pas au premier en prenant fon apprêt, & ainfi de fuite, jufqu'à ce que le tiroir foit rempli.

On appelle *les couches*, les toiles plus ou moins larges, plus ou moins longues, qu'on étend fur la couche, & qui fervent à recouvrir le pain pendant tout le temps qu'il s'apprête. Il faut les laver, les tenir bien sèches, & les mettre à l'air, fur-tout en été, où tous les vaiffeaux devroient arrêter la pâte qui fermente toujours trop vîte.

ARTICLE II.

Du Sel dans la pâte.

LE fel & le fucre font les affaifonnemens les plus communs dont nous nous fervions pour relever la fadeur des mets, les rendre plus agréables au palais, & augmenter leur vertu nutritive : la Nature affocie quelquefois ces deux fubftances avec l'aliment lui-même, en forte qu'il ne nous refte plus qu'à employer certains agens, comme la fermentation & la chaleur du feu, pour, en la développant, former un mixte favoureux & fubftantiel, propre à réparer les pertes continuelles de l'économie animale.

Le grain, après la germination, eft plus fucré; la viande, après être faifandée, a plus de goût; le marron, après qu'il a été rôti, eft plus fapide; enfin, la farine, après avoir éprouvé le mouvement de la fermentation & la chaleur de la cuiffon, a infiniment plus de faveur; voilà

donc des substances fades , devenues savou-
reuses , sans l'addition d'aucun assaisonnement
étranger ; c'est un principe certain , que les
alimens & les boissons ne produisent leurs véritables effets , qu'autant qu'ils sont doués de
la sapidité ; une eau fade est pesante à l'estomac ,
le pain azyme se digère difficilement , &c.

En traitant de la levure , j'ai dit qu'il y avoit
une infinité de grandes Villes en France , où
l'on ignoroit absolument son usage ; qu'à Paris
même où l'on s'en servoit , quelques Boulangers avoient la bonne habitude de ne jamais
l'employer , excepté dans leurs petits pains &
lorsqu'il falloit hâter la fermentation , qu'il étoit
impossible de déterminer l'intensité de son effet
sur la pâte, à cause de sa trop prompte action,
ni de la comparer à celle d'une quantité donnée
de levain , puisqu'elle dépendoit du degré de
fermentation où elle se trouvoit , de la quantité
& de l'espèce de farine , de la température de
l'atmosphère & du lieu où l'on opéroit ; de
l'apprêt & de la dose de levain avec lequel
on l'associoit dans le pétrissage , & de l'espèce
de pain qu'on se proposoit de faire ; que tout
bien considéré, la levure étoit rarement utile ,
toujours coûteuse , jamais indispensable , principalement dans les saisons où on l'employoit

le plus abondamment ; qu'enfin , elle n'étoit nullement effentielle au pain , qu'on pouvoit aifément fe paffer de cette dépenfe, qui étoit pour le moins fuperflue.

Je pourrois prefque faire les mêmes réflexions à l'égard du fel qu'on introduit dans la fabrication du pain , c'eft fur-tout dans les provinces méridionales du Royaume, que cet ufage eft adopté & fuivi ; cependant les blés de ces contrées font ceux qui ont le moins befoin de cet affaifonnement. Ils portent avec eux ce *goût de fruit* que le broiement, la fermentation & la cuiffon , développent , ce qui donne au pain une faveur de noifette ; faveur infiniment préférable à celle du fel qui la mafque & la détruit ; cette feule obfervation fuffiroit pour m'empêcher de croire que le fel foit abfolument néceffaire à la pâte , fi je n'en avois beaucoup d'autres qui m'ont affez convaincu que fa préfence n'augmente pas autant qu'on l'affure, la quantité & la perfection de l'aliment qu'on en prépare.

Ainfi , dans tous les pays où la levure & le fel font communs & à bon marché, on fe fert de ces deux ingrédiens en Boulangerie , quels que foient la faifon , l'efpèce de farine & de pain , fans trop chercher à approfondir leurs effets réels. Il est même fort rare que la dose n'excède pas toujours de beaucoup celle qu'on pourroit en mettre, sans aucun inconvénient; en sorte que la saveur naturelle & délicate du pain n'est plus du tout sensible, parce que l'amertume de la levure ou l'âcreté du sel y dominent, & quelquefois toutes deux ensemble; d'où il résulte toujours un goût assez désagréable.

Quand *il* est prouvé bien démonstrativement, qu'au moyen d'une bonne farine, un grand levain jeune, de l'eau froide ou tiède, un pétrissage vif & prompt, une fermentation graduée, une cuisson ménagée, on peut constamment obtenir un pain bien supérieur pour le goût & la blancheur à celui dans lequel il seroit entré de la levure & du sel : qu'est-il donc nécessaire de toujours proposer ces deux substances comme très - essentielles dans la fabrication du pain, lorsque l'un de ces deux ingrédiens paroît destiné à tempérer les effets de l'autre, & que ne pouvant même être employés ensemble, on ne devroit jamais s'en servir que séparément, à petite dose, & dans des circonstances absolument opposées !

La levure accélère la fermentation, le sel la retarde, l'une mollit & fond la pâte, l'autre la resserre & l'affermit; enfin, la levure porte le pain à se dessécher, le sel au contraire l'entretient humide; mais quelle fureur de vouloir toujours introduire dans le pain des matières inutiles, pour obtenir des effets que le levain seul est en état de produire! étant préparé avec soin & employé comme il faut, il soutient la pâte, assaisonne le pain & le conserve un certain temps frais.

Quoi, parce que les Anglois ne se servent que d'un levain à la levure, mal fait, & qu'ils mettent force sel dans leur pain; cette pratique, très-défectueuse, peut-elle jamais être citée comme un modéle à suivre! ne sait-on pas que le produit qui en résulte est détestable pour ceux qui n'y sont pas accoutumés! d'ailleurs, les habitans de la Grande-Bretagne mangent fort peu de pain, & les François en font leur aliment principal; ce goût pour le pain n'a pas encore passé, ni même diminué, malgré l'attrait que nous avons pour l'Anglomanie.

De l'usage du sel en Boulangerie.

On n'emploie pas en Boulangerie le sel uniquement comme assaisonnement, il sert encore à réprimer les effets d'une fermentation trop accélérée, à donner du corps à des farines qui n'en ont pas suffisamment ou qui l'ont perdu;

perdu ; à permettre que le pain retienne plus
d'eau , ſoit plus léger , plus abondant : ces
différens effets obſervés par M. Malouin qui
les a décrits dans ſon Art du Boulanger, m'ont
paru mériter d'être rappelés ici ; & pour tâcher
de les rendre plus intelligibles , je vais citer
en abrégé ce que cet Auteur a dit de plus
poſitif au ſujet du ſel : les hommes qui écrivent
dans des vues auſſi louables , méritent d'être
avertis & non critiqués.

M. Malouin prétend que le ſel perfectionne
le pain, en développant & en augmentant les
qualités de cet aliment; que le ſel étant diſſous
dans l'eau, ce fluide pénètre plus intimément
la farine, & s'y incorpore mieux, ce qui fait
qu'avec la même quantité de farine, on obtient davantage de pain, lorſqu'on y met du
ſel que quand il n'y en a point ; que le ſel
ne change rien à la doſe de levain naturel qu'on
doit employer ; qu'en outre, le pain eſt de
meilleur goût, plus léger, & ſe conſerve plus
long-temps : telles ſont les propoſitions générales que M. Malouin établit ſur les effets du
ſel dans la compoſition du pain; mais on verra
par la ſuite ſi les choſes ne paroiſſent pas ſe
paſſer toujours ainſi.

Lorſqu'on jette du ſel en diſſolution ſur une

matière végétale ou animale qui exhale une odeur défagréable, cette odeur diminue beaucoup, difparoît même; c'eft ce que favent très-bien faire nos Cuifiniers pour leurs viandes qui commencent à fentir, ils y remédient avec un peu de fel : de même les blés qui, fans être gâtés, ont contracté un goût d'échauffé par un accident quelconque, peuvent fervir à faire un pain paffable, en y ajoutant un peu de fel dont la faveur eft préférable à celle de mo fi ou de relan.

Dans les pays où le fel eft à bon compte, on pourroit, en le mêlant avec les farines des blés tendres & humides, procurer un double avantage, celui de prévenir & même d'arrêter leur altération, l'autre de les affaifonner, c'eft ainfi que M. Brocq eft parvenu à conferver en bon état, pendant un certain temps à l'École militaire, des farines bifes qui menaçoient de fe détériorer.

Le fel qu'on fait fervir à cet ufage, doit être féché fur le four & mis en poudre avant d'être répandu dans la farine à laquelle il n'eft plus néceffaire d'en ajouter davantage, comme l'on croit bien, pour la convertir en pain; dans ce cas, le fel procure au tas de farine du froid qui empêche que la fermentation ne s'y établiffe; il abforbe & retient enfuite l'humidité qui s'échappe continuellement de tout corps amoncelé, & qui est réellement l'instrument de la décomposition.

Les farines bises ont ordinairement moins besoin de sel, comme assaisonnement, que les farines blanches, sur-tout quand elles ont été écrasées par la mouture à la grosse, parce qu'elles ont plus de goût; mais ayant une beaucoup plus grande disposition à fermenter, si les blés auxquels elles appartenoient étoient humides ou médiocres, le sel y est beaucoup plus nécessaire, non - seulement pour arrêter cette disposition, mais encore dans la vue de donner du goût au pain qu'on en prépare; car, c'est une observation que l'expérience confirme tous les jours, que les diverses altérations qu'éprouvent les blés, se portent particulièrement sur leur principe savoureux.

Le sel, comme toutes les matières salines dont l'acide marin fait la base, partageant le mouvement de l'eau dans laquelle on le dissout, produit toujours un froid plus ou moins considérable; c'est ce froid qui, dans les vives chaleurs, ralentit l'apprêt des levains & de la pâte auxquels on ajoute du sel, pour les empêcher de lever aussi vîte : outre le froid que le sel procure à l'eau, il la rend encore tenace, pefante & dure, ce qui demande plus d'effort de la part de la fermentation pour atténuer & fubtilifer toutes les parties de la pâte devenue elle-même plus vifqueufe & plus folide, d'où il réfulte un mouvement plus lent, & un apprêt plus parfait : c'est ainfi, je penfe, qu'on peut expliquer les effets d'une petite quantité de fel dans la fermentation panaire ; car, quoiqu'il prévienne la putréfaction des corps avec lefquels on le mêle en abondance, il eft prouvé qu'il la détermine au contraire à une dofe beaucoup moindre ; un bouillon falé eft plutôt gâté que celui qui ne l'eft point.

C'eft d'après la connoiffance de ces effets particuliers du fel fur la pâte, que nous l'avons indiqué dans l'article où il s'agit de raccommoder les levains comme un correctif qui, non-feulement retarde la fermentation, mais leur reftitue encore cette tenacité & ce corps qu'ils ont perdu dans un travail trop prompt, & dont ils ont befoin pour établir à leur tour le meilleur apprêt.

Nous ne faurions nous difpenfer non plus de recommander l'ufage du fel pour les farines des grains qui ont fubi un commencement de germination, ou qui fe trouvent affoiblis par l'humidité dont ils ont été nourris pendant leur croiſſance, ſans quoi leur pâte toujours graſſe & molle, n'auroit pas en été ſuffiſamment de liant & de viſcoſité pour fournir un pain paſ-ſable; dans ce cas, le ſel donne du corps à la pâte, & au pain de la ſaveur; ſaveur qui eſt preſque toujours changée ou détruite dès qu'il eſt arrivé aux blés quelques accidens pendant la végétation & la récolte.

Le ſel en rendant l'eau plus groſſière, plus crue & plus peſante, ne paroît pas favoriſer la pénétration de ce fluide dans la farine; mais il la rend plus propre à adhérer à la pâte & au pain, ce qui fait que l'une peut être pétrie plus molle ſans courir les riſques de s'affaiſſer à l'apprêt, qu'elle évapore moins au four durant la cuiſſon, & que l'autre ſe conſerve frais plus long temps : le ſel autrement rendroit le pain beaucoup plus lourd, ſi l'on ne faiſoit pas entrer davantage d'eau dans le pétriſſage : que l'on mette du ſel dans une pâte ferme, le pain qui en réſultera ſera plus maſſif que celui préparé avec la même pâte ſans ſel, c'eſt donc l'eau que le ſel retient en plus grande quantité dans la pâte, qui rend le pain plus léger.

Le pain des farines tendres & humides, dans lequel on met du ſel, à cauſe de la diſpoſition qu'elles ont de relâcher à l'apprêt, reſſemble à celui des farines sèches & revêches, qui n'en contient point ; il a de petits yeux, une mie un peu ferrée, une croûte épaiffe & dure : cette reffemblance vient de la propriété qu'a le fel d'augmenter la ténacité & l'élafticité de la matière glutineufe, qui, ainfi que nous l'avons dit, fe trouve toujours plus abondamment dans ces dernières farines.

Après avoir expofé les feules circonftances où le fel peut être néceffaire en Boulangerie, & comment il agit fur la farine, le levain & la pâte, il faut dire encore de quelle manière on l'emploie : on a toujours l'attention qu'il foit parfaitement féché & pulvérifé pour le répandre dans les farines ; on le fait fondre au contraire, dans l'eau qu'on paffe à travers un linge pour l'introduire dans la pâte : la dofe eft d'une livre & demie environ fur un fac de farine du poids de trois cénts vingt-cinq livres ; on pourroit porter cette quantité jufqu'à deux livres dans les Provinces feptentrionales, où les blés feroient humides : elle s'éloigneroit encore de celle adoptée dans quelques endroits où le fel eft à vil prix.

Il ne faut pas ajouter le fel en même temps qu'on délaye le levain, parce que la pâte étant faite, la portion qu'on en retireroit enfuite pour former un autre levain , ne fermenteroit pas aifément; ce feroit, au contraire, un avantage dans les grandes chaleurs, & lorfque les farines proviendroient de blés tendres ; ainfi , on ne doit pas mettre le fel dans le pétriffage lorfqu'on pétrit fur pâte, & ne pas ménager la quantité de levain où il y a du fel, qui conftamment refferre la pâte & retarde fon apprêt.

C'eft lorfque la pâte eft finie & avant de la battre, qu'il eft néceffaire d'y faire entrer le fel ; fi alors la levure eft employée pour ranimer la fermentation de la pâte refroidie, le fel produit un effet diamétralement oppofé, il arrête la fermentation trop active , donne du ton à la matière glutineufe : la levure ne produit donc pas les mêmes effets , & fi on les emploie enfemble, c'eft pour les combattre réciproquement, fuivant les faifons & les circonftances.

Les Auteurs qui approuvent l'ufage modéré du fel dans la fabrication du pain, conviennent qu'il détruit l'agrément & les propriétés nutritives de cet aliment, quand il s'y trouve en excès : M. Malouin dit avoir remarqué qu'une trop grande quantité de fel eft encore plus mauvaife avec les farineux qu'avec les végétaux , & que dans les pays maritimes, les peuples qui ont coutume d'ufer du fel dans leur pain, font plus fujets aux maladies de la peau ; mais il y fera toujours en excès pour les blés récoltés dans les pays chauds, dans des faifons sèches, & lorfque dans la préparation du levain & de la pâte on n'aura befoin, ni de fupplément, ni de correctif : le bon blé renferme en lui le principe fermentefcible, le principe favoureux & le principe alimentaire, pour donner tout feul, étant bien traité, une nourriture agréable & bienfaifante.

Mais il faut convenir auffi, que les blés provenans des pays froids & d'années humides, qui ont contracté un mauvais goût fur les champs & dans la grange, gagneront par l'addition du fel, parce que leurs farines ont moins de faveur & de vifcofité, qu'elles donnent une pâte qui n'a pas de foutien ; or, le fel remédie à ces inconvéniens, fur-tout fi l'on a foin d'en proportionner la dofe, afin que, fi le pain n'a pas cette délicateffe, que la préfence du fel ne fauroit remplacer, il n'acquière pas du moins une âcreté plus défagréable que la fadeur ou le goût d'échauffé qu'on cherche à faire difparoître. C'eft le bon marché qui détermine l'ufage immodéré de la levure & du fel ; c'eft le préjugé qui les emploie enfemble, fans confidérer le

mal qui en réfulte, fans confulter les faifons
& les circonftances, où une petite quantité de
l'un & de l'autre, chacun féparément, dans des
cas particuliers deviendroit très-néceffaire.

ARTICLE III.

Du Pétriffage.

LE pétriffage eft une opération par laquelle
on parvient à mêler enfemble le levain, la farine, l'eau & l'air, pour former du total un
corps particulier, mou, flexible & homogène;
mais ce mélange, tout fimple qu'il paroît, ne
fauroit cependant fubfifter que par une pénétration réciproque des parties qui en font l'objet,
par une affimilation & une combinaifon intime,
en forte que chaque portion intégrante fe trouve
contenir les·diverfes fubftances qui la compofent, dans des proportions égales entr'elles.

De toutes les opérations de la Boulangerie,
le pétriffage eft prefque la feule qu'il foit poffible
de réduire en principe; que ce foit le Boulanger
ou le particulier qui pétriffe; qu'il s'agiffe de
pâte molle ou de pâte ferme, que les farines
foient tendres, revêches ou parfaites, qu'il faffe
chaud, froid ou tempéré, le pétriffage bien
conduit procurera toujours un pain égal dans

toutes les faisons, fi l'on obferve les petites modifications dont nous parlerons bientôt.

Il y a plufieurs méthodes de pétrir que l'on connoît fous différens noms, la première & la plus ancienne eft appelée *pétrir fur levain naturel;* la feconde, *pétrir fur levure;* la troifième enfin la plus moderne, eft la méthode de *pétrir fur pâte,* c'eft-à-dire, de faire levain & fournée à la fois; mais comme chacune de ces méthodes eft affujettie aux différentes opérations du pétriffage à quelques petites nuances près, je ne m'arrêterai pas à en donner la defcription; j'en ai déjà fait mention en parlant des levains. D'ailleurs, quand j'expoferois ici toutes les bizarreries des pétriffages exécutés encore maintenant dans nos Provinces, je n'apprendrois rien que nos Boulangers éclairés ne fachent très-bien; mon intention eft de perfectionner les bons procédés, la routine aveugle ne fuit aucun guide.

Toutes les opérations relatives au pétriffage, tendent d'abord à opérer un mélange pur & fimple, encore groffier; enfuite à former un corps particulier qu'on perfectionne infenfiblement par les différens mouvemens qu'on lui communique en y introduifant de l'air, qui fe combine avec les autres parties. Auffi plus une pâte eft pétrie & maniée, plus elle acquiert de

fermeté & de viſcoſité, ce qui la rend difficile
au travail ; la matière glutineuſe éparſe dans les
farines ſe raſſemble & accroche chacune des
parties qui, ſans elles, n'auroient pas de continuité & de liaiſon.

Lorſque la mouture à la groſſe étoit plus
pratiquée, & que les Boulangers faiſoient entrer
tous les gruaux dans les farines, il falloit, comme
elles abſorboient beaucoup plus d'eau, travailler
long-temps la pâte pour lui donner la viſcoſité
& la ténacité dont elle manquoit ; mais elle perdoit alors de ſa force & de ſes effets ; car, une
pâte trop pétrie ou celle qui ne l'eſt pas ſuffi-
famment, ne donnent jamais un bon réſultat.
Aujourd'hui que la mouture économique a réduit ces gruaux en poudre auſſi fine que la
farine, le pétriſſage eſt moins long, moins pénible & plus parfait.

Les farines, quoique bien moulues, acquièrent ſouvent de l'humidité pendant leur tranſport, ou bien elles ont éprouvé un commencement de fermentation ; alors elles forment
dans le dedans des ſacs à la ſurface, des grumeaux qui s'écraſent aſſez aiſément lorſqu'ils
ſont nouveaux, mais que le pétriſſeur ne peut
venir à bout de faire fondre & diſparoître, ſoit
en délayant les levains, ſoit en travaillant la

pâte : ces grumeaux fubfiftant dans la pâte, empêchent cette dernière d'acquérir cette égalité & cette vifcofité fi effentielles ; ils fe retrouvent encore dans le pain, ce qui eft fort défagréable à la vue & fous la dent. Pour éviter un femblable inconvénient, il faut faffer préalablement les farines & écrafer les grumeaux avec les mains ou un outil quand cela eft poffible ; mais ne jamais les introduire ainfi dans le pétriffage.

Nous avons déjà indiqué les proportions de levain & d'eau par rapport à la farine, c'eft ordinairement pour le levain, un quart en été & un tiers en hiver ; quant à l'eau elle forme environ le tiers de la pâte : fi les faifons, l'efpèce de blé & les moutures ne faifoient pas autant varier la nature & les propriétés des farines, il feroit poffible de déterminer au jufte la quantité des trois matières qui font l'objet du pétriffage, rarement les Boulangers règlent la quantité d'eau fur celle de la farine ; c'eft toujours l'efpèce de pain, l'état de l'atmofphère, l'apprêt des levains, la qualité des farines qui déterminent le degré de molleffe de la pâte, & c'eft la réunion de toutes ces circonftances qui doit fixer leur attention avant le pétriffage, & rer le fuccès de la fournée.

Si l'on prenoit toujours la même quantité

d'eau que la farine peut abforber, il s'enfuivroit qu'une farine très-sèche qui en boiroit beaucoup, ne rendroit pas affez de pâte pour compléter la fournée, tandis que la farine qui feroit tendre & humide en fourniroit trop, ce dernier inconvénient eft très-préjudiciable, parce que la pâte qui refte & qui n'a pu entrer dans le four, eft rejetée ordinairement dans le levain ou le pétriffage de la fournée fuivante, d'où il réfulte un pain fouvent trop prêt, au lieu qu'il vaut mieux que le four ne foit pas tout-à-fait rempli.

Cependant avec un peu de foin, & fans beaucoup de peine, les Boulangers pourroient, lorfqu'ils ont des mélanges de farines tout prêts qu'ils connoiffent, ils pourroient, dis-je, à quelques variétés près dans les faifons, en pefant la farine, déterminer toujours, d'après fon poids, la mefure d'eau néceffaire pour faire la pâte dans le degré de molleffe ou de fermeté néceffaire, fans qu'il en réfulte plus de pain que le four ne peut contenir.

Le Boulanger a plufieurs garçons qui ont chacun leur diftrict; affez ordinairement ils font au nombre de trois & quelquefois de quatre : le premier garçon eft appelé *brigadier* ou *geindre*, le fecond, *pétriffeur*, & le troifième, *aide :* mais c'eſt le premier qui dirige tous les autres, qui détermine le degré que doit avoir l'eau pour pétrir, le point où il faut prendre les levains, la manière de les employer & de conduire le travail de la pâte; c'eſt donc lui qu'il eſt néceſſaire d'éveiller le premier quand il s'agit de commencer l'ouvrage.

Il ne faut pas attendre que le levain ſoit tout-à-fait prêt pour ſonger à éveiller ceux qui doivent pétrir : l'homme arraché tout-à-coup des bras du ſommeil, ne peut paſſer auſſitôt à un travail agiſſant & réfléchi ; ſes membres encore engourdis ont beſoin de s'étendre & de ſe développer, à plus forte raiſon le garçon boulanger fatigué par les exercices du jour, qui ne lui laiſſent pas quelquefois le temps de ſe livrer deux heures de ſuite au repos ; mal couché, dans une atmoſphère où l'air manque preſque toujours de reſſort; on ſent bien que pour un pareil homme, le réveil eſt toujours une ſurpriſe, & que s'il commençoit auſſitôt ſes opérations, non-ſeulement il ſeroit incapable de juger du véritable état où doivent ſe trouver les différens ingrédiens qu'il va employer ; mais il courroit encore les riſques de prendre l'eau chaude pour l'eau froide, la farine biſe pour de la farine blanche, un levain pour un autre, &c.

On voit donc combien il eſt important de mettre toujours entre le réveil & le travail de la Boulangerie, un petit intervalle qui permette aux facultés du corps & de l'eſprit de reprendre leur première vigueur : lorſque le brigadier eſt levé & qu'il jouit complètement de ſon intelligence, la première choſe ſur laquelle il doit porter les regards, c'eſt le levain ; ſortir enſuite pour s'aſſurer de l'état du ciel ; voir après cela le baromètre ; viſiter la chaudière en hiver ; faire apporter la farine ; conſtruire dans le pétrin une fontaine ſi elle n'étoit pas déjà faite ; enfin ne rien négliger de tous ces détails préliminaires, qui en apparence ſemblent être fort peu de choſe, mais qui dans le fait influent ſenſiblement ſur le ſuccès du pétriſſage & de la fournée : enfin le garçon Boulanger a tout conſidéré, tout préparé, tout prévu, il commence l'ouvrage.

ARTICLE IV.

Des opérations du Pétriſſage.

LES opérations du pétriſſage demandent, pour être exécutées promptement & ſans interruption, des ſoins & de l'activité : elles ſont au nombre de cinq, diſtinguées par des noms particuliers que nous conſervons ; nous allons les décrire, non pas telles qu'elles se font souvent, mais suivant la méthode reconnue la meilleure à employer pour y procéder ; nous ajouterons seulement à chacune quelques observations pour les éclairer.

De la Délayure.

La première opération du pétrissage, consiste à délayer le levain *de tout point* le plus exactement possible. Pour cet effet, on met une quantité de farine indéterminée, néanmoins toujours relative à l'emploi de la fournée ; on verse doucement tout autour de ce levain, qui est en fontaine, le tiers environ de l'eau destinée à la fabrication de la pâte ; bientôt il quitte le fond du pétrin, se gonfle, vient nager sur l'eau, & crève en différens endroits de la superficie ; on ne perd pas de temps pour le délayer vivement avec les deux mains ouvertes, pressant entre les doigts à mesure que la masse perd de sa continuité, se divise & se dissout, tout ce qui oppose de la résistance, afin d'empêcher qu'il ne reste aucuns *grumeaux*, aucuns *marrons*, & que le liquide soit égal par-tout & bien fondu ; on ajoute ensuite le restant de l'eau destinée au pétrissage. Cette opération qu'on nomme *la Délayure*, demande à être faite

promptement,

promptement, parce qu'en été le levain a bientôt perdu, étant ainsi étendu & diffout, sa force & une partie de ses propriétés.

Observations sur la Délayure.

Le levain doit toujours être mis en fontaine, à moins que les grands froids & la situation du pétrin ne contraignent à le placer dans une corbeille auprès du four pour protéger son apprêt; mais toutes les fois que ce levain ne sera pas trop ferme & qu'on l'aura pris à son vrai point, l'eau qu'on y versera pour le délayer, produira toujours l'effet qui arrive dans le pétrin avant de commencer le pétriffage, celui de le rendre nageant & d'occafionner par-tout des crevasses qui peuvent servir à manifester que le levain est bon, & que l'intérieur n'a aucune communication avec l'air libre.

Il est des circonstances où il faut délayer promptement le levain; en hiver, par exemple, lorsque le levain a peu d'apprêt, on doit se hâter de finir *la délayure,* sans trop s'arrêter à ce qu'elle soit auffi exacte & auffi uniforme; plus on remue, plus le liquide se refroidit & est expofé ensuite à fouffrir du retard dans son apprêt; en été, c'est, comme on s'en doute bien, tout le contraire, la délayure ne sauroit être

trop liquide & trop fouvent agitée afin de vola-
tilifer une portion de l'efprit du levain, & de
diminuer d'autant fa force & fon action; fi dans
cette faifon le levain avoit outre-paffé fon
apprêt, il faudroit encore le délayer avec le
moins d'eau poffible, pour en former une
efpèce de pâte qui fe délaye d'autant plus
promptement qu'il eft plus avancé; on la bat
un certain temps avec les mains pour affoiblir
fon aigreur, y introduire de l'air, en ajoutant à
plufieurs reprifes le reftant de l'eau néceffaire
pour la pâte qu'on va préparer.

De la Frafe.

Le levain *de tout point* étant parfaitement
délayé & étendu dans l'eau qui doit fervir à la
compofition de la pâte, on écarte la farine avec
une planche deftinée à cet ufage, pour former
cette efpèce de retranchement, que nous avons
nommé *la contre-fontaine;* on y fait enfuite une
brèche à travers laquelle s'écoule le levain en
diffolution, que l'on mêle d'abord avec la farine
dont étoit conftruite *la fontaine,* afin de commencer à épaiffir *la délayure;* on tire peu-à-peu
la farine de la contre-fontaine, que l'on incorpore promptement dans la maffe jufqu'à ce
qu'elle acquière la confiftance néceffaire pour

l'efpèce de farine & de pâte qu'on a en vue, ce que l'expérience & l'habitude ne tardent pas d'apprendre au Pétriffeur intelligent : la pâte alors n'eft pas encore ferme, ni unie, ni élaftique, c'eft une maffe remplie d'inégalités & compofée de membranes & de filets qui femblent n'avoir qu'une foible adhéfion ; on ratiffe promptement le pétrin, pour ne laiffer aucun intervalle entre cette feconde opération du pétriffage & celle qui lui fuccède : on paffe donc tout de fuite de la frafe à la *contre-frafe.*

Obfervations fur la Frafe.

L'opération du pétriffage, connue fous le nom de *Frafe,* doit être exécutée dans tous les temps avec vivacité & célérité, c'eft-à-dire, qu'à chaque fois que l'on introduit de la farine dans le liquide compofé pour en préparer la pâte, le Pétriffeur puiffe fans relâche opérer cette combinaifon le plus intimément poffible, en multipliant les furfaces de la farine, & faifant en forte qu'une molécule de matière sèche puiffe être accrochée par une molécule de matière humide, pour former un corps mou, flexible & élaftique ; on travaille légèrement & continuellement ; on a foin de ne pas retirer les mains du mélange, fans quoi il s'enfuivroit de l'éva-

A a ij

poration, & la *fraſe* ſeroit brûlée & manquée.

Quand on a différentes pâtes à faire, qu'on veut s'épargner la peine & l'embarras de préparer pluſieurs eſpèces de levains, il ne faut pas briſer la *fontaine;* on y pratique ſeulement une rigole, pour laiſſer couler dans la *contre-fontaine* une certaine quantité de la délayure pour l'uſage dont on a beſoin : cette méthode a lieu ſur-tout pour les pâtes dans leſquelles on introduit de la levure & du ſel, ou du lait, &c.

Rien n'eſt plus important pour la perfection du pétriſſage, que cet emploi de la farine en pluſieurs temps ; le liquide par ce moyen ſe combine inſenſiblement & d'une manière plus égale qu'il n'arriveroit, ſi l'on s'aviſoit de mêler l'eau & la farine tout-à-la-fois : c'eſt ce qu'on appelle *brûler la fraſe ;* la pâte qu'on obtient alors ſe trouve être ſans liaiſon, ſans corps & remplie de grumeaux.

Cet accident, qu'il eſt ſi facile de prévenir, & auquel il eſt preſque impoſſible de remédier dès qu'une fois il eſt arrivé, doit rendre ſingulièrement attentif & circonſpect lorſqu'il s'agit de commencer la combinaiſon de l'eau avec la farine. La *fraſe* trop lentement faite ne donneroit qu'une pâte languiſſante à l'apprêt, & dont le pain auroit le défaut d'être *doux levé;* trop promptement finie au contraire, elle n'auroit aucun corps, aucune liaison.

Il faut avoir égard, pour faire une bonne *frafe*, à l'état du levain, à l'efpèce de farine, à la température de l'air & du fournil ; fi le levain eft trop fort & qu'il faffe chaud, la frafe doit être plus *foutenante*, & moins dans le cas contraire : cette opération influe fur toutes les autres.

De la Contre-frafe.

Les trois parties qui fervent à compofer la pâte, c'eft-à-dire, l'eau, le levain & la farine étant confondues enfemble par le moyen de la *délayure* & de la *frafe*, elles ne préfentent encore qu'une maffe défunie, inégale & groffière, mais douée cependant de propriétés capables de devenir une bonne pâte à la faveur du travail auquel on va la foumettre : on a d'abord l'attention de bien ratiffer le pétrin, afin de tout raffembler, & de ne former qu'une feule maffe, que l'on découpe feulement en deffous en plaçant les mains fous la pâte, la tirant, la rapprochant, la retournant par gros patons en deffus & très-promptement, qu'on jette dans le pétrin de droite à gauche & de gauche à droite, ce qu'on appelle *contre-frafer ; & tour*, chaque façon que l'on donne à la pâte en la changeant de côté. On ratiffe encore les mains & la place du pétrin où a été *la frafe*, on incorpore les ratiffures avec une portion de la pâte que l'on travaille & que l'on réunit après cela à la totalité.

Obfervation fur la Contre-frafe.

Beaucoup de Boulangers ont le défaut de s'en tenir-là pour la *contre-frafe*, de ne donner qu'un feul *tour* à la pâte, & de paffer auffitôt au *Baffinage*, ainfi qu'aux autres opérations qui fuivent; mais ils ne communiquent point à la pâte cette homogénéité, cette flexibilité & vifcofité qui réfultent ordinairement d'une *contre-frafe* faite & dirigée comme il convient; il faut donc bien *travailler* la pâte : telle eft l'expreffion collective confacrée à défigner tout le pétriffage.

Après qu'on a donné le premier *tour* à la pâte. Il faut la découper en-deffus, & chaque fois qu'on répète l'opération, elle devient à vue d'œil plus longue & plus tenace; pour cet effet, on la divife par parties en y enfonçant les mains, en rapprochant les doigts index & les pouces, de manière à repréfenter la figure d'un lofange; puis baiffant & ferrant les doigts pour divifer la pâte, ce qu'on nomme *decouper en-deffus*. On

fait fubir à chaque portion de la maffe un femblable travail.

Enfin, fi l'on veut que la *contre-frafe* foit faite
avec la plus grande perfection, on donne jufqu'à
quatre *tours* à la pâte en la découpant en-deffus
& en-deffous à plufieurs reprifes, parce que
la pâte pour être pétrie, doit être maniée continuellement & rapidement, en forte qu'en fuppofant qu'il réfulte de deux *tours* bien faits, un
travail auffi égal, celui qui auroit eu quatre *tours*
donnés rapidement & moins bien foignés, vaudroit beaucoup mieux.

Avant de paffer au *baffinage*, je ferai remarquer que la *contre-frafe* étant bien finie, il eft
poffible de fufpendre fans inconvénient le travail
pour ratiffer exactement le pétrin, afin de n'avoir
qu'une feule maffe, & qu'il ne refte pas de ces
patons, qui d'une fournée à l'autre, s'aigriffent,
gâtent la pâte, & demeurent avec leur dureté
dans le pain.

Du Baffinage.

Mais la pâte *frafée* & *contre-frafée*, contient
encore des particules de farine imperceptibles,
qui ayant échappé au mélange général du levain
& de l'eau, ne jouiffent pas encore de toutes
leurs propriétés, & diminuent même celles de

la maffe qui les enveloppe ; auffi la pâte ne
parviendroit pas à acquérir la vifcofité & la
légèreté néceffaires au bon travail, fi l'on n'y
incorporoit pas après-coup un peu d'eau, à force
de travail, ce qu'on nomme le *baffinage :* pour
faire cette opération, on pratique au milieu de
la pâte une cavité qu'on remplit d'eau, & qu'on
diftribue auffitôt dans la totalité en y enfonçant
les mains : fi la pâte étoit trop ferme, & qu'on
voulût la rendre plus molle, on multiplieroit
ces cavités pour y répandre davantage d'eau,
& la combiner de la même manière en la découpant par portion en-deffus & en-deffous, en
la battant & la changeant de côté, en donnant
encore de cette façon deux *tours* à la pâte, & en
obfervant au fecond *tour* de ne plus entaffer &
réunir en une feule maffe ; mais de les ranger à
côté les uns des autres, afin que leurs furfaces
fe multipliant, la pâte fe sèche & devienne plus
propre à l'opération dont nous allons parler.

Obfervations fur le Baffinage.

En attendant que nous traitions des diverfes
fortes de pâte, & du *baffinage* que chacune
d'elles peut exiger, nous obferverons qu'il faut
plus baffiner en été qu'en hiver ; mais que dans
l'une & l'autre faifon cette opération doit être

moindre quand les farines font humides, & toujours davantage à proportion de leur féchereffe.

Si en hiver il faut que *la frafe* foit plus molle
& plus ferme, en été, elle doit toujours avoir
un degré de plus de molleffe après le *baffinage ;*
mais quand les levains ont trop peu d'apprêt,
il eft inutile alors de baffiner la pâte : cependant,
comme il n'eft pas au pouvoir du pétriffeur
d'attraper conftamment le point jufte de confiftance qu'on defireroit lui donner, & qu'il feroit très-poffible que la pâte fût fouvent trop
ferme, il faudroit, dans ce cas, baffiner avec un
peu d'eau chaude, fur-tout fi c'étoit en hiver :
ce feroit le contraire, fi les levains étoient trop
prêts, & qu'il fît de grandes chaleurs, il feroit
alors néceffaire de baffiner avec de l'eau froide,
& de donner plus de confiftance à la pâte,
afin d'introduire beaucoup d'eau, & de corriger par ce moyen les défauts que ce grand
baffinage pourroit faire difparoître.

On a plufieurs chofes en vue dans l'opération
du *baffinage*, décharger le levain, rafraîchir la
pâte, & achever de diffoudre & de combiner
quelques parties de farine naturellement dures
& groffières, qui fe trouvant prefque dans leur
intégrité, bridées dans la pâte, nuifent à fa
continuité, ce qui fait que cette opération bien

exécutée, donne de la tenacité & de la viscosité;
il est vrai que le *bassinage* étant souvent employé pour arrêter la fermentation de la pâte, &
ce défaut étant moins commun dans les grands
froids, il est inutile dans l'hiver ou rarement
nécessaire; on ne doit le mettre en usage qu'en
été.

Du Battement.

Pour ajouter à la perfection que le bassinage
donne à la pâte, il y a encore une opération
qui exige de la part du Pétrisseur, du courage,
de la force, de l'adresse & de la souplesse dans
les bras; elle consiste à étendre les deux mains
ouvertes à côté l'une de l'autre, à les fourrer
dans la pâte, pour l'empoigner, la soulever,
la plier sur elle-même, l'étendant, la tirant &
la laissant tomber avec effort; ce qui fait crier
le Pétrisseur, d'où lui est venu le nom de
Geindre. On continue ainsi de travailler la pâte
en enfonçant les mains dans le milieu, & la
rejetant sur celle déjà battue : on fait la même
chose pour celle qui est au-devant du pétrin;
ce qu'on doit répéter plusieurs fois, afin que
la pâte soit également battue par-tout.

Observations sur le Battement.

Les différens mouvemens qu'on imprime à

la pâte en la battant, permettent à l'air de s'y introduire : une partie se confond réellement dans la masse qui se sèche, & blanchit à mesure que cet élément se combine avec elle, la pénètre, augmente son poids, son volume & sa liaison : l'autre, qui ne fait pas partie de la pâte, se niche dans l'intérieur, adhère à la surface collante qu'on lui présente en remuant la pâte, s'échappe ensuite en gonflant & crevant les capsules visqueuses dans lesquelles elle est comme emprisonnée ; d'où il résulte une pâte longue, tenace & bien flexible.

Certains Boulangers ne découpent pas assez leur pâte avant de la battre ; & cette dernière opération, employée principalement pour donner occasion à l'entrée de l'air, & procurer ensuite plus de viscosité, ne sert qu'à dessécher l'eau du bassinage, en sorte qu'ils perdent le fruit de ce travail pénible ; la pâte s'entr'ouvre alors, & au lieu de prendre plus de consistance, elle s'ammollit & rend l'eau.

Lorsque les levains sont trop forts ou trop vieux, ils tendent à accélérer la fermentation de la pâte & à lui enlever de sa viscosité naturelle : on ne peut remédier à ces défauts & rétablir la pâte en son état qu'après l'avoir bien bassinée à l'eau froide & battue très-long-temps.

Les Boulangers ne furveillent pas affez leurs garçons lorfqu'ils en font à ce point du pétriffage; ils battent d'abord parfaitement pour gagner la confiance du Maître, & fe faire la réputation de bon Pétriffeur; mais dès qu'ils ne font plus infpectés, ils fe relâchent bientôt, battent foiblement, & finiffent par ne plus battre du tout : le Boulanger ignoreroit long-temps cette négligence, parce que les garçons fe tolèrent réciproquement, s'il ne s'en apercevoit à l'état de la pâte & du pain.

Il eft donc effentiel, fi le Boulanger demeure un peu éloigné du fournil, qu'il furprenne de temps en temps le pétriffeur; car, fon voifinage vaut fa préfence : le cri du pétriffeur qui geint, le bruit que la pâte répand lorfqu'on l'arrache du pétrin & qu'elle y retombe, ne laiffent pas de doute que la pâte a été vigoureufement & fuffifamment battue; auffi rien ne déplaît tant au pétriffeur, que le voifinage ou les yeux du Maître, qui doit rarement fe repofer fur la vigilance & les foins des garçons.

La pâte feroit plus égale & plus longue, fi, après l'avoir battue en plein dans le pétrin, on la divifoit par parties, & que chacune fût battue féparément & raffemblée enfuite en une feule maffe; mais fur-tout en été, ou lorfque le pétrin eſt au-deſſus du four, que la pâte a beſoin d'être plus battue.

De la Pâte dans le tour.

Si on a ſuivi de point en point les opérations que nous venons de décrire, & qu'on les ait ſoumiſes aux ſaiſons, à l'eſpèce de farine, à l'état du levain & à l'endroit où l'on opère, on peut être aſſuré d'avoir fait une pâte parfaitement égale, légère & viſqueuſe, propre enfin à donner le meilleur pain : une ſixième & dernière opération va terminer le pétriſſage, il s'agit de ſortir la pâte de l'endroit où elle a été préparée pour la mettre dans une ſorte de pétrin qu'on nomme le *tour,* on la découpe à cet effet, & on l'y jette portion par portion l'une ſur l'autre, en battant & raſſemblant chaque fois : on ratiſſe après cela parfaitement le pétrin, & ſi on a eu l'attention avant le *baſſinage,* comme nous l'avons recommandé, de bien détacher ce qui s'y trouvoit adhérent, les ratiſſures ne ſeront que de la pâte plus ferme à laquelle on ajoutera un peu d'eau pour la rapprocher du degré de conſiſtance de celle qui eſt dans le *tour,* & la mêler en l'étendant & en la battant.

Observations sur la Pâte dans le tour.

Le *tour* chez la plupart des Boulangers eſt ſimplement une table ſur laquelle on laiſſe la pâte *entrer en levain,* comme on dit ; mais rien n'eſt plus incommode, & même plus préjudiciable à la perfection de la pâte, parce que pour peu qu'elle commence à fermenter, elle n'eſt plus retenue dans ſes limites, à cauſe du volume & de l'étendue qu'elle prend ; alors elle eſt expoſée à crever & à s'échapper par les côtés : le *tour* doit donc avoir la forme d'une auge profonde de la moitié moins du pétrin, la pâte y eſt infiniment mieux.

Les garçons boulangers méritent ici autant de reproches ſur la manière dont ils retirent la pâte du pétrin pour la mettre dans le *tour,* que relativement aux moyens qu'ils ont négligés pour ſa préparation : ſi du moins quand ils ſe ſont épargné la peine de la battre, ainſi qu'il eſt à propos, ils avoient intention de réparer leurs fautes, ils le pourroient, en diviſant la pâte par parties, & les battant à meſure qu'ils les réuniſſent dans le *tour.*

La pâte miſe dans le *tour* ne doit offrir, comme dans le pétrin lorſqu'elle eſt bien travaillée, qu'une maſſe liſſe, sèche, flexible, élaſtique, qui ne s'attache pas aux mains ; dont la ſuperficie ne préſente aucunes crevaſſes, que le levain trop prêt ou l'eau trop chaude pourroient occaſionner : *délayure* exacte, *fraſe* légère, *contre-fraſe* vive, *baſſinage* bien réglé, *battement* vigoureux, *découpement* parfait ; tel eſt le véritable but des différentes opérations du pétriſſage, & qui, à de légers changemens près, doivent être conſtamment exécutés dans quelque circonſtance que ce ſoit : ſi la première eſt défectueuſe, la dernière ne pourra pas être parfaite ; une *fraſe* brûlée, une *fraſe* affoiblie, une *fraſe* manquée ſont des défauts qu'il n'eſt guère poſſible enſuite de corriger : il faut donc ne rien négliger des détails qui concernent chaque opération du pétriſſage, & bien ſurveiller les garçons, toujours diſpoſés à les abréger. **Nous** reviendrons bientôt ſur la pâte dans le *tour.*

A R T I C L E V.

Réflexions ſur le Pétriſſage.

La pâte fut d'abord auſſi groſſière que la farine avec laquelle on la préparoit, compoſée long-temps ſans levain, ce n'étoit qu'un ſimple mélange de farine & d'eau, qu'on incorporoit enſemble de la manière la plus naturelle ; la mouture & la bluterie s'étant perfectionnées ; on parvint, à l'aide de tamis plus ou moins grossiers, à féparer différentes farines, d'où il réfulta plufieurs fortes de pâtes, que l'on multiplia encore par une foule d'ingrédiens, pour en faire plutôt des patifferies que du pain. Nous n'avons confervé de ces pâtes proprement dites, que les pâtes d'Italie, connues dans le commerce fous les noms de *vermicel*, *macaroni*, *lafagne*, *&c.* mais il n'eft queftion ici que des pâtes qui font deftinées à être converties en pain, & dans lefquelles il y a déjà une matière en fermentation pour déterminer plus promptement leur apprêt.

Si la meûnerie en perfectionnant les farines, nous a donné les moyens de faire des pâtes mieux conditionnées & plus difpofées à fe changer en bon pain, il faut convenir que l'art de pétrir n'y a pas moins contribué, & que fans les différentes opérations que nous avons détaillées dans l'article précédent, jamais il ne feroit poffible non - feulement d'allier autant d'eau à la farine, mais encore de la fixer & de la corporifier au point de ne plus apercevoir dans la pâte qui en réfulte, aucune trace qui manifefte fa préfence ; tel eft du moins

le

le but auquel on atteint en exécutant parfaitement le pétrissage.

J'ai déjà fait remarquer qu'il n'y avoit qu'une
seule manière de bien pétrir, applicable à toutes
les espèces de pâtes propres à fournir du pain;
mais que quelquefois des circonstances particulières, comme la saison, la nature des farines,
la quantité des fournées, l'espèce de pain qu'on
fabriquoit, apportoient nécessairement de petits
changemens, soit dans l'emploi des levains & de
l'eau, dont la proportion ne pouvoit jamais être
déterminée au juste, soit dans les opérations
que comprend le pétrissage ; opérations, qui
souvent se suppléent entre elles, ou qui demandent plus ou moins d'attention & de temps
pour être exécutées.

Pour me dispenser ici de parler des diverses
méthodes de pétrir, usitées dans le Royaume,
& de montrer en même temps les vices qu'ont
chacune d'elles, j'ai décrit le pétrissage comme
il devoit être conduit & pratiqué, par celui
qui fabrique & vend le pain : à l'égard des
particuliers qui boulangent chez eux pour leur
consommation, j'ai indiqué les moyens les plus
simples & les plus certains pour y parvenir :
tel est le motif qui m'a engagé à donner mon
Avis aux bonnes Ménagères. Si je n'avois pas pris

B b

ce parti , il faudroit entrer ici dans beaucoup de détails , ce qui grossiroit cet Ouvrage sans le rendre plus lumineux. Rappelons donc en abrégé ce qui se passe dans le pétrissage.

La farine est composée de différentes parties qui s'approprient chacune une plus ou moins grande quantité d'eau , suivant leur degré de perfection , de sécheresse & de division ; mais cette appropriation n'a pas lieu tout d'un coup ; la matière glutineuse qui absorbe le plus de ce fluide , est d'abord la première à s'en emparer ; le muqueux sucré devient ensuite visqueux ; enfin , l'amidon quitte l'état pulvérulent pour contracter de l'humidité qui le rend plus propre à se combiner : tel est l'état où se trouvent les différens principes de la farine , au moment où l'on vient de la mêler avec l'eau , c'est-à-dire, après que la délayure est faite, & que la *frase* est finie.

Dans la *contre-frase*, les parties de la farine, encore isolées, mais disposées à s'unir , ne sont pas tout-à-fait combinées avec l'eau ; le découpe-ment achève cette combinaison , & commence celle des principes de la farine entre eux, de manière à former une masse plus égale, plus tenace & plus homogène : l'eau que le *bassinage* emploie augmente la juxta-position des parties ,

& l'air que le battement introduit, en remplit les interſtices ; d'où il réſulte un corps léger, viſqueux, flexible & élaſtique.

Le mélange de l'eau avec la farine, pour préparer les pâtes ſimples ou compoſées, eſt bien éloigné de produire le même effet & d'exiger un travail également ſuivi : leur conſiſtance ne permet pas qu'on puiſſe jamais en faire un corps flexible & élaſtique ; la forme ſous laquelle on s'en ſert, eſt même abſolument contradictoire avec la molleſſe & la viſcoſité qu'on cherche à réunir dans la pâte ordinaire.

Mais la préparation du pain devenue plus aiſée & plus parfaite, a fait abandonner celle des pâtes compoſées ; il n'y a plus guère que l'uſage des pâtes ſimples qui ſoit reſté encore en vigueur : indépendamment des noms différens qu'on a donnés à ces dernières, elles ont encore des formes particulières qu'elles reçoivent des moules à travers leſquels on les paſſe : leur compoſition n'eſt pas cependant autant variée ; c'eſt preſque toujours de la farine & de l'eau ; la bonté du réſultat dépend principalement du choix du grain & du genre de travail qu'on y emploie. Ceux qui préparent & vendent ces pâtes s'appellent *Vermiceliers* ; on ne les tiroit autrefois que de l'Italie, mais aujourd'hui cette branche de commerce eſt plus répandue; nous en avons même une fabrique établie à Paris, & dont le Public eſt redevable à M. Malouin, qui a inſéré dans l'Art du Boulanger celui du Vermicelier.

Pour peu qu'on réfléchiſſe ſur les procédés que le Vermicelier & le Boulanger emploient, pour préparer chacun leurs pâtes, on conviendra ſans peine qu'il n'y a aucun parallèle à établir entre eux. Le premier ne ſe ſert que du gruau brut & en grain, d'eau fort chaude & en petite quantité, afin que les pâtes qu'il en compoſe, ſe ſèchent plus aiſément, & ſoient moins diſpoſées à prendre le mouvement de fermentation, qu'il a grand ſoin d'éviter. Le dernier, au contraire, fait également uſage de gruau; mais le plus écraſé poſſible, ſans excluſion aux autres farines qui proviennent du blé, d'eau preſque toujours froide ou tiède, autant qu'il eſt poſſible d'en introduire; enfin, il ne prépare pas de pâte qu'il n'y renferme du levain, & qu'il ne ſonge enſuite aux moyens d'y établir la fermentation.

A l'égard du pétriſſage, le Vermicelier s'écarte encore beaucoup du Boulanger, il foule & pile ſa pâte, la replie ſur elle-même à force de compreſſion, au lieu que celui-ci la pétrit légèrement avec les mains, la retourne, la ſoulève & la divise ; d'où il résulte, que l'un obtient une masse légère, visqueuse & élastique, tandis que l'autre n'a qu'une pâte serrée, compacte, lourde, dans laquelle la farine n'a subi aucun changement, & qu'il met hors d'état de passer à aucun mouvement de fermentation, en la desséchant tout simplement ; d'où l'on peut conclure que l'Art du Boulanger demande infiniment plus de soin & de talent que celui du Vermicelier, dont le travail est constamment le même, & sur lequel les élémens n'ont presque point d'influence.

Il est donc nécessaire d'employer suffisamment d'eau dans le pétrissage, afin que le levain, dont elle est le véhicule, puisse se distribuer uniformément, agir d'une manière insensible, & que toutes les parties de la farine ramollies & combinées intimément, deviennent assez flexibles & assez tenaces pour obéir, sans se rompre, au mouvement doux qui s'opère intérieurement & de toutes parts, en produisant le soulèvement & le volume que l'on cherche pour l'arrêter par la cuisson.

Le degré de consistance où se trouvent les différentes sortes de pâtes, qui vont bientôt nous occuper, est dû principalement à la quantité d'eau qu'on y fait entrer, & aux soins particuliers que l'on met à exécuter les opérations du pétriffage; ce n'eft pas qu'il faille beaucoup de ce fluide pour faire varier cette confiftance, avec très-peu d'eau une pâte ferme devient bientôt une pâte molle, parce que les parties de farine une fois fuffilamment humectées pour fe réunir & s'agglutiner en maffe, il n'en faut prefque plus pour lui faire acquérir de la molleffe & de la flexibilité.

Nous avons déjà dit que la bonne farine pouvoit abforber environ un tiers de fon poids d'eau pour être convertie en pâte ordinaire; nous obferverons ici en paffant, que depuis la pâte la plus ferme jufqu'à la pâte la plus molle, c'eft tout au plus s'il y a quatre livres d'eau de différence par cent livres de farine. Cette remarque eft pour ceux qui croient manger infiniment davantage de farine en fe nourriffant de pain de pâte ferme; mais je m'en tiens-là pour le moment, & je paffe à l'examen des différentes fortes de pâtes.

ARTICLE VI.

Des différentes fortes de Pâtes.

LES pâtes connues & préparées en Boulangerie, font toutes effentiellement femblables entre elles, compofées de levain, d'eau & de farine, leurs différences viennent autant de l'état où se trouvoient ces matières avant leur emploi, que des manipulations qu'on a suivies pour les allier ensemble : ainsi, la pâte *molle* ou légère, la pâte demi-molle ou *bâtarde*, & la pâte ferme ou *bifée*, sont les seules pâtes dont nous nous proposons de parler ici : toutes les autres n'en sont que les dérivés, & ne diffèrent que par des nuances de mollesse ou de fermeté à peine sensibles.

Comme la pâte ferme est la plus ancienne & la plus en usage encore à présent, nous commencerons par elle l'examen que nous nous proposons ; d'ailleurs le Boulanger est quelquefois obligé de préparer avec la même espèce de pâte diverses autres plus molles ou plus fermes, en ajoutant de l'eau ou de la farine : or souvent c'est la pâte ferme qui sert d'élément à la pâte bâtarde & molle, & celle-ci devient quelquefois à son tour la base des pâtes fermes. Nous dirons, à mesure que nous traiterons de la préparation de quelqu'unes d'elles, s'il y a plus d'inconvéniens de renforcer une pâte avec de la farine, que de l'adoucir avec de l'eau.

De la Pâte ferme.

Tous les peuples qui font usage du pain ont

commencé par fabriquer des pâtes fermes ; en cet état il étoit plus aifé d'en préparer cet aliment qui d'un autre côté paroiffoit plus fubf-tantiel & plus nourriffant : il y a encore dans nos provinces quelques cantons qui n'ayant pas encore participé à la perfection de certains arts, continuent de faire des pâtes extrêmement fermes, en y ajoutant même des procédés plus défectueux qu'ils n'étoient à l'origine de la Boulangerie.

L'ufage des pâtes fermes a été autrefois fort en vogue ; mais il eft maintenant relégué à Chaillot & à Goneffe : ces villages fameux par l'efpèce de pain qu'on y faifoit, ne contiennent que quelques Boulangers qui ne figurent pas plus dans les marchés que les autres des environs de Paris qui approvifionnent cette ville ; ils font même obligés d'affimiler leur pain à celui des autres marchands, autrement ils ne viendroient pas à bout de le débiter.

La pâte ferme exige beaucoup de levain, principalement lorfqu'on le prend dans l'état jeune, par rapport aux obftacles que la fermentation éprouve dans une maffe prefque folide, qu'on ne peut pas travailler beaucoup, & qui par conféquent n'a pas cette flexibilité favorable au jeu de ce fluide élaftique, qui

tuméfie la maſſe & lui fait prendre un volume
& une légèreté où la chaleur du four la ſur-
prend , & préſente une maſſe ſinon légère ,
du moins aſſez fermentée pour donner un aliment bien digeſtible.

La préparation de la pâte ferme eſt ſoumiſe
aux loix générales du pétriſſage ; chaque opération demande ſeulement un peu plus de temps
pour être complètement exécutée : c'eſt ſur-
tout celle de la *fraſe* qui exige le plus de travail , parce que le mélange de l'eau , du levain
& de la farine qui en eſt l'objet , étant plus
groſſier à cauſe de la moindre quantité de
liquide , il faut pour ne pas manquer la *fraſe,*
que la totalité de la farine ſoit entièrement pé-
nétrée par l'eau , & que la maſſe dans l'intérieur ſoit liée & uniforme, quoiqu'encore un peu
inégale.

La *contre-fraſe* eſt la même pour la pâte
ferme que pour les autres pâtes ; mais comme
il n'eſt pas poſſible d'y enfoncer les mains à
cauſe de ſon défaut de molleſſe, il faut la découper par petits patons , d'abord en deſſous
au premier *tour,* enſuite en deſſus pour le deuxième & le troiſième *tour ;* par ce moyen, on
donne de la ténacité & du liant à la pâte ferme
dont la nature eſt d'être courte & caſſante.

Si le *baffinage*, cette opération du pétriffage dont nous avons déjà développé l'effet, & qu'on nomme ainfi à caufe que c'eft avec le baffin qu'on verfe l'eau fur la pâte pour la repétrir, fi le *baffinage*, dis-je, rafraîchit la pâte & augmente fa vifcofité, c'eft fur-tout pour la pâte ferme qu'il eft indifpenfable, parce que quelque bien contre-frafée qu'on fuppofe la pâte, elle n'a pas encore affez de corps ; comme l'eau avec laquelle on baffine cette pâte va jufqu'à douze pintes ou vingt-quatre livres pour une fournée de trois cents livres, & qu'elle doit toujours être dans l'état froid, le pain alors qu'on en obtient eft plus blanc & plus favoureux ; le feul inconvénient qu'il y ait, c'eft que l'apprêt de la pâte eft extrêmement long. Cette manipulation a fait la fortune de quelques Boulangers qui l'employoient myftérieufement dans le temps où la pâte ferme étoit à la mode. Nous ferons même une remarque à ce fujet, qui intéreffe les progrès de l'art.

Les Boulangers qui préparoient autrefois des pâtes fermes & qui prétendoient les perfectionner, ajoutoient encore des défauts aux procédés qu'ils prétendoient rectifier par l'emploi des levains trop vieux & en trop grande quantité, de l'eau chaude & d'un petit baffinage ; d'où il réfultoit que la plus excellente farine ne donnoit fouvent qu'une pâte courte qui s'entr'ouvroit, préfentoit à fa fuperficie des crevaffes, reffemblante à une pâte de farine tendre ou humide, & dont la *frafe* auroit été *brûlée*, & n'obtenoit qu'un pain maffif & aigre : il faut employer au contraire plus de levain dans l'état jeune, de l'eau pour le pétriffage & le baffinage plutôt tiède que chaude, travailler la pâte avec excès, plutôt que de ne pas lui donner fuffifamment de *tour ;* dé cette manière, la pâte fera plus parfaite fans être moins ferme, elle ne gerfera pas à l'apprêt & ne perdra pas de fon corps.

La confiftance que l'on donne à la pâte ferme, empêche que l'on puiffe la battre, mais on fupplée à cette opération par un découpement plus rapproché, plus répété en deffus & en deffous, en donnant à la pâte trois tours après la contre-frafe, & quatre après le baffinage, fans compter celui qui doit terminer le pétriffage pour mettre la pâte dans le *tour,* avec l'attention de la divifer par petits patons bien travaillés.

La pâte ferme, fans contenir autant d'air que celle qui a fubi l'opération du battement, ne laiffe pas néanmoins d'en avoir abforbé par le moyen des découpemens multipliés, & d'en renfermer fuffifamment pour paffer à un bon apprêt & fermenter convenablement, pourvu toutefois qu'elle ait été vivement & fortement travaillée : la perfection de ce pétriffage s'aperçoit entr'autres à la furface de la pâte, qui doit être liffe, unie & sèche.

On a pouffé fi loin l'abus des pâtes fermes, que le mouvement des bras les plus fouples n'a pas fuffi pour pétrir ; il a failu y employer encore les pieds, & même des inftrumens : à peine la contre-frafe eft achevée, qu'il eft impoffible de continuer les autres opérations du pétriffage pour affiner la pâte, la rendre flexible & élaftique ; à ce défaut, on couvre la pâte d'une toile, & le pétriffeur monte deffus ; & fufpendant les bras à une corde, il emploie tout le poids du corps pour étendre la pâte, qu'il replie fucceffivement fur elle-même & à plufieurs reprifes, jufqu'à ce qu'elle foit parfaitement travaillée, ou bien on y applique un *levier*, qu'on appelle *la brie*, qui fert comme d'un poids pour piler la pâte, la mieux fouler, & plus également.

Si cette méthode pénible de pétrir, pouvoit procurer quelqu'avantage, foit pour la bonté du pain, foit pour l'économie, nous nous emprefferions de chercher à la rectifier; mais elle eft vicieufe en elle-même, & l'aliment qui en réfulte eft plutôt de la farine combinée avec l'eau & defféchée, que du pain fermenté & cuit; l'eau ajoutée à la pâte en certaines pro-portions, s'identifie avec elle, & augmente les propriétés nutritives des parties qui conftituent la farine, & le pain qui en réfulte eft infiniment plus agréable au palais, plus léger à l'eftomac & réellement plus nourriffant. Que peut - on avancer de plus pour déterminer à abandonner les pâtes trop fermes aux Vermiceliers & aux faifeurs de bifcuits de mer, puifque dans l'un & l'autre cas, l'eau n'eft qu'un moyen d'union, & qu'on la fait diffiper enfuite comme une fubftance qui occafionneroit la perte de la matière alimen-taire qu'on a intention de conferver !

De la Pâte bâtarde ou *demi-molle.*

La pâte bâtarde tient le milieu entre la pâte molle & la pâte ferme : on doit la confidérer fur-tout comme la perfection de cette dernière que je viens de décrire; l'eau qu'on fait entrer dans fa préparation, fuffit pour pénétrer entiè-rement toutes les parties de la farine, la matière glutineufe, cette fubftance fi effentielle à la bonté du pain, jouit de toutes fes propriétés, elle acquiert la tenacité & l'élasticité qui lui font propres ; au lieu que dans la pâte ferme, toujours bridée & sans ressort, elle est, pour ainsi dire, de nul effet. Cet exemple n'est pas le seul que nous pourrions citer pour prouver que très-souvent l'homme ne fait pas jouir complètement des libéralités de la Nature : elle met dans le froment un principe particulier qui constitue la supériorité & l'excellence de ce grain sur les autres végétaux servant à la fabrication du pain ; & nous, par une économie mal entendue, ou par un attachement trop opiniâtre à nos habitudes, nous ôtons à ce principe le pouvoir d'agir en l'annihilant.

Il seroit avantageux que les levains dont on se sert pour la préparation de la pâte bâtarde fussent toujours naturels, & qu'on les employât de la même manière que l'on suit à l'égard de la pâte ferme, c'est-à-dire, qu'ils fussent plus forts que vieux ; les levains jeunes très-préférables d'ailleurs pour la pâte molle, n'ont souvent pas assez d'efficacité pour la pâte demi-molle & la pâte ferme, leur mouvement est ralenti au point que quelquefois il faut avoir recours à une chaleur artificielle pour l'animer. Les levains *de tout point* font donc meileurs dans ce cas que ceux de pâte, sur-tout encore si c'est en hiver, & que les farines foient de nature à ne pouvoir acquérir beaucoup de corps.

Les Boulangers qui font abus de la levure, c'eſt-à-dire, qui l'introduiſent dans toutes leurs pâtes, ſans même en excepter, comme dans certains pays, celles des farines biſes, dans la vue d'accélérer l'ouvrage ou de donner de la légèreté au pain, n'emploient ce ferment incertain que quand le levain eſt délayé : on fait pour lors la fraſe plus ſoutenante que pour la pâte molle, & l'on ajoute dans le baſſinage la levure & le ſel, ſi on eſt dans l'uſage d'en mettre, étendu & diſſous dans un peu d'eau chaude ; on travaille ſeulement cette pâte compoſée un peu moins que celle où il n'y a que du levain.

Nous avons déjà rapporté les circonſtances dans leſquelles la levure étoit abſolument inutile ; y en a-t-il une où elle le ſoit plus évidemment que dans la préparation de la pâte bâtarde ? La conſiſtance que doit avoir cette pâte, le volume qu'on lui donne pour la diviſer en pains, ne ſuffiſent-ils pas pour y établir une bonne fermentation, & concilier au pain un degré de légèreté convenable ? L'eau qu'on emploie dans le baſſinage eſt un peu moins conſidérable que pour la pâte ferme ; elle peut aller cependant encore juſqu'à huit

pintes ou seize livres pour une fournée de trois
cents livres de pain.

La consistance ordinaire qu'a la pâte bâtarde,
facilite & rend possible toutes les opérations
du pétrissage ; mais le geindre met trop peu de
temps à la préparation de ce second ordre de
pâte ; employant des levains plutôt vieux que
forts, il néglige le bassinage & le battement,
sous le prétexte que cette dernière opération
étant plus pénible que dans la pâte molle, on
peut aisément s'en dispenser, d'où il résulte
toujours une pâte inégale & imparfaite.

Si le battement ne peut se pratiquer en plein
à cause de la fermeté de la pâte, il ne faut
cependant pas y renoncer ; cette opération du
pétrissage est trop essentielle pour ne pas chercher à en favoriser l'exécution. On en viendra
aisément à bout en divisant la masse par petits
patons, que l'on bat à mesure qu'on les ras-
semble, en donnant plusieurs tours avant de
retirer la pâte du pétrin & de la mettre dans
le *tour*. Comme la pâte bâtarde est beaucoup
moins exposée qu'aucune autre aux inconvéniens qu'une consistance trop ferme ou trop
molle peut entraîner, relativement aux saisons,
à l'état de l'eau & du levain : on a infiniment
plus de ressources pour corriger ses défauts ou

prévenir

prévenir les accidens qui lui arrivent pendant & après sa préparation, parce qu'en supposant que cette consistance s'éloigne de celle qui lui est propre, elle ne sera pas au moins assujettie aux vicissitudes ordinaires de la pâte ferme ou de la pâte molle.

Souvent les Boulangers qui ne font qu'une seule fournée, ont besoin de faire les trois espèces de pâte en usage : alors s'ils ne veulent pas partager les levains pour les pétrir chacune à part & selon la méthode qui convient, ils doivent d'abord *fraser*, *contre-fraser* & *bassiner*, comme s'ils avoient intention de ne préparer qu'une seule pâte qui fût la pâte bâtarde ; parce que si la *frase* étoit trop ferme, on seroit contraint de *bassiner*, & de travailler beaucoup, ce qui diminueroit la force des levains ; & que si au contraire elle étoit trop molle, on ne pourroit y remédier qu'en ajoutant de la farine & la repétrissant.

C'est une observation constante, qu'il y a plus d'avantage d'amollir la pâte avec de l'eau, que de l'affermir avec de la farine ; dans le premier cas, on *bassine* & l'on sait combien cette opération contribue à la qualité de la pâte ; dans le second, au contraire, l'addition de la farine qu'on incorpore à force de travail, n'opère pas un aussi bon effet ; il n'y a même guère qu'une circonstance où cette méthode puisse être utile, c'est lorsque dans les grandes chaleurs la pâte a peu de corps, & que les levains sont trop prêts.

Quand donc la *frase*, la *contre-frase* & le *bassinage* sont achevés, il faut ajouter un peu d'eau à la portion de la pâte qu'on veut rendre molle, & la sortir du pétrin après qu'elle y a été suffisamment battue & découpée ; on continue ensuite de travailler le restant qui est une pâte bâtarde : lorsqu'elle a subi toutes les opérations du pétrissage, on en mêle la moitié avec une certaine quantité de farine pour la renforcer & la découper assez long-temps, afin d'avoir une pâte bien égale. Voilà à peu-près ce qu'il convient de faire dans le cas particulier dont il s'agit, sans craindre que ces différens changemens puissent trop nuire à la bonté de la pâte qui en résulte, ni la faire beaucoup varier de celle qu'on auroit pétrie exprès pour une fournée entière : je dis que la pâte ne variera pas beaucoup, parce que dans le moment que l'on délaye les levains pour commencer le pétrissage, on doit déjà agir avec l'intention d'obtenir telle ou telle pâte.

Une précaution qu'on ne doit jamais négliger

d'employer, c'est de faire toujours en été la pâte plus ferme, on en est quitte après cela pour la *bassiner* davantage afin de la mettre au degré de mollesse où on la desire : il faut suivre absolument le contraire en hiver ; le froid, comme l'on sait, tend à resserrer les corps, & la pâte alors loin de se relâcher comme lorsqu'il fait chaud, se roidit & se raffermit. Lorsqu'on fait deux ou trois espèces de pâte dans une même fournée, en employant, soit du levain, soit de la levure, ou bien l'un & l'autre ensemble ; il faut toujours avoir l'attention de faire entrer moins de levain dans les premières pâtes, & de tenir le liquide plus tiède ou plus froid que dans les secondes pâtes, & plus encore dans les troisièmes; parce que quand on pétrit l'une, l'autre s'apprête déjà, & que la dernière pâte, pour être enfournée à peu-près en même temps, doit fermenter beaucoup plus tôt. Telles sont les précautions & les soins qu'il faut employer dans toutes les saisons & pour les différentes espèces de pâte, afin que l'une ne nuise pas à la perfection de l'autre, & que tous les pains de la fournée aient chacun la meilleure qualité.

De la Pâte molle ou *légère.*

Rien de plus aisé en apparence que le traitement de la pâte molle; rien cependant n'exige plus de combinaison, d'intelligence & de foins. Si elle eft facile dans le travail du pétriffage, & qu'elle foit plus difpofée à prendre le mouvement de fermentation convenable, elle eft auffi beaucoup plus affujettie aux différens changemens que peuvent y occafionner les circonftances dont nous avons fouvent caractérifé l'influence; la pâte molle demande même, dans fa préparation, quelques petites recherches qui obligent de s'écarter de la route ordinaire.

La pâte molle eft l'extrême de la pâte ferme, & doit, comme nous l'avons dit, fa confiftance à l'eau qu'on y fait entrer en plus grande abondance; mais cette abondance n'eft pas auffi confidérable qu'on le prétend : dès que la pâte molle a été frafée & contre-frafée légèrement, elle acquiert une confiftance qui permet aux mains d'y pénétrer aifément, & de lui donner plus de vifcofité & d'élafticité en la battant avec facilité.

Il n'en eft pas de la pâte molle comme de la pâte ferme, & de la pâte bâtarde dont nous venons d'expofer la préparation; elle n'eft pas, comme elles, feulement compofée d'eau, de levain & de farine; on y fait entrer encore tantôt de la levure au lieu de levain, quelquefois l'un & l'autre enfemble ; très-fouvent enfin le fel & le lait font des ingrédiens qu'on y ajoute, c'eft avec ces différentes pâtes qu'on prépare toutes ces efpèces de pains, que le luxe & le caprice ont multipliés au point qu'il feroit maintenant difficile, pour ne pas dire impoffible, d'en décrire ici la forme & les noms.

Pour faire la pâte molle fimple, on prend le levain le plus jeune, on l'introduit dans la proportion de deux tiers en été, & de moitié en hiver, avec de l'eau froide ou tiède, pour obtenir une pâte auffi molle qu'il eft poffible, fans y ajouter ni levure, ni fel, ni lait ; on travaille vivement & légèrement la pâte, on la découpe & on la bat avec célérité ; fi les farines qu'on a employées font sèches & de la meilleure qualité, la pâte acquerra la plus grande vifcofité & l'apprêt le plus parfait.

Avant de parler de la compofition des pâtes molles pétries fur levure, il n'eft pas hors de propos de faire une obfervation que nous avons réfervée pour l'objet dont il s'agit : c'eft que la levure a une continuité de fermentation que les opérations du pétriffage loin de ralentir & d'interrompre, augmentent & accélèrent, en forte que fouvent, dans un très-court efpace de temps, il faut avoir frafé, contre-frafé, découpé, bassiné, battu & mis dans le *tour*, sans quoi la pâte courroit les risques avant d'être parvenue à son apprêt, de se relâcher, & de mal fermenter ensuite; tandis au contraire, que la pâte sans levure au même degré de consistance, va plutôt en se raffermissant; ce qui prouve dans tous les cas la supériorité du levain sur la levure, & la préférence qu'on doit lui accorder quand il est question de préparer le pain autre que celui de fantaisie, dont la petitesse & l'usage rendent la levure tolérable.

C'est cette supériorité du levain sur la levure, & les défauts continuels de cette dernière, qui ont déterminé M. Brocq à mettre en pratique la méthode que nous venons de rapporter pour préparer la pâte molle; les grands levains jeunes qu'il emploie donnent du soutien à la pâte sans communiquer d'aigreur au pain; le bassinage toujours à l'eau froide ou tiède la rend extrêmement sèche & unie; le battement enfin très-vif augmente la légèreté & la viscosité qui concourent au meilleur apprêt, & à fournir un bon & beau pain qui a toujours le goût de noisette. Les habitans de l'École Militaire en font l'éloge, avec raison; & ils peuvent se flatter de manger le meilleur pain qui se fabrique à Paris, & sans doute dans le Royaume.

La pâte molle dans laquelle on introduit de la levure en même temps que du levain, demande de ce dernier environ le tiers en hiver & le quart en été, avec une demi-livre de levure au plus dans l'une & l'autre saison; mais alors on peut se dispenser de battre la pâte, parce que la levure tient à peu-près lieu de cette opération, & que d'ailleurs les différens mouvemens qu'on donne à la pâte, sur-tout en été, peuvent l'échauffer au point de n'avoir pas le temps d'attendre que le four soit prêt.

Le levain n'a presque jamais besoin d'être aidé par la levure, il suffit de lui donner un peu plus de force, d'en augmenter la dose & d'exposer la pâte dans un lieu chaud pour produire dans tous les temps de l'année le même effet : la levure colore la pâte, & tout en donnant de la légèreté au pain, elle ôte à cet aliment son bon goût & sa grande blancheur.

La levure employée comme levain est encore bien plus abusive, puisqu'il faut en mettre une plus grande quantité pour la fournée, & que son effet prompt & destructeur n'est pas tempéré par celui du levain, dont la marche est plus lente & plus certaine. On évite, dit-on, par ce moyen, les embarras de la longue préparation des levains, de leur renouvellement

& de leur apprêt: on a infiniment moins de peine à travailler la pâte, elle ne reste pas auffi long-temps à fermenter, &c. Mais les inconvéniens qui réfultent après cela de ces prétendus avantages font bien plus grands que les légers embarras qu'on veut s'épargner, c'eft affurément-là le cas de dire, *le remède eft pire que le mal*. Je prie qu'on me pardonne, fi je reviens fouvent fur le même objet; je defirerois pouvoir faire renoncer à un ufage qui nuit directement à la perfection de la Boulangerie.

Quand on pétrit fur levure, on prépare fon levain peu de temps avant de faire la pâte, c'eft une demi-heure environ en été; mais on obferve qu'il ne faut jamais employer l'eau dans l'état froid, ni beaucoup de farine pour cela; on prend une livre de levure qui eft la quantité néceffaire pour une fournée; on en mêle la moitié avec quelques livres de farine & on en forme une pâte molle qu'on laiffe dans le pétrin, à moins que le chaud ou le froid, la force ou la foibleffe de la levure ne déterminent à porter ce levain fur le four ou à l'air : on pétrit enfuite, en ajoutant le reftant de la levure qui fe partage quelquefois dans la délayure & dans le baffinage : on travaille moins la pâte, & malgré cela, elle eft beaucoup moins de temps à acquérir son apprêt, que par le moyen du levain naturel.

La pâte molle préparée avec ce levain, ainsi apprêté & distribué, où l'on fait entrer encore du sel, demande un peu plus de levure & d'eau, parce que l'effet hâtif de la levure est modéré par celui du sel, qui naturellement retient la pâte & l'empêche de se fondre : on sait qu'un poids de sel quelconque a toujours le même effet sur les différentes farines & dans toutes les saisons ; mais la levure varie & n'est pas la même un seul jour, en sorte que souvent une livre fait plus que deux ou trois livres médiocres. Si elle étoit altérée, elle seroit molle, la pâte ne leveroit pas davantage que celle du pain azyme ; elle auroit de plus l'aigreur & la couleur que lui donneroit ce ferment corrompu.

Quoiqu'on ajoute quelquefois à la pâte molle, dont nous parlons, du lait, & que souvent cette émulsion animale y soit employée seule, on délaye cependant toujours la levure dans l'eau, soit pour en préparer le levain, soit pour la faire servir au pétrissage ; sans cette précaution, le lait pourroit tourner, parce que la levure agissant immédiatement dessus, le décomposeroit à la manière des acides. Il est même certain que tous nos petits pains poussés de levure, contiennent le lait dans l'état caillé, ce qu'il eft facile d'apercevoir quand on les mange le lendemain de leur cuiffon.

On a toujours cru jufqu'à préfent qu'il étoit impoffible de faire du pain au lait fans levure, c'étoit prefque un problème en Boulangerie, que de donner à cette efpèce de pain la même légèreté avec du levain, parce que fon action ne s'exerçant pas aifément fur de petites maffes, elle devoit encore être arrêtée par le lait, dont la propriété eft d'*allourdir* la pâte ; M. Brocq vient de réfoudre ce problème, en préparant des petits pains au lait auffi légers avec le levain, mais infiniment plus blancs, plus favoureux que ceux où il entre de la levure.

Le procédé de M. Brocq confifte à employer un mélange de farines de gruaux très-sèches, réfultant des blés de la Beauce & de la Brie, avec partie égale de farine de Picardie ; enfuite moitié levain de pâte, à baffiner avec le lait tiède feulement en hiver, à bi n travailler la pâte, à la faire entrer en levain, & à la laiffer fur couche un certain temps ; par ce moyen il obtient un pain dans lequel le lait exifte tel qu'on l'a introduit, parce que le levain jeune ne produit jamais l'effet d'un acide comme la levure.

Les Boulangers qui cuifent du pain mollet,
font rarement des fournées entières compofées
de lait, de levure & de farine feulement. Ils
font obligés de divifer leurs levains fuivant
les différentes pâtes qu'ils veulent pétrir. On
commence d'abord par les pâtes dans lefquelles
il y a du levain ; on continue après cela la
préparation de celles où entrent la levure, le
fel & le lait, & l'on achève le pétriffage par
les pâtes compofées de lait & de levure fimplement : une attention qu'on ne doit pas oublier, c'eft que toutes ces pâtes ne languiffent,
ni dans le travail, ni dans le pétrin, parce que
l'une pourroit être prête quand l'autre feroit à
peine formée : une autre attention non moins
importante, c'eft de recommander au garçon,
prépofé pour pétrir ces différentes pâtes, d'avoir
fous la main tous les objets qu'il doit employer.

Les pâtes molles n'ont pas une réuffite
conftante avec toutes les farines, plus ces dernières font sèches, revêches & *gruauleufes*,
meilleures elles font à leur emploi, parce qu'é-
tant extrêmement abondantes en matière glutineufe, elles fe foutiennent beaucoup mieux à
l'apprêt que les farines d'un blé tendre, humide,
ou provenant d'un fol nouvellement marné :
ainfi, deftinons les farines revêches à la pâte

molle, les farines les plus tendres pour les pâtes bâtardes ; ne nous permettons l'usage des pâtes très-fermes que quand nous y sommes contraints par la nécessité, c'est-à-dire, lorsque les blés ont subi dans les champs un commencement de germination, & qu'on a négligé de mettre en pratique les moyens indiqués dans l'article de la *conservation des farines*.

On ne pourroit pas composer avec ces farines, des pâtes fermes, ni même bâtardes, à moins qu'on n'y fît entrer beaucoup de sel, parce qu'elles se relâcheroient tellement à l'apprêt, qu'il seroit impossible de les mettre au four ; au lieu d'y bouffer, elles s'aplatiroient & ne donneroient que des galettes plates, visqueuses, sans yeux, & dont la croûte se détacheroit de la mie.

Que les pâtes molles dont il vient d'être question, soient simples ou composées, que leur grandeur varie comme leurs formes, les différens pains qui en résultent sont toujours désignés sous la dénomination de *pain mollet,* à cause de la légèreté & de la viscosité de la pâte qu'elle doit principalement à la quantité de liquide en eau ou en lait qu'on y fait entrer ; propriétés qu'on augmente encore en lui associant beaucoup d'air par le travail : mais il nous reste à continuer le travail de la pâte en général ; nous l'avons fortie du pétrin pour la mettre dans le tour, la fermentation va achever fa perfection.

Article VII.

De l'apprêt de la Pâte.

Il fembleroit que quand on a mêlé très-intimement enfemble le levain, l'eau, la farine & l'air pour former du mélange, un corps homogène, léger, tenace & vifqueux, les opérations qui fuivent doivent être peu importantes, & qu'il eft poffible, à l'aide de la plus légère attention, d'obtenir un excellent réfultat; mais le travail de la Boulangerie oblige à d'autres foins qui vont toujours en augmentant, à mefure qu'on approche de la fin.

D'abord, il ne faut que de la vigueur & du courage pour exécuter comme il faut tous les procédés du pétriffage, enfuite du raifonnement & des combinaifons pour arrêter la fermentation à propos, & faifir le point jufte de cuiffon; ces dernières opérations du Boulanger font les plus délicates. Le pétriffage en effet eft affujetti à une méthode qui aura conftamment de la réuffite toutes les fois que l'ouvrier qui en eft chargé, aura employé pour l'exécuter convenablement, la force & le temps néceffaires;

mais l'apprêt de la pâte dans le tour, la célérité & l'adreſſe avec leſquelles il faut la diviſer, la peſer, la tourner & la mettre ſur couche,
exigent de l'attention, des ſollicitudes & de l'intelligence, dont les meilleurs pétriſſeurs ne ſont
pas toujours capables.

Après le pétriſſage, la pâte paſſe dans d'autres
mains , c'eſt le brigadier qui va la conduire
juſqu'à ce qu'elle ſoit convertie en pain ; ce
nouveau travail, comme je viens de l'obſerver,
demande des talens qui ne ſont pas accordés à
tous les geindres , l'un ſait parfaitement tourner la pâte, & n'a pas le coup-d'œil pour juger
du véritable apprêt, l'autre a le tact du four, &
manque ſouvent le point de fermentation où il
eſt néceſſaire d'arrêter la pâte; enfin, rien n'eſt
moins commun qu'un brigadier qui réuniſſe
toutes les qualités qu'il faut pour enfourner à
temps & cuire parfaitement.

L'apprêt de la pâte eſt l'état où elle ſe trouve
lorſqu'on ſe diſpoſe à la mettre au four ; cet
état, à la vérité, n'eſt pas toujours auſſi facile
à ſaiſir qu'on le penſe ; cependant, ſi la fermentation panaire étoit réellement une fermentation
ſpiritueuſe, la choſe ne devroit pas préſenter
dans ſon exécution autant d'obſtacles, il ſuffiroit ſeulement de la laiſſer établir doucement

en l'aidant ou la tempérant par le moyen de la chaleur ou du froid, afin de lui faire toujours parcourir le même espace de temps, & d'obtenir dans tous les cas un résultat à peu-près semblable; mais il s'en faut bien que la pâte qui s'apprête, soit pour devenir un levain, soit pour être convertie en pain, puisse être soumise à des règles aussi strictes.

Dès que le moût est parvenu à l'état de vin, il y reste un certain temps avant de passer à une autre fermentation : le mouvement intestin qui continue d'agir dans l'intérieur de la cuve, ne s'exerce plus sur la texture des parties de la liqueur qu'il a rompues & changées, il tend au contraire à les réunir & les combiner plus intimement entre elles, d'où il résulte un autre composé plus homogène & plus parfait; enfin, le vigneron est averti par des signes non équivoques, que sa fermentation est achevée, que le produit s'améliore, & qu'il est temps de le transvaser du vaisseau dans lequel il a fermenté. Mais le Boulanger n'a, ni les mêmes vues, ni les mêmes ressources, ce n'est pas sur un fluide qu'il opère : les parties constituantes de la farine ne sont pas toutes susceptibles de la fermentation spiritueuse; le muqueux sucré, la seule qui paroisse jusqu'à présent douée de cette propriété, n'eſt pas aſſez développé ; l'eau qui ſe trouve dans la pâte ne lui donne pas une molleſſe capable de ſe prêter au mouvement qui doit en changer la nature & les propriétés : une partie de ce muqueux eſt encore dans toute ſon intégrité, lorſque l'autre ne fait qu'éprouver un commencement de décompoſition ; d'où il ſuit, que la viſcoſité de la pâte diminue à meſure que ſon volume augmente, & que pour l'empêcher d'aller au-delà du terme preſcrit, il faut être ſur ſes gardes, ne pas la perdre un moment de vue, obſerver ſa marche avec la plus grande attention, la ſuivre dans les différens états, épier tout ce qui s'y paſſe, & l'arrêter à propos par un moyen violent, qui diſſout & unit toutes les parties de la pâte, & les réduit en un moment à l'impuiſſance de reprendre jamais la ſuite de leur fermentation.

En faiſant remarquer la différence qu'il y avoit entre le muqueux ſucré renfermé dans les farineux & celui que contiennent les fruits par rapport à la fermentation, nous avons dit que le moyen de retirer des premiers l'eſprit ardent qu'ils pouvoient fournir par la diſtillation, n'étoit nullement celui qu'on ſuivoit pour en préparer du pain, parce qu'il ne ſuffiſoit pas d'abandonner à l'air ou dans un lieu chaud, la farine délayée

dans

dans l'eau seulement, ou combinée avec un levain; que tout cela n'étoit pas capable de produire une fermentation spiritueuse, complète, mais partielle ; & que la pâte en cet état n'étoit plus propre, non-seulement à donner un pain passable, mais encore un levain de bonne qualité.

En effet, si toutes les parties de la farine réunies & aglutinées sous la forme de pâte par le moyen de l'eau & du levain, passoient également & ensemble à la fermentation spiritueuse dans la panification ; il s'ensuivroit que leur faculté nutritive, loin d'augmenter, diminueroit considérablement, puisque l'on fait résider le principe alimentaire dans le corps muqueux, lequel change totalement de nature par la fermentation. Or, c'est un aliment que le Boulanger prépare, & non une boisson : la fermentation spiritueuse préjudicieroit donc directement au but qu'il doit se proposer, celui de faire le pain le plus agréable & le plus substantiel.

Comme il est très-certain, ainsi qu'on ne sauroit en douter, qu'une matière pour agir en qualité de ferment, doit être actuellement fermentante, & que le vin le plus généreux, a moins d'influence sur un corps fermentescible, que la bière ou le cidre doux ; il fuit de toute néceffité, que fi la fermentation panaire étoit fpiritueufe comme on le prétend, le levain qui eft la pâte la plus fermentée, ne produiroit plus fon effet ordinaire ; auffi avons-nous déjà obfervé que quand le levain étoit parvenu à la fermentation fpiritueufe, c'eft-à-dire, lorfqu'il fourniffoit des atomes d'efprit ardent, il ne falloit plus l'employer immédiatement à la fabrication de la pâte, & que celui qui étoit le plus éloigné de cet état, c'eft-à-dire, le levain jeune, méritoit à tous égards la préférence.

Une circonftance frappante qui diftingue la fermentation fpiritueufe des farineux d'avec celle qui s'établit dans le fuc fucré des végétaux, c'eft l'état manifeftement acide que les premiers doivent acquérir, pour donner à la diftillation à feu nu, la totalité de l'efprit ardent qu'ils font en état de fournir ; c'eft pourquoi les levains vieux ou aigres, dont une portion fe trouve véritablement dans la fermentation fpiritueufe, ne peuvent plus faire qu'un mauvais pain.

La pâte, comme le levain, préfente dans fon apprêt différentes nuances, que l'on défigne par leurs noms & leurs effets : lorfque la pâte commence feulement à fermenter, on dit qu'elle eſt *verd d'apprêt;* qu'elle a un *bon apprêt,* au contraire, quand elle a acquis le volume né-ceſſaire; enfin, la pâte eſt *pourrie d'apprêt,* dès qu'elle occupe tout le volume dont elle eſt ſuſceptible, & que ne pouvant plus ſe gonfler au four, elle s'y aplatit. Toutes ces nuances différentes d'apprêt pourroient-elles avoir lieu dans le levain ou dans la pâte, ſi la fermentation panaire étoit véritablement ſpiritueuſe, puiſqu'une fois décidée & établie, elle ne pourroit pas paſſer ſucceſſivement & avec autant de rapidité à un autre degré de fermentation?

Que l'on ajoute après cela aux réflexions que nous venons d'expoſer, que la pâte entre-ouverte au moment où on va l'enfourner, n'ex-hale pas une odeur qui caractériſe l'état ſpi-ritueux; que quoiqu'elle renferme le tiers de ſon poids en levain, qui eſt une pâte infini-ment plus avancée, elle ne donne pas encore étant diſtillée à feu nu, d'eſprit inflammable; on aura de nouvelles preuves qui confirment la vérité de mon obſervation.

Nous avons fait connoître les moyens de raccommoder les levains, quand ils avoient paſſé leur apprêt; on pourroit, de la même manière, raccommoder la pâte ſi elle étoit trop levée; mais comment ſeroit-il poſſible de les rappeler à leur premier état, s'ils avoient éprouvé une fermentation décidée ! a-t-on quelques exemples d'une subſtance fermentée qu'on ait fait ainſi rétrograder à volonté , en lui reſtituant ſes premières propriétés ?

A cette occaſion, nous ferons une remarque ſur la pâte qui a paſſé ſon apprêt; ſans doute, on pourroit venir à bout de la raccommoder comme les levains , en ajoutant du ſel pour modérer la fermentation , ou bien en affoibliſſant ſon effet par le baſſinage ; mais en augmentant la maſſe par une nouvelle quantité d'eau & de farine , il en réſulteroit plus de pâte que le four ne pourroit contenir, & pendant le temps qu'elle emploîroit à acquérir ſon apprêt , l'autre pâte de la fournée ſuivante , & dans laquelle on ſeroit obligé de faire entrer le ſurplus , paſſeroit trop vivement & trop promptement à la fermentation, ce qui préjudicieroit encore très-ſenſiblement à la réuſſite des fournées ſuivantes.

Ces raiſons que j'abrège , doivent ſervir à prouver, que quand on a propoſé les moyens de raccommoder la pâte, en reprochant aux Boulangers , qui dédaignoient de les employer, leur léſine ou leur indifférence , on n'avoit vraiſemblablement en vue que le particulier qui

cuit fon pain chez lui , ou les Boulangers peu
eccupés , qui n'ont qu'une ou deux fournées
au plus à faire ; mais que la chofe étoit abfolument impraticable pour ceux qui auroient un
plus grand travail à conduire.

L'imputation qu'on fait aux Boulangers n'eft
nullement fondée ; il n'y en a pas un parmi eux
qui ne facrifiât la moitié de la fournée, s'il étoit
poffible de raccommoder l'autre. Le brigadier
chargé de diriger l'apprêt de la pâte , devroit
donc exercer continuellement fa vigilance &
fon attention à ce fujet, parce que s'il n'a pas
fu tout prévoir , il eft forcé par les circonftances
que nous venons de rapporter, de mettre fa
pâte au four telle qu'elle fe trouve , malgré les
défauts qu'aura le pain qui doit en réfulter.

La fermentation panaire ne peut & ne doit
donc être fpiritueufe ; arrêtée prefque au moment où elle commence, il n'y a qu'une portion
de la matière glutineufe & muqueufe qui perde
un peu de leur vifcofité. L'air de l'atmofphère
qu'on a introduit dans la pâte par les différentes
opérations du pétriffage, le *gas* ou le fluide
élaftique qui réfulte de la première décompofition , cherchant à s'échapper au dehors , fou-
lèvent la maffe & divifent toutes les parties
qui l'enveloppent ; fans néanmoins produire , ni

D d iij

diſſolution , ni atténuation , ce qui fait que la pâte tuméfiée & augmentée d'un tiers de ſon volume dans l'apprêt, acquièrt encore du gonflement au four, & finit enſuite par être ſurpriſe en cet état , & par préſenter après la cuiſſon ces cellules , qu'on appelle les *yeux du pain.*

Les détails dans leſquels je viens d'entrer ſont du reſſort de la Chimie , j'en conviens ; & ſi j'ai quelquefois parlé aux Boulangers le langage de cette ſcience , c'eſt dans la perſuaſion où je ſuis que cette claſſe d'Artiſtes ne ſera pas un jour étrangère pour la Phyſique utile & expérimentale : nos premiers Horlogers furent des ouvriers groſſiers ; d'ailleurs il falloit bien établir de quelle nature étoit la fermentation panaire , & diſcuter en même temps l'opinion des Auteurs , qui , l'ayant regardée comme ſpiritueuſe , n'ont pas balancé à ajouter que la liqueur qui s'échappoit du pain dans le four , & juſqu'à ce qu'il fût refroidi , étoit vineuſe. Si cette aſſertion eût pris faveur , elle n'auroit pas manqué de donner de cet aliment, une idée défavorable ; car enfin , qui ne croiroit pas que le pain ſeroit échauffant, s'il contenoit de l'eau-de-vie ; je ne doute pas même que certains Boulangers qui ont déjà pour l'eau, dans la pâte , un trop grand degré d'eſtime

fe fuffent efforcé d'en laiffer encore davantage, s'ils euffent cru qu'elle pouvoit être fpiritueufe.

A R T I C L E   VII.

Du repos de la Pâte dans le tour.

A peine la pâte eft-elle achevée de pétrir &
raffemblée dans le tour, que fouvent elle commence à prendre le mouvement de fermentation avec d'autant plus de promptitude & d'activité, que la maffe eft plus molle, plus confidérable, qu'elle contient davantage de levain,
& qu'elle renferme en outre de la levure ; mais
il faut bien prendre garde que cette fermentation
ne faffe perdre à la pâte fa vifcofité & fon
élafticité, au point qu'il ne foit plus poffible
enfuite de la manier pour la pefer, la façonner
& la mettre fur couche.

C'eft pour prévenir cet accident que le Boulanger devroit toujours en été divifer la pâte
auffitôt qu'elle eft faite, la battre & la replier
fur elle-même à mefure qu'on la tire du tour
pour la pefer & la façonner en pains; par ce
moyen, il refroidiroit la pâte, interromproit
continuellement la fermentation, qui ôte à celle
qui eft la mieux fabriquée, toutes les qualités

qu’on cherche à conferver jufqu’au moment de la cuiffon.

Quand la pâte féjourne dans le pétrin ou dans le tour , on dit communément qu’elle *entre en levain ;* cette opération n’eft pas à proprement parler une fermentation, c’eft un mouvement général produit par le levain fur toutes les parties dont la pâte eft compofée, & qui n’ont encore éprouvé aucune altération ; ce mouvement échauffe la pâte & la prépare à une bonne fermentation.

C’eft principalement lorfqu’il fait froid qu’on doit laiffer la pâte entrer en levain dans le tour, parce que divifée par petites maffes , elle ne fermente pas aifément, & que d’ailleurs , il feroit difficile de la faire lever, fi au préalable elle n’avoit déjà éprouvé en maffe cette efpèce de mouvement préparatoire ; auffi, dans ce cas, a-t-on foin de mettre des couvertures fur la pâte , & de ne la retirer qu’à mefure qu’on la tourne.

Quoique les pâtes fermes en général ne foient pas difpofées à fermenter auffi promptement que les pâtes molles , il n’eft pas néceffaire qu’elles demeurent autant de temps dans le tour, parce que leur divifion en pain eft toujours plus volumineufe , & qu’étant contenues & refferrées dans des panetons, elles repréfentent en petite maffe la pâte dans le tour.

Il y a encore des circonftances, ou au lieu de laiffer lever la pâte dans le tour, on la porte ordinairement à l'air, dès qu'elle eft fortie du pétrin, afin de la raffermir : les pâtes molles renforcées, celles où l'on introduit de la levure & du lait, & avec lefquelles on fait tous ces pains de fantaifie, ne pourroient pas fe prêter aux formes variées qu'on leur donne, à la couleur & au goût qu'elles acquièrent fi elles avoient fubi dans le tour le plus léger degré de fermentation.

La qualité des farines ne mérite pas moins ici de confidération, que dans les autres opérations de la Boulangerie; les pâtes de farines revêches en quelque circonftance que ce foit, ne doivent pas repofer dans le tour, les pâtes compofées de levain jeune & à l'eau froide, font dans le même cas; mais les farines tendres des blés humides ou nouvellement moulus, ou bien encore réfultans des moutures baffes, fourniffent des pâtes qu'il faut tourner auffitôt qu'elles font pétries.

A l'égard des farines biſes, quels que foient les blés d'où elles proviennent, les pâtes qu'on en prépare doivent, dans toutes les faifons, être tournées en pains en fortant du pétrin, parce que, non-feulement elles font plus fufceptibles de prendre le mouvement de fermentation, mais comme on les divife encore en plus groffes maffes, l'apprêt eft moins lent.

Le repos de la pâte dans le tour doit donc être fubordonné aux faifons, à la température du fournil, à la qualité des farines, à l'efpèce de pâte, & fpécialement au volume des pains qu'on veut faire ; car, c'eft une règle générale, que plus la pâte eft divifée en petites parties, moins vîte elle s'apprête, *& vice verfâ.*

Article VIII.

De la Pefée de la Pâte.

La pefée de la pâte eft une opération effentielle & très-importante, puifque chaque efpèce de pain repréfente ordinairement un poids déterminé, & que ce poids pour fe rapporter jufte, exige qu'on ajoute à la pâte un excédant capable de remplacer ce qui s'évapore pendant la fermentation, durant & après la cuiffon ; mais quoiqu'on fache que cet excédant doit être relatif au volume & à l'efpèce de pâte, il faut convenir qu'à cet égard, la volonté, l'attention,

l'intelligence & la probité, ne mettent pas toujours le Boulanger le plus honnête, à l'abri des
variétés innombrables auxquelles chaque efpèce
de pâte eft affujettie par rapport au déchet qu'elle
éprouve avant d'être convertie en pain.

Les anciens règlemens fondés fur différens
effais du produit de la pâte en pain, fe trouvent
maintenant contredits : on ne faifoit autrefois que
des pains ronds compofés de pâte ferme & d'une
grandeur très-confidérable ; trois circonftances
qui ont fait diminuer néceffairement le produit
d'une même farine en pain. Mais depuis qu'on
a partagé la pâte par petites maffes dont on a
encore multiplié les furfaces , en faifant des
pâtes plus molles & plus légères, en changeant
leur forme ordinaire , ce qui a favorifé confidérablement leur évaporation , il en réfulte
des pains très-cuits avec beaucoup de croûte ;
or, il n'y a que la mie qui pèfe, & elle eft
d'autant plus defféchée , que la croûte eft plus
abondante.

Avant de procéder à la divifion de la pâte
pour la façonner en pain , il faut bien réfléchir
aux différentes efpèces de pain qu'on a deffein
de fabriquer , afin de donner à chacun d'eux ,
indépendamment du poids qu'ils doivent avoir,
un équivalent à l'évaporation qu'ils éprouvent

dans l'apprêt, au four & après leur cuiſſon ; mais nous avons remarqué , d'après une ſuite d'expériences & d'obſervations, qu'il eſt phyſiquement impoſſible d'obtenir la préciſion qu'on deſireroit au ſujet de la peſée du pain.

Les ſaiſons , la température du fournil & la diſpoſition du four , rendent encore très-incertain le rapport du poids de la pâte avec celui du pain : la qualité des farines fait encore bien varier la pâte ; eſt-elle compoſée de farine tendre ou humide ; elle prend moins d'eau dans le pétriſſage , & la rend à l'apprêt , la pâte alors s'amollit lorſqu'il fait chaud , tandis qu'elle ſe reſſerre dans le froid ; de-là plus ou moins de déchet inappréciable. La pâte, au contraire, a-t-elle été pétrie trop molle relativement à l'eſpèce de pain qu'on vouloit préparer ; le déchet ſera encore plus grand : voilà des nuances qu'on ne peut, ni prévoir, ni évaluer à poids égal.

Je veux bien pour un moment qu'il ſoit poſſible aux Phyſiciens verſés dans la Boulangerie , d'augmenter l'excédant à meſure que l'évaporation deviendroit plus conſidérable ; qu'ils pourroient ſouvent calculer cette évaporation ſur les viciſſitudes des ſaiſons, l'inégalité des matières , la nature & la quantité des levains employés , les opérations du pétriſſage, celles de la pâte qui s'apprête & qu'on met enfuite au four ; mais fera-t-il jamais poffible d'empêcher une infinité d'autres circonftances qui dépendent entièrement de l'ouvrier fans lumières à qui on confie la pefée, qu'on ne peut conduire, & veiller fans ceffe ? Nous allons en citer quelques-unes.

Comme l'opération de la pefée ne demande pas un grand mouvement, il arrive fouvent que le garçon qui s'eft dérangé, ou qui n'a pas pris fuffifamment de repos, s'affoupit tout en pefant, de manière qu'il oublie de donner à chaque pâte la tare néceffaire pour l'évaporation, ou bien il ne conduit pas la balance avec exactitude, en forte que toute la pefée eft manquée.

Quelquefois l'ouvrier chargé de la pefée n'a pas encore acquis par l'habitude & le travail tout ce qu'il convient de favoir pour exécuter parfaitement cette opération ; le maniement de la pâte ne lui eft pas affez familier, n'ayant pas le coup-d'œil jufte du fléau & l'agilité dans les mains, la pefée languit ; elle ne fe fait ni affez légèrement, ni affez promptement, ni affez exactement, en forte que la fermentation s'établit déjà dans le reftant de la pâte à pefer, & qu'elle va trop vîte fur couches.

Quiconque entrera dans une Boulangerie & jettera les yeux fur la pefée de la pâte, verra que la maffe qu'on divife étant plus ou moins grande, on eft obligé quelquefois d'en ajouter ou d'en retirer des morceaux qui adhèrent fouvent aux mains, à la balance ou au coupe-pâte, & que, comme il arrive que l'ouvrier ayant toujours de la pâte pefée d'avance, elle s'étend, chaque partie fe touche & fe dérobe mutuellement de leur poids; il verra que fi le pefeur ne tient pas la pâte un peu éloignée de la balance, il court les rifques continuels de fe tromper relativement aux morceaux qu'il ajoute ou qu'il ôte, & que n'étant pas routiné auprès de labalance qu'il ne fait pas fixer, elle eft rarement en équilibre, & fon poids rarement égal, en forte qu'il fe trouve toujours du plus ou du moins.

Les Boulangers peuvent fans doute prévenir une partie de ces inconvéniens en examinant par eux-mêmes de temps en temps la pefée & le pefeur, puifque cette opération, négligée ou exécutée fans réflexion & fans principe, peut avoir des fuites fâcheufes pour lui, & donner lieu à des imputations défavorables qu'il eft quelquefois difficile après cela de détruire. Il eft vrai, que comme la pefée fe fait la plus grande partie pendant la nuit, & qu'il ne peut furveiller perpétuellement le pefeur, il doit avoir l'attention de bien recommander au brigadier qui le repréfente, qu'on ne néglige rien de tout ce qui concerne la pefée, & le rendre même refponfable des fautes capitales qu'on commettroit à cet égard.

La pefée de la pâte étant une chofe fort délicate, il paroît étonnant qu'on la confie à l'apprentif ou au troifième garçon : le brigadier ne devroit donc jamais choifir pour cet effet le moins inftruit, & permettre que l'on pèfe les premières fois fans y être préfent lui ou le pétriffeur ; il faut fur-tout être affuré que la balance & les poids foient juftes & propres ; que les plateaux n'aient deffus & deffous de la farine ou de la pâte ; que les mains du pefeur foient fouvent féchées avec de la farine, que la maffe de pâte à divifer en pains ne foit pas trop voifine de la balance, & qu'enfin les petits poids deftinés à fervir de tare pour l'évaporation ne foient jamais oubliés.

Le brigadier doit encore veiller à ce que le pefeur ne détache pas la pâte qui fe sèche autour de la maffe pour la confondre & l'incorporer, parce qu'alors il faudroit remanier la pâte, ce qui fuffiroit pour diminuer la légèreté de la pâte molle & donner des grumeaux dans le pain. Ce que nous difons ici feroit tout au plus praticable pour les pâtes fermes; mais pour les pâtes façonnées en pain, il ne faut introduire rien qui partage leur confiftance molle, non plus que dans leur maffe entière, parce qu'il en réfulteroit les mêmes défauts.

Plus les pains font petits, alongés & compofés de pâte molle, plus ils préfentent de fuperficie, contiennent d'eau & éprouvent par conféquent de déchet: on met, par exemple, pour un pain de douze livres de pâte ferme une livre & demie de plus de pâte, ce qui fait treize livres & demie; mais fi cette quantité fe trouvoit divifée en pains de demi-livre, il faudroit encore y ajouter une livre & demie de pâte; voilà donc trois livres de déchet dans vingt-quatre pains de demi-livre, fans compter le trait de la balance qui emporte encore une certaine quantité de pâte qu'on pourroit évaluer fans exagération à un demi-quarteron; mais fi ces pains de demi-livre avoient une forme aplatie ou alongée en flûte, l'évaporation doubleroit encore, de manière que treize livres & demie de pâte, qui font un pain rond de douze livres, ne fourniroient toutau plus que fix livres de ces pains.

Nous

Nous citons ce feul exemple exprès, pour prouver que plus la pâte s'éloigne du poids de douze livres, moins elle rapportera de pain. Indépendamment des dépenfes qu'occafionne néceffairement la préparation de ces pâtes dans lefquelles on fait entrer du fel, de la levure & du lait ; la cuiffon donnant encore beaucoup d'évaporation ; tout cela doit apporter une augmentation dans le prix du pain, puifque voilà au moins trois livres de plus réparties dans vingt-quatre pains de même pâte, de forme & de cuiffon ordinaires.

On met donc pour les pains de douze livres, figurés toujours en rond, une livre & demie pour le déchet, une livre pour ceux de huit livres, trois quarterons pour les pains de fix livres, & onze onces pour ceux de quatre livres ; on voit que plus la grandeur des pains diminue ; plus il faut augmenter la tare en proportion, parce que l'évaporation eft toujours en raifon des furfaces.

Les pâtes demi-molles & molles, évaporant un peu plus que les pâtes fermes, d'ailleurs fe trouvant ordinairement en moins groffes maffes, & de forme longue, fur-tout à Paris, on augmente un peu la tare, on ajoute donc douze onces pour un pain de quatre livres, neuf onces

E e

pour un de trois livres, sept onces pour celui de deux livres, un quarteron pour le pain d'une livre, & deux onces & demie pour celui de demi-livre.

A l'égard des pains de fantaisie que l'on fait du poids d'un quarteron, & quelquefois moins, on ajoute une once pour le déchet, & souvent même rien du tout, parce que ces sortes de pains ne varient jamais, qu'ils se vendent toujours un sou, soit qu'on augmente ou qu'on diminue la pâte d'une once; les Boulangers de Paris reçoivent à ce sujet de la Police un tarif qui fixe le poids que ces pains doivent peser dans le mois, relativement au prix des grains.

C'est particulièrement pour ces sortes de pains si variés par la forme, le goût & les noms, que l'attention du peseur devient bien plus sensible, puisque dans une aussi petite masse, il est possible d'apercevoir même le trait plus ou moins fort.

ARTICLE IX.

De la Façon de la Pâte.

L'OPÉRATION de façonner la pâte, c'est-à-dire, de la partager & de la manier pour lui donner la forme & la grandeur qu'elle doit avoir en pain, eſt devenue beaucoup plus difficile, à meſure qu'on a renoncé à l'uſage des pâtes fermes & des gros pains, pour adopter celui des pâtes moiles & des petits pains; mais ſi la préparation de ces ſortes de pâtes exige de la vigueur & de la ſoupleſſe dans les bras, il ne faut pas moins, à l'ouvrier qui les tourne, beaucoup d'adreſſe, & ſur-tout une très-grande agilité dans les mains.

Comme la pâte molle a ſuccédé à la pâte bâtarde, & celle-ci à la pâte ferme, les pains ont également changé de forme & de groſſeur, origi-nairement ils étoient ronds & d'un volume très-conſidérable; on en fait encore dans quelques endroits du Royaume qui pèſent juſqu'à quarante & cinquante livres; mais il eſt impoſſible de manier parfaitement des pains d'un pareil poids; c'eſt plutôt une pâte que l'on met par morceaux informes dans une corbeille ou dans un paneton, comme ſi on vouloit faire du levain, qu'une pâte figurée en pain.

Ces défauts de ne pouvoir aſſembler avec les mains autant de pâte à la fois, joints à ceux de la cuiſſon qu'on ne peut jamais faire par-faitement, ont déterminé à diminuer le volume de ces pains, de manière que les plus gros qu'on fabrique maintenant, pèſent environ douze livres;

il eſt vrai que l'on a donné en même temps dans un autre excès, en renonçant aux pains trop gros, on les a fait tellement petits, qu'aujourd'hui chacun a ſon pain dans le repas le plus indifférent : ce goût qui gagne juſqu'aux gens du peuple, augmente tous les jours la conſommation en diminuant les produits de la pâte en pain.

La forme ronde eſt également abandonnée, on ne l'emploie plus à préſent à Paris que pour les pains de pâte ferme & le pain bis-blanc ; on a adopté la forme longue, parce qu'elle eſt plus commode au four, que le pain cuit mieux & prend davantage de croûte ; mais on a abuſé de cette forme en l'alongeant en flûte, de manière que ce n'eſt plus que de la croûte au lieu de pain ; ces changemens de forme & de volume ſemblent être déterminés par la conſiſtance de la pâte molle qui réuſſit infiniment mieux ſous un poids moins conſidérable & dans la forme longue.

Façonner la pâte ne conſiſte pas ſeulement à diviſer la maſſe par parties & à donner aux morceaux qu'on en détache, une forme quelconque ; il faut prendre garde encore que dans ce travail, indifférent en apparence, la pâte conſerve ſes propriétés, qu'elle acquiert même celles qui lui manquent pour devenir propre à s'apprêter convenablement, c'eſt par cette raiſon, qu'après le pétriſſage, on ſe hâte de mettre la pâte à fermenter, en employant pluſieurs ouvriers à la fois pour découper, peſer & tourner le plus promptement poſſible.

Dès que le peſeur quitte la pâte, l'ouvrier qui doit la façonner, la reprend auſſitôt, il la ſoulève d'une main &.la foule de l'autre lorſque le volume n'eſt pas conſidérable, il l'étend, la replie ſur elle-même en rapprochant les bords du milieu, ce qu'on appelle *aſſembler la pâte*, alors il la tourne en rond, parce que c'eſt en cet état qu'on lui donne toutes les autres formes ; on ſaupoudre légèrement la pâte avec de la farine, afin qu'elle n'adhère, ni au pétrin, ni aux mains.

Quelle que ſoit la forme que l'on donne à la pâte, il eſt très-eſſentiel que dans toute ſon étendue, elle ſe trouve également liſſe, tenace & continue, que ſes bords, comme le centre & les extrémités, aient la même conſiſtance ; car, ce n'eſt qu'après être parvenue à cet état, qu'on ceſſe de la manier, & qu'on lui donne la vraie forme qu'on deſire. Il faut, en tournant le pain rond, aſſembler la pâte & la mettre ſur couche par le côté le moins uni, nommé *la queue du pain ;*

on aplatit feulement le milieu , parce que la fermentation y produifant ordinairement un gonflement plus confidérable , le pain qui en réfulteroit
feroit beaucoup trop haut vers le centre ; enfin ,
il faut que le pain façonné en long ait de
l'épaiffeur au centre , & qu'il s'aminciffe aux
extrémités.

La pâte ferme eft plus aifée à façonner ; mais
elle demande d'être maniée davantage que la
pâte bâtarde : à chaque fois qu'on la roule elle
devient plus égale , plus liante & plus propre
à fe bien mouler ; c'eft même à caufe de cela
que les Boulangers emploient autant de garçons
qu'ils le peuvent à tourner cette pâte ; elle
acquiert d'autant plus de vifcofité & d'uniformité , qu'elle paffe dans plus de mains différentes ;
c'eft fur-tout pour les farines revêches qu'on ne
fauroit trop manier la pâte ; on fait des pains de
pâte ferme de toute grandeur , affez communément ils font ronds , & le plus fort eft du poids
de douze livres.

Les mouvemens que l'on donne à la pâte
ferme pour la façonner , font tous différens de
ceux qu'exigent les autres pâtes ; comme on n'a
pas deffein de faire un pain léger , que plus il eft
ferré & compacte , plus il remplit les vues , on
ne court alors aucuns rifques de la fouler un

peu en la maniant plus long-temps, ce n'eſt même que par ce moyen qu'on parvient à rendre cette pâte plus liante & d'une continuité plus générale.; ſans cette précaution, la pâte pendant l'apprêt, s'ouvriroit par crevaſſes, ne boufferoit plus au four & ne produiroit qu'un pain mat & de mauvais goût; mais enſuite quand il s'agit de la rouler, on appuie le bras ſur toute la longueur, afin· de pratiquer une rigole qui pénètre dans toute ſa profondeur, que l'on ſaupoudre de farine ſuffiſamment, & que l'on place par le côté dans le paneton; on donne encore à la pâte bâtarde d'autres formes.

Il eſt une règle générale pour tourner parfaitement; on doit voir d'abord le degré de ſa pâte, ſonger enſuite à la ſaiſon & à la qualité des farines dont on s'eſt ſervi; moins manier ſur-tout la pâte quand il fait chaud que lorſqu'il fait froid, parce que ſouvent c'eſt un moyen de retarder ou d'accélérer l'apprêt, ma·s il eſt bon de la manier davantage quand la farine eſt tendre, & que l'eau a été employée trop chaude, ſans quoi la pâte ſeroit expoſée à ſe créneler à la ſurface, ce qu'on nomme *grincer.* Il faut donc moins manier la pâte bâtarde en la façonnant que la pâte ferme, puiſqu'elle a déjà plus d'égalité & de ténacité, que d'ailleurs on doit ſonger à ne pas trop la fouler, dans la crainte de lui faire perdre la légèreté qu'il convient qu'elle ait. Il suffit de la bien affembler en la faupoudrant de farine, jufqu'à ce qu'elle ait acquis la vraie forme qu'on veut lui donner.

C'eft avec cette pâte qu'on fait ces grands pains longs de quatre livres, dont l'ufage eft fi commun aujourd'hui à Paris, & qu'on connoît fous le nom de pain *à grigne* & de pain *fendu*, l'un fe met fur couche & fe prépare en étendant la pâte & en rapprochant fes deux bords, au milieu defquels on jette de la farine légèrement, pour empêcher leur réunion, on pofe cette pâte de côté & à la partie fupérieure du pli, c'eft ce qui forme ces ouvertures dentelées qui fe prolongent jufque dans la mie; on agit à peu-près de la même manière pour façonner le pain fendu.

Comme il s'agit de produire avec la pâte molle un gonflement & une légèreté confidérables, par le moyen d'un apprêt plus prompt ; on ne rempliroit pas ce double effet, fi d'une part on alloit augmenter fa confiftance, en ajoutant de la farine pour la tourner, & que de l'autre on la maniât long-temps, en la foulant : il faut donc de la part du tourneur beaucoup de juftefle, affembler légèrement, & faire en forte que la pâte ait fuffifamment de fécherefle pour ne pas adhérer aux mains , au pétrin & à la couche ; si cependant la pâte eût été pétrie trop molle, qu'elle contînt trop ou trop peu de levain , qu'il fût à craindre qu'elle se relâchât ou n'allât trop vîte , alors il seroit nécessaire en la tournant, de l'assembler davantage , en ajoutant de la farine pour lui rendre la consistance dont elle a besoin.

Quand un Art est encore au berceau , les erreurs qui mettent obstacle à sa perfection l'environnent de toutes parts. On a trop long-temps cru qu'il falloit moins travailler la pâte du pain bis que celle du pain blanc ; mais c'est précisément tout le contraire ; les farines qu'on y emploie ordinairement n'ayant pas beaucoup de corps par elles-mêmes, il faut à ce défaut, leur procurer par un travail plus considérable, une ténacité qu'elles n'auroient pas sans cela ; mais le pain bis ne varie pas dans sa forme & dans son volume comme le pain blanc ; il est presque toujours sous forme ronde & du poids de douze livres.

Lorsqu'il est question de plusieurs espèces de pâte pour une seule & même fournée , il faut toujours que les gros pains soient les derniers tournés, toutes choses égales d'ailleurs, parce que l'apprêt en masse est plus hâtif que l'apprêt en pains ; c'est donc par les petits pains qu'il faut commencer à tourner la pâte, puifqu'ils fermentent moins aifément & moins promptement, fur-tout quand il n'y a pas de levure.

En mettant la plus grande célérité à tourner une fournée entière de petits pains, la pâte avec laquelle on les fabrique, étant très-molle, elle auroit bientôt paffé tout fon apprêt, fi on n'expofoit pas à l'air extérieur celle que l'on doit façonner la dernière, c'eft ce qui fe pratique prefque toujours pour certains pains de fantaifie, connus par les noms de ceux qui leur ont donné la vogue, on les appelle pain *à la Reine*, pain *à la Monthoron* & pain *à la Ducheffe*. Il eft poffible fans doute de tourner plufieurs petits pains à la fois ; c'eft ce que favent très-pertinemment les Boulangers, qui, faifant des pains à café, façonnent de chaque main pour accélérer l'ouvrage ; mais cette pratique, toute expéditive qu'elle foit, préjudicie à la légèreté, à l'égalité & à la forme oblongue de la pâte qu'on ne peut jamais amincir par les extrémités, & qui n'offre alors qu'un ovale peu régulier.

Que l'on ne s'abufe pas fur l'objet que nous avons traité dans cet article ; la forme donnée à la pâte pour l'expofer enfuite à prendre fon apprêt, n'eft rien moins qu'indifférente, elle concourt à une parfaite fermentation, elle prévient déjà en faveur de la bonté de l'aliment, & le plus excellent pain mal façonné, seroit bientôt décidé mauvais à la seule inspection ; d'ailleurs, une forme ronde ou longue extrêmement régulière, facilite l'arrangement de la pâte au four, & sa cuisson en pain ; enfin, ne sait-on pas les effets que produit la belle apparence en fait d'objets qui doivent flatter les sens !

ARTICLE X.

De la Pâte sur couche & en panetons.

LA pâte reposée dans le tour, maniée de nouveau par le travail du peseur & de celui qui la façonne, n'est pas encore supposée avoir pris d'apprêt, c'est dans un état doux & paisible que la fermentation peut & doit s'établir convenablement ; si on s'avisoit de l'interrompre brusquement & tout-à-coup, soit pour l'aider ou l'arrêter, il seroit très-difficile après cela d'obtenir un bon pain.

C'est une règle générale que nous avons cherché à établir au Chapitre des levains, savoir, que la pâte, pour fermenter aisément, & d'une manière commode, devoit être circonscrite & retenue par un obstacle quelconque, afin que gagnant plutôt de la hauteur que de l'étendue, elle prît un gonflement capable de donner au pain beaucoup de volume : il eſt bien certain que malgré l'habileté & l'adreſſe du tourneur, ſi l'on n'aſſujettiſſoit pas la pâte dans le moule où elle doit s'apprêter , la fermentation qui occaſionne un gonflement plus ou moins conſidérable, formeroit bientôt une inégalité & une difformité, tantôt d'un côté, tantôt d'un autre.

La pâte, pour prendre ſon apprêt, demande des ſoins & beaucoup de précautions : on l'abandonnoit autrefois ſur des plateaux, d'abord à nu , enſuite couverts d'une toile ; mais comme elle s'étendoit beaucoup , il arrivoit, que preſſée par ſes bords, la pâte étoit expoſée à crever & à couler ; pour prévenir cet accident , on a fait ces plateaux un peu creux, on en a encore augmenté la profondeur par la ſuite, d'où il eſt réſulté des ſebilles dans leſquelles la pâte a été long-temps contenue; mais ces ſortes de vaſes ne ſont plus guère d'uſage à préſent que pour les pains de fantaiſie ; comme leur concavité n'eſt pas encore aſſez grande , ils ont le défaut de laiſſer déborder la pâte au point de ſe répandre : ce nouveau défaut a été corrigé depuis que la pâte ayant reçu des formes différentes, on a imaginé pour la mieux contenir, des paniers

longs & ronds d'ofier, qu'on a recouvert enfuite
intérieurement d'une toile : ces paniers préférables
à tous égards aux plateaux & aux febilles, font
défignés fous le nom de *panetons*.

Il y a fans doute un avantage réel de mettre
la pâte en panetons, lorfqu'elle a un gros
volume, parce qu'elle y prend un bon apprêt,
qu'elle garde fa forme & ne crève pas fur la
pelle avec laquelle on l'enfourne ; mais le goût
des pains d'une livre & au-deffous, multipliant
trop les panetons : on a trouvé plus commode
de les ranger tout fimplement fur une table
longue les uns à côté des autres, ce qu'on appelle
mettre fur couche, ou bien comme certains Boulangers de Province, fur des planches portatives.

Cette table fur laquelle on mettoit ancienne-
ment la pâte s'eft perfectionnée : chez nos
meilleurs Boulangers elle eft difpofée, ainfi que
nous l'avons déjà décrite, en tiroirs couverts
d'une toile que l'on pliffe, en forte que les
pains fe trouvent ferrés & contenus dans leur
longueur comme ils le feroient dans un paneton
long & ouvert par les deux extrémités ; on a foin
feulement que les plis de cette toile dépaffent
environ le tiers de la hauteur de la pâte, fans
quoi les pains en s'apprêtant, fe toucheroient,
s'attacheroient & fe confondroient.

L'apprêt de la pâte fur couche ou en panetons, ne diffère pas quant au fond , c'eft
toujours une fubftance à demi-folide, expofée
dans un endroit tranquille pour paffer à la fermentation plus ou moins promptement ; mais la
même pâte d'un volume & d'une forme égale,
s'apprête infiniment plus vîte fur couche qu'en
panetons, parce qu'étant renfermée dans une
armoire, l'air n'y pénètre pas facilement, & que
par le voifinage les pains féparés par une fimple
cloifon en toile , fe communiquent de leur mouvement , de leur chaleur ; ce qui fait que la pâte
perd un peu de fa confiftance.

Si la pâte en panetons, fermente moins vîte
que celle qui eft fur couche, elle fe relâche auffi
beaucoup moins , chaque pain s'y trouve ifolé
& circonfcrit, l'air circule plus librement, reffuie
la furface, occafionne une évaporation infenfible, ce qui fuffiroit pour prouver que la pâte
des farines naturellement difpofées à fe relâcher
à l'apprêt, devroit toujours être mife en panetons, parce qu'elle s'y raffermit , ne fermente pas
trop vîte , & que celle des farines revêches qui
ont une difpofition contraire , exigeroit d'être
pétrie plus doux avec de l'eau moins froide.

Les Boulangers inftruits des avantages que les
panetons ont fur la couche, les emploient de

préférence, parce que la pâte molle y prend la consistance de la pâte bâtarde, & celle-ci de la pâte ferme; on a d'ailleurs la faculté de pouvoir transporter où l'on veut les panetons pour accélérer ou retarder l'apprêt, lorsque la pâte est conforme à l'état de consistance qu'on desire.

C'est toujours de la farine qu'on emploie pour empêcher que la pâte ne s'attache dans le tour, à la balance, aux mains du peseur & du tourneur, parce que dans ce cas, les différens mouvemens qu'on donne à la pâte, peuvent incorporer cette farine dans l'intérieur; mais lorsqu'il s'agit de mettre la pâte à fermenter, on ne doit plus rien y introduire, on se sert alors, pour empêcher l'adhérence de la pâte à la couche & aux panetons, du fleurage, espèce de petit son, qu'on retrouve à une des surfaces externes du pain après sa cuisson.

Les Boulangers qui préfèrent de mettre la pâte prendre son apprêt sur du bois plutôt que sur une toile, sous le prétexte que les panetons & les couches revêtus en double de linge, sont plus sujets à l'humidité & à la malpropreté, n'ont pas fait attention, sans doute, que la pâte s'attache moins à la toile, & que le fleurage dont on saupoudre les plateaux & les sebilles tombe au fond, fans adhérer aux parois, ce qui fait que la pâte qui jette fon humidité fur le bois, s'y attache pendant qu'elle fermente, l'air pénètre en outre à travers la toile, au lieu que dans le bois, il n'y a que la furface extérieure qui en foit frappée; n'eft-il pas d'ailleurs beaucoup plus aifé de deffécher la toile qu'on a lavée, que le bois qui fe fend à mefure qu'on l'approche du feu dans l'état humide, qu'il conferve pendant long-temps?

L'apprêt de la pâte demande beaucoup de précautions; on fe fert de couvertures plus ou moins épaiffes, plus ou moins sèches pour étendre fur la pâte : tantôt le but eft de conferver la chaleur intérieure, d'autres fois on a l'intention d'en réprimer l'effet ; enfin, fouvent on veut empêcher qu'il fe faffe trop de diffipation, & que la fuperficie ne fe defsèche : quand on doit employer ces couvertures dans un état humide, on les étale fur un carreau très-propre, & on y répand de l'eau froide, tiède ou chaude, par le moyen d'un goupillon.

Plus la faifon eft chaude, moins il eft néceffaire de couvrir la pâte, une fimple toile sèche fuffit pour la pâte ferme, qu'il faut feulement garantir des impreffions de l'air; mais il eft bon qu'elles foient toujours mouillées pour la pâte

molle,

molle, afin d'y entretenir une fraîcheur qui nuife à l'évaporation, & conferve au pain une furface liffe & cette couleur dorée, que les Boulangers appellent *bon quartier ;* mais en hiver on doit choifir ces couvertures en laine, de préférence à la toile, parce que leur tiffu fe trouvant plus ferré, la chaleur s'y conferve beaucoup mieux.

Il y a des efpèces de pain qu'on ne court aucuns rifques de ne pas couvrir, foit qu'ils s'apprêtent en panetons ou fur couche, parce qu'en les mettant au four, la partie du deffous forme ordinairement le deffus du pain : les pains fendus font dans ce cas. Pendant les vives chaleurs, on expofe la pâte toute découverte à l'air pour arrêter la fermentation qui va fouvent trop vîte.

Il faut avoir grande attention que la toile ou la laine dont on recouvre la pâte qui s'apprête, foient élevées à quelques lignes au-deffus, dans l'appréhenfion que communiquant de l'humidité à la furface, elle ne s'y attache & n'empêche le gonflement : cet inconvénient a lieu, fur-tout par rapport à la couche, qui n'a pas de foutien ; mais il n'arrive pas pour les panetons

F f

dans lesquels il y a toujours affez de vide pour défendre la partie fupérieure de la pâte du contact des couvertures.

Le temps que la pâte emploie pour s'apprêter ne fauroit être déterminé ; c'eft ordinairement la faifon , le volume & l'efpèce de pâte , la température du fournil & les entraves qu'on lui oppofe, qui le règlent; plus les pains font gros, d'une confiftance molle & qu'il fait chaud, plus vîte ils s'apprêtent : or, c'eft le contraire en hiver & pour les petits pains ; une fournée de pains en été refte une demi-heure ou trois quarts d'heure au plus fur couche, tandis que dans les grands froids il faut une heure & demie : ce feroit un très - grand inconvénient qu'elle y demeurât plus long-temps, & qu'une fois commencée à fermenter, elle fe refroidît & perdît de fon apprêt.

La pâte ferme & la pâte batarde acquièrent une plus belle apparence fur couche qu'en panetons , parce qu'elles perdent un peu de leur confiftance; mais comme les pains en font toujours d'un volume affez confidérable, on les met plus rarement fur couche. La pâte de farine bife fuit à peu-près les mêmes loix, prefque toujours fous forme ronde, & d'un gros poids, on la met plus ordinairement en panetons, elle fermente plus aifément, a befoin d'être moins couverte & d'avoir peu d'apprêt.

C'eft particulièrement la pâte molle qu'on met en panetons, quand fon poids n'excède pas une livre; mais il ne faut jamais y laiffer deux pains, même d'un poids inférieur, à la fois, parce qu'ils ne lèveroient pas affez promptement, & que d'ailleurs le gonflement qu'ils prendroient en fermentant, pourroit joindre leurs extrémités & les confondre enfemble au point de ne plus former qu'une feule maffe.

La couche dans ce cas eft donc préférable, les petits pains d'une livre, d'une demi-livre & d'un quarteron, ne doivent donc pas être mis en panetons; mais ces efpèces de pains demandent beaucoup de précautions : quand on les comprime trop entre le pli de la toile, ils s'alongent, & ne confervent plus la forme qu'on veut leur donner; lorfque les farines font tendres, qu'il fait chaud, & qu'on a préparé la pâte trop molle, il convient de tourner les pains plus courts, d'employer des couches sèches, & de tenir les cloifons en toile plus hautes & plus longues.

Les marques auxquelles on peut reconnoître que la pâte eft à fon vrai point d'apprêt, ne

F f ij

font pas tout-à-fait auffi aifées à caractérifer que celles qui indiquent l'apprêt des levains. L'habitude facilite cependant cette connoiffance, le volume que la pâte occupe, l'état affiné de fa furface, fon reffort lorfqu'on appuie doucement le dos de la main, font autant de moyens qui peuvent éclairer cet objet fur lequel nous reviendrons encore à l'article de l'Enfournement.

Parvenus au moment d'achever la fabrication du pain, tâchons de fuivre avec la même exactitude les opérations de la cuiffon, la dernière chofe à faire dans le travail du Boulanger.

CHAPITRE V.

De la Cuisson du Pain.

ARTICLE PREMIER.

Du Four & des Instrumens qui y sont accessoires.

LES hommes s'étant partagé entr'eux les différens genres de travaux, ils en ont perfectionné l'objet principal à mesure qu'ils se font réunis en société : le four qui est le lieu où s'achève la fermentation de la pâte, & où se fait la cuisson du pain, n'étoit dans l'origine que l'âtre de la cheminée, un trou en terre, un gril; mais la pâte qu'on y exposoit ne cuisant que par un côté, on l'environna de cendres, dont la chaleur immédiate brûloit le dessus du pain & le salissoit. On remédia bientôt à cet inconvénient, en mettant un obstacle entre la pâte & le feu par une feuille de tôle ou d'autre métal : il est même naturel d'imaginer que les tourtières, appelées encore aujourd'hui *fours de campagne,* & que nos cuisiniers emploient pour faire des pâtisseries, ont été les premiers fours : l'industrie se perfectionnant, on inventa des fours portatifs, & après cela des fours à demeure.

Le four, tel qu'il eſt conſtruit maintenant, n'ayant plus permis aux hommes d'y manœuvrer avec les mains, il fallut néceſſairement avoir recours à des inſtrumens pour le chauffer, retirer le bois converti en braiſe, placer la pâte & en tirer le pain; de-là ſont venus ſucceſſivement ces outils, dont nous allons donner l'idée très-abrégée ſans nous appeſantir ſur leur forme & leur exacte dimenſion, parce qu'elles ſont relatives à l'étendue du four, & au volume de pâte que l'on traite; ceux, autres que les Boulangers, qui ſeroient curieux de les mieux connoître, les verront toujours dans un fournil bien monté.

Du Four.

Le local, l'eſpèce, & la quantité de pain qu'on prépare, font varier la forme du four; elle eſt ordinairement ovale, & l'expérience a prouvé que cette forme étoit juſqu'à préſent la plus avantageuſe pour chauffer économiquement, raſſembler, conſerver & communiquer de toutes parts à l'objet qui s'y trouve renfermé, la chaleur du bois qu'on y brûle. C'eſt donc un hémiſphère creux, aplati, dans lequel on diſtingue pluſieurs parties : la voûte de deſſous, l'âtre, le dôme ou chapelle , la bouche ou l'entrée ; enfin , le deſſus du four.

Les plus grands fours de Boulangers que l'on connoiſſe , ſont ceux où ſe cuit le pain de munition , ils ont juſqu'à quatorze pieds de longueur ; mais ces fours ne ſauroient convenir à ceux des Boulangers qui ne font que de gros pains , parce que la manœuvre en eſt entièrement différente , le pain de munition par ſon eſpèce & ſa nature demande & permet à être enfourné très-vîte ; d'ailleurs , ce n'eſt pas dans l'extérieur agréable de ce pain que réſide ſa bonne qualité , pourvu qu'il n'ait pas de baiſures , qu'il ſoit parfaitement cuit , peu importe ſa forme régulière.

On connoît à Paris deux ſortes de Boulangers , les uns qui ne fabriquent que du gros pain & les autres du petit pain : les fours dont ſe ſervent les premiers peuvent avoir juſqu'à dix ou onze pieds , & cette grandeur n'eſt nullement capable d'empêcher que la cuiſſon ne s'opère parfaitement, parce que la fournée conſiſtant ſeulement en pain volumineux , ſa diſtance eſt atteinte aiſément par la chaleur du dôme.

Les fours des Boulangers à petits pains , ne doivent guère avoir plus de huit à neuf pieds au plus, cette proportion eſt ſuffiſante quand il ne s'agit de cuire qu'un pain moins gros, parce que la hauteur de la chapelle étant toujours proportionnée à la grandeur de l'âtre; les pains en outre exigeant beaucoup plus d'attention, tant par la variété des formes, qu'à cauſe de leurs eſpèces, il faut néceſſairement que le dôme ſoit aſſez bas, pour produire une chaleur ſuſceptible d'arrêter la fermentation de la pâte, & de produire la cuiſſon du pain.

Les fours dans leſquels on fait les différentes eſpèces de pain ſont toujours préjudiciables à l'un ou à l'autre pain, parce que le Boulanger étant obligé de les préparer à la même heure, & ne pouvant pas multiplier les fournées ſans manquer au ſervice journalier; il arrive alors que la hauteur de la chapelle, proportionnée de manière à ſaiſir la pâte des gros pains, eſt trop élevée pour le petit pain, d'où il ſuit que le premier eſt bien levé & bien cuit, tandis que le dernier eſt mat & brûlé ſans cuire.

Les Boulangers qui ont l'avantage d'avoir deux fours, ont ſoin de les conſtruire de différentes grandeurs : le plus grand ſert pour le gros pain, & celui qui eſt moindre pour le petit pain. Que d'inconvéniens n'éprouve pas tout Boulanger qui n'a qu'un ſeul four ! jamais l'enfournement & la cuisson ne peuvent être constamment parfaits ; s'il se hâte de mettre au four le petit pain, il est brûlé, a mauvaise façon, & se trouve plein de baisures ; s'il emploie, au contraire, la lenteur nécessaire, le pain de la bouche est à peine au four, que celui placé au fond est déjà cuit. Nous verrons dans la suite cet objet plus en détail.

Des Pelles, du Fourgon & du Rouable.

La perfection de l'art du Boulanger a multiplié les pelles : ces instrumens de première nécessité dans un fournil, ne servent pas seulement à mettre le pain au four & à l'en tirer, on les emploie encore pour y ranger le bois, l'attiser quand il brûle & l'ôter lorsqu'il est converti en braise : l'épaisseur, la largeur & la longueur des pelles varient donc suivant leur usage, suivant le volume & la forme des pâtes ; enfin, relativement aux endroits du four où il s'agit de placer le pain.

Il y a des ouvriers à Paris qui ne font absolument autre chose que des pelles à four, ce genre de travail qui paroît de peu de conséquence, a cependant ses difficultés : il faut qu'une pelle soit solide, mais légère & flexible, parce que de la manière de décharger la pâte dans le four & de la célérité qu'on y emploie, dépend souvent la beauté du pain : il est nécessaire que le pelleron se trouve dans une proportion égale avec le manche, & relative sur-tout à la grandeur du pain qu'on enfourne ; enfin, que le bois dont il est fait, n'ait pas de nœuds, & soit suffisamment sec pour empêcher que le feu ne le fende & ne l'éclate.

Une des plus grandes pelles dont les Boulangers se servent, est sans poignée, & d'une forme ronde, on l'appelle *le rondeau ;* elle est destinée à transporter les pains ronds qui sont sur couche jusqu'au four pour les y placer ; il y a aussi des pelles de fer au moyen desquelles on retire la braise du four, & on la vide dans un vaisseau propre pour l'éteindre : elles sont connues sous le .nom *de pelles à braise.*

Le fourgon est un fer long & étroit, emmanché à une perche ; cet outil sert principalement à remuer le bois qui brûle pour animer le feu & chauffer également le four ; quelques Boulangers emploient de mauvaises pelles à la place du fourgon.

Le rouable est un grand crochet de fer attaché à un grand bâton, & dont la hauteur doit avoir environ trois pouces, afin que ramassant la braise, il ne la casse pas trop ; comme on chauffe le four au fond & à l'entrée , on a deux rouables , dont l'un a un manche moitié plus court que l'autre.

De l'Étouffoir.

Le vaisseau cylindrique dans lequel on verse la braise du four pour l'éteindre, se nomme *étouffoir ;* il a environ deux pieds de largeur sur trois de hauteur , & est garni à son milieu de deux anses pour pouvoir le manier & le transporter dès qu'il est plein ; sa capacité devroit toujours être relative à la quantité des fournées qu'on fait dans l'espace de vingt-quatre heures.

Comme la braise doit dédommager le Boulanger des frais de fabrication , il est à propos d'empêcher qu'elle ne se consume dès qu'elle est reçue dans l'étouffoir , il faut pour cela que ce vaisseau ait un couvercle qui ferme exactement ; qu'il soit plutôt en cuivre , parce que la tôle est sujette à un inconvénient , celui de s'user par écailles , & de permettre par les trous qui se forment , l'intromission de l'air , qui empêcheroit la braise de s'éteindre assez vîte & assez parfaitement.

Il arrive souvent que les Boulangers , par une négligence qu'on ne sauroit trop s'empresser de blâmer , n'ayant qu'un étouffoir , & étant forcés de le vider au moment de s'en fervir, la braife toute brûlante, encore frappée par l'air extérieur, eft bientôt en feu, d'où il eft réfulté des incendies : nous avons une infinité d'exemples qui prouvent qu'un corps fec & extrêmement chauffé, paffant rapidement de l'efpace vide dans lequel il fe trouve, eft fi fortement frappé dans tous fes points par le nouvel air auquel il eft expofé, qu'il s'enflamme ; les Chimiftes font fouvent témoins de ces phénomènes, en caffant une cornue lorfqu'elle eft encore brûlante, ils voient le réfidu charbonneux prendre feu auffitôt fans le contact d'une matière dans l'état d'ignition.

La Police en ordonnant qu'il y ait au moins deux étouffoirs dans chaque fournil, & que celui du jour ne ferve que le lendemain, devroit févèrement interdire l'ufage dangereux où font plufieurs Boulangers de raffembler la braife dès qu'elle vient d'être éteinte, dans des caiffes, des tonneaux & autres endroits fufceptibles de prendre feu.

De l'Écouvillon & du Lauriot.

L'âtre du four après qu'il eft chauffé, & qu'on en a ôté la braife, n'a pas toujours été nétoyé, on y laiffoit même autrefois de la braife dans les angles, afin de faire gonfler davantage la pâte, & d'accélérer la cuiſſon du pain ; mais cette pratique étoit trop vicieuſe pour ne pas mériter d'entrer en conſidération dans la réforme des procédés auſſi défectueux que celui-ci, qui brûloit le pain ſans le cuire ; non-ſeulement on ôte aujourd'hui du four la totalité de la braiſe, mais encore la cendre légère qui ſe trouve diſperſée dans le contour, & qu'il eſt impoſſible au rouable de pouvoir entraîner au-dehors.

Le nétoiement de l'âtre du four s'exécuta d'abord avec un long balai ordinaire, qu'on fit enſuite de paille en forme de broſſe, & qu'on trempa après cela dans l'eau, afin de mieux ramaſſer la cendre ; mais le balai ne pouvant agir que couché, à cauſe de la diſpoſition du four, & ne pénétrant pas ſuffiſamment dans les angles, on a imaginé d'attacher à une longue perche une eſpèce de drapeau compoſé de pluſieurs morceaux de vieux linges mouillés : ce drapeau auquel on a donné le nom d'*écouvillon*, eſt promené rapidement par-tout le four pour attirer la cendre vers la bouche, & enlever le noir que la fumée du bois y a laiſſé. La manière d'écouvillonner n'eſt pas indifférente chez les Boulangers où l'on s'en ſert, la plupart des geindres ſe bornent à attirer à la bouche du four la cendre qui eſt au milieu, & laiſſent celle

qui eſt dans le contour où la fumée va dépoſer
ſa ſuie, & où l'air porte les flammèches; en ſorte
que le pain qu'on y place enſuite, eſt toujours
noir, ſale, & ne ſauroit être nétoyé par la broſſe;
il faut néceſſairement le gratter avec le couteau,
le chapeler enfin.

La malpropreté des linges & de l'eau dans
laquelle on les trempe, a partagé les Auteurs ſur
la néceſſité d'écouvillonner: pluſieurs, perſuadés
encore que la cendre étant un corps intermé-
diaire qui garantiſſoit la pâte de l'âtre brûlant,
& étant plus pure que le fleurage qu'on met ſous
le pain en l'enfournant, ont penſé qu'on feroit
bien d'abandonner l'écouvillon pour ſe ſervir
du balai à la place; mais cet inſtrument, je le
répète, n'en remplit pas à beaucoup près l'effet,
parce qu'étant couché, il étend la cendre plutôt
que de la raſſembler, & que d'ailleurs, il ne
ſauroit enlever la ſuie un peu adhérente au four,
& qu'il communique au pain.

Quoique l'écouvillon partage un peu la chaleur du four par l'humidité qu'il y apporte, &
que ſon application exige des ſoins continuels,
loin de conſeiller d'en abandonner l'uſage, nous
ne ſaurions trop le recommander dans ce temps
ſur-tout où les pâtes molles ſont devenues ſi
communes, puiſque le Boulanger, avant de les

enfourner, les mouille pour rendre leur furface liſſe & dorée : l'eau ajoutée ainſi au pain apprêté, en coulant dans le four, ne manqueroit pas de devenir le moyen d'union de la cendre avec le deſſous du pain.

Pour perfectionner l'écouvillon, il feroit eſſentiel que l'extrémité du manche fût ferrée pour y ajouter un anneau dans lequel on feroit entrer de vieux linges propres, le promener autour du four pour enlever le noir, & rapprocher à la bouche tout ce qu'il rencontre, répéter cette opération juſqu'à deux ou trois fois, afin de ne rien laiſſer fur l'âtre qui ſoit capable de ſalir le pain, achever de nétoyer la bouche du four en ſe ſervant d'un gros balai de jonc.

Le baquet dans lequel on met tremper l'écouvillon doit être extrêmement propre, ainſi que l'eau qu'il contient ; il faut même la renouveler ſouvent, dans la crainte, qu'étant corrompue, elle ne donne aux linges qu'elle mouilleroit, une odeur déſagréable qui pouroit nuire au pain.

De l'Allume & du Porte-allume.

Le bois étant converti en braiſe, & celle-ci miſe dans l'étouffoir, il règneroit dans le four une obscurité qui ne permettroit pas de le nétoyer parfaitement, & d'y ranger le pain, ainsi qu'il convient, si, en retirant la braise, on ne songeoit à ménager une lumière pour éclairer les différentes opérations qui s'y font, sans produire en même temps une chaleur préjudiciable.

Lorsqu'on ne fabriquoit que des gros pains & de forme ronde, l'enfournement étoit facile, & ne duroit que quelques minutes, on se contentoit seulement de laisser dans une des rives du four une bûche entière enflammée; mais cet endroit ayant déjà acquis un degré de chaleur trop considérable, le pain qu'on y plaçoit brûloit de toutes parts : on a donc cherché à éclairer le four, sans y produire de la chaleur. D'où est venu l'allume; c'est une bûche sciée que l'on fend & que l'on divise en petits morceaux longs : on les expose à la bouche du four sur de la braise.

Cette méthode de laisser la braise à la bouche du four & d'y placer des allumes, n'est plus pratiquée que dans quelques Provinces où les Boulangers font encore le pain comme il y a un siècle; mais ils ne peuvent manœuvrercommodément dans le four, la lumière des allumes frappe trop vivement leurs yeux, & les mains au-dessus de la braise, ne peuvent conduire la

pelle

pelle à leur gré en éprouvant une chaleur affez forte : voilà cependant la méthode que les Auteurs allemands vantent , parce qu'elle eft pratiquée chez eux , & que l'on eft toujours difpofé en faveur des ufages de fon pays , quels qu'en foient les inconvéniens.

La mode des pains de toute efpèce , fous un petit volume , & de formes différentes , ayant rendu l'enfournement moins aifé , plus long , & la néceffité de voir dans le four abfolument indifpenfable , on a cherché un moyen d'y tranfporter l'allume par-tout où on vouloit , fans craindre que la braife & la cendre qui en ré-fultent , demeuraffent fur l'âtre , ce qui a donné lieu *au porte-allume.*

Le porte-allume eft un morceau de tôle , ayant un pied au plus de long fur fix pouces de large & trois de hauteur : à la fuperficie de cette efpèce de boîte ouverte font plufieurs traverfes fur lefquelles pofe l'allume , qui , à mefure qu'elle fe confomme , dépofe fa braife & fa cendre dans la cavité qui les reçoit ; le brigadier pouffe de côté & d'autre le porte-allume qu'il fait changer de place dans les endroits du four où il a befoin d'être éclairé pendant qu'il range les pains & qu'il les tire.

G g

Article II.

De la construction du Four.

Suivant l'opinion commune, il n'y a rien de plus aisé à construire qu'un four; tout le monde se persuade même en connoître la meilleure forme & les justes dimensions : cependant nous voyons journellement les Boulangers eux-mêmes avoir une peine infinie pour se procurer cet instrument tel qu'ils le desirent, soit par rapport à sa situation, soit relativement à la construction, ou enfin par la rareté des ouvriers intelligens qui se livrent à ce genre de travail.

La construction du four appartenoit autrefois au premier maçon venu; mais à présent il y en a parmi ces Artistes qui s'en occupent particulièrement, on les appelle à cause de cela *fourniers ;* c'est ainsi que les Arts se perfectionnent, lorsque leurs différentes branches sont cultivées par différens Artistes. La Menuiserie, par exemple, présente aujourd'hui une multitude étonnante d'arts. Le maçon, le couvreur, & généralement tous les ouvriers de première nécessité étoient un seul & même homme pour la construction du bâtiment le plus simple.

On s'est servi d'une infinité de matériaux

pour conſtruire le four; la partie la plus eſſentielle qui eſt l'âtre, a été faite alternativement
de briques, de carreau, de groſſes pierres, de
grès, de plaques de tôle ou de fonte; mais
ils ont chacun leurs inconvéniens. On ne
peut pas joindre exactement les briques, elles
laiſſent des interſtices, ſe dégradent aiſément
par le choc des inſtrumens du four; les car-
reaux, ſont à peu-près dans le même cas :
les dalles de pierre une fois échauffées, ſe calci-
nent & ſe convertiſſent en chaux, les pavés
fendent & éclatent, les plaques de métal prennent
& conſervent trop de chaleur, & le pain eſt
expoſé à brûler deſſous; ſi les Pâtiſſiers en ont
conſervé l'uſage, c'eſt que la fermentation leur
eſt étrangère, que les pâtes qu'ils mettent au
four ne poſent pas immédiatement ſur l'âtre,
& qu'elles ſe trouvent toujours ſur une tourtière
ou un autre vaſe.

Après l'âtre, la partie du four qui mérite le
plus d'attention, eſt la chapelle ou dôme; indépendamment de la forme & de la hauteur qui
étoient très - vicieuſes, on la conſtruiſoit an-
ciennement avec des vieux tuileaux, dont la
convexité naturelle produiſoit beaucoup d'interſtices, leur peu d'épaiſſeur ne conſervoit, ni
ne réfléchiſſoit ſuffiſamment de chaleur, la

terre qui fert de mortier pour les unir venoit à fe détacher. La brique étant fupérieure, tant par la chaleur qu'elle garde, que par celle qu'elle communique au pain, on la préfère au tuileau.

Le meilleur âtre pour le four du Boulanger doit être en terre argileufe, battue & tamifée, afin qu'il ne s'y trouve aucunes petites pierres qui occafionnant des inégalités, empêcheroient les pelles & le rouable de gliffer fur l'âtre, & pourroient faire renverfer le pain lorfqu'on le place dans le four ; on la nomme par rapport à fon ufage, *terre à four ;* il faut donner à l'âtre une furface tant foit peu convexe, depuis la bouche jufqu'au milieu, en diminuant infenfiblement vers les extrémités, parce que c'eft dans cette partie de l'âtre que le four eft plus fatigué, par le jeu continuel des pelles & du rouable.

Il faut que les Boulangers ne perdent pas de vue fur-tout la hauteur de la chapelle du four qui doit toujours avoir feize à dix-fept pouces depuis l'aire jufqu'à la clef : trop fouvent les fourniers, foit par ignorance ou pour fe ménager le moyen de fe retourner plus aifément dans le four lorfqu'il s'agit de le raccommoder, donnent au dôme une trop grande hauteur, d'où il ré-fulte que le chauffage coûte plus de bois, que la pâte ne bouffe pas autant, & que la croûte

supérieure du pain seroit desséchée, sans couleur, tandis que le dessous seroit trop cuit.

On ne commence plus à présent la construction du four par l'âtre, parce que cet âtre
étant aujourd'hui fait avec de la terre, il seroit
exposé à se dégrader pendant qu'on le cons-
truiroit; la chapelle est donc la première partie
essentielle du four dont on s'occupe : les différentes courbures qu'on lui donnoit faisoient
varier sa forme, ses effets & ses dénominations,
mais la hauteur de la voûte & sa figure sont
déterminés, ce doit être un ovale alongé, dont
la partie la plus aiguë est tronquée; le contour
est appelé par les Boulangers *les rives du four*,
& par le fournier *le pied-droit*. Les *ouras*, c'est-
à-dire, les petites ouvertures qu'on pratiquoit
à la chapelle, pour porter de l'air dans le
four & animer la combustion du bois, en lais-
soient plutôt échapper la chaleur, à cause de
la largeur de leur orifice ; on les a réformés
pour les petits fours à voûte plate, & en les
corrigeant, on en a restreint le nombre à un
ou deux au plus pour les grands fours; l'entrée
ou la bouche du four qui avoit jusqu'à deux
pieds six pouces de largeur sur dix-huit pouces
de hauteur, n'a plus à présent que deux pieds
trois pouces d'une part, sur quatorze pouces

de l'autre , & au lieu d'être fermée par une plaque de tôle mal jointe, qu'on nommoit *le fermoir*, *le bouchoir* du four , cette fermeture eft une porte de fer battu , repréfentant un carré long , renfermée dans un chaffis roulant fur des gonds , & arrêté par un loquet.

Mais la bonne conftruction du four intéreffe trop le Boulanger pour ne pas la lui décrire ici; & fans m'arrêter à calculer fa grandeur fur la quantité de pain qu'on veut y cuire, je fuppofe qu'il a neuf pieds de largeur , fur autant de longueur.

Sur une voûte conftruite en moellons, en briques ou en pierre de taille , s'il eft poffible, on établit un maffif dont l'étendue eft proportionnée à celle du four qu'on va conftruire & fur lequel on trace les dimenfions qu'il doit avoir , on élève le pied-droit jufqu'à la hauteur de quatorze pouces pour former en briques les limites ou les rives du four ; on fonge après cela à la chapelle à laquelle on donne une courbure de trois à quatre pouces, depuis l'origine de la voûte fur le pied – droit jufqu'au couronnement qu'on appelle *la clef :* la voûte aura de la clef à la bafe de l'âtre dix-fept à dix-huit pouces de hauteur , cette proportion eft la meilleure que puiffe avoir la grandeur du four

dont je parle. Si elle excédoit de quelques pieds,
il faudroit donner au pied-droit un pouce d'élévation de plus, & autant à la chapelle, ce qui
feroit, pour la plus grande hauteur de la voûte,
environ vingt pouces : on ménage dans l'épaiffeur de la chapelle deux conduits perpendiculaires, jufqu'au deffus de la terre rapportée fur
le four, plus étroits en bas qu'en haut vers la
cheminée.

Le dôme fini, on s'occupe de l'entrée ou de
la bouche du four. On commence d'abord par
pofer le chaffis pour lequel on fait des fcellemens
très-confidérables, qui puiffent s'étendre dans
l'épaiffeur des rives, afin que la brique touche immédiatement à l'extérieur, le pourtour du chaffis ;
on élève au-deffus une muraille en brique qui
forme le derrière de la cheminée, & dont le
devant répond à l'extrémité, qu'on nomme *la
tablette, l'autel du four.* C'eft fur cette tablette
qu'on attire la braife pour la faire tomber dans
l'étouffoir, & que l'on pofe la pelle avec laquelle
on enfourne le pain. On doit la garnir d'une
plaque de fonte.

Quand la chapelle eft finie, on remplit de
moellons & de terre les vides qui fe trouvent
entre le pied-droit de la muraille interne qu'on
appelle les *reins,* afin d'empêcher que la chaleur

G g iv

ne fe diffipe : on fait une feconde voûte à la naiffance du pied-droit, jufqu'au couronnement, & quand elle eft achevée, le furplus fe remplit également de moellons & de terre pour obtenir un maffif très-épais & très-uni que l'on carrèle, & qui forme une efpèce de chambre nommée le *deffus du four*.

La troifième & dernière partie du four qui refte à conftruire, c'eft l'âtre, on répand fur l'aire environ huit pouces d'une terre jaune argileufe, à laquelle on donne, en l'arrangeant, une convexité prefque infenfible : cette terre eft foulée, autant qu'il eft poffible, avec des battes ; on aura l'idée de ce travail en fe repréfentant ce qui fe paffe dans les allées de jardins ou dans nos caves, fur le fol defquelles on répand du ciment : l'âtre fera fuffifamment battu, lorfqu'il fera parfaitement égal & uni.

L'ufage des ouras aboli pour les voûtes plates, me paroît cependant toujours néceffaire ; indépendamment qu'ils font effentiels pour les grands fours que l'on chauffe ordinairement avec le bois le plus vert, qui ne brûleroit pas bien fans cela, ils permettront dans certaines circonftances, en procurant un courant d'air, de déterminer la fumée à fortir au-dehors, lorfqu'elle fe fixe quelquefois en forme de brouillard épais au-deſſus de l'âtre, à peu de diſtance de la voûte ; ces ouras permettroient encore d'accélérer le chauffage du four, quand l'apprêt de la pâte preſſeroit, & de réformer un abus qui ruine le four, celui de le remplir de bois après la cuiſſon du pain ; il ſuffiroit de fermer ces ouras par le moyen d'une plaque de tôle, ſemblable en tout à la porte du four, quand il ne ſeroit pas néceſſaire de produire les différens effets pour leſquels je crois qu'ils peuvent être recommandés.

Le peu que nous avons expoſé concernant le four, ſuffit pour prouver qu'il a ſouffert beaucoup de changemens ; il appartenoit à la Géométrie d'en tracer la meilleure forme, & il n'y avoit que la Maçonnerie & la Serrurerie qui puſſent concourir à ſa perfection & à ſa ſolidité : le maſſif plus épais & moins rempli d'interſtices, ne permet plus aux grillons, ces inſectes qui ſe complaiſent tant au chaud, de s'y introduire & de la détériorer. La voûte moins élevée réfléchit mieux la chaleur, & achève à temps le gonflement de la pâte ; l'âtre plus uni & d'une matière moins denſe, cuit le pain ſans le brûler ; le nombre des ouras diminué, & leur forme rectifiée, porte un courant d'air qui anime le bois & donne du mouvement à la fumée ; la bouche plus abritée, plus étroite & mieux fermée, ne perd plus de chaleur, d'où il réfulte que le four eft moins fujet à réparation, qu'on le chauffe mieux & fans confommer autant de bois, que le pain eft plus parfait, & qu'enfin le geindre peut manœuvrer dans l'intérieur plus à l'aife, fans avoir les yeux bleffés par l'éclat de la flamme & les mains brûlées par la chaleur.

Le maffif du four le mieux conftruit en pierre de taille, la voûte la plus folide en brique, peuvent durer jufqu'à vingt-quatre ans ; mais l'âtre le mieux foigné & le plus battu, va tout au plus à une année : cependant une confidération bien importante pour le Boulanger, dans la conftruction du four, c'eft la folidité de l'âtre. Il n'en eft aucun qui ne fît un très-grand facrifice pour qu'il durât plus long-temps ; on n'a pas l'idée des embarras & du chagrin que lui caufe fouvent l'obligation dans laquelle il fe trouve de le faire regarnir ; n'ayant à fa difpofition qu'un four, & l'objet de fon commerce, fe renouvelant fans difcontinuer, il doit fe précautionner, puifque, malgré toutes les diligences des fourniers, & l'effet de l'eau qu'ils jettent pour refroidir le four, ils ont encore befoin de huit heures pour regarnir l'âtre, &

autant pour le cuire , encore le Boulanger manqueroit-il le degré de cuisson du pain, s'il négligeoit les soins que nous allons lui indiquer; c'est exaucer ses vœux , que de s'arrêter un instant sur un sujet qui lui cause quelquefois tant d'impatience & d'inquiétude.

Dès que le Boulanger s'aperçoit que le four ou l'âtre menace ruine , il faut qu'il tâche de s'assurer bien positivement du jour & de l'heure où il sera possible de le raccommoder. Après cela, il est nécessaire qu'il se ménage des ressources pour satisfaire ses pratiques ; en conséquence, qu'il continue les fournées sans interruption pendant plusieurs jours de suite , & fournisse l'ouvrage de très-bonne heure. Mais il ne doit pas oublier sur-tout de faire provision de bois sec, tant pour hâter l'ouvrage qui précède la reconstruction de l'âtre , que pour le cuire ensuite quand il est fini, & ne pas fatiguer de quelque temps le four en y mettant à sécher du bois, qui occasionne encore du froid par l'eau qui s'en évapore.

La résistance que le Boulanger opposeroit au fournier pour l'empêcher de trop refroidir le four, en y jetant de l'eau, lui deviendroit préjudiciable. Moins le four aura de chaleur, plus l'ouvrier sera en état d'y travailler à l'aise;

pendant long – temps l'âtre s'en trouvera mieux battu, la terre ne perdra pas sa propriété tenace, elle se desséchera & se gersera moins, dût-il même attendre un peu, & consumer davantage de bois, c'est du temps & de l'argent bien employés, parce qu'il ne faut jamais revenir à deux fois sur la cuisson de l'âtre.

C'est particulièrement de l'exactitude du fournier dont il faut être assuré : le Boulanger ne sauroit trop se défier de ses promesses, rarement il vient à jeun & à l'heure convenue : ce n'est pas que le sommeil absorbe tout son temps, personne n'est plus matinal qu'un fournier, personne aussi n'est plus altéré : persuadé de père en fils qu'il doit restituer au sang le fluide que son corps perd dans l'atmosphère brûlante où il travaille ; la soif, devient pour lui, un besoin impérieux, aussi difficile à éteindre que la chaleur du four dont il regarnit l'âtre : habitant les extrémités des faubourgs, il parcourt & visite sur la route les ateliers qu'il a en train, excite ses manœuvres à l'ouvrage, arrose sa gorge toujours enflammée, s'attarde & oublie le rendez-vous.

Quelle situation plus affligeante que celle du Boulanger, qui ayant veillé, lui & ses garçons, pendant deux nuits sans interrompre le travail,

voit fon four démoli , le temps s'écouler en
foupirs & en difpute avec les ouvriers oififs ,
qui attendent après leur maître pour commencer.
Enfin , celui-ci arrive tard , fouvent ivre &
incapable de diriger le travail : cependant la
befogne fe fait tant bien que mal , & il en
réfulte que toutes les précautions du Boulanger
ont été infruétueufes , que le four eft achevé
trop tard & fans folidité , qu'on manque de temps
pour le reffuier & le bien cuire, que les fournées
font gâtées , & qu'il n'eft pas encore poffible
d'avoir le pain à l'heure de la vente : heureux
s'il ne faut pas recommencer l'ouvrage le lendemain !

Pour prévenir un inconvénient fi fâcheux
dans une circonftance auffi critique , il feroit
à defirer que la conduite & l'exaétitude du
fournier fuffent bien connues : pourquoi ne le
retiendroit-on pas à coucher à la Boulangerie ,
en fatisfaifant une partie de fon penchant pour
le fixer auprès du four , qu'on ne devroit pas
démolir fans qu'il n'y fût préfent ! Quel que
foit d'ailleurs le fournier , le Boulanger ne doit
pas le perdre de vue , parce qu'étant toujours
également payé , le travail le moins folide eft
pour lui le plus avantageux : il arrive fouvent
que le fournier ne faifant pas venir affez de

terre pour donner à l'âtre l'épaisseur convenable, il fait resservir la vieille terre ; d'où il résulte un âtre mince & qui se fend ; le Boulanger doit exiger que l'âtre soit bien garni & suffisamment battu.

Quoique nous regardions la terre dont est composé l'âtre, supérieure à tous les matériaux qu'on a essayé d'employer pour rendre les âtres plus durables, il existe cependant une pierre particulière destinée à cet usage en Allemagne, qui remplit très-bien les vues, en se conservant un très-grand nombre d'années sans s'user. Le sieur Antelin, un de nos meilleurs fourniers, en a construit l'âtre d'un Boulanger de Fontainebleau qui s'en trouve très-bien.

L'attention que doit encore avoir le Boulanger, quand le four est fait ou l'âtre raccommodé, c'est d'y tenir des morceaux de bois menu, bien sec & allumé, en augmentant sensiblement leur grosseur & leur quantité ; quand l'humidité est en partie dissipée, on peut y brûler impunément des bûches entières pour chauffer davantage ; la cuisson d'un four neuf peut durer environ vingt-quatre heures, & celle de l'âtre rebattu environ huit heures : quand on soupçonne que cette cuisson est achevée, il faut tenir le four fermé une heure & demie au moins avant de songer à

enfourner pour que la chaleur vive de la chapelle s'affaiffe fur l'âtre, & diffipe l'humidité
qui fe porte du fond de la terre à la fuperficie,
en forte que la chapelle & le dôme fe trouvent,
en même temps, au degré de chaleur qui
convient pour cuire le pain, fans le deffécher
ou le brûler; il fuffira feulement, avant de mettre
la pâte au four, d'y donner un dernier coup de
feu, en brûlant un peu de bois au fond & à la
bouche.

On fent bien que le travail de la Boulangerie,
fufpendu pendant quelques heures, à caufe de
l'âtre qu'on regarnit, doit néceffairement rè-
tarder auffi, dans les mêmes proportions, l'apprêt & le renouvellement des levains; il faut
donc calculer tout le temps que demande chaque
opération de la pâte, & faire en forte qu'elle
ne foit à fon vrai point, que quand le four aura
été fermé une heure environ après la cuiffon
de l'âtre : c'eft ainfi que M. Brocq agit en
pareille circonftance; jamais, moyennant cette
précaution, il ne manque la cuiffon de l'âtre
& du pain de la première fournée : quelques
Boulangers avec lefquels il a eu occafion de
difcuter cet objet, fe font rendus à fes raifons,
& depuis, l'ont imité : nous fouhaiterions que
tous ceux qui auroient à propofer des doutes

fur la fabrication du pain, vinſſent conſulter un homme auſſi zélé & auſſi inſtruit.

ARTICLE III.

Du Chauffage du Four.

L'INSTANT de mettre le feu au four eſt déterminé par la ſaiſon, par l'eſpèce & la qualité de pain qu'on fait : en été, comme la pâte lève vîte, ſur-tout quand elle eſt façonnée en gros pains, & compoſée de farines biſes, on chauffe le four au moment où l'on commence à tourner ; en hiver, au contraire, que la fermentation va très-lentement, ce n'eſt que long-temps après qu'il s'agit de mettre le feu au four.

Toutes les matières combuſtibles peuvent également ſervir au chauffage du four, pourvu qu'elles donnent une flamme claire, mais vive, pour échauffer la chapelle, & qu'elles laiſſent enſuite de la braiſe pour échauffer l'âtre ; la paille, les feuilles mortes des arbres & les tiges herbacées des plantes, ne ſauroient remplir ce double effet ; il n'y a donc que le bois qu'on puiſſe deſtiner à cet uſage, mais il faut préférer celui qui eſt le moins vert, ſans être trop vieux & trop ſec. On eſt par-tout dans l'habitude, en hiver, de mettre le bois au four pour ſécher ; mais en

été,

été, cette précaution eft inutile; il fuffit de l'expofer un moment dans les rives pendant l'intervalle des fournées; il feroit même à defirer qu'on renonçât à cette pratique, parce qu'en defféchant ainfi le bois, on diminue fa qualité, on lui ôte un fluide qui fert de véhicule & d'aliment à la flamme; fans elle le four ne pourroit acquérir par-tout également le degré de chaleur qui lui eft néceffaire.

Les Boulangers qui fe plaignent que leur âtre ne dure pas long-temps, devroient bien s'en prendre à leur pratique journalière, de jeter à la volée de groffes bûches dans le four pour fécher, ce qui dégrade l'âtre, & peut écorner le dôme. Le bois trop defféché reffemble au vieux bois ou au charbon; fa chaleur ne fe répand pas au loin, elle fe concentre fur la partie qu'elle touche; d'où il fuit que l'âtre eft trop chaud quand la voûte ne l'eft pas fuffifamment : il eft vrai que l'inconvénient feroit à peu-près le même par rapport au bois trop vert, qui ne brûleroit, ni affez vivement, ni affez promptement : dans ce cas, il faut le divifer pour favorifer fa combuftion & le mettre dans les rives dès qu'une partie du pain eft cuit & ôté du four. Le feul moyen donc de conferver longtemps la chapelle & l'âtre du four, d'avoir une

H h

chaleur plus forte & plus économique, c'eſt de ne pas le garnir après la dernière fournée.

Si toutes fortes de bois peuvent ſervir au chauffage du four, il faut, autant qu'on le peut, choiſir de préférence celui qui flambe aiſément & long-temps, qui n'eſt pas ſujet à noircir & qui ne donne pas exceſſivement de braiſe. Les Boulangers qui emploient par économie du bois flotté ou du bois blanc, n'entendent pas leurs intérêts, l'un a perdu une partie de ſes ſels, pour m'exprimer vulgairement, c'eſt-à-dire, que l'eau lui a enlevé une portion de la ſubſtance eſſentielle à la combuſtion ; l'autre, qui eſt le bois blanc, fournit à la vérité une abondance de braiſe, mais peu de chaleur, au lieu que le bois de hêtre chauffe infiniment mieux, & qu'il en faut la moitié moins : au four, le danger des bois peints eſt connu, trop d'obſervations atteſtent qu'ils peuvent communiquer de leurs propriétés vénéneuſes, à la pâte qui fermente, évapore & cuit, pour que le Boulanger ne ſoit pas de la plus grande réſerve à ce ſujet.

Pour préparer le four à recevoir la pâte figurée en pains, il ne ſuffit pas d'y jeter la matière combuſtible au haſard, & de la laiſſer ſe conſumer tranquillement, juſqu'à ce qu'elle ſoit réduite à l'état de braiſe. La manière dont

le bois brûle, l'intenſité de chaleur qu'il communique, dépendent en partie de ſon arrangement au four, & des ſoins que l'on prend
pendant ſon ignition, ſoit pour conſerver,
diriger & animer la flamme, ſoit pour étendre
la braiſe, afin de faire en ſorte que l'âtre, la
voûte & la bouche ſe trouvent également
chauffés par-tout.

Nous avons déjà établi les raiſons qui nous
faiſoient blâmer la pratique de mettre le bois au
four pour le ſécher, parce qu'elle expoſe à des
incendies, que l'humidité qui s'en exhale diminue ſa propriété inflammable, refroidit le
four ; enfin, l'opération d'y mettre le bois &
de l'en retirer, dégrade l'âtre & la voûte, c'eſt
pourquoi il eſt néceſſaire de recommander au
garçon, chargé du chauffage, de porter le bois
dans le four avec la pelle, & de le gliſſer
doucement & légèrement dans les différens
endroits où il doit être placé, en obſervant
toujours une diſtance des rives d'un pied environ, afin qu'après la combuſtion, le rouable
puiſſe en attirer la braiſe ; d'ailleurs, c'eſt-là où
le four eſt le plus vif, & le pain, en prenant
trop de cuiſſon, ſe trouveroit encore ſali en-
deſſous.

C'eſt avec du gros bois qu'on fait le premier

chauffage du four, & fa quantité dans toutes les faifons eft déterminée par l'intervalle qu'il y a entre l'inftant où l'on a ceffé de cuire, & celui qui a recommencé le travail, parce qu'il eft très-facile d'entretenir le four une fois en train ; d'où il fuit néceffairement que le Boulanger, dont le commerce feroit réduit à deux ou trois fournées au plus, dépenferoit autant de bois que celui qui en feroit au moins le double. Auffi eft-il démontré, au grand préjudice des Boulangers peu occupés, qu'ils ne retireroient pas leurs frais s'ils étoient bornés à une feule fournée. Souvent même encore pour précipiter l'ouvrage, ou par un goût particulier pour le pain très-cuit, les garçons Boulangers font chauffer trop le four : ils font même cités parmi leurs camarades pour avoir ce défaut; les Maîtres ne doivent donc rien négliger pour corriger ce vice, quel qu'en puiffe être le motif.

Sans doute le chauffage du four feroit dans la fabrication du pain l'ouvrage le plus aifé, s'il étoit poffible de le régler à la mefure, au poids ou au nombre; mais il varie à chaque faifon, à chaque fournée & à chaque efpèce de pâte, ce qui exige de l'intelligence & des combinaifons ; & l'on peut affurer que le garçon boulanger qui entend fupérieurement cette partie, économise du temps & du bois, indépendamment qu'en s'épargnant beaucoup de peines & de sollicitudes qui accompagnent le chauffage, son pain est constamment bien cuit sans jamais être brûlé.

Une précaution qu'on ne sauroit trop recommander, & à laquelle ne manquent point les Boulangers, que les évènemens ont rendu attentifs & circonspects, c'est de ne jamais se laisser surprendre par la pâte; il vaut infiniment mieux que ce soit le four qui attende après la pâte, que celle-ci après le four, parce que si on est encore à temps pour conserver & entretenir la chaleur de ce dernier, on n'a pas une ressource semblable au sujet de la pâte, dont l'apprêt commencé se suspend & s'arrête difficilement : ce cas particulier arrivera rarement, il est vrai, lorsqu'on aura suivi les procédés que nous avons indiqués pour la conduite des levains & le travail de la pâte, c'est-à-dire, en employant toujours de l'eau plutôt froide que tiède, & les autres moyens conseillés à chaque opération du pétrissage.

On distingue plusieurs parties dans le four, lorsqu'on le construit; le chauffage admet également cette distinction, la chapelle, le fond, la bouche & les deux côtés, qu'on nomme *les*

H h iij

quartiers. La première partie du four chauffée eft la voûte, parce que la flamme s'y porte naturellement ; la dernière eft la bouche, dont la chaleur eft continuellement tempérée par l'air extérieur qui entre ; mais la faifon influant d'une manière directe fur la fermentation de la pâte, elle règle ordinairement le moment où il faut mettre le feu au four ; en hiver, par exemple, quelques heures après que la dernière fournée eft finie, on met du bois dans le four afin qu'il flambe plus aifément ; on attend alors que la pâte foit pétrie pour allumer dans les grands froids, ce n'eft même qu'après qu'elle eft pefée, tournée & mife fur couche, qu'on chauffe le four ; mais en été, on y met le feu au moment où l'on commence à délayer le levain, parce que fouvent le premier pain façonné eft déjà bon à cuire, que les derniers font encore dans le four.

L'arrangement du bois au four, quoique fimple, exige cependant une attention qu'on ne tarde pas à acquérir par l'expérience. On place d'abord au fond une bûche que l'on choifit la plus tortueufe, parce que fervant d'appui à toutes les autres, il eft néceffaire que le côté qui pofe fur l'âtre, n'y touche pas par tous fes points, & qu'une fois allumé, la flamme puiffe circuler librement tout autour : on place deux bûches que l'on croise par les bouts fur la première, & deux autres fur le milieu de celles-ci, de manière que leurs extrémités aboutiſſent dans les deux côtés du four, éloignées environ de deux pieds de la bouche ; la réunion de pluſieurs morceaux de bois au four ſe nomme la *charge.*

On met le feu à la charge par le moyen d'un tiſon embraſé qu'on place à l'endroit qui occupe le fond du four vis-à-vis de la bouche. Les extrémités les plus élevées des bûches diſpoſées en plan incliné, brûlent vîte ; le jet de fumée qui ſort des bouts inférieurs, & qui ſuit le long des bûches, nourrit & entretient la flamme, ce qui produit un feu vif, clair, ſans ſuie, ſans fuliginoſités ; enfin, tel qu'on doit le deſirer. Une partie des bûches qui ſe ſervent de ſoutien, ſe déſunit, tombe en braiſe ſur l'âtre, & le chaufferoit beaucoup trop, ſi on n'avoit la précaution, avec une mauvaiſe pelle ou le fourgon, de l'étendre & de replacer le reſtant des bûches les unes ſur les autres, ainſi qu'elles étoient avant le chauffage.

Il ſeroit abuſif d'attendre que le bois ceſſât de répandre de la flamme, & qu'il fût entière-ment brûlé pour ſonger à celui qui eſt néceſſaire au chauffage de la bouche, parce que la braiſe, en se consumant, donneroit trop de chaleur à l'âtre, tandis que la voûte n'en auroit pas suffisamment. On ôte donc entièrement la braise, que l'on approche, par le moyen du grand rouable, du fond du four à la bouche, & avec le petit rouable on l'attire sur la pelle à braise pour la faire tomber ensuite dans l'étouffoir ; si on la rangeoit dans les rives, comme font encore certains Boulangers, la braise seroit perdue pour eux, & ils courroient encore les risques *de ferrer*, de brûler le pain : on laisse seulement dans le four un tison qui sert d'allume pour y voir.

Le four n'est pas encore en état de cuire le pain également par-tout : la flamme & la braise n'en ont pas touché toutes les parties, la bouche, & particulièrement ce qui l'environne, n'a pas assez de chaleur, c'est donc dans cet endroit qu'il faut établir un second foyer : on use à cet égard des mêmes précautions que l'on a employées pour le fond du four, avec cette différence seulement, qu'au lieu de se servir de bûches entières, on les divise en long, & l'on place, vers le tiers du four vis-à-vis la bouche, un tison sur lequel posent deux bûches, dont les extrémités répondent à la rive gauche & à la rive droite. On en met ainsi jusqu'à six & sept, que l'on arrange toujours en plan incliné. Il est néceſſaire que le brigadier faſſe la charge aſſez éloignée de la bouche, parce que la flamme, très-vive, au lieu de lécher la voûte vers laquelle elle ſe rend, & de s'éparpiller enſuite dans l'intérieur du four, s'engloutiroit dans la cheminée, & feroit totalement perdue pour le chauffage ; l'inflammation de la ſuie pourroit s'enſuivre ; de-là des malheurs, des incendies. A meſure que le bois de cette charge brûle & ſe conſume on ſoulève les bûches que l'on replace les unes ſur les autres, on les rapproche un peu de la bouche ; ſi la pâte preſſe, & qu'il ne ſoit pas poſſible d'y brûler du menu bois pour chauffer également l'entrée, il vaut mieux négliger de ſe procurer ce petit avantage, que de manquer la fournée quand tout le bois eſt brûlé, & qu'il eſt permis de commencer l'enfournement ; on enlève ſouvent très-vîte la braiſe, afin de mettre promptement au four.

C'eſt ainſi que l'on arrange le bois & que l'on chauffe le four pour commencer le travail ; mais on agit un peu differemment pour les fournées qui ſuivent, ce ne ſont plus des bûches entières que l'on emploie, on les diviſe en trois ou quatre morceaux, & au lieu de les mettre au fond du four, comme à la première fournée, on les place dans un des côtés : on diſpoſe donc un allume dans le dernier quartier à un pied environ de la rive, fur lequel porte l'extrémité du premier morceau de bois ; on en ajoute un fecond que l'on croife, en portant un des bouts vers le milieu du premier, & en dirigeant l'autre du côté de l'entrée du four; on met un troifième morceau & un quatrième difpofés en plan incliné comme le premier & le fecond, vers l'entrée du four ; on en met jufqu'à fept morceaux, & fi le four eft grand, on emploie du bois plus gros, ou davantage de morceaux. La manière de difpofer le bois pour le chauffage de la bouche, eft femblable à celle de la première fournée, à la réferve que l'on fe fert de bois plus menu & en plus grande quantité.

Voilà à peu-près le chauffage de toutes les fournées, qui fuivent la première, on ajoute quelquefois un ou plufieurs morceaux de bois dans le premier quartier ; mais on remarque que ce fupplément fe defsèche d'abord, & qu'il ne s'enflamme que quand la charge oppofée eft prefque convertie en braife ; à mefure que les fournées fe fuccèdent, on diminue le nombre des bûches, c'eft ce qui fait que la charge du premier chauffage ne doit pas être femblable aux autres, que le four une fois en train demande des charges moins fortes.

Quand le chauffage preſſe, il faut encore
diviſer les morceaux de bois, en augmenter le
nombre, afin de produire la même chaleur,
mais plus prompte, on place l'allume dans l'état
d'ignition, & le bois brûle à meſure qu'on
l'arrange; on ferme le four ſi l'on peut pendant
un certain temps, afin de ne perdre aucune
chaleur; le bois s'y étant deſſéché, il ſuffit
de faire naître la plus légère flamme pour produire un embraſement ſubit qui gagne &
s'étend dans la totalité du four, & qui ſuffit
dans les voûtes plates pour obtenir le chauffage
deſiré.

Lorſque l'apprêt de la pâte a été lentement,
& que l'on craint que la cuiſſon ne ſe faſſe
pas aſſez vivement, il faut prévenir l'inconvénient qui pourroit néceſſairement arriver, en
faiſant chauffer le four très-promptement &
plus vivement, parce que tandis que la pâte
d'une fournée cuit, il faut diviſer le bois en
petites bûches, & ſitôt que le premier quartier
eſt vide, on remplit les rives droites lorſqu'il
n'y a plus de pain de bouche à cuire.

Quand on a deux fours à conduire, & qu'on
pétrit deux fournées à la fois pour les cuire
enſemble, il faut chauffer à bouche le premier,
lorſqu'on met le feu au dernier, & calculer ſa

pâte, de manière qu'elle se trouve à son vrai point lorsqu'on procède à l'enfournement : pour ne pas suspendre le second enfournement & l'apprêt de la pâte qui en est l'objet, & qu'il est impossible de retarder ; il est nécessaire que le dernier garçon ou l'aide continue de veiller le second four.

Mais quelques Boulangers, entre autres ceux qui font beaucoup de gros & de petits pains, ont deux brigadiers, c'est-à-dire, deux geindres & deux aides, afin que chacun fasse & dirige son travail au four qui lui est destiné, parce que très-souvent, l'un ne cuit que du petit pain mollet, & l'autre du gros pain de pâte ferme; d'ailleurs, toutes les fois qu'on cuit à deux fours, & que l'on pétrit séparément, le pain en est infiniment meilleur, & l'on évite que dans la saison la plus chaude, quelque bien soigné que soit le pétrissage, la pâte des derniers pains soit encore dans le tour, lorsque les premiers sont déjà pourris d'apprêt, ce qui donne un pain aigre & désagréable.

On croiroit peut-être que le chauffage du four économiquement administré, doit coûter d'autant plus de bois que les pains ont plus de volume ; mais l'expérience prouve le contraire, d'abord les gros pains, quoiqu'enfournés les premiers, & avec beaucoup de promptitude, demandent encore un temps plus long à cuire que les petits pains; & fi le four étoit vif, la furface de ces pains fe trouveroit trop promptement faifie, leur intérieur n'évaporeroit pas fuffifamment, & la mie ne pourroit, ni fe ref-fuyer, ni cuire parfaitement; ce devroit donc être toujours une loi, que les gros pains fuffent deftinés pour les premières fournées, parce que naturellement la chaleur du four eft toujours moins confidérable lorfqu'on commence le travail que quand on le finit, & qu'elle diminue également à mefure que l'on enfourne.

L'incertitude du point de chauffage du four a fait recourir à divers moyens pour acquérir un indice capable de le manifefter, comme de jeter à l'entrée du four une poignée de farine, de frotter l'âtre & la chapelle avec un bâton : ces moyens, quelqu'équivoques qu'ils foient, peuvent fervir de bouffole à ceux qui préparent le pain chez eux; mais ils égareroient les Boulangers dont le four, toujours plus grand, plus chaud & plus garni, fe gouverne différemment. Plufieurs d'entre eux élèvent les regards vers la chapelle, & fi elle eft blanchâtre, ils prétendent que le chauffage eft à fon point; mais ce figne dans certains fours eft encore trompeur, & il n'a pas lieu dans d'autres à caufe de la difpofition de la voûte & de l'élévation des rives.

C'eft le local & la pofition du four, c'eft la quantité & l'efpèce de pâte, fa forme & fon volume, qui règlent ordinairement le bois qu'il faut employer fur le champ, & on juge fon four fuffifamment chaud quand le bois eft brûlé, on entretient feulement le four avec la flamme des éclats de bûches, & on en ferme l'entrée quand il eft à fon vrai point ou qu'il a trop de chaleur.

Du refte, il n'eft prefque pas poffible de dé-terminer au jufte la quantité de bois qu'on doit mettre au four, la manière de le chauffer, l'inftant de commencer le chauffage & fa durée, & il s'en faut bien que cette précifion foit aifée; cela tient à la fituation, à la grandeur & à la forme du four, à la nature des matériaux dont il eft conftruit, à l'épaiffeur de la maçonnerie, la diftance du pied-droit au mur & la tempé-rature du fournil, au nombre des fournées & à l'efpèce de bois qu'on y emploie. Les grandes rives, les voûtes élevées, la muraille qui ferme en dehors, rendent le chauffage plus rude, la chapelle ne renvoie pas affez de chaleur, & l'âtre confume beaucoup plus de bois; la bouche trop grande, & dont la porte n'eſt pas bien jointe, laiſſe perdre beaucoup de chaleur : ce ſont toutes ces circonſtances qui deviennent la pierre d'achoppement pour les garçons boulangers les premières fois qu'ils gouvernent un four; ils doivent même le tâtonner juſqu'à ce que l'uſage leur ait donné cette habitude raiſonnée & réfléchie, qui fait mieux connoître le degré du four, que tous les moyens qu'on préconiſe & qu'on étale.

ARTICLE IV.

De l'Enfournement.

A CETTE époque de ſon travail, l'attention du Boulanger a beſoin de ſe partager entre l'apprêt de la pâte & le chauffage du four; ſi la fournéé ne conſiſtoit qu'en une ſeule & même eſpèce de pâte, façonnée également & d'un volume ſemblable, rien ne ſeroit plus facile que les opérations qui précèdent & qui ſuivent l'enfournement : la durée de l'apprêt, une fois réglée ſur la ſaiſon, on pourroit toujours ſans ſe tromper, concilier le moment où la pâte ſeroit prête avec celui où le four auroit acquis le degré de chaleur convenable; mais ſi quand la fournée eſt compoſée de trois ſortes de pâte, de forme

& de poids différens ; que les unes contiennent du levain, les autres de la levure, enfin qu'il y en a avec de l'eau, du lait & du fel, alors le travail de mettre au four devient délicat & très-difficultueux.

Si je peignois ici les différens mouvemens dont le Boulanger eft agité à l'inftant où il eft queftion d'enfourner, on le verroit occupé à découvrir la pâte en panetons ou fur couche pour examiner à quel point eft fon gonflement, toucher la furface pour voir fi elle réfifte à la main qui la preffe ; puis courir tout d'un coup au four, avec le deffein d'accélérer ou de tempérer le feu & d'y faire généralement les changemens que la pâte exige ; on le verroit, tantôt ôter la couverture étendue fur la pâte & l'ajouter fur l'autre, tantôt la porter à l'air ou fur le four ; on le verroit hâter par fes vœux la combuftion du bois, le chauffage modéré du four, le retard de l'apprêt ; enfin on le verroit, malgré la certitude qu'il a que le degré du four n'eft pas à fon vrai point, retirer avec fureur le bois tout embrafé, & en y répandant de l'eau pour l'éteindre, maudir au milieu de la fumée qui l'environne, le fournil, le four, le bois, les élémens, jeter les outils, accufer fes camarades, parce que fa vigilance a été furprife, & que la pâte, par

un

un changement de temps inopiné, eſt parvenue au point de ne pouvoir plus attendre : ainſi, toujours flottant entre l'inquiétude & la crainte de manquer à la fois la fermentation de la pâte & le degré du four, le Boulanger ne reprend ſa ſécurité ordinaire que quand l'enfournement eſt fini, & qu'il a pu déjà en apercevoir l'effet.

Dès que le Boulanger a décidé que la pâte eſt prête à être enfournée, il doit commencer par retirer la braiſe, comme nous l'avons indiqué, ſe ſervir enſuite de l'écouvillon trempé dans le loriot pour enlever toute la cendre, la petite braiſe & la ſuie attachée aux rives, promener cet inſtrument de tous côtés, afin de rendre le four le plus propre poſſible. On achève de nétoyer parfaitement la bouche & la tablette avec un gros balai de jonc, qu'on mouille en faiſant tomber les petites braiſes & cette cendre par une ouverture pratiquée exprès pour les conduire ſous la chaudière & l'échauffer.

Si on imitoit ces Boulangers ſans prévoyance, qui oublient de conſerver dans le four une lumière pour y manœuvrer à l'aiſe, on expoſeroit l'enfournement à être différé, ce qui feroit un très-grand inconvénient; pour l'éviter, on doit faire proviſion d'allume, en jeter une à l'inſtant où l'on va retirer la braiſe, elle prend feu très-

promptement ; on la place fur le porte-allume
dans le premier quartier, lorfqu'on fe trouve
forcé d'interrompre le chauffage.

A l'égard de l'enfournement, on doit fuivre
une route oppofée à celle que nous avons tracée
pour tourner la pâte ; c'eft-à-dire, qu'il faut
commencer par enfourner les gros pains ronds
ou longs qui ont été mis les derniers fur couche
ou en panetons, parce que du moment qu'on
enfourne, le four va toujours fe refroidiffant,
ce qui peut donner lieu à une conféquence
générale ; favoir, que la pâte qui a le plus
d'apprêt doit être la première enfournée & la
plus proche des rives, qu'il faut au contraire,
mettre celle qui eft verd-d'apprêt du côté de
la bouche, parce que n'étant pas faifie auffi
promptement par la chaleur qui eft moindre,
elle ne s'étale pas autant, & a le temps de bouffer
& d'achever fa fermentation.

Pour procéder à l'enfournement, on prend
la pâte, fi elle eft fur couche on lève chaque
pli de la toile en renverfant enfuite le pain de
la main fur une planche ou fur le rondeau pour
le porter fur la pelle faupoudrée de fleurage &
pofée fur l'autel du four ; fi la pâte eft en panetons on la renverfe également fur la pelle ; on
décharge doucement & promptement la pâte

dans le four, afin qu'elle ne perde, ni fa forme, ni fon apprêt ; on fait des rangées droites du fond à la bouche, en ayant foin que les vides qui fe trouvent entre les pains foient prefque infenfibles. Ces vides ne font pas même néceffaires quand le four eft fort chaud, qu'il n'eft encore garni que jufqu'au milieu, & que la pâte n'eft pas trop levée : on continue l'enfournement en équerre, & on arrive peu-à-peu à la place qu'occupe le porte-allume qu'on met de côté & qu'on ôte même tout-à-fait quand il eft queftion de remplir la bouche, & de mettre à l'entrée quelques pains du premier quartier, déjà commencés à cuire pour faire place à ceux qui ne cuiroient pas fuffifamment à caufe qu'ils font les derniers rangés. Lorfque tout eft enfourné on retire l'allume, on ferme le four, & fi la porte joint bien, on n'y ajoute aucun linge mouillé.

Nous avons déjà fait remarquer qu'une feule fournée étoit fouvent compofée de pâtes de confiftance, de forme, de pefanteur & de nature différentes, qui en rendoient l'enfournement difficile, chacune demande en effet des précautions fuivant leur efpèce. La pâte ferme eft la plus aifée à enfourner, parce qu'elle s'échappe & s'élargit moins fur la pelle ; qu'en outre, on n'a pas autant de peine à l'arranger dans le four à cause qu'elle est divisée en grosses masses ; comme elle est la plus longue à cuire, on l'enfourne la première & on la retire la dernière du four , c'est pour cela qu'on la place autant que l'on peut dans tout le tour du four le plus près des rives.

Après la pâte ferme , on enfourne la pâte bâtarde , on la place à côté vers le fond, & lorsqu'elle est formée en pain long fendu, on la renverse des panetons sur la pelle , afin que la partie qui faisoit le dessus à l'apprêt , devienne le dessous au four ; on fait quelquefois aux pains ronds des enfoncemens avec le doigt pour que la croûte ne s'en détache pas en cuisant; mais que ce ne soit jamais au moment d'enfourner qu'on donne une forme quelconque à la pâte, comme quelques Boulangers de Province qui déchirent leur pâte au milieu lorsqu'elle est sur la pelle pour faire les pains troués , car on en détruiroit l'apprêt.

La pâte molle est la plus difficile & la plus embarrassante à enfourner , sur-tout quand elle est en gros pains ; avec quelle adresse & quelle promptitude ne doit-on pas la manier & la traiter pour empêcher qu'elle ne se rompe & ne crève! à peine l'a-t-on renversée de la couche sur la planche, & de la planche sur la pelle, qu'elle s'étend d'abord & coule souvent avant d'être mise au four. Il faut bien avoir l'attention que la planche soit un peu creuse & prenne la forme du pain ; que la pelle soit plus large de quelques pouces ; sans quoi, si la pâte est trop douce ou trop prête, elle se déchire de tous les côtés, se déforme & est gâtée ; on enfourne la pâte molle la dernière, on la place au milieu du four & vers la bouche.

Nombre de Boulangers, avant d'achever l'enfournement, retirent des pains de la rive gauche pour y substituer ceux qui devroient être placés à la bouche ; mais ils manquent la cuisson des uns & des autres, l'endroit de l'âtre où l'on décharge une nouvelle pâte est refroidi par le séjour de celle qui a déjà commencé à y cuire, & les pains que l'on a dérangés pour les rapporter du fond à l'entrée, frappés par l'humidité & par l'air, se desséchent, se rident, & n'ont pas de couleur ; il faut faire en sorte que la chaleur de la bouche soit même plus considérable que celle des autres parties du four, & ne pas déplacer les pains qu'ils n'aient pris leur gonflement, de la solidité & de la couleur.

Ordinairement l'ouvrier qui porte la pâte molle au brigadier, a à côté de lui un seau rempli d'eau dans lequel il trempe la planche qui sert à transporter le pain de la couche sur la pelle, afin de lui donner une surface unie & dorée; mais il faut laisser égoûter la planche, & prendre garde qu'il ne tombe de l'eau sur la pelle, qui y feroit attacher la pâte.

Une autre attention non moins importante; c'est de gratter souvent la pelle & de la bien nétoyer, parce qu'on auroit beau la saupoudrer de fleurage, la pâte dont le dessous est souvent très-humide, s'attacheroit à la pelle; ces portions de pâte attachées à la pelle sont autant de corps solides aigus qui empêchent la pâte de glisser, la déchirent & la rompent; l'habitude de ratisser la pâte rend ce soin si facile, que l'enfournement n'en souffre aucun retard.

Plus la pâte est ferme & le four chaud, moins il faut laisser d'intervalle entre les pains distribués par rangées; c'est précisément le contraire, lorsque la pâte est molle & le four doux, parce que dans le premier cas, la chaleur *havit* les bords du pain dès qu'il a vu le four, au lieu que dans l'autre, elle jouit encore pendant un instant de la faculté de gonfler, & si on ne ménageoit pas un petit espace, les pains se toucheroient, se confondroient, seroient pleins de baisures, & ne cuiroient pas également par les extrémités.

Comme cet intervalle pourroit faire perdre de

la place dans le four, & que les pains qui n'auroient pas pu y entrer, feroient un furcroît de
levain, on doit d'abord à chaque rang employer
un allume & le placer dans le voifinage des pains,
donner un coup de bouchoir, puis les aligner
avec le côté de la pelle en frappant légèrement
pour les rapprocher : la flamme claire que répand l'allume fait diffiper l'humidité de la furface
des bords du pain, & lui donne affez de féchereffe
pour ne plus être flexible, ni fufceptible de
s'attacher étant preffés les uns à côté des autres :
lorfqu'on a une très-grande fournée, on gagne
par ce moyen un intervalle capable de contenir
une rangée, pour ne pas laiffer de pâte ; mais
cette reffource eft toujours nuifible à la qualité
du pain ; car ce devroit être un axiome en boulangerie, que la pâte une fois placée dans le
four ne doit plus être touchée que quand la
cuiffon eft prête à finir.

Dans un four dont le diamètre aura huit à
neuf pieds, on peut placer environ foixante-
cinq pains de quatre livres en pâte ferme, foixante
en pâte bâtarde & quarante-huit à cinquante en
pâte molle ; mais le temps de mettre au four eft
en raifon de la petiteffe des pains, de leur efpèce
& de leur nombre ; chaque fournée dure depuis
un quart d'heure jufqu'à une demi-heure.

Ii iv

ARTICLE V.

Du Séjour du pain dans le four.

LA qualité de la farine, celle de la pâte qui en résulte, la grosseur, la forme & l'espèce de pain qu'on en prépare ayant déterminé le point d'apprêt, le degré de chauffage du four & le moment où il faut enfourner, on pense bien que la durée du séjour qu'y doit faire le pain, dépend absolument de ces circonstances & d'une infinité d'autres que nous avons déjà rapportées.

A peine l'enfournement est-il commencé, que l'on voit déjà la pâte se gonfler, & la seconde rangée n'est pas encore finie d'être placée, que la première a acquis presque tout le volume dont elle est susceptible : cet effet sera d'autant plus prompt & plus sensible que les pains sont petits, composés de pâte molle, & que la partie du four qu'ils occupent s'approchera le plus du fond & des rives ; ainsi lorsque les derniers pains enfournés, qui se boursouflent ordinairement moins vîte, parce que le four perd de sa chaleur à mesure qu'on le remplit, viennent d'être placés, les premiers sont à moitié cuits : il n'est pas douteux que si le four étoit doux, l'effet dont il s'agit ne seroit pas aussi hâtif.

Le premier effet de la pâte au four, c'eſt donc d'y gonfler, de perdre un peu de ſa largeur pour acquérir, à meſure qu'elle cuit, de la couleur & de l'élévation, en ſorte que ſi les pains ont été enfournés très-près les uns des autres, l'action de la chaleur du four établit entre eux une ſéparation, un vide très-marqué : chaque pain alors iſolé laiſſe évaporer une portion du fluide qui le conſtitue ; ce fluide ſe répand d'abord dans le four & vient ſe raſſembler vers l'entrée qui eſt fermée ; là une partie ſe diſſipe en brouillard par l'orifice de la cheminée, l'autre ſe réunit ſur les pains de la bouche, qui ſont, à cauſe de cette humidité étrangère, plus hauts en couleur & plus crevaſſés ; la troiſième partie enfin, coule à travers les interſtices du chaſſis. Ce n'eſt abſolument que de l'eau fade ſemblable à de l'eau diſtillée, ayant ſeulement l'odeur de pain, & elle ſera d'autant plus abondante, qu'il s'en trouvera une très-grande quantité dans les pains & qu'ils auront été plus cuits.'

Les choſes les plus aiſées, vues dans la théorie, ne préſentent pas à la pratique la même facilité : tous les ouvrages qui traitent de la fabrication du pain, diſent bien que l'apprêt de la pâte eſt comme la cuiſſon du pain, qu'il faut enfourner à propos, laiſſer le temps ſuffiſant au four, & le tirer quand il est assez cuit : ces conseils vaguement énoncés ne prescrivent aucunes règles, aucuns préceptes pour exécuter convenablement ces différentes opérations. Si l'on ne mettoit au four que quelques pains de la même espèce, comme les particuliers qui boulangent à la maison pour leur consommation, il seroit toujours aisé de mettre au four à temps, & d'obtenir une cuisson constamment égale : mais quand on travaille dans un grand four, où l'on place jusqu'à trois cents petits pains, qu'il faut concilier tout ce qui se passe pendant leur enfournement, empêcher que les pains placés au fond ne soient brûlés, tandis que ceux qui doivent être mis à l'entrée ne sont pas encore enfournés, faire en sorte que ces derniers aient acquis une partie de leur cuisson avant que les autres soient parfaitement cuits; voilà ce qu'il est nécessaire de calculer, & la précision que le Boulanger doit chercher sans cesse à obtenir.

Entre toutes les cuissons que les mets ont besoin de subir pour devenir alimens, celle du pain est la plus difficile; s'il étoit possible de toucher la pâte une fois enfournée, ainsi que font les Pâtissiers qui mettent & sortent du four à volonté les pièces qu'ils y cuisent, afin de les examiner de près; il ne faudroit que des soins pareils pour obtenir une cuiſſon complette : mais les pains ſe ſuccédant les uns aux autres, on ne peut déranger les premiers ſans déplacer les ſeconds, & ainſi de ſuite.

L'enfournement achevé, il ne faut pas oublier, avant de placer le bouchoir, de jeter un regard rapide ſur tous les pains, & principalement ſur ceux qui ſont dans le fond, les premiers mis au four ; parce que la couleur qu'ils ont déjà acquiſe ſuffit pour annoncer quelle ſera la durée de la cuiſſon & du temps que le four reſtera fermé ; c'eſt environ une heure & demie pour les plus gros pains ; une heure pour ceux de quatre livres, & une demi-heure pour les pains d'une livre & moins. La pâte de farine blanche ou de blé ſec, revêche & glutineux, eſt beaucoup moins longue à cuire que celle des farines biſes & des blés tendres, humides ou récemment moulus.

Nous avons déjà blâmé cette pratique que ſuivent beaucoup de Boulangers qui laiſſent à la bouche du four de la braiſe, quelquefois des tiſons en feu & ſouvent des allumes, dans l'intention d'éclairer le four, d'y maintenir la cha- leur & de relever la couleur des pains ; on ajoute même dans quelques endroits, pour produire plus efficacement ce dernier effet, du ſon ſur la braiſe, afin d'occaſionner de la flamme ; mais cette flamme s'éteint bientôt après que le four est fermé, la fumée se répand par-tout, s'attache au pain & lui donne un goût désagréable. En chauffant le four à la bouche aussi vivement que dans le fond, on n'a besoin d'aucuns secours étrangers pour colorer le pain.

On croit assez communément que c'est la durée du temps au four, ainsi que la couleur que le pain y prend, qui doivent régler la cuisson du pain ; mais rien n'est plus sujet à égarer que de pareils guides ; la même pâte composée de la même farine pourroit cuire davantage & plus promptement dans un autre four où l'on auroit employé moins de bois pour le chauffer : le pain qui résulte des farines revêches peut avoir beaucoup de couleur sans être suffisamment cuit ; les farines des blés tendres & humides, produisent l'effet contraire à la cuisson ; un four doux & vif pour l'un & pour l'autre peut donc également tromper.

Quand on ouvre le four pour observer la cuisson, on est frappé d'une vapeur humide, qui devient ensuite moins sensible ; on aperçoit après cela à la superficie des pains une nuance de couleur qui va toujours en augmentant, depuis la bouche du four jusqu'au fond, & la cuisson la mieux dirigée sera cette nuance qui se remarquera moins : fi cependant on n'avoit pas chauffé l'entrée du four fuffilamment , & qu'il y eût entre les pains une différence plus confidérable que ne doit occafionner l'enfournement ; il feroit néceffaire de déranger les pains placés à la bouche, & de les reporter le plus loin poffible, en fermant le four encore un moment, jufqu'à ce que l'on juge que la cuiffon foit parfaite.

Il y a des efpèces de pains dont on achève la cuiffon à four débouché, ce font fur-tout ceux qui font d'un gros volume; mais cet ufage eft défectueux, il fuppofe un four qui a été trop chauffé : il eft beaucoup plus avantageux & plus économique de prendre la pâte un peu moins prête, le four plus doux, & de cuire à four fermé. Les ouras font une reffource dont on fe fert pour diminuer la chaleur dans l'un & l'autre quartier, fans être obligé de déboucher le four ; d'où il fuit que le pain cuit mieux à l'entrée, & que celui placé dans les rives a le temps de prendre tout fon gonflement , fans courir les rifques d'être trop foncé.

Il ne faut rien déranger à l'entrée du four qu'on n'ait la plus grande certitude fur la perfection de la cuiffon , on ferre feulement les pains de droite & de gauche; on en retire un dans le fond avec la pelle pour l'examiner, alors on le preſſe par le côté où il y a une baiſure; on le frappe du bout du doigt ployé, & on le porte à la balance; ſi la mie a du reſſort & qu'elle ſoit élaſtique, ſi la croûte eſt ſonore; enfin, ſi le pain a perdu preſque tout l'excédant du poids qu'on y ajoute en pâte, on peut être aſſuré que la cuiſſon eſt parfaite.

La cuiſſon du pain eſt comme la fermentation de la pâte, elle demande un certain temps pour s'opérer convenablement; un four qui ne ſeroit pas aſſez chaud deſsècheroit le pain ſans le cuire; trop chaud, au contraire, il brûleroit la ſurface, & l'intérieur ſeroit gras; mais en gé- néral il vaut mieux que le pain ſoit trop cuit que trop peu, & le Boulanger qui pour retenir l'eau dans la pâte, la feroit ſaiſir trop prompte- ment au four, ſeroit auſſi répréhenſible que celui qui vendroit à un poids éloigné du déchet que les circonſtances peuvent occaſionner.

ARTICLE VI.

Du Défournement.

TIRER les pains du four, ſeroit une opé- ration extrêmement facile dans ſon exécution, s'ils étoient tous de la même grandeur, compoſés avec la même pâte & réduits fous la même forme, il fuffiroit feulement de s'affurer bien pofitivement du degré de leur cuiffon, & de les ôter fucceffivement, en commençant par les premiers enfournés & terminant par les derniers ; mais une fournée contient quelquefois tant d'efpèces de pains, qu'il eft impoffible de fuivre dans le défournement, le même ordre qu'on a obfervé pour enfourner, fans courir les rifques qu'il y ait des pains beaucoup trop cuits, tandis que les autres ne le feroient pas fuffifamment. Suppofons maintenant que les pains font de volume, de figure & de pâte uniforme ; il s'agit de voir ce qu'il y a de plus effentiel à faire par rapport à l'objet que nous traitons dans cet article.

Quand on s'eft convaincu que la cuiffon eft finie, on déplace quelques pains à la bouche que l'on met au fond & à la rive droite, afin de frayer un paffage pour arriver aux pains qui occupent le premier quartier, c'eft-à-dire, l'endroit le plus chaud du four & où l'on a commencé l'enfournement ; fitôt qu'il y a fuffi-famment de pains de tirés, on doit y placer ceux de la bouche & le porte-allume, à une certaine diftance, afin que la flamme qui éclaire, ne colore & ne cuife trop les pains en les brûlant, défaut qui arrive fréquemment par l'inattention du garçon chargé de tirer le pain du four ; on continue le défournement qu'on accélère ou qu'on retarde, en raison du degré de chaleur de la bouche.

Lorsqu'on retire le pain du four, il faut prendre garde que fortant d'un lieu brûlant, & paffant dans une température moins chaude, il n'éprouve trop fubitement le contact de l'air froid, & que fa furface ne fe gerce & ne fe fendille, comme feroit du verre dilaté par le feu, & refferré auffitôt par le froid : fi la pâte eft verd-d'apprêt, & que pour la préparer on ait employé de l'eau froide & des levains jeunes, l'effet dont nous faifons mention fera beaucoup plus marqué. L'ouvrier qui prend le pain fur la pelle préviendra toujours cet inconvénient, s'il le met au fortir du four dans une manne ou grand panier, & le range doucement les uns auprès des autres debout, fi ce font des pains longs, & jamais par le côté de la baifure : il faut étendre fur cette manne une couverture propre, jufqu'à ce que le pain foit tout-à-fait refroidi.

Si néanmoins le four avoit été vif, & que l'on eût agi en conféquence dans le défournement, en retirant le pain plus tôt qu'à l'ordinaire ; il faudroit alors l'expofer à l'air tout en fortant

du

du four pour lui enlever un peu de ſa couleur, ſans appréhender que le froid ne gerſe ſa ſuperficie : un grand inconvénient doit être ſauvé par un moindre ; lorſque la couleur trop foncée du pain dépend, au contraire, de ſon long ſéjour dans le four, & que ſa cuiſſon eſt exceſſive, on doit l'étendre ſur des toiles propres, légèrement mouillées & le recouvrir également : dès que le pain eſt entièrement refroidi, on ôte les couvertures, & on remarque que le pain a perdu de ſa couleur.

Quand la fournée eſt compoſée de pluſieurs eſpèces de pain, on commence à tirer du four ceux qui y ont été mis les derniers, à l'exception cependant de ceux de la bouche ſeulement, parce que ce ſont ordinairement les moins gros, formés de pâte légère, par conſéquent les plus faciles à cuire, & que, ſuivant la règle de l'enfournement, on place toujours d'abord les plus gros pains dans le voiſinage des rives, & qu'on remplit la bouche par les plus petits.

Après le défournement, le geindre ne doit pas oublier de promener l'allume dans tous les endroits du four, pour voir s'il n'a pas oublié du pain du côté des rives : très-ſouvent le bois qu'on y met cache des pains qui ſe ſèchent &

K k

fe brûlent. Si c'eſt à la dernière fournée qu'il s'en aperçoit en mettant du bois, il aime mieux, plutôt de le montrer tel qu'il eſt & d'en tirer parti, l'achever de brûler, dans la crainte d'avoir des réprimandes & d'en ſupporter la perte.

Il y a des eſpèces de pains qu'il faut laiſſer beaucoup de temps au four, comme les pains à ſoupe, les grands pains longs, & en général tous ceux auxquels on veut donner de la croûte : c'eſt pour cette raiſon que quand on a des fournées compoſées, & que les gros pains placés dans les rives n'ont pas trop pris de couleur, on bouche & on débouche le four, à meſure qu'on défourne, pour donner à ces pains placés dans les rives & à la bouche, aſſez de couleur & de cuiſſon.

Le point de cuiſſon du pain eſt encore plus délicat que celui de l'apprêt de la pâte ; une fois manqué, il eſt difficile d'y revenir : cependant il y a des Boulangers qui, lorſqu'ils ont tiré du four des pains peu cuits, croient qu'on peut, ſans inconvénient, les remettre au four ; mais la cuiſſon ne peut ſouffrir aucune interruption ; la chaleur intérieure du pain diminuée, ne peut être rétablie dans ſon même degré ; le pain remis au four perd cette couleur vive, la croûte ſe ride, la mie ſe deſſèche &

n'eſt plus auſſi légère. Il eſt donc important de ne défourner qu'à propos.

Le temps qu'exige le défournement eſt dé-terminé par la qualité & le nombre des pains qui en ſont l'objet : ſi l'enfournement a été promptement fait, la cuiſſon ſe trouve égale par-tout, & on tire les pains du four tout de ſuite ; il ne faut guère plus d'un demi - quart d'heure pour ôter trente-cinq pains de huit livres qui compoſent une fournée, & un quart d'heure au plus pour ſoixante de quatre livres ; ce temps augmente à meſure que les pains deviennent plus petits & qu'ils ſont d'eſpèces différentes.

Le pain, depuis l'inſtant qu'il eſt ſorti du four, juſqu'à celui où il eſt parfaitement refroidi, éprouve quelques légers changemens ; il perd inſenſiblement l'odeur agréable qu'il répand, étant chaud ; ſa couleur vive & luiſante ſe ternit un peu, & il diminue en même temps de poids : cette déperdition eſt toujours en raiſon des ſur-faces & de la légèreté du pain.

Article VII.

Du Pain.

Nous voici donc parvenu au but du travail du Boulanger : la dernière opération de ſon

Art eſt la cuiſſon ; elle vient d'être expoſée avec les détails qui ont paru eſſentiels pour la bien faire connoître, & ſi l'on a pu ſaiſir l'enſemble & prendre une idée générale des ſoins & des attentions que le blé exige depuis l'inſtant que la Nature le livre au Cultivateur, juſqu'à celui où l'Art s'en eſt emparé pour le nétoyer & le conſerver, pour l'écraſer ſous des meules & le bluter, enfin pour le ſoumettre à la fermentation & le convertir en pain ; on conviendra ſans peine, que l'induſtrie s'eſt ſignalée à cet égard, & qu'il a fallu de ſa part bien des efforts & du temps pour nous procurer l'aliment précieux dont il s'agit, dans le degré de perfection où il eſt maintenant : l'objet du commerce du Boulanger eſt donc marqué par trois états diſtincts & permanens ; d'abord le grain, enſuite la farine & puis le pain ; nous ne devons pas terminer notre Ouvrage que nous n'ayons rappelé en abrégé les principaux phénomènes qu'il offre, conſidéré ſous ces différens points de vue.

A peine le Laboureur a-t-il confié le blé à la terre, en le cachant comme le dépôt le plus précieux de la ſociété, qu'une multitude d'ennemis avides ſemblent ſe réunir pour fondre deſſus & le lui dérober ; l'humidité trop froide

en pourrit le germe ; les vers le rongent, &
mille autres animaux s'en nourriffent : échappé
à la rapine, de nouveaux accidens dérangent
fon organifation ; des maladies formidables le
frappent dès en naiffant ; s'il parvient à fe développer fans être vicié dans fa conformation,
fans avoir perdu les caractères primitifs qui
lui appartiennent effentiellement, il éprouve
encore toutes les viciffitudes de l'air, au milieu
duquel il germe, croît & mûrit ; une pouffière
contagieufe fouvent le défigure & le réduit à
l'impuiffance de fe reproduire & de nourrir ; un
coup de vent le fait ployer & l'étrangle, un
orage l'empêche d'être fécondé ; l'humidité le
fait germer, rouiller & nieller. On peut néanmoins prévenir la plupart de ces malheurs qu'on
effuie dans les moiffons, en choififfant la femence & le moment propice pour la répandre,
en la purifiant par des lotions alkalines, & en
la plongeant dans des fluides imprégnés de
matières végétales ou animales en putréfaction
aiguifées par la chaux ; d'où naiffent l'abondance
des tiges, la vigueur de la plante & la bonne
qualité du grain.

Mais le blé parvenu fans accident au point de
maturité defiré, n'eft pas au pouvoir de l'homme :
attaché au fol qui l'a nourri, il eft encore le jouet

des élémens, & quand bien même les différentes époques de la végétation auroient été
conftamment heureufes, les pluies abondantes
& continuelles qui précèdent & accompagnent
la moiffon, peuvent diminuer les avantages fous
lefquels il s'annonce, & tromper les efpérances
les plus flatteufes. Si avant d'y porter la faucille,
le moiffonneur n'attend pas un intervalle de
beau temps pour le couper, & fi au lieu de
laiffer les javelles fur terre, aux rifques de
contracter une difpofition à germer, il ne fe
hâte pas de les mettre en grandes ou en petites
meules méthodiquement conftruites, & pro-
pofées, non-feulement pour garantir le blé de
l'humidité qui lui eft fi préjudiciable, mais encore pour fuppléer au défaut d'emplacement.

Les circonftances de la récolte ont-elles
répondu à celles de la germination, de la
floraifon & de la maturité, le blé n'en demeure
pas moins un certain temps dans l'épi, foit
que la gerbe fe trouve arrangée en meules ou
ferrée dans la grange; en cet état, il fe bonifie,
acquiert une fupériorité fenfible, de la couleur,
de la féchereffe, du volume : chaque grain ifolé
& autour duquel l'air circule aifément, eft encore
dans une forte de mouvement végétatif qui
achève & perfectionne fa maturité; ce *gas*, quel-

quefois nuifible dans les blés nouveaux provenus d'années froides , fe combine avec les principes , perd fa volatilité & fa qualité *délétère;* d'où il réfulte que le grain a refué & perdu fon feu : mais ce n'eft pas ainfi qu'on peut vendre & employer le blé. A mefure qu'il fe sèche il devient plus propre à céder aux coups redoublés du fléau , qui doit l'arracher de la prifon où la Nature l'a renfermé : libre alors de fon enveloppe , mais confondu avec elle & beaucoup de femences étrangères qui ont crû dans le même champ , le van & les différens cribles font les inftrumens employés pour l'en féparer.

Dès qu'une fois le blé eft récolté , battu , vanné & criblé , il paffe affez ordinairement en d'autres mains : femblable à ces nourriffons qu'on arrache des bras de celles qui les ont allaités au moment où ils vont être fevrés , ce n'eft plus celui qui l'a femé & recueilli qui le conferve , ce font les propriétaires ou des marchands qui l'enmagafinent , le tranfportent & le vendent. Avec quelle rapidité ce préfent que la Providence accorde fi fouvent dans le meilleur état , ne perd-il pas de fes bons effets par leur cupidité ou par l'inattention & l'ignorance des hommes à qui on en confie la garde! que de foins avant de mettre le blé en réferve, pour empêcher qu'il ne contracte par fucceſſion de temps quelque mauvaiſe qualité ! le lieu où on le dépoſe, les précautions qu'on emploie, les inſtrumens dont on ſe ſert pour le nétoyer & le rafraîchir, peuvent reſtituer à des blés médiocres de la valeur, tandis que la négligence & l'oubli détruiſent la qualité des meilleurs.

Le grain le plus ſec & le plus parfait, amoncelé dans le grenier le plus propre à ſa conſervation, demande un travail preſque continuel pour être remué & éventé, ſans quoi il s'établit dans la maſſe, lorſqu'il règne une chaleur humide & orageuſe, un mouvement qui l'altère & le décompoſe bientôt : le crible & la pelle faiſant paſſer ſucceſſivement le blé d'un lieu dans un autre, & obligeant une colonne d'air frais & ſec à en traverſer les couches, à changer & à renouveler celui qui ſe trouve interpoſé entre chaque grain, & dont il lèche la ſurface ; on vient à bout à leur aide d'empêcher le dépériſſement du blé.

L'humidité, il eſt vrai, n'eſt pas le ſeul ennemi que nous ayons à combattre pour conſerver le blé ; ces eſſaims d'inſectes ſi redoutables à cauſe de leur petiteſſe, de leur voracité & de leur prodigieuſe fécondité, occaſionnent des ravages affreux : comment empêcher que le blé ne s'échauffe, ne s'altère & ne devienne leur pâture, si l'endroit destiné à le serrer est situé désavantageusement, mal construit & tenu sans soins! cependant nous pouvons aisément nous opposer à leur invasion, leur interdire l'entrée des magasins & les anéantir s'ils y existoient déjà, en criblant dans un lieu séparé de celui où l'on se propose de le conserver, en pratiquant des fenêtres aux extrémités, garnies d'un double chassis que l'on ouvrira & fermera alternativement, en entretenant, par le moyen des ventouses, un courant d'air frais qui engourdit particulièrement les charançons & nuit à leur multiplication.

Toutes les variétés de blé s'évanouissent aux yeux du vulgaire; il n'y a absolument que le volume qui le frappe : le Marchand, en fixant son choix, calcule seulement ce qu'il gagnera par le transport & la vente en tel lieu & en tel temps; le Boulanger, au contraire, ne voit dans le grain que la farine dont la blancheur, la qualité & le produit sont l'objet de ses vœux; la finesse, la pesanteur, la couleur, l'odeur, le goût & la sécheresse, sont autant de signes qui servent à lui faire distinguer la nature du terroir d'où le blé provient, les soins qu'on a pris pour le conserver ou lui restituer les propriétés que l'intempérie des saisons ou les négligences avoient affoiblies.

C'eſt dans les achats, le tranſport & la mouture du blé que les connoiſſances du Boulanger ſeroient nulles & ſans effet, ſi, ſans ceſſe ſur ſes gardes, ſa vigilance n'étoit auſſi active que ſon intelligence. La peſanteur ſpécifique du blé, regardée juſqu'ici comme l'unique moyen de s'aſſurer de ſa qualité, ne doit plus le tranquilliſer; elle vient de donner lieu à une nouvelle fraude: il convient d'en inſtruire le Boulanger, & en déplorant la néceſſité où nous ſommes de lui inſpirer toujours de la défiance, nous ne courons malheureuſement aucuns riſques de lui faire connoître les piéges qu'on tend à ſa bonne foi.

Lorſqu'un ſetier de blé de tête doit peſer deux cents cinquante, le Marchand ou le Commiſſionnaire l'envoie au moulin où le Boulanger fait moudre: ce dernier croit avoir préciſément le blé qu'il a acheté & payé, parce que le Meunier lui mande qu'il pèſe le poids annoncé; mais le Marchand ou le Commiſſionnaire infidèle, pour donner le change ſur cette peſanteur ſpécifique, au lieu d'envoyer le blé convenu & de la meilleure qualité, en achète un autre très-inférieur, dans des endroits éloignés de ſa demeure, & le ſubſtitue à la place, en y ajoutant l'excédant du poids de celui qu'il a vendu: en ſuppoſant que cet excédant aille à dix livres, c'eſt à-peu-près un demi-boisseau qui vaut vingt sous, il gagnera donc encore quarante sous au moins; est-il friponnerie plus préjudiciable pour le Boulanger qui, indépendamment de la perte, n'a pas la qualité de blé sur laquelle il compte, & qui attribue les défauts de la farine à la maladresse du Meunier, s'il ne lui fait pas d'autres reproches? mais s'il ne veut plus courir les risques d'être trompé dans ses achats, c'est de comparer chaque fois la mesure au poids, d'opposer l'un à l'autre, d'examiner si le fond des sacs est semblable à la superficie, ayant continuellement devant soi l'échantillon ou la montre quand on vide dans la mesure & dans la jalle.

A l'aide des précautions simples & peu dispendieuses que nous avons indiquées, le blé arrivera toujours à sa destination, sans avoir été changé en chemin, sans s'être détérioré; il se trouvera au moulin avec toutes les qualités qu'il possédoit à son départ du magasin : c'est alors qu'une première décomposition doit lui faire perdre son nom, sa forme & ses propriétés; ses parties constituantes n'auront plus bientôt de continuité; distinctes & séparées dans le grain, elles feront désunies, puis confondues & mélangées; l'écorce ou enveloppe qui les avoit garanties des influences de l'atmosphère, va en être rejetée &

les laisser à nu ; enfin ce ne sera plus du blé. Le Boulanger attentif à la manière dont cette décompofition s'opère & au talent de celui qui la dirige, confervera au blé fa qualité, & obtiendra un produit capable d'affurer conftamment le fuccès & la perfection de fon travail.

Les nuances qui caractérifent les blés entre eux, n'en exigent aucune dans la méthode de les broyer & de les bluter ; celle dont les avantages ne font plus conteftés, eft la mouture économique : en elle réfide la perfection de l'art de moudre ; le grain le plus net, en le tranfportant & le vidant, fe falit encore par la pouffière qui s'y introduit, & que le frottement des corps folides roulans les uns fur les autres, occafionne & détache de la fuperficie ; les cribles placés au-deffus de la trémie, purgent le blé de cette dernière hétérogénéité en le rafraîchiffant : le voilà donc en état d'être écrafé ; il tombe de l'auget & arrive fous les meules ; là, bientôt déchiré, brifé & comprimé, il préfente déjà plufieurs fubftances particulières, la partie la plus extérieure qui eft l'écorce ou le fon, celle qui occupe le centre déjà divifée au degré où il faut, appelée *la farine de blé*, & une troifième enfin, qui paroît fous la forme de petits grains qu'on nomme *gruaux*.

Ce mélange brut & groffier, en quittant les meules, vient fe rendre dans un bluteau qui fé-pare l'écorce des gruaux, & ceux-ci d'avec la farine : la quantité de chacun de ces produits examinée à part, fait juger de la perfection du moulage & du talent de celui qui l'a conduit, ces gruaux jadis fi méprifés, traités maintenant comme le grain lui-même & reportés plufieurs fois fous les meules, fournifient près de trois quarts de leur poids en farine blanche, défi-gnée par les noms des moutures qu'on en fait, & les fons prefque épuifés donnent encore, par une fuite de la perfection de la meunerie, une farine bife qui, dans les temps malheureux, peut fervir à la nourriture des hommes.

La farine, quoique compofée des mêmes prin-cipes que le grain d'où elle provient, mais dans des proportions différentes, a des caractères de bonté, de médiocrité & d'altération, qu'il eft impoffible à l'œil, au palais & à la main un peu exercés, de ne pas faifir : douce au toucher, elle eft d'un blanc jaunâtre, & laiffe dans la bouche une faveur comparable à celle de la colle fraîche ; elle fe bonifie, devient sèche & moëlleufe après la mouture : plus délicate à conferver que le grain qui l'a produit, on ne peut la répandre fur le plancher des magafins

& la remuer comme le blé, fans qu’elle ne perde de fes qualités , & que les infectes ne s’y introduifent ; il faut donc la tenir renfermée dans des facs.

L’approvifionnement des farines procure une foule d’avantages : c’eft une reffource contre les malheurs des temps & les circonftances qui fufpendent fi fouvent ou font varier l’action & le jeu des moulins ; elles augmentent encore en les mélangeant ; elles fe prêtent alors des fecours mutuels ; quelquefois une farine eft trop riche dans un de fes principes, elle le partage avec une autre qui n’en a pas fuffifamment , & de cette affociation il réfulte une fubftance plus homogène & plus fufceptible de paffer à la feconde métamorphofe que le blé va fubir.

Le blé , dans l’état de divifion où les meules l’ont réduit, ne fauroit produire encore l’effet d’un aliment & fe prêter au mouvement néceffaire pour fon changement en pain , fans le concours d’un fluide, qui, en développant fes parties, leur donne de l’adhéfion, de la molleffe & de la flexibilité : ce fluide eft l’eau, l’agent principal de la fermentation ; il pénètre la farine de toutes parts , & par mille voies différentes, fe mêle & fe corporifie avec elle, au point de ne pouvoir plus apercevoir dans la pâte qui

en réfulte, aucune trace qui manifefte fa préfence, & de former enfuite une maffe continue,
ténace & vifqueufe. Mais fi on l'expofoit en
cet état au feu pour cuire, il ne feroit pas
poffible d'obtenir autre chofe qu'une galette
plate, gluante & lourde, femblable au pain
azyme, dont on s'eft nourri, jufqu'à ce que le
hafard ou l'induftrie en aient changé l'afpect,
le goût & les propriétés, par l'addition d'une
matière qui, mettant en action le principe fermentefcible, trop bridé dans les farineux pour fe
mouvoir de lui-même & agir, occafionne le
développement de tous fes effets, qui communique de la mobilité & de la vie à toute la maffe
où elle eft confondue, en atténuant les fubftances les plus groffières, en rompant leur agrégation, qui tend après cela à les réunir, & à
produire des compofés plus homogènes, une
combinaifon de principes plus intime, en un
mot, du levain.

Le fondement de tout le travail de la Boulangerie, confifte donc principalement dans la
conduite & la préparation du levain ; il a befoin,
pour être employé immédiatement en cette
qualité, de paffer par différens états qui le perfectionnent : ce n'eft d'abord qu'une portion
de pâte, mife de côté, qui lui fert d'élément ;

on y ajoute enfuite de la farine & de l'eau jufqu'à trois fois, afin de diminuer fon aigreur à mefure qu'on augmente fa force & fon gonflement : enfin parvenu fucceffivement au degré où il faut qu'il foit pour exercer fes fonctions, il a un caractère reconnoiffable ; fon volume eft ordinairement doublé ; fa furface eft liffe, élaftique & bombée vers le centre ; il exhale une odeur vineufe fort agréable ; le balloter alors & le toucher interromproit la fermentation, & empêcheroit qu'il ne prît fon véritable apprêt ; car une fois crevaffé, il s'échappe de l'intérieur un principe volatil, feulement perceptible pour l'odorat, mais qui conftitue la force du levain, & dont l'abfence feroit bientôt affaiffer & aplatir la maffe en lui donnant une qualité préjudiciable au réfultat qu'on a intention d'obtenir. L'homme qui eft venu à bout de tout maîtrifer, a foumis également à fa puiffance les opérations des levains, en modifiant & changeant leurs effets par les différens degrés de force qu'il leur donne, en échauffant ou tempérant leur activité, en améliorant, au moyen des états variés qu'il leur fait prendre, les produits qui doivent en réfulter : de même auffi, il eft parvenu à diriger la fermentation en la brufquant tout-à-coup, ou en la faifant naître

à volonté

à volonté d'une manière douce & infenfible, à l'animer lorfqu'elle fe ralentit, à l'arrêter quand elle va trop vîte ; enfin à la fixer au terme où elle doit être, fuivant les faifons, la qualité des farines & l'efpèce de pain qu'on veut fabriquer.

La durée de la fermentation demanderoit, dans toutes les circonftances, le même efpace de temps, afin que les parties du corps qui l'éprouvent fe fubtilifent en s'arrangeant entre elles, ce qui ne pourroit arriver par un mouvement rapide qui bouleverfera tout, ou par celui qui languira, & fera tout le contraire : un levain trop peu prêt n'auroit pas fuffifamment de force pour agir ; plus avancé, on n'obtiendroit qu'un mauvais pain, quand bien même on fuppléeroit par la quantité, en augmentant ou diminuant fes proportions.

Mais le levain le mieux conditionné eft ordinairement plus apprêté qu'il ne faut pour être converti en pain ; foumis ainfi au four, il ne donneroit qu'une maffe d'un extérieur défagréable, fans legèreté, & dont la faveur feroit aigre : il eft donc néceffaire de le délayer & de l'affoiblir, en l'étendant dans une fubftance qui lui foit analogue, & avec laquelle il puiffe s'identifier, de manière à ne pouvoir plus être

L l

aperçu par les fens comme levain, deftiné feulement à communiquer à la pâte, c'eft-à-dire, au mélange de l'eau & de la farine, un autre état qu'elle ne pourroit acquérir, fi l'on n'y introduifoit une matière actuellement fermentante. On ne parviendroit pas à opérer cette combinaifon fans employer différentes opérations qui font autant de moyens imaginés pour la fortifier, & rendre la maffe qui en eft l'objet, plus égale, plus homogène, plus longue & plus parfaite.

L'eau, le grand diffolvant de la Nature, celui qui a fervi de véhicule à la farine pour paffer à l'état de levain, eft encore employée dans la vue de lui donner une fluidité qui permette de le diftribuer uniformément dans toutes les parties de la farine pour agir d'une manière générale & infenfible, en forte qu'elles le contiennent toutes dans une même proportion. Le levain nageant fur l'eau qui doit le délayer, s'entr'ouvre bientôt, fe crevaffe avec bruit, perd fa continuité & fa ténacité : entièrement diffous & fondu, fa fluidité accroît encore par l'affufion de l'eau reftante de celle deftinée au pétriffage ; ce qui offre un liquide favonneux, de confiftance de miel clair, & qui promptement remué, prend le caractère laiteux ; la farine

ajoutée en différens temps difparoît bientôt dans
ce liquide qu'elle épaiffit, une molécule de fubftance sèche eft accrochée & abforbée par une
molécule de fubftance humide ; d'où il réfulte
un corpufcule mou, tenace, dont la réunion
per minima préfente une maffe fans égalité &
fans liaifon ; c'eft encore un compofé groffier
rempli d'inégalités , mais qui devient bientôt
uni & liffe par le travail de la pâte, au moyen
des découpemens répétés & de l'eau ajoutée
après-coup , afin d'achever la diffolution des
particules de farine échappées à la mixtion
générale du levain , qui, bridées & comme in-
terpofées dans la pâte, ne pourroient que former
autant de folutions de continuité : la pâte alors
devenue plus sèche, plus tenace & plus propre
à profiter des opérations fucceffives que comprend le pétriffage, acquiert toutes les qualités
qu'on peut defirer.

En examinant avec attention ce qui fe paffe
dans l'opération par laquelle on parvient à mêler
enfemble le levain, l'eau, la farine & l'air pour
former ce corps particulier, homogène , vifqueux & élaftique, connu fous le nom de *pâte;*
on voit que les différentes parties de la farine
s'approprient chacune une plus ou moins grande
quantité de liquide compofé d'eau & de levain

qu'on lui préfente fuivant leur degré de féchereffe & de divifion ; mais que cette appropriation n'a pas lieu tout d'un coup. La matière
glutineufe qui abforbe le plus de ce liquide, eft
la première à s'en emparer, enfuite le muqueux
fucré devient un peu vifqueux ; enfin l'amidon
quitte la forme pulvérulente pour contracter
de l'humidité qui le rend plus fufceptible de fe
divifer dans la maffe.

Tel eft l'état où fe trouvent les différens
principes de la farine au moment où l'on vient
de commencer le pétriffagé ; mais ces principes
encore ifolés fe rapprochent & fe réuniffent à
mefure que l'on travaille la pâte qui les renferme
& que l'on augmente leur juxta-pofition ; l'air
que l'on introduit par les différens mouvemens
qu'on lui imprime, fe confond réellement dans
la pâte dont il augmente la blancheur, la liaifon,
le volume, le poids & la ténacité, à mefure
que cet élément s'y combine & la pénètre : celui
qui ne fait pas partie de la pâte fe mêle dans
les interftices, adhère à la furface collante &
liffe qu'on lui préfente, s'échappe enfuite par
les efforts qu'on donne à la pâte en fe gonflant
& crevant les enveloppes vifqueufes qui le
renferment ; d'où il réfulte une pâte longue,
vifqueufe & légère , dont toutes les parties

ſuffiſamment ramollies & combinées entre elles, deviennent aſſez tenaces & aſſez flexibles pour obéir ſans ſe rompre au mouvement doux qui doit s'opérer intérieurement en produiſant le ſoulèvement & le volume que l'on cherche à obtenir par la fermentation, & qu'on arrête par la cuiſſon.

Mais continuons de ſuivre le travail de la pâte, elle eſt ſortie du lieu où elle a été pétrie, la fermentation & la cuiſſon vont achever ſa perfection. Si les parties conſtituantes du blé diviſées par la mouture, réunies & aglutinées enſuite, à l'aide de l'eau & du levain, ſous la forme de pâte, paſſoient également & enſemble à la fermentation ſpiritueuſe, il s'enſuivroit que leur vertu alimentaire, loin d'augmenter dans la panification, diminueroit conſidérablement, puiſque tout corps nourriſſant ceſſe de l'être après qu'il a ſubi cette opération de la Nature ; mais heureuſement qu'elles ne ſont pas toutes ſuſceptibles de prendre un pareil mouvement ; que l'amidon, la partie la plus abondante & en même temps la plus nutritive de la farine, demeure dans ſon intégrité ; & que le muqueux ſucré, la ſeule matière qui paroiſſe juſqu'à préſent douée de cette propriété, n'a pas aſſez de molleſſe dans la pâte où elle ſe trouve pour céder à la fois au mouvement qui doit en changer la texture & les effets : une partie de ce muqueux eſt encore intact lorſque l'autre ne fait qu'éprouver un commencement de décompoſition ; d'où il ſuit que la fermentation panaire étant arrêtée par un mouvement violent, qui eſt la cuiſſon, elle ne peut & ne doit être ſpiritueuſe.

La pâte, au ſortir du pétrin, n'eſt pas toujours partagée en pain, la ſaiſon oblige quelquefois de la laiſſer en maſſe & ſous des couvertures, afin que raſſemblée, elle s'échauffe & prenne plus tôt ce mouvement général & préparatoire qui diſpoſe à une bonne fermentation : mais on n'attend pas qu'elle ait perdu de ſa viſcoſité pour la ſéparer par morceaux & la porter à la balance ; des mains agiles & exercées lui donnent une forme relative à ſa conſiſtance & à ſa compoſition : ferme, on la manie davantage, & elle ſert aux gros pains : molle, au contraire, on la diviſe en petits pains ſans la fouler autant ; ainſi, après avoir paſſé par les mains du pétriſſeur, du peſeur & du tourneur, qui ajoutent chacun à ſa perfection, la pâte arrive enfin à cet état de repos qu'il ne faut pas troubler ; tantôt circonſcrite de tous les côtés, elle gagne de la hauteur ; tantôt libre ſeulement par ſes extrémités, elle s'étend & acquiert de la largeur; mais exposée au contact de l'air, sa surface se sécheroit si on ne cherchoit à l'en garantir avec des couvertures mouillées & des toiles humides.

Lors donc qu'on a observé toutes les précautions que la pâte demande avant d'être placée dans le lieu où elle doit fermenter, le mouvement intestin qui doit opérer la décomposition, ne tarde pas à s'annoncer; déjà le levain dispersé dans la pâte à la faveur de l'eau, est prêt d'agir & de reprendre sa première mobilité; la substance muqueuse sucrée, celle qui reçoit la première impulsion, perd un peu de sa ténacité, & ensuite la matière glutineuse, laisse dégager ce fluide volatil & élastique qui se manifeste à l'instant qu'un corps quelconque éprouve un commencement de fermentation, & cherche à s'échapper au dehors avec l'air qu'on a introduit dans la pâte par les différentes opérations du pétrissage; cet air soulève la masse demi-solide où il est contenu, en écartant toutes les parties qui le gênent, & qui mettent obstacle à sa sortie : mais la ténacité & la glutinosité de la pâte, opposant toujours à l'échappement de ce fluide, une résistance proportionnée, son activité se trouve augmentée ; une partie est forcée de s'unir avec les autres principes pour former les premiers matériaux de l'esprit ardent, l'autre qui résulte de la fermentation & des nouvelles combinaisons que celle-ci opère, cherche également une issue. L'intérieur de la pâte étant mou, gras & collant, céderoit bientôt au choc & au frottement continuel du principe qui l'agite; s'il n'y avoit pas encore assez de matière glutineuse pour le retenir par sa ténacité. La pâte portée au four ne tarde pas encore d'augmenter de volume, ce fluide élastique raréfié par le feu & par la fermentation qui continue, sollicite toujours sa sortie, en rompant les capsules visqueuses dans lesquelles il se trouve comme emprisonné; mais la chaleur devenue plus forte, arrête la masse tuméfiée & divisée, dessèche la surface qui devient une espèce de couvercle qui s'oppose à l'échappement de l'air : l'humidité qui environne l'amidon, étant comme bouillante, elle le convertit en une gelée qui se confond & disparoît dans la masse générale, toutes les parties se combinent; d'où il résulte cet aliment homogène, léger, blanc, œillete, savoureux & agréable, que nous appelons *pain*.

Tels sont les principaux phénomènes que le blé présente avant & après avoir été transformé en pain : si pour les décrire, nous avons employé dans cet article un langage qui convient

plutôt au Phyſicien qu'au Boulanger ; nous
eſpérons que ce dernier, pour qui ce langage
deviendra un jour très-familier, le comprendra
aiſément par tout ce qui précède : d'ailleurs nous
nous ſommes exprimés comme lui quand il a été
queſtion des maximes fondamentales de ſon Art.

Un reproche qu'on a fait au pain, & que
notre expoſé ne manqueroit pas de juſtifier, c'eſt
que cet aliment perd de ſon prix, parce que ſa
préparation eſt coûteuſe & pénible ; mais quand
on réfléchit que dans un même fournil, cinq
hommes peuvent en quinze heures de temps
apprêter la nourriture principale de trois mille
hommes, qu'il eſt poſſible de porter par-tout &
de confondre avec tout, ſans courir les riſques
qu'elle perde aucune de ſes qualités ; on ſe demandera quel eſt l'aliment auſſi commode qu'on
puiſſe préparer avec autant de facilité, & qui ſoit
en état de remplacer le pain, quelque multipliés
que ſoient les ſoins qu'exige ſa préparation !

Qu'on ne nous objecte pas non plus qu'il
y a des blés pour leſquels les ſoins que nous
avons recommandés, ſeroient entièrement inutiles, & que malgré les meilleurs procédés, il
eſt impoſſible d'en faire du bon pain : ſuppo-
ſons-les très-médiocres, pourvu qu'ils ne ſoient
pas altérés, qu'on les ait moulus convenablement,

& qu'on fe ferve de la meilleure méthode pour les fabriquer, on obtiendra toujours, finon un beau pain, du moins un bon pain, d'une digeftion très-avantageufe pour la fanté : il n'eft même perfonne qui, perfuadé de cette vérité, n'ait été frappé, en parcourant le Royaume, des différences énormes qui exiftent dans le pain qu'on y fabrique, quoique provenant d'une même qualité de grain.

ARTICLE VIII.

Du choix du Pain.

L'ASPECT du pain deviendroit fuffifant pour juger de la perfection de fa fabrication; & l'examen du dedans détermineroit bientôt la bonté du blé & du moulage, & l'efpèce de farine qu'on y a employée; mais le goût à cet égard eft tellement partagé, que le Boulanger, dans la vue de fe conformer à la volonté de tout le monde, a befoin pour la fatisfaire, de préparer autant d'efpèces de pâte; encore, comment en viendroit-il à bout, fi chacun defiroit précifément le pain cuit & coloré au même point; puifque quand bien même la fournée feroit d'une feule efpèce de pâte, parfaitement pétrie, fermentée & cuite à propos; elle offriroit toujours

plufieurs nuances de faveur & de couleur ,
qu'elle prend néceffairement dans les différens
endroits du four le plus également chauffé ?
ainfi, c'eft donc un avantage que les uns aiment
le pain doux levé , dont la croûte foit molle
& la mie très-ferrée ; que les autres donnent la
préférence à celui qui eft plus large que haut ;
qu'il y en ait enfin qui foient partifans du pain
crevaffé, haut ou pâle en couleur.

La connoiffance qui peut fervir à mettre au
fait des bonnes ou des mauvaifes qualités du
pain , foit par rapport à la nature des blés qu'on
y emploie , ou relativement à la manière de le
fabriquer , eft trop utile pour paroître indifférente
aux yeux de qui que ce foit : les hommes de
tous les états y font également intéreffés : l'ufage
des organes fuffit, & les fens font les feuls Juges
dont on puiffe invoquer le témoignage à ce
fujet : le pain bien fait doit être un peu plus
large que haut , d'un beau jaune doré , liffe à
fa fuperficie , fans gerfures ni crevaffes ; excepté
celles qu'on y a pratiquées avant l'apprêt , ou
que la cuiffon occafionne à un des côtés fur
toute la longueur.

Mais il en eft du pain comme de beaucoup
d'autres objets ; on ne doit pas toujours s'arrêter
à l'extérieur & le juger par fa croûte , il faut

encore le couper par le milieu pour en examiner le dedans, & voir si la mie est sèche, longue, spongieuse, élastique, d'un blanc jaunâtre, parsemée de trous plus ou moins grands & d'une forme inégale; ayant une légère odeur de levain jeune, c'est-à-dire, un peu vineuse : autant que l'on peut on doit manger la croûte avec la mie; l'une est l'assaisonnement de l'autre, elles produisent ensemble une saveur comparable à celle de la noisette : la mie doit être sèche sous la dent, se broyer aisément sans rester en masse dans la bouche, se mêler & se dissoudre avec les sucs salivaires.

Un pareil pain sera le résultat d'un bon blé, bien nétoyé, parfaitement moulu, pétri, fermenté & cuit convenablement; mais il n'y a presque pas de comparaison à faire entre un pain mal fabriqué & celui qui a été préparé d'après les règles prescrites, soit pour l'aspect, le goût ou pour les effets : s'il pèche par un vice de fabrication; il est lourd, plat, dentelé, rempli de baisures, d'une croûte rouge, obscur & coriasse, ayant la mie courte, aigre, collante, composée de petits trous égaux entre eux, d'un blanc livide: si les grains étoient salis ou altérés, non-seulement le pain qu'on en prépareroit avec beaucoup de soins, n'auroit pas d'apparence ; mais son odeur seroit désagréable : il auroit le goût de poussière , de graisse , & presque toujours de l'amertume.

L'expérience prononce tous les jours en faveur du bon pain : l'énumération de ses effets salutaires seroit trop étendue pour oser la décrire ici ; les louanges qu'on lui prodigue de toutes parts le font regarder comme un bienfait accordé à la société : il est le premier de nos alimens , & regardé avec raison comme analogue à nos humeurs. Le goût pour le pain est celui que nous perdons le dernier , & son retour est le signe le plus assuré de la convalescence ; il convient à tout âge , en tout temps & à toutes sortes de tempéramens : il corrige & fait digérer les autres nourritures ; il influe sur nos bonnes ou nos mauvaises digestions ; on peut le manger avec de la viande & les autres comestibles , sans qu'il en change la saveur & l'agrément ; il est même possible d'avoir fait très-mauvaise chère avec un pain mat , serré & aigre , quand les mets seroient exquis , puisqu'il les accompagne depuis le commencement jusqu'à la fin du repas frugal du pauvre , ou du repas somptueux du riche.

Les pains des différentes pâtes dont nous avons décrit la préparation , présentent des nuances qui dépendent du degré de confiftance qu'on leur a donnée ; plus le pain fera ferme, moins la mie aura d'yeux, plus il fera léger & bien levé, plus auffi il offrira intérieurement de grandes cellules : il feroit cependant poffible que le plus excellent blé, moulu fuivant la meilleure méthode & préparé d'après les bons procédés de la Boulangerie, eût encore de grands défauts, fi la farine étoit employée au fortir des meules : ce phénomène que nous avons déjà rapporté, mais qu'il eft inutile d'expliquer ici, fuffit de refte pour prouver les avantages qu'il y auroit de s'approvifionner plutôt en farine qu'en blé, puifqu'en s'améliorant à la longue, elle abforbe plus d'eau, donne un pain plus blanc, plus abondant & plus favoureux.

On diftingue les pains, ainfi que nous l'avons déjà obfervé, non-feulement par leur forme, leur volume, leur légèreté & l'efpèce de farine qu'on y a employée ; mais encore par l'ufage auquel on les deftine, par les noms des pays & des auteurs qui leur ont donné la vogue. Il y a des pains longs, ronds, troués, fendus, cornus, à bourelets, à couronne ; des pains à café, à mie, à foupe & à potage ; des pains de Nevers, à la navette, à la Reine & à la

Duchesse ; des pains mollets, demi-mollets, de pâte ferme de toutes farines ou de ménage. Enfin, le Boulanger doit faire du pain blanc, bis-blanc & du pain bis ; mais tous ces pains que le luxe, la délicatesse & la fantaisie ont encore beaucoup multipliés dans les différens pays, auront une bonne qualité quand, parfaitement cuits, ils absorberont aisément & sans s'émietter, le fluide dans lequel on les trempera, & qu'au lieu de décomposer le bouillon ou de cailler le lait, ils y mitonneront sans les altérer.

Le pain à soupe doit être composé toujours de pâte molle, assaisonnée d'un peu de sel, sans lait ni levure : aplati en le tournant, & enfoncé de toutes parts avec les doigts au moment de le mettre au four pour obtenir un pain qui ait plus de croûte que de mie, extrêmement cuit, & qui donne à la soupe un roux agréable à l'œil & au palais ; c'est même ce qui a fait naître l'idée des croûtes à potage, qui ordinairement ne font autre chose que du pain mollet rassis & chapelé, dont on a séparé la mie, & que l'on a remis un quart-d'heure à la chaleur d'un four doux pour rôtir la surface interne, & qu'il se colore également par-tout. Le pain à potage diffère du pain à soupe en ce qu'il est plus volumineux & qu'il est moins haut en couleur : le pain à mie deftiné à panner les viandes, eft ordinairement compofé des ratiffures de la pâte renforcées avec de la farine, expofé à l'air dans un moule étroit, afin qu'il prenne beaucoup d'élévation & peu d'apprêt ; il faut le laiffer bien cuire & reffuyer à four doux.

Quoiqu'il exifte plufieurs queftions fur l'ufage & les effets du pain dans l'économie animale ; je ne m'arrêterai que fur une des plus importantes : on eft dans l'opinion, que plus le pain eft maffif, ferré, ferme & bis, moins il paffe vîte, & mieux il nourrit, parce que l'on prétend qu'il demeure plus long-temps dans l'eftomac, & que par conféquent il convient davantage aux hommes adonnés à des travaux & à des exercices journaliers qui ont befoin d'aliment groffier entaffé & mat pour exercer fortement & long-temps ce vifcère ; mais il paroît qu'on n'a pas fait affez d'attention à la véritable manière d'agir de la nourriture, & qu'on a négligé de faire quelques obfervations avant d'adopter ce fentiment.

Plus le pain a de volume, mieux il doit fuf-tenter, parce qu'ayant davantage de furface, les fucs de l'eftomac peuvent en extraire plus aifé-ment & plus abondamment de quoi former la matière du chyle, il ne fuffit pas en outre d'être

nourri,

nourri, il faut encore être lesté ; il faut que les alimens raffafient & remplissent. Or, le pain qui a le plus d'étendue, est celui qui produit le mieux cet effet ; & fabriqué suivant la meilleure méthode, il sera réellement beaucoup plus nourrissant, vu qu'il aura plus de volume : mais il aura encore plus de masse, car l'air & l'eau y entreront en plus grande quantité, & l'on sait que ces deux élémens, combinés avec la nourriture, en augmentent l'intensité. Quatre livres de farine, par exemple, réduites en pâte ferme & traitées d'après des procédés défectueux, peuvent fournir cinq livres & demie de pain, dont l'étendue aura un pied carré : eh bien, la même quantité donnera au moins six livres de pain, qui occuperont le double de volume suivant la bonne méthode. Cette circonstance a singulièrement frappé plusieurs excellens Observateurs, qui m'ont écrit pour me confirmer dans cette idée, je la soumets encore aux lumières de ceux qui, par état, sont plus capables que moi d'en apprécier la solidité.

Pour peu que l'on veuille faire des essais, on verra bientôt au poids, au volume & à l'usage, si ce que nous avançons n'est que vraisemblable. Que l'on interroge d'ailleurs les

manœuvres & les jardiniers des environs de Paris,
dont le travail pénible & forcé ne sauroit être
comparé à celui des habitans des campagnes,
on apprendra encore que, quoiqu'ils paroiſſent
avoir beaucoup de pain pour conſommer dans
leur journée, cette quantité eſt toujours au-
deſſous de celle que mangent nos cultivateurs,
parce que ſous le même poids, il y a moins
de farine & plus de volume ; ils ont cependant
plus que les manœuvres, des légumes & des
fruits qui rempliſſent encore. D'où vient donc
cette différence ? de ce que le pain blanc,
léger & volumineux du manœuvre raſſaſie &
nourrit plus complètement, tandis que celui des
cultivateurs, maſſif, bis & trop ſerré, ne ſe
développe pas en totalité dans l'eſtomac, dont
il ne remplit pas ſuffiſamment la capacité. Que
l'on ne croie pas qu'en inſiſtant ſur le volume
du pain que conſomme le manœuvre ou le
jardinier, je prétende inſinuer qu'il faudroit leur
donner du pain mollet, dont l'exceſſive légèreté
eſt autant éloignée du pain de pâte ferme, que
ce dernier diffère du pain mal fabriqué du cultivateur. Toutes les parties du grain que la
mouture confond & que la bluterie préſente à
part, ſont faites pour aller enſemble, les farines
blanches & les farines biſes ont des propriétés

différentes entre elles ; & de leur mélange, il en résulte un composé qui fournira sans contredit l'aliment le plus salubre & le plus substantiel, dont les citoyens de toutes les classes puissent faire usage avec économie.

Le pain est un objet trop précieux à la santé & trop avantageux parmi les agrémens de la vie, pour dédaigner les moyens simples & peu dispendieux, de le mieux fabriquer ; mais enfin, pour que cet aliment puisse réunir toutes les bonnes qualités qu'on lui connoît, il ne faut pas s'écarter de la méthode que nous avons indiquée concernant sa préparation. Il ne faut pas négliger sur-tout d'employer de l'eau toujours plutôt froide que chaude, des levains jeunes & en grande quantité, un pétrissage vif & léger, une fermentation douce & non interrompue ; une cuisson ménagée & parfaite. Il ne faut pas que l'on fasse entrer dans la composition de cet aliment, aucuns supplémens qui, en grossissant la masse, diminuent à la fois son volume, son agrément & sa propriété nutritive. Enfin, pour le manger, il faut attendre qu'il soit entièrement refroidi ; car si on s'en servoit tout chaud au sortir du four, il pourroit occasionner des accidens, & préjudicier à la santé, c'est même dans ce seul état qu'il peut avoir donné des maux d'eftomac & des indigeftions. Il y a peu d'exemples avérés, quelle que foit la quantité qu'on en ait mangé, qui prouvent clairement qu'il a incommodé ; mais tous les alimens exigent quelques précautions avant d'en faire ufage ; il eft fi aifé de rendre celui-ci toujours bienfaifant, toujours égal, agréable, fans qu'il en coûte plus de foins, de dépenfes & de temps.

ARTICLE IX.

Des différentes efpèces de Pain ufitées dans le Royaume.

JE terminerois ici mon Ouvrage, fi le blé étoit le feul grain dont on préparât du pain : mais comme l'épeautre, le feigle, l'orge, le blé de Turquie, le farazin, font également réduits fous cette forme, & qu'ils conftituent la nourriture principale d'un tiers des habitans du Royaume : je ne faurois me difpenfer de traiter en particulier de chacun des pains qu'on retire de ces grains moulus, pétris, fermentés & cuits. Je pourrois encore m'expofer à quelques reproches, fi je n'accordois pas auffi aux pommes de terre une place dans un Écrit où il s'agit des différens pains que l'on prépare dans le Royaume : celui qu'on a fait de différentes manières avec ces racines, a eu trop de réputation pour ne pas mériter également d'être indiqué ici.

Quels que foient nos foins dans la culture des grains dont nous allons parler , quelque recherches que nous faffions dans les différens moyens qu'on pourroit employer pour en préparer le meilleur pain ; jamais cet aliment ne fera ni auffi léger ni auffi blanc que celui qu'on obtient du froment : le principe auquel ce dernier doit fa fupériorité n'exifte pas dans les autres avec les caractères qui lui appartiennent effentiellement , & fon abfence deviendra toujours un obftacle à ce qu'on puiffe en venir à bout : tous les Auteurs qui, depuis *Beccari*, ont cherché fans préoccupation, la matière glutineufe ailleurs que dans le froment & l'épeautre, font convenus qu'ils n'avoient rencontré abfolument rien qui y reffemblât.

Toutes les fois que les farineux manquent de ce liant & de cette vifcofité fi bien caractérifés dans le froment, fi effentiels à la fermentation de la pâte & à la bonne qualité du pain, qu'ils abforbent & retiennent peu d'eau dans le pétriffage , qu'ils s'apprêtent lentement & font difpofés à perdre un peu de leur confiftance ; on peut remédier à une partie de ces défauts , en maniant ces farineux & les travaillant long-temps & à force de bras ; en employant de l'eau chaude, beaucoup de levain, un bon apprêt & un four vif : on équivaut par ce moyen à l'effet de ce liant & de cette viscosité, qui fait pour ainsi dire le corps de la pâte qui lève, & la charpente du pain qui cuit.

Le bon blé ayant une surabondance de viscosité, il peut la communiquer aux autres grains qui en ont une dose infiniment moindre, & les aider par-là de ses propriétés : cet auxiliaire qui tourne au profit des farineux inférieurs avec lesquels on l'associe, est toujours aux dépens de l'agent principal qui est le froment, lequel perd d'autant de sa légèreté & de sa blancheur ; mais dans un pain déjà mat par lui-même, il paroît ridicule d'y introduire des semences légumineuses & autres végétaux farineux ; tels que l'ers ou l'orobe, la vesce, les haricots, les petites fèves, la châtaigne, le millet, &c. dont les parties entr'elles n'ont aucune adhésion, & qui offrent le contraste du pain : le ridicule est encore bien plus grand, lorsqu'on prétend faire du pain avec ces substances, sans autre addition qu'un levain.

Les grains ont des caractères particuliers qui les distinguent entre eux, & quelques propriétés communes qui les rapprochent ; en sorte que

mélangés, leurs effets doivent fe confondre &
ne former qu'un bon tout; c'eft ce qui arrive
dans l'affortiment des farines de la même efpèce;
mais les procédés que nous avons expofés concernant la fabrication du pain de froment ,
doivent être les mêmes que ceux qu'il faut employer pour le pain des farineux qu'on peut réduire fous cette forme : ainfi, quiconque fera bien
au fait de la panification du blé , parviendra à
faire tous les pains poffibles des différens grains
ou de leur mélange; il y a feulement des différences à obferver dans les manipulations, que
l'habitude éclairée & dirigée , ne tarde pas à
apprendre.

Le pain qui fait la nourriture principale des
Européens, eft peu connu des autres Nations :
les différentes fubftances végétales qui tiennent
lieu de cet aliment, font confommées fous la
vraie forme qui convient à leurs parties; les uns
en bouillie , les autres en galette : il y en a
enfin qu'on fait cuire fans les divifer, & dont
on fe nourrit de cette manière; ce feroit en
effet, contre le vœu de la Nature qu'on s'obfti-
neroit à vouloir foumettre les farineux indifféremment à la même préparation; je ne doute
pas en même temps , que fi elle y eût placé
ce principe vifqueux du froment, ou au moins

l'équivalent , tous les hommes n'euſſent été conduits néceſſairement à les transformer en pain.

L'avoine , ce grain qui ſert peu aux hommes, comme aliment, contient trop d'écorce & de matière extractive pour fournir un bon pain ; il eſt lourd, gris & fort amer. Il vaut donc mieux imiter les Anglois & quelques autres Nations qui s'en ſervent de préférence ſous la forme de bouillie, c'eſt-à-dire, le dépouiller de ſon écorce & le réduire en poudre groſſière ; c'eſt ce qu'on appelle *gruau d'avoine* : le *panis*, le *ſorgo* & le *millet* qu'on cultivoit davantage autrefois, ſont dans le même cas que l'avoine ; ils ont plus d'écorce que de farine , & le pain qu'on en prépare étant toujours fade, lourd & ſec ; il eſt encore plus avantageux de les accommoder avec de l'eau , du lait, du bouillon , ou bien même d'en faire des gâteaux : le riz, dont une partie du genre humain ſe nourrit, ne poſsède pas aſſez de liant & de propriété fermentative pour former de bon pain , il eſt mat, inſipide ; auſſi cette graine, dans tous les pays où elle ſupplée à cet aliment, eſt cuite ſimplement dans l'eau à moitié crevée , & relevée quelquefois par l'aſſaiſonnement favori du canton.

Si les farineux ſont la nourriture principale

de l'homme ; ce n'eſt pas toujours dans les grains qu'il a été la chercher , ni ſous la forme de pain & de bouillie qu'il en fait uſage : la châtaigne , par exemple , n'eſt pas convertie en pain dans les contrées même où ce fruit eſt fort commun : les Limoſins , lorſque les grains étoient rares , n'ont jamais penſé à changer leur manière ordinaire de la manger : on a bien introduit ſa farine pour un quart ou pour un tiers dans celle du froment ; mais ſi c'eſt-là du pain de châtaigne ; quelle eſt la matière végétale alors qui ne mériteroit pas d'être qualifiée ainſi , étant mêlée dans une pareille proportion avec le blé ! mais autant ce grain eſt deſtiné pour l'état panaire , autant beaucoup d'autres farineux qu'on veut y ſoumettre, comme la châtaigne , en paroiſſent éloignés.

Le préſent le plus précieux que les Iſles aient reçu de l'Afrique, c'eſt le *magnoc ,* qui prend le nom de *caſſave ,* dès qu'on a ſéparé de ſa racine la farine qu'elle renferme, & qu'on l'a convertie en galette. Le *ſagou ,* cette moëlle farineuſe qu'on retire de l'intérieur du tronc de certains palmiers, eſt employé dans l'Inde comme la caſſave, en petites galettes , & quelquefois auſſi ſous la forme de bouillie. Le *rima* ou le fruit de *l'arbre à pain ,* qui fait la nourriture des habitans des Philippines, se mange souvent entier & cuit ; souvent aussi on en prépare des galettes : la substance alimentaire qu'on retire de l'arbre appelé *coton fromager*, qui croît dans toutes les parties de l'Amérique méridionale, n'est pas plus farineuse que le *salep* qu'on obtient des racines d'*orchis* ; c'est un mucilage particulier dans lequel on ne rencontre pas d'amidon : or, sans ce dernier principe, on ne peut faire ni bouillie ni pain.

Quoiqu'il n'y ait pas à balancer entre les avantages de manger les farineux sous la forme de bouillie, & ceux qui résultent de leur préparation en pain, je n'attribuerai pas, comme on l'a fait, à ce dernier aliment d'autres propriétés que celles de nourrir plus ou moins complètement, plus commodément & plus économiquement : on prétend que le pain de froment convient aux mélancoliques, celui d'épeautre aux estomacs foibles, le pain de seigle aux tempéramens sanguins, le pain d'orge aux goutteux, le pain de blé de Turquie aux personnes attaquées de la pierre, le pain de sarazin contre les dévoiemens, enfin le pain de pommes de terre pour adoucir l'acrimonie des humeurs : Il est possible que le premier jour où l'on aura fait usage de ces pains, on se sera aperçu de

quelque altération dans l'économie animale ,
parce que toutes les fois que l'on change de
nourriture de quelqu'efpèce qu'elle foit, cette
économie s'en reffent ; mais l'habitude en eft
bientôt contractée ; ainfi le pain dont on continue l'ufage, ne conferve que la vertu alimentaire, comme toute efpèce de vin conferve la
vertu corroborative ou cordiale ; on peut feulement établir que le pain fera d'autant plus
digeftible & fubftanciel, que les grains qu'on
y aura employés feront d'une pefanteur fpécifique plus confidérable, & qu'il ne fera ni
gras, ni pâteux, ni collant.

Mais ne ceffons d'attaquer un préjugé qui
femble prendre faveur tous les jours : on vante,
on propofe & on défigne continuellement une
foule d'autres végétaux, dont la plupart ne font
pas même mucilagineux & farineux : on les
indique comme propres à être convertis en
pain, ou à augmenter la maffe de cet aliment,
fans faire attention qu'on altère & qu'on diminue
la bonne qualité de celui qui ne peut & ne doit
être réduit que fous cette forme, fans confidérer
que les fubftances deftinées à notre nourriture
perdent une bonne partie de leur vertu alimentaire, dès qu'on les foumet à une préparation
pour laquelle elles ne paroiffent pas deftinées.

Mangeons donc nos noix, nos amandes &
presque tous nos fruits sans aucun apprêt;
faisons cuire nos racines pour enlever ce qu'elles
ont d'acrimonieux & de désagréable, ne conver-
tissons en pain que les substances farineuses,
reconnues susceptibles de cette préparation, &
si nous nous déterminons à mélanger les pommes de terre avec la farine de quelques grains
pour les réduire sous la forme de pain, que ce
ne soit que dans les cas particuliers, exposés
ci-après : car, non-seulement ces racines, mais
encore les châtaignes font une sorte de pain
que la Providence nous présente tout formé;
elles n'ont besoin que d'être cuites l'une &
l'autre dans l'eau ou sous la cendre, & relevées
par quelques grains de sel pour fournir un aliment simple, substanciel & bienfaisant.

Du Pain d'Épeautre.

L'épeautre est une espèce de froment plus
cultivée autrefois qu'elle ne l'est aujourd'hui; on
en recueille encore en Italie, dans la Suisse,
l'Alsace & quelques cantons de la Picardie : ce
grain est sec & de couleur rougeâtre; il diffère
du blé par sa petitesse & par son adhérence à la
balle que l'on ne vient à bout de séparer que
par le moyen d'une machine qui donne au grain

un mouvement circulaire, fans le déformer, fans l'écrafer.

Si l'épeautre reffemble un peu à l'orge par la manière dont fes épis font difpofés, les parties qui le conftituent font les mêmes que celles du blé, comme lui il a une écorce, une matière muqueufe fucrée, de l'amidon & de la fubftance glutineufe ; ce dernier principe y eft même en affez grande abondance, une livre m'en a fourni près de cinq onces dans l'état mou & élaftique.

L'épeautre bien nétoyé, moulu & bluté convenablement, donne une farine auffi belle que celle de gruau du meilleur blé, elle eft d'un blanc jaunâtre, & douce au toucher ; aglutinée par le moyen de l'eau, la pâte qui en réfulte eft longue, tenace & exhale à peu-près l'odeur de colle, fi fenfible dans la pâte de froment, & qui décèle toujours la préfence de la matière glutineufe. Cette farine eft un peu revêche, & ne produiroit qu'un pain lourd, fi on n'employoit à fa fabrication de l'eau moins froide & plus de levain que pour celle du blé ; il faut beaucoup travailler la pâte, & ajouter au baffinage un peu de fel, ne lui donner que le premier degré d'apprêt & un four moins vif. Le pain d'épeautre, loin d'être fort noir, ainfi

que l'affurent quelques Auteurs, eft extraordi-
nairement blanc, léger & d'une facile digeftion;
il feroit à la vérité fade, fi on n'y introduifoit
un peu de fel ; alors il eft favoureux & fe
conferve frais pendant quelques jours fans
perdre de fon agrément.

Du Pain de Seigle.

Au défaut du blé, s'il falloit choifir parmi
les grains de la même famille pour faire du pain,
ce feroit fans contredit le feigle qui mériteroit la
préférence, non-feulement par rapport à la nature de fes produits en farine, mais relativement
à la qualité de l'aliment qu'on en obtient, auffi
eft-ce celui-ci qui, en Europe, fert le plus
communément à la fabrication du pain, & que
l'on cultive avec fuccès dans tous les terreins
où la végétation du blé a moins de réuffite.

Le feigle eft la nourriture principale des
habitans des pays froids où il eft ordinairement
meilleur que dans les climats chauds ; mais il
s'en faut que le pain qu'on en prépare foit également bien fabriqué; ce qui tient aux mêmes
caufes que nous avons rapportées à l'égard du
pain de froment; moulage peu foigné, levain
aigre & en trop petite quantité, eau beaucoup
trop chaude, mauvais pétriffage, fermentation

négligée, enfin cuiffon imparfaite : tels font les vices de pratique qui rendent la fabrication du pain de feigle défectueufe, qu'il eft facile de rec- tifier en fe fervant des moyens que nous avons indiqués pour faire, même avec le blé médio- cre, un bon pain : il eft vrai que le feigle ayant quelques propriétés qui lui font particulières, les procédés qu'on doit fuivre pour fa préparation varieront un peu ; mais les principes font abfolu- ment les mêmes.

On diftingue dans le feigle, comme dans le blé, différentes nuances de qualité. Il y a des feigles de première, de feconde & de troifième qualité. On cultive également des feigles d'hiver & de mars : le Meunier en retire plufieurs efpèces de farines, & le Boulanger en fait diffé- rens pains ; du pain blanc avec la plus belle farine, du pain bis avec les dernières paffées, & qu'on peut comparer au pain de froment fabri- qué avec les farines dépouillées de la fleur & des gruaux ; enfin un troifième pain moins commun que ce dernier & réfultant de toutes les farines, qu'on peut appeler *pain de ménage.*

Le feigle le plus eftimé à Paris eft celui qui croît dans la Champagne ; on doit le choifir clair, peu alongé, gros, fec & pefant ; les mêmes caufes qui altèrent le blé, influent auffi fur

le feigle, les mêmes moyens le garantiſſent ;
mais il eſt extrêmement eſſentiel, avant de porter
le feigle au moulin, qu'il ſoit encore plus ſec
que le froment, parce que naturellement plus
humide, il engrapperoit les meules, & graiſſe-
roit les bluteaux; mais quand ſa récolte s'eſt
faite pendant un beau temps, & qu'on l'a laiſſé
ſuffiſamment ſe reſſuer à la grange, on peut
le moudre ſans autre précaution : trop nouveau, trop ſec ou trop humide, il demande les
mêmes ſoins, parce qu'il produiroit encore davantage d'inconvéniens que le blé dans un
pareil état.

La forme du feigle eſt déjà une raiſon qui
fait que ce grain eſt plus ſonneux que le froment : il a encore l'écorce plus épaiſſe; ce qui
ajoute à la quantité de ſon qu'il fournit, &
diminue celle de la farine : il faut tenir les
meules plus rapprochées pour moudre ce grain,
parce qu'il ne s'échauffe pas autant, & que d'ailleurs on ne fait ordinairement qu'un moulage.

La farine de feigle parfaitement moulue &
blutée n'a pas l'œil jaune de celle du froment,
la matière qui colore cette dernière n'y exiſte
point : elle eſt douce au toucher, ſa couleur
eſt d'un blanc bleuâtre, & exhale une odeur de
violette qui caractériſe ſa bonté : ſi on en fait

une

une boulette avec de l'eau, la pâte qui en réfulte n'eft pas longue & tenace comme celle du blé; elle eft au contraire courte & graffe, s'attache aux doigts mouillés, & ne fe durcit pas auffi promptement à l'air.

Si l'on eft obligé d'employer l'eau toujours plus chaude que froide dans la fabrication du pain de feigle, ainfi que dans celle des autres pains, dont nous ferons bientôt mention, & qu'il faille éviter cette pratique pour le pain de froment, c'eft que dans ce dernier, indépendamment que la fermentation s'y établit beaucoup plus aifément, il exifte encore un principe élaftique & glutineux que l'eau chaude détériore; au lieu que dans les autres farineux qui en font dépourvus, cette eau chaude produit par fon action fur la matière extractive & muqueufe, une efpèce de vifcofité qui fupplée en partie à ce défaut.

Pour préparer le levain de feigle, il faut employer la pâte mife en réferve de la dernière fournée, & le délayer dans une fontaine conftruite avec la cinquième partie de la farine deftinée au pétriffage : on rafraîchit ce levain en y ajoutant le double environ de nouvelle farine que l'on renferme pareillement dans une fontaine : ce levain doit être plus av an cécqu le levain de tout point compofé de farine de froment.

Le levain parvenu à fon point, il faut fonger au pétriffage, & cette opération dans toutes fes parties doit être conduite fuivant les règles que nous avons preferites, excepté pour l'eau qu'il faut employer moins froide, & tenir la pâte plus ferme, afin que la fermentation s'établiffe plus promptement, & qu'il en réfulte un bon apprêt : le fel dont on peut fe paffer pour le pain de froment devient néceffaire dans celui de feigle pour lui donner de la ténacité & de la vifcofité, dont il manque par l'abfence de la matière glutineufe.

Quand la pâte eft faite, on la pèfe, on la tourne & on la met dans des panetons ; c'eft fur-tout ici que ces moules font indifpenfables pour contenir cette pâte qui s'étend, & pour favorifer le mouvement de fermentation qui, fans produire autant de gonflement, s'opère cependant prefque auffi vîte, il convient donc de donner à la pâte de feigle moins d'apprêt qu'à celle de froment, de l'expofer à l'air en été, & dans un lieu chaud pendant l'hiver.

Lorfqu'il s'agit de mettre au four, il faut que la chaleur faififfe fur le champ la pâte de feigle, parce que n'ayant pas de glutinofité, elle tend plutôt à s'étaler qu'à gonfler ; dès que le pain a pris suffisamment de couleur, il est bon de laisser le four débouché, afin que la cuisson s'achève par degrés, & que le pain se ressuie sans qu'il brûle, il doit demeurer plus long-temps dans le four que le pain de froment, puisque ce dernier durcit en le gardant, tandis que l'autre se ramollit.

Le pain de seigle tient le premier rang après le pain de froment ; il a même un avantage que n'a pas ce dernier ; c'est qu'il reste frais long-temps sans presque rien perdre de l'agrément qu'il a dans sa nouveauté : avantage précieux pour les habitans de la campagne qui n'ont pas le temps de cuire souvent. Ce pain savoureux porte avec lui un parfum qui plaît à tout le monde, & si jusqu'à présent les préjugés l'ont fait regarder comme lourd, indigeste & propre seulement aux estomacs vigoureux, c'est quand il est dans un état mat, gras & peu cuit ; mais bien fabriqué, il se digère très-aisément : on loue avec raison le pain de seigle de la Champagne, où la mouture & la Boulangerie bien dirigées, savent assimiler ses qualités au pain de froment.

N n ij

Du Pain de Blé méteil.

Sous le nom de *méteil*, on comprend ordinairement un mélange de blé & de seigle, semés & récoltés ensemble : sans examiner ici la question qui partage les Auteurs sur les avantages & les désavantages de cette culture ; je vais seulement, en attendant que le procès soit jugé, m'occuper des moyens d'en préparer un bon pain.

C'est la proportion où se trouvent le blé & le seigle qui change les propriétés du méteil ; ainsi, plus le blé y dominera, plus la farine sera sèche & la pâte longue : il arrivera le contraire lorsque le méteil contiendra davantage de seigle, la farine alors sera d'un blanc mat, & aura une odeur de violette. Les personnes qui font le pain à la maison, mêlent quelquefois par goût, par habitude ou par économie, un peu de seigle dans leur blé, sans avoir recueilli de méteil ; mais ce seroit un défaut d'exposer à la mouture ces deux grains ensemble, il faut les séparer : confondre ensuite leur farine sortant des meules, & ne l'employer qu'au bout d'un certain temps.

On sent bien que la préparation du pain de seigle exigeant un levain plus fort, de l'eau moins froide, un pétrissage moins long, un apprêt moins avancé, une cuisson plus tardive, les procédés de la fabrication du pain de méteil doivent s'en rapprocher ou s'en eloigner, en raison de la quantité de seigle mêlé avec le blé. La pâte formée avec la farine de méteil, n'a jamais la longueur & la viscosité de celle du froment pur, parce que le seigle qui y entre dans des proportions variées, affoiblit & partage cette qualité que le blé possède à un si haut degré; mais plus il y aura de ce dernier dans le méteil, plus il faudra employer de levain, tiédir l'eau, pétrir long-temps la pâte, lui donner plus de consistance, lui laisser moins prendre d'apprêt, chauffer plus le four, enfourner plus tôt & le cuire plus long-temps.

Il est raisonnable de croire que le méteil est d'autant meilleur, que le blé y domine; mais contenant tantôt plus de seigle que de froment, & tantôt plus de ce dernier que du premier, ce mélange doit produire des effets différens dans la mouture, dans les produits des farines & dans les résultats en pain : on peut observer cependant que le méteil des habitans des Villes sera toujours celui qui contiendra un tiers de seigle, sur deux de froment, & dont la mouture retirera seulement deux espèces de farine en parties égales ; la farine blanche & la farine bise;

N n iij

& que le méteil des habitans des campagnes fera compofé de parties égales de feigle & de froment, & dont on aura extrait le gros & le petit fon.

Le pain de blé méteil tient le milieu entre le pain de froment & celui de feigle; il eft bon, favoureux & très-nourriffant; il participe des deux grains les plus propres à fe convertir en pain : mais je me fuis affez étendu fur les réfultats des grains qui compofent le méteil; paffons à l'orge.

Du Pain d'Orge.

L'orge eft, après le froment & le feigle, le grain dont on fait le plus d'ufage fous la forme de pain; mondé de fa première enveloppe, il reffemble pour la couleur & la forme, à peu-près au blé de mars, le meilleur doit être dur, pefant, fe caffant difficilement fous la dent, & préfentant dans fon intérieur une matière farineufe, blanche, compacte & ferrée; fes produits étant abfolument différens, ils exigent d'autres procédés dans la mouture & dans la fabrication.

La farine de l'orge eft prefque toujours défectueufe à caufe du fon dont le tiffu rude & coupant, la rend dure au toucher : la pâte qui en réfulte eft caffante & plus courte que celle du feigle ; d'où il eft aifé de conclure qu'elle ne peut fournir un pain bien levé.

Pour tirer le meilleur parti de l'orge, il faut éloigner d'abord la meule courante, afin de concaffer feulement le grain & féparer tout le fon; l'orge ainfi mondé demande d'être converti en farine comme les gruaux ; on en obtient plufieurs farines, qui, mélangées ou employées à part, font toutes de nature à durcir, étant combinées avec l'eau & mifes en boulette. On remarque que cette boulette eft encore plus courte que celle de feigle.

Il faut, pour préparer le pain d'orge, employer un levain de chef plus fort, le renouveler au moins deux fois, en obfervant de tenir la pâte moins ferme, & qu'elle fe trouve dans la proportion de la moitié de la farine qu'on a deffein de transformer en pain : parvenue au pétriffage, la pâte doit être bien travaillée, enfuite la baffiner, c'eft-à-dire, y répandre de l'eau après qu'elle eft faite; cette opération à laquelle nous attribuons un très-grand effet, unit davantage les parties les plus groffières de la farine, donne à la pâte autant de liaifon & de vifcofité qu'elle eft fufceptible d'en prendre, facilite l'action du levain, & met la pâte dans le cas de fermenter plus aifément. La pâte d'orge exige un apprêt plus avancé que celle du feigle & du méteil ; quant à la cuiffon, il faut que le four foit un peu moins chauffé, & que le pain y féjourne plus long-temps.

Le pain d'orge le mieux fabriqué eft toujours rougeâtre, à caufe de la matière extractive qui y abonde ; mais elle eft dans un état de combinaifon, ce qui fait que ce pain eft fec, dur & caffant ; fa mie n'eft ni flexible, ni fpongieufe ; à peine conferve-t-il, peu de temps après la cuiffon, cette qualité qui appartient à toute efpèce de pain frais, celle d'être tendre & humide au fortir du four ; quelque parfait qu'il foit, en obfervant les précautions que nous avons recommandées dans la fabrication, il faut convenir qu'il fera encore bien éloigné pour la bonté, du pain de froment & de feigle, mélangé ou féparément : quand on le peut, il eft avantageux d'affocier l'orge avec l'un ou l'autre de ces grains, qui lui communiqueront les propriétés dont il eft privé, pour produire un pain mieux conditionné ; c'eft ce que l'expérience juftifie journellement.

Du Pain de Blé de Turquie.

On cultive le blé de Turquie dans quelques-

unes de nos Provinces, où on en prépare de la
bouillie, des gâteaux & du pain ; les peuples de
l'Amérique qui en font leur nourriture principale, ignorent l'art de moudre, & par conféquent celui de faire du pain ; ils le concaffent
feulement dans des mortiers de pierre, & réduifent la farine groffière qui en réfulte fous
une forme de galette.

Le maïs, fi improprement appelé *blé de
Turquie*, que l'Europe ignoroit avant la découverte du nouveau Monde, peut être regardé
avec les pommes de terre apportées prefque en
même temps des mêmes contrées, comme une
très-grande reffource : ce végétal récompenfe
au centuple les foins qu'on donne à fa culture :
on porte donc ce grain au moulin où on l'é-
crafe, & on le blute pour en féparer l'écorce
ou le fon, la farine qui en provient eft rude au
toucher, jaunâtre & très-favoureufe.

Pour en faire du pain, on commence par
faire bouillir une quantité d'eau proportionnée
à la farine qu'on a deffein d'employer, dès
qu'elle a acquis le degré d'ébullition, on met
dans le pétrin toute la farine que l'on deftine à
la fournée ; on la divife en deux portions, c'eft-
à-dire, qu'on pratique dans le milieu une rigole
dans laquelle on verfe une fuffifante quantité

d'eau bouillante, & comme fa chaleur ne permet pas d'y manœuvrer avec la main, on fe fert d'une fpatule de bois, efpèce de pelle avec laquelle on délaye la farine, la remuant fort & long-temps pour en former une pâte dure.

Dès que le degré de chaleur permet de pétrir cette pâte avec les mains, on pratique un trou dans la maffe & on y dépofe le levain, ayant foin de le bien mêler avec la pâte qu'on pétrit de nouveau ; après quoi on laiffe la maffe en repos, on la couvre & on la laiffe fermenter : pendant ce temps on a foin de chauffer le four.

Lorfqu'on aperçoit que la pâte eft fuffifamment levée, on la délaye de nouveau avec de l'eau froide en quantité fuffifante pour lui donner la confiftance d'une pâte molle, enfuite on en remplit des terrines garnies de grandes feuilles de châtaigner ou de choux qu'on a fait faner en les approchant du feu.

Les terrines étant remplies à un pouce près, on les met au four ; la pâte fe gonfle en cuifant, & déborde quelquefois d'un pouce, ce qui augmente la croûte qu'on laiffe cuire autant qu'il eft néceffaire ; en retirant les terrines du feu on les renverfe fur une table, le pain s'en détache ainfi que les feuilles.

Le procédé qui vient d'être décrit, & que

nous avons répété plufieurs fois , eft celui dont
on fe fert dans le Béarn pour préparer le pain
de blé de Turquie : il nous a été communiqué
par M. Bayen, qui le tenoit de M. Diffe ;
nous nous fommes empreffés de le publier dans
nos *Expériences & Réflexions relatives à l'Analyfe
du Blé & des Farines ;* depuis , il a été configné
de nouveau dans un Mémoire que M. le Payen
a préfenté à la Société royale de Metz , concernant *les Ufages du Maïs ou Blé de Turquie ,
& principalement fur le moyen d'en faire du Pain
fermenté :* l'Auteur obferve avec raifon qu'il
faudroit que la pâte ne fût pas mife à une auffi
grande épaiffeur dans la terrine.

En réfléchiffant fur cette méthode de préparer, en Béarn, le pain de maïs , il eft aifé
d'apercevoir que l'eau bouillante qu'on y emploie, enlève à l'aide de la chaleur, une matière
extractive de ce grain, & la combine de manière à
permettre à l'eau d'entrer en grande abondance
dans la pâte & de lui procurer avec l'efpèce de travail qu'on lui fait fubir , le liant fi néceffaire à la
bonne fermentation , & fans laquelle on ne peut
obtenir que de mauvais pain : les terrines font
l'office des panetons dans lefquels il faut toujours
mettre la pâte , de quelque nature qu'elle foit,
afin d'être entretenue dans une douce chaleur

& circonſcrite de toutes parts pour s'apprêter plus aiſément & plus parfaitement.

Tout levain peut ſervir à faire le pain de blé de Turquie, pourvu qu'il ſoit abondant, nouveau & de bonne qualité : on ſe ſert indifféremment du levain de froment ou du blé de Turquie lui-même : ce pain conſtitue la nourriture la plus commune des habitans de la campagne ; les perſonnes à leur aiſe en mangent auſſi avec plaiſir dans la ſoupe, où il mitonne fort bien ; il ſe conſerve très-long-temps ; il eſt d'ailleurs ſujet à moiſir comme un autre pain trop long-temps gardé.

Du Pain de Saraʒin.

Le grain dont il s'agit, n'appartient pas au genre des blés : c'eſt la ſemence d'une plante originaire d'Afrique, qui croît volontiers partout ; on avoit voulu autrefois proſcrire la culture de cette plante ; mais comme elle vient dans les terreins les plus maigres qui ne rapporteroient pas en blé la ſemence qu'on y auroit jetée, & que dans quelques cantons on peut la ſemer après la récolte du ſeigle & du méteil, c'eſt un moyen d'avoir deux moiſſons dans une année, & on ne ſauroit trop multiplier les reſſources alimentaires pour les temps malheureux.

Le farazin eſt triangulaire, on doit le choiſir ſec & peſant : il eſt compoſé d'une enveloppe épaiſſe & noire, tandis que l'intérieur eſt fort blanc ; ce grain donne en conſéquence beaucoup de ſon & peu de farine, qui eſt même toujours piquée & d'un blanc gris à cauſe de l'écorce que les meules y répandent, il ſeroit même à deſirer que le Meunier, accoutumé à moudre le farazin, l'écraſât ſans trop découper l'enveloppe, qu'il fît ce qu'on appelle une *mouture ronde*, dans laquelle le ſon eſt toujours large, ſec & plat.

La pâte de farine de farazin demande preſque autant de travail pour être convertie en pain, que celle d'orge : un levain jeune & très-abondant, de l'eau chaude, un pétriſſage vif & preſque point de baſſinage, afin qu'elle acquière cette ténacité & ce liant qui forment le ſoutien de la pâte en fermentation & la voûte du pain qui cuit ; de poſer cette pâte dans des panetons ; expoſer ces panetons à la chaleur pour favoriſer l'apprêt ; mettre la pâte au four avant d'être à ſon vrai point ; l'y laiſſer un peu plus de temps que la pâte d'orge, parce qu'elle eſt moins ſèche & plus difficile à cuire par conſéquent ; voilà les ſeuls moyens d'après leſquels il eſt permis de ſe flatter qu'on pourra préparer avec la farine de farazin un pain meilleur qu'il n'eſt ordinairement, fans néanmoins être encore très-bon; on a beau faire, il ne refte pas frais-long-temps ; dès le lendemain de fa cuiffon il fe sèche, fe fend, s'émiette & finit par devenir infupportable : que ce grain foit avantageux aux Cultivateurs, parce qu'il vient aifément par-tout & mûrit affez vîte pour obtenir dans une année favorable deux récoltes; qu'il foit fain, nourriffant & fort fufceptible de fe digérer : il n'eft pas moins vrai de dire, n'en déplaife à ceux qui le préfèrent au froment, & qui prétendent qu'il eft plus fubftanciel que le pain de feigle, d'orge & de blé de Turquie, qu'il eft le plus miférable de tous les pains après celui dont les Weftphaliens fe nourriffent, fous le nom de *bonpernickel;* peut-être les Bretons & les habitans du Tirol qui font les élogiftes du pain de farazin, ont-ils un procédé pour mou-dre ce grain fans écrafer en même-temps fon enveloppe; peut-être que celui qui croît dans leurs contrées a plus de qualité que celui fur lequel nous avons fait quelques expériences ; toujours eft-il certain qu'un pareil pain n'eft paffable que dans une circonftance qui ne laif-feroit pas la faculté de s'en procurer d'autres, & l'on eft trop heureux alors que les fubftances deftinées à remplacer celles qui nous manquent ne renferment rien de mal fain.

Du Pain de Pommes de terre.

Les pommes de terre confidérées du côté de la nourriture, offrent les plus grandes reffources, elles réuffiffent aux plus robuftes comme aux plus foibles, les perfonnes de tout âge & de tout fexe en font ufage fans éprouver aucune fuite fâcheufe ; elles font fufceptibles d'une infinité de préparations, fe déguifent de mille manières différentes, & acquièrent dans les affaifonnemens de quoi fe prêter à toutes nos fantaifies & à tous nos goûts : en un mot, le Cuifinier dont l'art eft aujourd'hui fi recherché & fi important, trouvera dans les pommes de terre, une ample occafion d'exercer fon efprit inventif & alléchant.

Mais ce qui a le droit de nous intéreffer le plus particulièrement, c'eft que le bon Cultivateur qui a l'avantage d'ignorer le luxe & la délicateffe des tables, peut compofer fon repas frugal de pommes de terre cuites dans l'eau ou fous la cendre, puis affaifonnées avec quelques grains de fel, elles deviennent un mets digeftible & fort fain. S'il reftoit encore quelque doute fur la falubrité d'une plante auffi étonnante qu'elle eft productive, il fuffiroit d'examiner & d'interroger ceux qui s'en nourriffent depuis leur naiffance, pour être affuré que les pommes de terre qui se plaisent dans tous les climats, font un des végétaux les plus précieux à l'humanité.

Il seroit superflu de rapporter ici tous les moyens qu'on a tentés jusqu'à présent pour faire du pain économique de pommes de terre, en employant ces racines sous différentes formes dans des proportions variées & avec plusieurs espèces de farine. Je me bornerai seulement à donner une seule recette de ce pain; elle pourra servir de modèle pour tous les pains qu'on se proposeroit de composer de cette manière avec d'autres farines que celle du froment.

Prenez la quantité que vous voudrez employer de pommes de terre, faites-les cuire dans l'eau, ôtez-en la peau, & écrasez-les ensuite avec un rouleau de bois, de manière qu'il ne reste aucuns grumeaux, & qu'il en résulte une pâte unie, tenace & visqueuse; ajoutez à cette pâte le levain préparé dès la veille, suivant la méthode déjà exposée, & la totalité de la farine destinée à entrer dans la pâte, en sorte qu'il y ait moitié pulpe de pommes de terre & moitié farine; pétrissez bien le tout avec l'eau nécessaire; quand la pâte sera suffisamment apprêtée, mettez-là au four, en observant qu'il ne soit pas autant chauffé que de coutume, de ne pas fermer aussitôt la porte & de la laisser cuire plus

long-temps;

long-temps ; sans cette précaution essentielle, la croûte du pain seroit dure & cassante, tandis que l'intérieur auroit trop d'humidité & pas assez de cuisson.

Comme les tentatives que j'ai faites pour convertir les pommes de terre en pain, sans y ajouter de la farine, n'ont eu absolument aucun succès ; il est bon d'en prévenir, afin de ménager le temps & les dépenses de ceux qui voudroient se livrer aux mêmes essais. On ne réussit pas davantage à employer les pommes de terre séchées au four, pulvérisées & mêlées avec leur pulpe ; le pain qu'on en obtient ne vaut absolument rien. Il n'en est pas de même de l'amidon qu'on retire de ces racines & de beaucoup d'autres végétaux, dont on pourroit préparer un bon pain dans le cas où pour subsister, il ne resteroit d'autres ressources que des pommes de terre en abondance. Les intempéries des saisons n'ont-elles pas forcé quelquefois d'avoir recours à des matières dont les effets étoient directement opposés à nos espérances ? Nous éviterons ces accidens dont l'histoire nous offre des exemples effrayans, en ne perdant pas de vue la méthode de préparer du pain de pommes de terre avec de l'amidon retiré de quelque plante que ce soit, suivant la méthode indiquée dans mon Mémoire fur *les Végétaux nourriffans.*

Mais fuppofons que d'une part on eût beaucoup d'orge, de blé de Turquie & de farazin ; que de l'autre on fe trouvât privé de la reffource du froment & du feigle ; alors ne vaudroit-il pas mieux plutôt d'employer ces grains qui, feuls ou réunis, ne donneront jamais qu'un pain de médiocre qualité, chercher la matière collante & vifqueufe dont ils font privés, dans quelques végétaux communs, tels que les pommes de terre, par exemple, avec lefquels on les mêleroit ; c'eft même la circonftance unique & celle que nous venons de rapporter, où il eft futile de réduire ces racines fous la forme de pain, parce qu'ayant le défaut contraire aux grains dont il eft queftion, c'eft-à-dire, que poffédant plus d'amidon que de collant & d'humide, on ne peut abfolument, fans addition de farine, les convertir en un aliment qui reffemble tout-à-fait au pain. On a encore remarqué que ces différentes farines mêlées avec la pomme de terre, acquerroient la faculté de nourrir plus agréablement & plus économiquement ; que l'orge perdoit fon âcreté, le blé de Turquie fa sèchereffe, & le farazin fon amertume. Cette obfervation que nous devons à M. le Chevalier

Muftel, le premier Apôtre des pommes de terre en France, & connu par d'excellens Ouvrages, lequel vient de m'envoyer quelques réflexions très-judicieufes fur cet objet, je m'empreffe de les communiquer fans y rien ajouter.

« L'utilité des pommes de terre eft générale- ment reconnue à préfent; mais il n'en eft pas « de même de la mixtion que j'ai propofée avec « différentes farines pour en faire du pain; de « tous ceux qui ont goûté de ce pain, perfonne « n'a pu difconvenir qu'il ne fût très-bon; mais « on a fait plufieurs objections à ce fujet, qu'il « s'agit ici d'examiner & de détruire. «

1.° L'opération, dit-on, de peler les pommes « de terre eft très-longue, & prend un temps « dont la perte fait évanouir l'économie qu'on y « peut trouver. «

2.° Il eft vrai que l'on peut gagner par la « mixtion des pommes de terre près de moitié « du poids en pain; mais ce pain eft plus appé- « tiffant, moins nourriffant, & l'on en mange « bien plus que du pain de pure farine. «

3.° On mange bien les pommes de terre « telles qu'elles font, pourquoi s'embarraffer d'en « faire du pain? «

Voilà les objections que l'on a faites contre « le pain de pommes de terre; font-elles fondées? «

» font-elles juftes ! C'eft ce que nous allons
» examiner.

»   1.° Je conviens que l'opération de peler les
» pommes de terre eft fort longue , & qu'elle ne
» peut fe faire qu'avec perte de beaucoup de
» temps , & même de matière ; mais l'expérience
» m'a appris qu'heureufement elle n'eft point né-
» ceffaire , lorfque les pommes de terre font bien
» lavées avant de les mettre dans la chaudière où
» on les fait cuire & où elles achèvent de fe pu-
» rifier ; il n'eft queftion que de les écrafer avec
» un pilon dans un baquet ou dans l'auge à pétrir ;
» elles s'y réduifent en peu de temps & facile-
» ment , fur-tout quand elles font encore chaudes ,
» & en pétriffant bien cette pâte avec une mixtion
» de farine & la quantité néceffaire d'eau & de
» levain , cette pâte fermente , & donne un très-
» bon pain , où il ne paroît aucun veftige de la
» peau des pommes de terre , qui n'eft qu'une
» épiderme très-fine qui fe diffipe en pétriffant :
» c'eft un fait dont l'expérience ne laiffe point dou-
» ter ; ainfi , voilà la principale & la plus grande
» objection diffipée ; on broye en peu de temps
» une affez grande quantité de pommes de terre
» par le procédé fimple que je viens d'expliquer ;
» mais fi on vouloit en préparer une très-grande
» quantité , je vais parler d'une machine au

moyen de laquelle un homme feul en réduiroit «
en pâte cent boiffeaux avec peu de peine & en «
peu de temps. «

2.° On mange de ce pain beaucoup plus que «
du pain ordinaire ; j'ai reconnu effectivement «
que fi on en mange après un ou deux jours «
de cuiffon, il s'en confomme davantage, parce «
qu'outre un goût de noifette & de fraîcheur «
qu'on y trouve, il paroît être d'une digeftion «
plus facile ; mais fi on attend pour en manger «
qu'il ait trois femaines ou un mois de cuiffon, il «
eft alors beaucoup plus nourriffant, & on en «
mange moins. On fera fans doute furpris, à en «
juger par le pain ordinaire, que je parle de man- «
ger le pain de pommes de terre après un mois de «
cuiffon ; mais c'eft qu'il faut favoir qu'après un «
mois il eft auffi frais & auffi tendre que l'eft «
le pain ordinaire après trois ou quatre jours de «
cuiffon ; il eft très-long-temps à durcir, & il eft «
pour ainfi-dire incorruptible ; j'en ai confervé «
un pain pendant deux ans qui n'avoit pas donné «
la moindre marque de corruption ni de moifif- «
fure, il étoit moins dur & plus mangeable que «
le pain defsèché, connu fous le nom de *bifcuit* ; «
je préfentai de ce pain de deux ans à la Société «
d'Agriculture de Rouen ; on fentit d'abord l'a- «
vantage qu'il y auroit à en faire ufage pour les «

O o iij

» Troupes de terre, & fur-tout pour celles de
» mer. Mais on m'objecta que ce pain qui s'étoit
» fi bien confervé fur terre, ne fe conferveroit
» peut-être pas de même fur mer.

»   Pour en faire l'expérience, je donnai deux
» pains de pommes de terre nouvellement cuits
» à M. d'Ambournai, Secrétaire de la Société &
» Négociant, qui s'offrit de les remettre à un
» Capitaine de navire qui alloit faire voile pour
» l'Efpagne; il les lui remit cachetés, en lui re-
» commandant d'en laiffer un en plein air, & de
» mettre l'autre à l'abri dans fa chambre, en le
» priant d'obferver le jour que l'un & l'autre
» commenceroient à fe corrompre. Le Capitaine
» revint d'Efpagne, & même d'une autre traver-
» fée dix mois après, & rapporta les deux pains,
» l'un & l'autre fort fains, & chacun fut curieux
» de manger ce jour-là à la Bourfe du pain de
» dix mois, qui avoit voyagé en Efpagne: ce fait
» bien affuré eft configné dans les regiftres de la
» Société d'Agriculture de Rouen. On ne peut
» plus douter de l'utilité & des avantages de ce
» pain, fur-tout pour la Marine, d'autant plus que
» la pomme de terre eft reconnue pour un excel-
» lent anti-fcorbutique, & qu'elle eft bien capa-
» ble de détruire l'effet des viandes falées.

»   3.° La troifième objection tombe d'elle-

même, fi l'utilité du pain des pommes de terre «
eft démontrée, non-feulement par l'économie «
que l'on y trouve, mais par les avantages de fa «
longue confervation. J'avoue qu'il feroit moins «
utile dans les pays, comme en Irlande, où les «
hommes accoutumés à ne manger que des «
pommes de terre, fe paffent entièrement de «
pain; mais en feroit-il de même en France? «

Si on ajoute à deux tiers de farine de froment «
un tiers de pâte de pommes de terre, non- «
feulement la quantité du pain fera augmentée; «
mais la qualité en fera meilleure, il fera plus «
blanc & plus délicat, & l'on ne s'apercevra «
de cette mixtion que par un goût de noifette «
qui lui donne plus de faveur. «

Si on ajoute à moitié de farine d'orge ou autre «
grain groffier, moitié de pâte de pommes de «
terre, le pain en fera moins noir, moins rude & «
plus fain, & l'âcreté de ces fortes de farines, fe «
trouve prefque entièrement diffipée par cette «
mixtion; avantage bien fenfible pour le plus «
grand nombre des pauvres, & même des can- «
tons entiers qui ne confomment que ces fortes «
de grains qui font au plus bas prix. Je ne parle «
point d'une quatrième objection qui n'a pas été «
la moins forte dans l'efprit de plufieurs, & «
qui a arrêté un Miniftre auquel j'avois rendu «

» compte de mes expériences ; c'eft dit-on, que
» cette mixtion économique pourroit faire dimi-
» nuer le prix du blé : je laiffe aux fpéculateurs
» juftement éclairés fur les vrais intérêts de l'État,
» à décider fi l'on doit appréhender cela, & aux
» ames fenfibles à prononcer fi ce feroit un mal.
» Pour moi, perfuadé que la mefure de la fubfif-
» tance eft toujours celle de la population, vrai
» bien, vraie richeffe de l'État, je ne peux penfer
» qu'on doive appréhender d'en voir étendre les
» moyens.

» La machine que j'ai annoncée pour broyer
» en peu de temps & très-facilement une grande
» quantité de pommes de terre, eft très-fimple :
» deux cylindres de bois d'environ un pied de
» diamètre & de deux à trois pieds de long, pofés
» horizontalement & parallèlement, compofent
» toute la machine : on adapte une manivelle à
» l'extrémité de l'axe d'un des deux cylindres,
» un homme en tournant cette manivelle fait tour-
» ner le cylindre à laquelle elle eft adaptée, & le
» frottement qui réfulte de fa rotation fait tourner
» l'autre cylindre, mais dans un fens oppofé ;
» c'eft le même jeu des cylindres pour les ca-
» lendres & pour les laminoirs de plomb.

» Une efpèce de coffre en forme de trémie de
» moulin, mais plus alongé eft fufpendue au-

deſſus & entre les deux cylindres ; c'eſt dans «
cette eſpèce de trémie qu'on met les pommes «
de terre cuites, & qui tombent entre les deux «
cylindres à meſure que le broiement ſe fait, «
un récipient poſé deſſous & que l'on a ſoin de «
vider de temps en temps, reçoit la pâte qui «
tombe continuellement en lames très-fines ; car «
il faut que ces cylindres ſoient poſés de manière «
qu'il ne reſte au plus qu'une demi-ligne d'eſ- «
pace entre les points de contacts : un deſſin «
de cette machine la rendroit encore mieux «
qu'une explication toujours vague ; mais pour «
peu que l'on connoiſſe le jeu des cylindres, «
on ſera en état de l'entendre & de l'exéçuter. »

CHAPITRE VI.

De quelques considérations relatives au Commerce du Pain.

ARTICLE PREMIER.

De l'Économie que le particulier trouveroit d'acheter son Pain, au lieu de le fabriquer.

LE pain le mieux fabriqué & le plus économique n'est assurément pas celui que font les particuliers chez eux ; outre les embarras & les soins attachés à sa préparation, ils trouveront toujours chez les Boulangers intelligens l'avantage d'obtenir cet aliment plus parfait & avec moins de frais que la ménagère la plus zélée, qui ne retire pour l'ordinaire du plus excellent blé qu'un pain médiocre & coûteux.

L'homme qui fait sa principale occupation d'un objet qu'il a étudié & examiné sous ses différens points de vue, qu'il traite en grand & avec l'intérêt de la perfection, non-seulement le connoît mieux, mais il épargne encore sur les frais : c'est une vérité reconnue & démontrée dans nos ateliers, où l'on apprend à chaque inftant que le fuccès d'une expérience dépend moins du procédé que d'une manipulation, acquife par l'habitude exercée, & des groffes maffes fur lefquelles on opère.

Suppofons que dans une petite Ville compofée de trois mille habitans, il s'en trouvera cent qui donnent à moudre, il ne faut pas croire que le Meunier levera chaque fois les meules pour rendre jufte tout ce que le blé aura fourni en farine & en fon, parce que cette manœuvre occafionneroit de la peine & du retard. Il donnera ces deux produits au hafard en faifant contribuer l'un pour augmenter l'autre, en forte qu'indépendamment des fraudes auxquelles pourra donner lieu l'ignorance aveugle des particuliers par rapport aux moutures ; ceux-ci feront encore expofés à n'avoir du meilleur grain que des réfultats médiocres & défectueux.

On ne peut douter d'après cette obfervation, qu'il y auroit toujours du bénéfice à vendre fon blé pour acheter de la farine à la place, parce que quand on fait moudre, on ne s'attache pas à connoître d'une manière pofitive la nature & la quantité des produits qu'on reçoit, on n'en a pas même le pouvoir : fans ceffe à la difcrétion du Meunier qui travaille mal lorſqu'il n'eſt pas ſurveillé & même dirigé par un connoiſſeur, on ne ſait jamais le prix auquel revient le pain. Sans compter qu'on ne perdroit plus de temps à attendre ſon tour au moulin, qu'on ſeroit à l'abri des inquiétudes & des peines, de ſoigner les moutures, d'éviter l'attirail des bluteaux, les gênes continuelles de vider & de remplir les ſacs, tous embarras qui occupent & partagent le temps en pure perte, & qui font l'occupation principale du Boulanger, ne conviendroit-il donc pas mieux encore pour l'économie, acheter du pain plutôt que de la farine !

La converſion de la farine en pain, abandonnée à des mains ignorantes & mal adroites, ne procurera pas au particulier un profit plus conſidérable que le changement des blés en farine : on emploie chez ſoi préciſément tous les moyens contraires aux vrais principes de la Boulangerie ; il faut du bois énormément pour chauffer le four qui s'eſt refroidi pendant huit jours d'intervalle qu'il y a ſouvent d'une fournée à l'autre : ce four n'eſt jamais conforme aux loix de la conſtruction ; il ferme preſque toujours mal, ce qui augmente encore la conſommation de l'aliment du feu dont on ne ſait pas diriger l'effet.

Le point de chauffage du four étant souvent l'écueil du Boulanger instruit qui y travaille journellement, comment le particulier peut-il se flatter de ne pas le manquer souvent, lui qui ne s'en sert qu'une fois ou deux au plus la semaine, & qui n'a qu'une routine aveugle pour guide ? aussi n'obtient-il, la plupart du temps, qu'une cuisson imparfaite, tantôt le pain est brûlé, tantôt il n'est pas suffisamment cuit, & tout en mangeant du mauvais pain, il se console encore, persuadé qu'il lui revient à beaucoup meilleur marché que celui du Boulanger.

Si le particulier est fatigué des embarras & des détails .que demande la cuisson, ou bien que l'expérience lui ait appris que le chauffage d'un four refroidi, mal construit, dans lequel on ne sait arranger ni le bois ni le pain, consomme beaucoup trop de bois ; que cependant il n'ait pas encore renoncé à l'habitude de préparer la pâte chez lui, du moins reste-t-il dans l'opinion qu'en l'envoyant cuire chez le Boulanger, il économise ; mais un pareil usage entraîne encore dans de plus grands inconvéniens que ceux qu'il prétend éviter.

La conduite des levains, les opérations du pé-trissage & le gouvernement de la fermentation, étant déjà difficiles pour le Boulanger qui suit les

mouvemens progreſſifs que ſa pâte éprouve dans
une même atmoſphère ; comment chaque particulier, opérant ſur des farines, tantôt sèches,
tantôt humides, provenant de blés nouveaux ou
vieux ; faiſant ſa pâte ferme ou molle, à l'eau
bouillante ou tiède, avec un levain jeune ou
fort, en grande ou en petite quantité ; de quelle
manière, dis-je, chaque particulier pourra-t-il
eſpérer que de tant d'eſpèces de pâtes différemment compoſées & pétries, ballotées en chemin,
arrivées trop tôt ou trop tard chez le Boulanger, & enfournées à la fois, ſans conſidération
pour leur degré d'apprêt, il puiſſe obtenir autre
choſe qu'un pain plat, gris & aigre, ou bien
lourd, maſſif & pâteux ! En outre, comment
pourra-t-il juger qu'il a le pain de ſa pâte, puiſque le Meunier a pu changer la farine de ſon
blé ? Qui lui aſſurera encore, que le Boulanger
ne lui en a pas dérobé un morceau, puiſqu'il
lui eſt impoſſible d'eſtimer le déchet des moutures & de cuiſſon !

Il ſeroit donc infiniment plus avantageux aux
particuliers d'acheter leur pain que de le fabriquer eux-mêmes ; le Meunier, moins obligé
d'interrompre les moutures, perdroit moins de
temps, il feroit pour un ſeul homme qui fabrique
pour trois ou quatre cents, ce qu'il feroit pour

eux en détail, il moudroit mieux, plus fidèlement, & à moins de frais; le bois, ce combuftible devenu fi rare dans certains endroits, fe trouveroit fingulièrement ménagé, en ne chauffant qu'un four, au lieu de cent; on courroit moins de rifques pour les incendies, & le Boulanger plus occupé, feroit à portée de travailler encore mieux, & en éprouvant une diminution dans les frais de mouture & de cuiffon, celle du prix du pain en deviendroit une conféquence néceffaire.

Au refte, je foumets très-volontiers mes réflexions à l'examen & aux lumières de ceux qui font dans l'habitude de boulanger chez eux, je les prie feulement de calculer exactement, fans préjugés, fi en balançant d'une part le prix du blé avec celui des moutures, & de l'autre les frais de fabrication avec les produits en pain, il ne fera pas préférable d'avoir cet aliment conftamment égal & bon, plutôt que de le faire préparer fous fes yeux, & de ne pouvoir malgré les foins, les peines, les follicitudes & l'emploi du temps, obtenir un pain entièrement parfait, fouvent aigre & pâteux, rarement volumineux & léger, prefque toujours mat & gris.

Dans la plupart des grandes villes, les particuliers ne font plus leur pain chez eux; on voit même dans les bourgs les habitans qui recueillent les grains, préférer de les vendre, quand ils le peuvent, plutôt que de les convertir eux-mêmes en aliment: l'économie qui leur a fait abandonner cet usage, n'a jamais ramené sur leurs pas ceux que l'expérience a éclairés, en leur démontrant que le bénéfice que l'on fait sur la vente du pain nécessaire à la consommation d'une famille pendant quelques jours, ne dédommage jamais des frais de fabrication que l'on entreprend dans la vue d'économiser, indépendamment qu'on est mieux nourri & plus agréablement.

On n'objectera pas sans doute, que s'il n'y avoit que des Boulangers, ils feroient payer à leur gré l'aliment qu'ils préparent: ce commerce sera toujours sous la sauvegarde des loix, & le Magistrat, instruit par les essais, des produits que le blé donne en farine & en pain, veillera toujours à ce que cette dernière denrée soit de bonne qualité, & toujours en proportion avec le prix du grain.

ARTICLE II.

Des Essais.

POURQUOI dans les temps même d'abondance a-t-on vu quelquefois s'élever des murmures de la part du peuple & du Boulanger,

par

par rapport au prix du pain ! C'eſt que les eſſais qui ſervoient de baſe à la taxe, étant mal faits, ou trop anciens ; tantôt inférieurs aux produits du blé, & tantôt exagérés, il en réſultoit ſouvent que le peuple en certains endroits, ſe plaignoit avec raiſon de payer ſon pain trop cher ; & qu'ailleurs le Boulanger refuſoit de le fabriquer, pour ſe ſouſtraire à ſa ruine : cependant, con-venons, à l'honneur des Magiſtrats chargés de veiller à la ſubſiſtance première, qu'ils ont employé toutes les précautions poſſibles pour donner à ces eſſais la plus ſérieuſe attention & la plus grande authenticité ; il eſt malheureux ſeulement, que leurs vues de patriotiſme & d'humanité n'aient pas toujours été ſecondées.

Lorſqu'on a procédé aux eſſais, il ſemble que la plupart des perſonnes chargées de les faire, ont voulu ignorer que le blé étoit compoſé d'écorce & de farine, qui chacun avoit un poids & un volume déterminés par la qualité du grain ; il ſemble qu'elles avoient l'eſpoir d'aſſimiler tellement ces deux principes l'un à l'autre, que la totalité du grain alloit être changée en farine, & que pour y parvenir il ſuffiſoit de donner au ſon une très-grande fineſſe : mais n'oublions donc point le véritable but de la mouture, ſuivons ſa marche progreſſive depuis l'inſtant où elle a été imaginée jufqu'à l'état de perfection qu'elle a atteint aujourd'hui, nous verrons que le Meunier intelligent qui fait fon état & fon commerce de farine, qui a par conféquent le plus grand intérêt à n'en pas perdre un atome, confent cependant à ne retirer du meilleur blé moulu par la mouture la plus parfaite, que les trois quarts en farine & le reftant en fon, à quelques livres plus ou moins ; ainfi lorfqu'on n'a pas obtenu foixante & quinze livres de farine par quintal de blé, ou que cette quantité a dépaffé de beaucoup, c'eft que la mouture étoit défectueufe, que les meules fe trouvoient trop hautes ou trop rapprochées, & qu'il y avoit de la farine dans le fon ou du fon dans la farine.

En préfentant le tableau du produit qu'on retire d'un fetier de blé, mefure de Paris, pefant deux cents quarante livres, & moulu par la mouture économique, nous avons fait mention de cinq efpèces de farine & de trois fortes de fon, qu'on diftinguoit par des noms différens. Nous allons reprendre ici les produits en farine pour parler de ceux qu'ils fourniffent étant convertis en pain ; mais pour fimplifier ces détails fans s'écarter de la vérité, nous les réduirons à deux claffes ; favoir, la farine blanche & la farine bife, l'une compofée des trois premières farines, qui

donnent enfemble cent foixante livres , & l'autre
des deux dernières pefant vingt livres ; d'où il réfulte en tout cent quatre-vingts livres quand le
blé eft de bonne qualité , & qu'on a affaire à
un Meunier adroit & honnête homme.

*TABLEAU des produits en pain des cent quatre-
vingts livres de farine réfultantes d'un fetier de
blé du poids de deux cents quarante livres, moulu
par la mouture économique ;*

SAVOIR,

Des 160 livres de farine blanche
en pain de pâte ferme, du poids
de 4 livres. . . . . 204^l } 229^l $\frac{1}{2}$.
Des 20 livres de farine bife. . . . 25 $\frac{1}{2}$. }

Des 160 livres de farine blanche
en pain de pâte molle, du poids
de 4 livres. . . . . 208^l } 234^l
Des 20 livres de farine bife. . . 26. }

Des 160 livres de farine blanche
de la même pâte , en pain
d'une livre. . . . . 190^l } 213^l $\frac{3}{4}$.
Des 20 livres de farine bife. . . . 23 $\frac{3}{4}$. }

Des 160 livres de farine blanche ,
en pain de demi-livre. . . . . . . 180^l } 202^l
Des 20 livres de farine bife. . . . 22. }

Les produits de la farine en pain, varient donc comme on voit à raifon de leur volume & de leur efpèce ; plus le pain fera divifé & offrira de furfaces, moins il rendra à caufe du déchet confidérable qu'il éprouve pendant la cuiffon ; ainfi le gros pain rond augmentera en proportion que le pain long & peu volumineux diminuera en produits.

Ce tableau des produits du blé en pain, fuffira pour guider ceux qui, dans les effais, fe ferviroient pour objet de comparaifon de la mefure & du poids du fetier de Paris ; mais quelquefois c'eft fur un quintal qu'on opère, & fouvent fur la farine elle-même, en choififfant le fac réglé dans le commerce de la Capitale à trois cents vingt livres net : dans le premier cas, on prendra les cinq onzièmes de la farine qui réfulte du fetier de blé & de leurs produits en pain : dans le fecond cas, au contraire, les cent foixante livres de farine blanche qu'on obtient d'un fetier de blé, faifant précifément la moitié du fac de trois cents vingt livres, il ne s'agira plus que de doubler le produit en pain que nous venons de rapporter.

Je fuppofe que le blé qui a fourni les produits que je viens d'expofer, étoit fort fec ; que la farine a été parfaitement moulue & convertie en pain par les meilleurs procédés ; mais s'il eft

démontré que le même Meunier, quelque foin
qu'il fe donne, ne peut obtenir conftamment
la même quantité de farine d'une même efpèce
de grain , les variétés feront encore bien plus
confidérables lorfqu'il y aura défectuofité , maladreffe & infidélité : que de foins ne doit-on
pas apporter dans les effais? combien ne faut-il
pas être circonfpect , lorfqu'il eft queftion de
prononcer fur la tranquillité & la fortune d'une
claffe de Citoyens , dédaignée parce qu'elle
eft une des plus utiles?

Il y a une grande différence entre ce qui fe
paffe quand on fait des effais & le travail habituel
du Boulanger : dans les effais , je vois d'abord le
moulin furveillé de toutes parts par des hommes
intègres , qui fuivent des yeux le grain depuis
l'inftant que tranfporté chez le Meunier, cacheté
& numéroté , il eft mis dans la trémie : je vois la
farine tombant dans la huche, environnée encore
de témoins qui ne la perdent pas de vue que la
dernière pincée ne foit ramaffée : je vois qu'on ne
rompt le cachet du fac qui la renferme que quand
il s'agit de la vider dans le pétrin pour la convertir
en pâte, qu'on ne la quitte plus qu'elle n'ait été
pefée, tournée, comptée, mife fur couche & au
four : enfin, je vois les pains pefés & comptés
de nouveau quand ils font refroidis ; c'eft d'après

toutes ces précautions que font dreffés les procès-verbaux qui conftatent les effais.

Mais le Boulanger envoie fon blé au moulin, fans le cacheter ; le voilà livré au talent & à la difcrétion du Meunier qui moud à fa guife fans être infpecté ; la même économie préfide-t-elle aux opérations de fa fabrique ? & quand elle y préfideroit, jamais le Boulanger ne pourra obtenir des réfultats abfolument femblables , parce que dans les effais bien faits on ne perd pas un grain, pas une pincée de farine, pas une parcelle de pâte ; la crainte & l'honneur follicitent à la fois le Meunier pour remplir le véritable but de fon Art ; les mêmes motifs peuvent-ils l'animer en faveur des Boulangers !

Les vices de conftruction de moulins , les diverfes méthodes de moudre, la qualité des grains fur lefquels on opéroit, ont donné lieu à des méprifes groffières dans les effais ; d'où il eft réfulté un prix exceffif qui préjudicioit au peuple fans enrichir le Boulanger. On a vu dans quelques villes des environs de Paris le pain à quatre fous la livre, & le fetier de blé à vingt-quatre liv. ce qui , fuivant le prix ordinaire , auroit pu établir le pain à trois fous , ne devoit-on pas en conclure que le Boulanger faifoit un gain confidérable ! mais le contraire étoit prouvé dans quelques autres villes également voisines de Paris, où le pain qui étoit plus beau ne valoit que trois sous, sans que le blé fût plus cher, & que le Boulanger perdît sur son travail.

Ainsi toutes les fois que le prix du pain ne sera plus en relation avec celui du blé, & qu'on aura la preuve que le Boulanger n'a que le bénéfice ordinaire, on pourra attribuer cette circonstance au mauvais moulage ; puisque tel Meunier peut laisser beaucoup de farine dans le son, tandis que tel autre divisera cette écorce sous les meules au point de la mettre en état de passer à travers les bluteaux, & de se confondre avec elle ; d'où s'ensuivra nécessairement que dans la même mesure du même grain, il se trouvera un quart de différence en plus ou en moins, sans que le produit soit de meilleure qualité.

Les Auteurs qui ont cherché à établir que le prix du pain pouvoit toujours être égal à la livre de blé, ont entrevu dans cette circonstance la facilité de la taxe & la satisfaction de pouvoir augmenter la somme des produits dans un temps de cherté, en desirant qu'on pût retirer une livre de pain d'une livre de blé : ce n'est pas que la chose soit physiquement impossible ; mais pour y parvenir il faut s'écarter de la méthode du Commerçant en farine & du Boulanger, l'un & l'autre pour faire de belles marchandises se bornent au produit dont nous avons parlé ; mais pour obtenir du blé livre par livre de pain, il faut rapprocher les meules pour en retirer une plus grande quantité de farine, comme cent quatre-vingt-quinze livres à deux cents, d'un setier pesant deux cents quarante livres au lieu de cent quatre-vingts. Il est nécessaire ensuite de faire des pains au moins de douze livres, ce n'est donc qu'à l'aide de ces deux moyens imaginés par le desir bien louable de soulager le peuple, qu'on pourra espérer d'obtenir la livre de pain pour la livre de blé.

Qui auroit cru que ce produit si considérable en farine, que l'art du Meunier bien dirigé, est parvenu à retirer du grain, n'eût pas satisfait ! que la possibilité même d'avoir livre pour livre laisseroit encore des doutes, & feroit employer d'autres ressources pour aller au-delà, sans considérer la perfection qu'on devroit toujours avoir en vue, puisqu'elle influe sur l'effet nourrissant de l'aliment ! On a fait dans les années dernières des essais à Dijon sur plusieurs quintaux de blé convertis en farine par la mouture économique ; mais dans l'idée sans doute, que du son épuisé & réduit à l'état d'écorce, pourroit se rapprocher de la nature de la farine, on l'a reporté sous les meules pour le convertir en poudre fine qui, bluté, n'a laissé que deux livres de résidu ; d'où il est résulté une farine semblable, à la finesse près, à la farine en rame ; le pain qu'on en a préparé ensuite excédoit le poids du blé de trente-une livres quatorze onces par quintal ; mais la qualité de ce pain a forcé l'auteur de ces essais, d'avouer qu'il ne valoit rien : en procédant ainsi, rien sans doute n'est plus aisé d'obtenir ces grands résultats qui étonnent : un apprentif Meunier & le dernier garçon Boulanger en feront toujours autant.

On est bien embarrassé lorsqu'il s'agit d'établir quelque chose de positif à l'égard du produit du blé en farine & de la farine en pain ; la grande difficulté vient toujours de la qualité variée des grains, de l'inégalité des mesures & des poids, de la construction des moulins ; enfin, des personnes auxquelles on confie les essais : la première incertitude est dûe au mauvais moulage, & la seconde aux Boulangers qui, faisant des pâtes trop molles ou trop fermes, des pains trop gros ou trop petits, les cuisant peu ou les desséchant, occasionnent des variétés infinies dans les déchets, & par conséquent dans les produits.

On observera peut-être que nous aurions dû ajoûter au tableau des produits de la farine en pains, les frais de mouture & de fabrication pour fixer le prix du pain, relativement à celui du blé ; mais ces frais varient sans cesse, puisque dans un endroit la mouture est payée en argent, & dans l'autre en grain ; qu'ils varient encore par l'éloignement où l'on se trouve des moulins ; que les frais de fabrication ne peuvent pas être plus déterminés, parce que les loyers & le prix du chauffage ne sont pas par-tout les mêmes ; ce sont ces raisons, & beaucoup d'autres qui m'ont démontré l'inutilité des calculs qu'on a présentés à ce sujet, & qui ont donné lieu à des taxes désavantageuses au Public ou aux Boulangers, ce qui m'a fait préférer de proposer plutôt des doutes que ces conjectures vagues d'estimation que l'on a donné pour des certitudes.

Qu'on se persuade donc bien que les essais destinés à servir de base à la taxe du pain, ne peuvent pas être proposés dans tous les pays & dans toutes les années, comme des témoignages assurés qui constatent les résultats qu'on peut toujours obtenir, puisque les produits en pain varient suivant la qualité du grain, la manière de moudre & de le fabriquer ; qu'il faut répéter ces essais chaque année & dans chaque endroit,

en y appelant les Meuniers & les Boulangers
du lieu les plus experts, afin de bien examiner
les produits à part, & de ne point attribuer à la
perfection de l'Art, ce qui eft l'effet des moutures trop rondes ou trop baffes ; que loin d'exiger
au-delà des produits que les meilleurs moulins
retirent du blé, il fembleroit de la juftice la plus
rigoureufe, qu'on diminuât quelque chofe du
produit de la farine & du pain ; les Boulangers
ayant toujours démontré qu'il leur étoit impoffible d'atteindre tout-à-fait aux quantités déterminées par les effais, & qu'on ne doit pas
croire qu'ils puiffent, dans quelques endroits, fe
dédommager des déchets & des pertes auxquels
il eft fujet au moulin, par le *bon de mefure* qu'ils
obtiennent fur une certaine quantité de blé,
parce que, malgré leur attention, prefque toujours le Meunier en profite ; heureux encore
quand cet excédant affouvit fa cupidité, & qu'il
ne fait pas fon pain aux dépens de la farine du
Boulanger !

A R T I C L E I I I.

De la Taxe du Pain.

NOUS venons de faire voir combien il étoit
important que le commerce de la Boulangerie

fût éclairé & furveillé , puifque la matière qui en eft l'objet , intéreffe directement la vie des Citoyens & la tranquillité publique. Il eft donc bien effentiel qu'on ne foit pas encore trompé dans le prix du pain. Cette denrée de première néceffité , étant fouvent l'unique nourriture que le peuple puiffe fe procurer ; la plus légère variété à cet égard , fuffiroit pour troubler fon bonheur , faire naître des inquiétudes , occafionner des alarmes & des défordres qu'il convient d'arrêter à leur fource.

Les Magiftrats à qui les détails de la police du pain font confiés , favent très-bien , que pour chercher à foulager la fituation des malheureux , il ne faut pas écrafer le Fabriquant , & que leur miniftère , dans une pareille circonftance , doit fe borner fimplement à concilier les intérêts des uns & des autres. Tous les hommes ont un droit égal à la juftice qui les guide : fans doute , rien n'eft plus naturel ni plus louable , que de procurer tous les avantages poffibles au peuple & de diminuer fa mifère ; mais chacun dans fon commerce doit retirer au moins le fruit légitime qui doit en être la récompenfe.

On n'eft pas dans l'ufage de taxer le pain à Paris , ainfi que dans beaucoup de villes du Royaume , parce que là où il fe trouve un très-

grand nombre de Boulangers réunis, la concurrence met nécessairement dans tous les temps, le
prix du pain à sa juste valeur, & toujours en proportion de celui du blé & de la farine. Le Boulanger qui, dans ses achats, vient d'éprouver
une diminution, baisse aussitôt le prix de son
pain, afin de se faire de nouvelles pratiques en
conservant les siennes; son voisin surveillant &
actif l'y forceroit bien s'il différoit de prendre
ce parti; c'est au moins ce que l'expérience
journalière apprend dans les marchés qui se succèdent; dès que l'augmentation arrive, les mêmes
motifs opèrent encore un semblable effet, c'est-
à-dire, qu'on n'ose pas changer le prix aussitôt
le renchérissement des grains; aussi remarque-
t-on avec satisfaction que le prix du pain y est
toujours dans une relation intime avec celui des
blés & des farines.

Quelquefois cependant le pain a été taxé à
Paris & dans les environs, ce n'a été il est vrai,
que pendant les temps de cherté, dans l'intention d'obliger par ce moyen les Boulangers à
ne fabriquer qu'une seule qualité de pain pour
ramener cette denrée essentielle à un prix plus
modique, & soulager en même temps le Peuple
dans les besoins indispensables de son premier
aliment; mais il y auroit tout lieu de craindre

que la taxe dans les années d'abondance, ne replonge dans l'enfance la Meunerie & la Boulangerie, plus perfectionnées à Paris qu'ailleurs, parce que le Boulanger plus inftruit & plus jaloux de faire du beau pain, n'achette pour y parvenir, que des blés d'élite, la taxe ne portant que fur ceux du milieu, par conféquent d'un prix & d'une qualité inférieurs, & ne pouvant fe retirer au tau de la taxe, il fe verroit contraint d'acheter des grains médiocres, de faire des moutures baffes; enfin, d'augmenter les produits en farine aux dépens du fon; & pour épargner fur les plus légers frais, négliger précifément ceux qui peuvent influer fur la qualité: quand on ne gagne pas fur l'objet de fon travail, les talens font en défaut, & rien ne reffemble davantage à l'ouvrage d'un mauvais ouvrier, que celui d'un homme inftruit qui n'eft pas fuffifamment payé.

On a remarqué qu'à prix égal du blé, le pain dans beaucoup de nos Provinces, étoit cependant prefque toujours plus cher qu'à Paris, tandis qu'on devroit y éprouver l'effet contraire. Il eft facile de prouver que c'eft autant aux vices des moulins & à l'ignorance des Meuniers, qu'aux défauts de fabrication, qu'il faut attribuer principalement cette augmentation.

Mais si les Boulangers, il est vrai, sont bornés à une ou deux fournées, les frais de fabrication sont nécessairement plus considérables, & le pain, quand il seroit le produit d'une bonne mouture & d'un excellent travail, pourroit en proportion coûter davantage.

D'autres causes occasionnent encore la différence du prix du pain de province à province, à prix égal du blé ; ce sont les calculs établis par l'usage & l'habitude pour la taxe dans les pays où l'on fait commerce de farines ; c'est sur le prix & le produit de la farine que l'on établit cette taxe : mais on s'en rapporte à des données incertaines ; les uns estiment les frais de manutention & le bénéfice du Boulanger à un prix trop haut, tandis que d'autres n'ont en vue que des calculs devenus inférieurs à cause de l'augmentation amenée par une succession de temps & d'années pour les frais de la main-d'œuvre.

Dans les petites villes où l'on doit moins espérer des bons effets de la concurrence, & où l'on suppose d'ailleurs que les Boulangers, en moins grand nombre, ont la facilité de pouvoir s'entendre ; la taxe alors y paroît plus nécessaire : mais la manière dont on s'y prend pour y procéder, & qui a passé en usage dans certains

endroits, remplit-elle tout-à-fait les différentes
vues que l'on a pour l'avantage du Peuple &
le bénéfice honnête du Boulanger! C'eſt ce
qu'on va voir.

Ce ſont tantôt les Officiers de police qui
préſident eux-mêmes à la taxe ; tantôt les Marchands ou les Commiſſionnaires les plus notables
rempliſſent cette fonction , & quelquefois les
meſureurs ſont chargés de rendre compte aux
Magiſtrats, du prix des grains : le marché commence ordinairement à midi ; environ trois heures
après & même moins , on ſait à quoi s'en tenir
ſur le renchériſſement ou la diminution ; ne croi-
roit-on pas que la taxe va ſuivre naturellement
le prix du grain après le marché ! mais ſouvent
ce n'eſt que le lendemain à la même heure, &
plus tard encore , que la taxe eſt ſignifiée aux
Boulangers : de ce retard, il réſulte pour ceux-ci
pluſieurs inconvéniens.

Si le blé a augmenté , le peuple toujours aux
aguets ſur le prix du pain , & qui, pour gagner
un ſou ſur cette denrée , va perdre une matinée
à courir d'une extrémité à l'autre de la ville ;
le peuple inſtruit , auſſitôt que le Boulanger,
de cette augmentation, achette du pain au-delà
même de ſes beſoins , & quand il ne devroit
pas le conſommer dans la ſemaine, il n'en fait

pas

pas moins provifion quand fes facultés le permettent, dans la crainte que l'augmentation ne
continue au prochain marché ; mais le foir du
jour du marché, quoique le Boulanger ait fait la
nuit & dans la matinée autant de fournées qu'à
l'ordinaire, on fe plaint de ce qu'il n'a plus de
pain, de-là les murmures, les reproches, dont
il devient prefque toujours la victime injuftement.
Le blé, au lieu d'augmenter, diminue-t-il,
alors le Peuple loin de s'approvifionner, achette
au jour le jour & à mefure que les befoins le
follicitent : ainfi le Boulanger qui n'avoit pas
fuffifamment de pain le jour du marché, où le
blé a renchéri, pour fournir à l'importunité
de la multitude, a prefque tout ce qu'il a cuit
pour fon compte lorfqu'il a augmenté.

C'eft donc pour obvier à tous ces inconvéniens, qu'il feroit à propos de taxer le pain à
l'inftant même où le prix du blé vient d'être
déterminé, fans attendre un intervalle de vingt-
quatre heures & plus; intervalle qui nuit toujours aux Boulangers, & fur-tout au Peuple,
en lui faifant manger fon pain, tantôt au fortir
du four, & tantôt beaucoup trop raffis.

Un autre ufage qu'on ne devroit laiffer fubfifter nulle part ; c'eft que dans les mois de
Juillet & d'Août, à la veille de la récolte, où

les grains augmentent prefque toujours, foit à caufe que les marchés font moins fournis par rapport aux travaux de la campagne, foit relativement aux craintes préfentes & futures de la moiffon; foit enfin, parce que le cultivateur fait différentes fpéculations à ce fujet : alors les Boulangers ne peuvent obtenir la taxe du pain, fous le prétexte que le prix du blé n'eft pas encore affis. Mais dans un commerce auffi mobile, auffi important que celui des grains, il n'eft aucune faifon , aucune circonftance qui puiffent difpenfer de la taxe, conformément au prix du blé dans tous les endroits où l'expérience en a démontré la néceffité. Quand on fuppoferoit que le Boulanger aifé n'attend jamais le moment pour faire fes approvifionnemens ; le plus grand nombre qui gagnent à peine de quoi faire fubfifter leur famille, n'ont pas les fonds néceffaires pour pouvoir les garantir des circonftances de cherté : ceux-ci qui n'ont pas le moyen de faire nul facrifice, vont donc voir leur ruine fe préparer, lorfqu'on fufpendra la taxe en laiffant le prix du pain au tau où étoit le blé avant l'augmentation.

Quand le Boulanger a trouvé dans fon commerce & dans fon patrimoine des reffources pour parer aux circonftances d'augmentation , le

bénéfice qu'il fait alors eſt comme marchand ,
c'eſt-à-dire , que le blé qu'il auroit acheté à bon
compte en le portant au marché , il y gagneroit
en le vendant le prix courant ; alors il feroit
aſſimilé au fort de tous ceux qui courent les
haſards de ce commerce. Enfin une conſidération à laquelle on ne prend pas garde , c'eſt
que quand la taxe du pain eſt établie après la
diminution du grain , on ne feroit pas arrêté par
les repréſentations du Boulanger, qui prouveroit
qu'il a des proviſions.

Les Boulangers forains qui viennent vendre
le pain au marché , font ordinairement accueillis
& protégés, dans la préoccupation où l'on eſt
qu'ils entretiennent & augmentent l'abondance
d'une denrée trop eſſentielle à la vie , pour ne
pas la favoriſer ; mais cette abondance ne produit tout au plus qu'une fécurité perfide ; c'eſt
un ſuperflu dont on ne peut jouir dans un temps
où l'on n'a que le juſte néceſſaire ; puiſque la
taxe du pain étant arrêtée pour tous les marchands indifféremment, la concurrence ne fauroit produire aucun avantage aux acheteurs.

On fait que les Boulangers des villes, obligés
d'une part à des impoſitions dont une partie
eſt ignorée dans les campagnes , contraints de
l'autre à fournir un ſervice journalier dans tous

Q q ij

les temps & fans varier leur bénéfice, ne fauroit être comparé à celui des Boulangers de village; ces derniers n'étant affujettis à aucune loi, à aucune police, ayant à meilleur compte l'emplacement, le bois & la main-d'œuvre, ne faifant pas toutes les efpèces de pain, n'ont pas le même intérêt à contenter leurs pratiques, dont ils font à peine connus; & s'ils donnent leur pain à plus bas prix, c'eft parce qu'il eft d'une qualité inférieure. Je reviens à la taxe.

Il eft ridicule que dans quelques villes on affimile tous les pains par la taxe, & que les gros pains foient proportionnément auffi chers que ceux d'un petit volume. Cette taxe cependant ne devroit être bornée qu'au pain deftiné pour le peuple; à l'égard des pains mollets & de fantaifie, comme ils exigent plus de travail & de frais, que la farine dont ils font compofés eft plus belle, & qu'ils éprouvent davantage de déchet dans la cuiffon, on devroit laiffer aux Boulangers la liberté de les vendre plus cher; il feroit même à defirer que dans le cas où ils fabriqueroient également l'une & l'autre efpèce de pain, on fît enforte que les frais de fabrication du gros pain fuffent reportés fur ceux des petits pains, & foulager par-là le peuple : l'homme aifé ne balancera jamais d'ajouter quelque chofe au prix ordinaire du pain pour satisfaire son goût particulier : d'ailleurs, n'est-ce pas une justice, que plus les objets demandent d'attention & d'industrie, plus on doive les payer.

Il seroit donc à souhaiter que la taxe se fît immédiatement après le marché, que les personnes nommées par les Officiers municipaux pour en rendre compte, fussent experts en grains & reconnus par leur probité, afin de ne pas donner un prix pour un autre, & une qualité de blé différente de celle sur laquelle doit être établie la taxe ; car ayant autant d'intérêt que le peuple, à ce que le pain soit à bon compte, leur rapport, d'où dépendent le bien public & la fortune du Boulanger, doit toujours paroître suspect ou du moins insuffisant à des Juges faits pour tout peser, tout voir, tout examiner par eux – mêmes, donner leur attention à ce que le peuple ne paye pas son pain trop cher, & que le Boulanger retire de son commerce le bénéfice légitime qui doit être la récompense du travail pénible & assujettissant de sa profession.

A R T I C L E   I V.
De la Pesée du Pain.

Il a déjà été fait mention à l'article qui traite de la pesée de la pâte, des règles adoptées

& fuivies chez tous les Boulangers pour lui ajouter un excédant capable de remplacer ce qui fe perd & s'évapore pendant la fermentation, durant `& après la cuiffon ; que cet excédant, toujours relatif à la nature & au volume des pains, ne mettoit pas toujours le Boulanger le plus honnête & le plus attentif, à l'abri des variétés innombrables auxquelles chaque efpèce de pâte étoit affujettie par rapport au déchet qu'elle éprouvoit avant d'être convertie en pain ; maintenant il eft bon d'en donner la démonftration.

Quelles que foient les connoiffances que l'on pofsède fur le commerce du pain, nous croyons pouvoir y ajouter encore les nôtres. L'Auteur de l'Art du Boulanger a commencé de défiller les yeux à ce fujet ; ce que nous allons expofer fera un fupplément de ce qu'il a déjà dit fur la pefée du pain, puiffai-je, avec M. Malouin, concourir à établir ce qu'il y a de plus effentiel & de plus précis fur une matière auffi délicate, & faire ceffer fans retour cette efpèce de guerre qui règne dans tout le Royaume entre la Police, le Peuple & le Boulanger.

Plufieurs queftions me paroiffent concerner la pefée du pain ; l'intérêt du peuple & la fûreté du commerce de la Boulangerie néceffitent cette discuſſion. Je vais encore m'y livrer, afin de rendre mon Ouvrage plus digne du Gouvernement qui le protège : il s'agit de ſavoir 1.° ſi une pâte confiée au four peut être portée par le moyen de la cuiſſon, à un poids déterminé, fixe & invariable. 2.° Si après la cuiſſon cette pâte eſt encore ſuſceptible d'éprouver une diminution ſenſible. 3.° Si les Boulangers peuvent être garants du déchet que la pâte ſubit pendant les différentes opérations qui le convertiſſent en aliment. 4.° Si le pain, repréſentant un poids quelconque, vendu & livré ainſi à l'acheteur, le fabricant peut être taxé de fraude, parce qu'il y aura quelques onces de moins ſur le poids. 5.° Enfin, s'il eſt poſſible de faire ce commerce à l'excluſion des poids & des balances; voilà ce que je me propoſe d'examiner très en abrégé dans cet article.

Rien au premier coup-d'œil ne paroît plus naturel ni plus conforme à l'équité & à la raiſon, qu'un pain annoncé pour peſer quatre livres, poſsède réellement ce poids, rien auſſi ne ſemble plus manifeſte que la fraude du Boulanger, qui ne donneroit que trois livres dix à douze onces, au lieu de quatre livres ; cependant en réfléchiſſant un moment ſur ce qui ſe paſſe dans la panification, on ſentira aiſément, que malgré

les plus grands foins & l'exactitude la plus fcru-
puleufe dans la pefée de la pâte, il peut encore
arriver une multitude d'accidens qui les font
varier à l'infini , non-feulement d'année en
année, mais encore de lieu à lieu, de moment
à moment ; ce qui auroit dû prouver clairement
qu'il étoit d'autant plus injufte d'infliger des
amendes pour quelques onces de manque dans
le poids, qu'aucune loi n'autorifoit le Boulanger
à fe faire furpayer de l'excédant, & quand il
y en auroit, le peuple ne s'y prêteroit pas ;
d'ailleurs le Boulanger , une fois entaché de
deshonneur , eft découragé, & s'il ne jouit
d'aucune confidération , on eft bientôt difpofé
à l'infulter.

Il n'eft perfonne tant foit peu au fait de
la Boulangerie, qui puiffe difconvenir que le
degré de féchereffe ou d'humidité des blés &
des farines, leurs diverfes qualités, les moutures
& leur manière d'être dirigées, la température
de l'eau employée au pétriffage , l'apprêt des
levains, le féjour de la pâte dans le tour & fur
couche, la faifon, l'état de l'atmofphère, l'emplacement du fournil, la force, l'adreffe & la
vivacité des ouvriers, la conftruction du four
& la nature du bois avec lequel on procéde au
chauffage, ne foient autant de caufes phyfiques

& accidentelles qui rendent le déchet plus ou moins confidérable, & empêchent, à quelques onces près, que le pain ne pèfe conftamment fon poids.

Les Phyficiens & les Chimiftes connoiffent depuis long-temps les effets de l'air & du feu fur les corps, ils favent que ceux-ci éprouvent plus ou moins de déchet, en raifon de leur denfité, de leur ténacité, & des furfaces qu'ils préfentent à l'action de ces deux élémens, ainfi l'eau que la pâte a abforbée dans le pétriffage s'évaporera d'autant plus aifément qu'elle y fera plus abondante, moins confondue & difperfée dans la maffe générale; que les différentes parties conftituantes de la farine qui l'ont accrochée & retenue, ne feront pas de nature graffe, & que les agens qui doivent opérer fon atténuation, fa combinaifon, fon adhérence & fa fixation, exerceront leur pouvoir plus long-temps & d'une manière très-infenfible.

Entrons dans une Boulangerie, fans préjugés, & portons les regards fur une pâte qu'on pétrit & qui fermente, nous verrons comparativement avec d'autres, qu'elle évaporera d'autant plus aifément, qu'elle contiendra plus d'eau & de levains trop prêts : nous verrons qu'avec la même quantité de bois, le four ne fauroit être toujours chauffé d'une manière uniforme, & la cuisson constamment égale par-tout : nous verrons que le pain le premier enfourné, est presque toujours retiré le dernier, & que celui placé à la bouche ne peut avoir le même degré de cuisson que le pain qui occupe le fond & les rives : enfin, nous verrons que la position des fours & leur différente construction, la méthode de les chauffer, d'enfourner & de défourner, doivent tout naturellement apporter à la même farine, à la même pâte & au même pain, des nuances différentes de déchet, & occasionner le manque de poids, sans que la fraude y ait absolument aucune part.

Le Boulanger contraint de cuire la nuit pour fournir ses pratiques, quelquefois fort tard, est souvent exposé à des reproches de leur part, à cause que le pain rassis ne pèse plus son poids, elles attendent même plusieurs jours pour en donner la démonstration : en vain le pain du matin au soir, depuis sa sortie du four jusqu'à sa consommation, évapore continuellement ; en vain il est prouvé que le déchet qui s'ensuit ne sauroit être plus apprécié que celui occasionné par la fermentation & la cuisson ; qu'il dépend de la saison, de l'endroit où le pain est serré, & de sa qualité ; toutes ces raisons n'empêchent pas les particuliers de rapporter leur pain, souvent trois jours après sa cuisson, en criant qu'il ne pèse pas son poids; comment la chose seroit-elle possible, puisque le Boulanger le plus attentif ne sauroit parvenir à conserver le poids juste du pain, lorsqu'à peine il est refroidi.

La pesée de la pâte est une opération si vive & si prompte, que pour peu que l'œil soit distrait & les mains peu agiles, on ne peut jamais rencontrer le milieu entre le trop & le trop peu : souvent par ignorance ou par défaut de conduite, le peseur ne saisit pas assez rapidement le trait du fléau, ses balances n'ont pas toute la propreté requise ; quelquefois par oubli il ne met pas le poids ; mais quand bien même le peseur se seroit acquitté de son travail avec adresse & ponctualité ; le brigadier à son tour ne peut-il pas commettre d'autres fautes, en laissant trop apprêter la pâte, en desséchant ou en brûlant le pain. Le Boulanger, dira-t-on, pourroit prévenir tous ces inconvéniens, en inspectant la pesée & le peseur, le four & le geindre ; mais lui est-il permis d'être toujours présent au travail pendant la nuit ! occupé le jour à ses achats, à ses moutures, à ses mélanges de farine ; n'est-il pas d'ailleurs exposé encore aux misères humaines, & lorfqu'il eft malade les ouvriers ne font-ils pas encore plus mal leur befogne.

Aucun Marchand ne peut garantir la déperdition à laquelle font fujets certains objets de leur commerce; celui, par exemple, qui vend des jambons a grand foin de noter le poids qu'ils pèfent à leur arrivée, en y ajoutant une étiquette, & ils le vendent comme ayant réellement ce poids, quel que foit fon déchet. Le Charcutier fait éprouver au jambon une autre déperdition en le réduifant prefqu'à la moitié; mais il le vend le double de ce qu'il a coûté étant crud ; comment le Boulanger pourroit-il garantir la pâte du déchet qu'elle éprouve pendant les différentes opérations qui la convertiffent en aliment, puifque cette pâte une fois pefée & tournée, elle n'eft plus à fon pouvoir, & qu'il n'a pas d'influence fur toutes les caufes qui peuvent enfuite occafionner un manque de poids. Il ne feroit pas raifonnable d'objecter ici que le Boulanger pourroit, dans tous les temps & pour toutes les qualités de blé, fixer la mobilité du déchet, en augmentant encore l'excédant ajouté à la pâte avant de la foumettre à l'apprêt & au four; mais le bénéfice du Boulanger étant borné à quelques deniers, portant toujours fur le produit de la farine en pain, en augmentant cet excédant, loin de gagner, il perdroit, c'eft-à-dire, qu'au lieu de retirer d'un quintal de farine cent vingt-fix livres de pain environ, il n'en retireroit plus que cent feize livres : or, cette diminution l'empêcheroit de retrouver même les frais de fabrication ; il perdroit bien au-delà de ce bénéfice, s'il vouloit prévenir toutes les circonftances qui font fi fouvent varier le déchet, & il arriveroit qu'il y auroit des pains qui peferoient beaucoup plus que leur poids, & qui reviendroient né-ceffairement à un plus haut prix.

Si le déchet qui arrive dans la pefée, pouvoit être calculé au point de ne jamais varier, on pourroit à la rigueur n'exiger le poids du pain que dans le cas où cet aliment n'a que la forme, la groffeur & la cuiffon ordinaires : celui qui, par un goût particulier, veut que fon pain foit com-pofé d'une autre pâte, & façonnée différemment, qu'il fe trouve plus long, plus plat, plus petit & plus abondant en croûte, femblable aux pains en flûte, en bourrelets, à couronne ou à foupe, fuivant l'ufage du pays, doit s'attendre à plus de déchet. Il eft démontré qu'un pain de quatre livres extrêmement alongé, auquel on auroit ajouté l'excédant en pâte prefcrit, peut être réduit à trois livres fans avoir trop de cuiffon & à moins encore, fans cependant être brûlé ; tandis que le même pain, fous une forme ronde, pourroit même pefer plus que fon poids, & fe trouver fuffifamment cuit.

Si l'on ne peut déterminer au jufte le degré de cuiffon, & par conféquent le déchet qui en eft la fuite, on doit s'attendre que dans le nombre des pains expofés en vente, il s'en rencontrera neceffairement qui pèferont quelques onces de moins, & d'autres de plus ; croit-on après cela être en droit de taxer le Boulanger de mauvaife foi, d'intelligence avec fes garçons, de faire un commerce frauduleux de pain, puifque malgré tous fes efforts pour tâcher de concilier le rapport du poids de la pâte avec celui du pain, malgré les connoiffances qu'il a déjà acquifes, relativement à la farine fur laquelle il opère & au four où il cuit ; fon attente & fa prévoyance font encore très-fouvent trompées par l'effet furprenant & inopiné qui réfulte de la fermentation & du chauffage accélérés ou retardés par des circonftances imprévues, par la nature des levains & le volume différent des pains.

L'Officier de police néanmoins qui, vraifemblablement ignore tous ces faits, que la variété du poids du pain a rendu défiant fur le compte du Boulanger, fans altérer la pureté de fes intentions, vient chez lui faire vifite, choifit trois ou quatre pains au milieu de ceux qui compofent fix fournées; il les pèfe, & les faifit parce qu'il leur manque quelque chofe, fans avoir égard au plus grand nombre dont le poids eft jufte & même excédant. Ces pains ont pu être les premiers enfournés; alors on ne peut douter qu'étant infiniment plus cuits, ils ne foient certainement les moins pefans; pourquoi n'en pas pefer plufieurs féparément ou enfemble pour les comparer & acquérir des preuves évidentes fur la fraude du Boulanger, contre lequel on peut déjà être prévenu? quand bien même les pains d'une fournée entière fe trouveroient avoir quelque chofe de manque, feroit-ce une raifon fuffifante pour le condamner, fur-tout fi les pains font trop cuits ou trop raffis? d'ailleurs, le pain pourroit pefer fon poids, & même au-delà, fans être cuit; le Boulanger alors feroit plus repréhenfible : ne faudroit-il pas que le déchet fe trouvât affez confidérable pour ne pouvoir plus être attribué aux circonftances énoncées & à l'impoffibilité phyfique de ne pouvoir rencontrer la précifion dans l'exactitude de la pefée, puifqu'elle dépend de la réunion d'une foule de

circonſtances ſur leſquelles la volonté, l'attention & la probité n'ont aucune influence.

On juge bien d'après les difficultés inſur-
montables qui s'oppoſent à ce que le pain pèſe
conſtamment ſon poids au ſortir du four, &
quand il eſt parfaitement refroidi, combien on
a été expoſé à faire des ſaiſies & appliquer des
amendes injuſtement, en mettant toujours ſur
le compte du Boulanger la mal-adreſſe & l'inconduite des garçons, en le rendant reſponſable
des variations de l'atmoſphère, de l'inégalité des
matières, de l'action inconſtante du feu : combien de fois n'eſt-il pas arrivé que le peſeur,
pour nuire à ſon Maître, a ſouſtrait par humeur l'excédant en pâte de quelques pains ? cette
coutume bizarre & contradictoire qui aſſervit le
Boulanger à tenir des balances dans ſa boutique,
& à ne pas s'en ſervir pour vendre ſon pain,
n'a-t-elle pas fourni quelquefois des armes à la
paſſion ? on a des exemples qu'il y a eu des
gens qui ont fait ſécher devant le feu du pain
raſſis pour augmenter ſon déchet, & lui donner
une apparence de nouveauté, afin de s'en faire
enſuite un moyen de plainte pour aſſouvir leur
haine.

Les Marchands de mauvaiſe foi, il eſt vrai,
pourroient ſans doute ſe prévaloir & ſe faire un

titre

titre des accidens qui mettent obftacle à la précifion de l'exactitude de la pefée, pour tenir
toujours leur pain à un poids inférieur à celui
qu'il doit avoir, & faire par-là un vol au peuple
dont la nourriture fondamentale ne fauroit trop
intéreffer. Si le pain eft la moindre dépenfe du
riche, elle eft fans contredit la plus forte &
prefque la feule du pauvre ; on ne fauroit donc
trop prendre garde qu'il ne lui foit fait aucun
tort à ce fujet ; le feul moyen pour y parvenir
feroit de vendre le pain au poids avec d'autant
plus de fûreté, que l'acheteur, trouvant chez le
Boulanger des balances, il pourroit toujours,
quand il le voudroit, acquérir la certitude du
poids de fon pain, & feroit également le maître
de quitter fon fourniffeur lorfqu'il auroit quelques mécontentemens fur la qualité.

On pourroit, pour un motif femblable, obliger les Boulangers qui garniffent les marchés,
à fe pourvoir de balances & de poids, dont la
jufteffe feroit fouvent infpectée. C'eft-là fur-
tout où la loi que nous defirons, produiroit un
plus grand bien, parce que le pain qu'on y
débite eft fpécialement deftiné à la confommation de la claffe la plus indigente ; on a même
droit d'être étonné que les Boulangers de la
ville qui travaillent davantage pour la claffe la

R r

plus opulente, & qui fabriquent différentes efpèces de pain dont le déchet eft impoffible à déterminer; que ces Boulangers, dis-je, aient des balances & foient fouvent vifités, tandis que ceux qui approvifionnent le marché d'un pain dans lequel il doit y avoir moins de déchet, n'aient pas de balances, & ne foient pas inf-pectés : nous ofons réclamer pour le peuple la même faveur.

Tous les Règlemens, toutes les Ordonnances enjoignent aux Boulangers d'avoir des balances & des poids dans leur boutique, afin que le public puiffe vérifier par lui-même & à fon gré, le poids du pain qu'il achette & qu'il paye; pourquoi donc a-t-il négligé d'ufer de cette précaution expofée à fa vue! pourquoi, au lieu de l'employer à l'inftant que le foupçon s'em-pare de lui, court-il chez l'Officier de Police fe plaindre, & demander qu'on féviffe contre le Boulanger, quand ce dernier n'a pas refufé de tenir compte du manque de poids! pourquoi accufer fa bonne foi ailleurs que dans la boutique où il a acheté le pain, lorfqu'il a des balances & des poids pour remplir le déchet d'une évapo-ration inappréciable! la balance enfin n'eft-elle pas deftinée pour obvier aux inconvéniens & aux débats qui peuvent partager le vendeur &

l'acheteur ! exifte-t-il un médiateur plus puiffant,
moins équivoque pour terminer les débats, lever
les difficultés & anéantir tous les doutes !

Lorfqu'on prend un homme en fraude, la
marchandife qui en eft l'objet eft dépofée ordinairement fous le fceau & la garde de la Juftice ;
c'eft fur le vu & la repréfentation de la marchandife fufpectée, qu'il eft convaincu & jugé ;
mais le Boulanger feul paroît privé de cet avantage, à peine les pains font-ils faifis, qu'on les
déforme auffitôt en les coupant par morceaux,
& en les diftribuant à la populace ou dans les
hôpitaux ; il n'exifte donc plus enfuite de pièce
de conviction capable de le condamner, & quand
même elle exifteroit, elle ne pourroit fervir qu'à
dépofer contre lui, puifque le pain confifqué
pouvant avoir deux onces de moins au moment
de la faifie, feroit en état de diminuer encore
d'autant, parce que le pain depuis le pétriffage
jufqu'à ce qu'il eft cuit, & qu'on eft fur le point
de le manger, va toujours en s'évaporant. Ainfi,
on prononce fur l'honneur & la fortune du
Boulanger, trop fouvent victime d'une fraude
apparente.

Un commerce quelconque le plus difficul-
tueux, ne peut guère tromper, fait à l'aide de
l'aune, de la mefure & de la balance ; mais le

Boulanger qui a acheté son blé à la mesure, qui a exigé du Meunier la farine au poids, qui pèse sa pâte après qu'elle est pétrie, ne vend pas le pain au poids; lorsqu'il en a déterminé la quantité, suivant les règles prescrites, il ne peut plus y toucher, la fermentation, la cuisson & le refroidissement, viennent déranger tous ses calculs; hier, les pains de la même pâte, du même volume & de la même forme, avoient juste leur poids après le défournement, aujourd'hui il y a du manque; c'est le froid qui a rendu l'action du chauffage plus vive, c'est l'eau moins tiède & les levains plus avancés qui ont accéléré l'apprêt; enfin, c'est le pétrissage plus vigoureusement exécuté, qui, en faisant entrer davantage d'eau & d'air dans la pâte, la rend plus évaporable, en sorte qu'indépendamment des autres circonstances de l'atmosphère, l'excédant de la pâte estimé nécessaire pour remplir le manque de poids que le mouvement de la fermentation, la chaleur du four & l'air ambiant dans lequel refroidit le pain, ont pu occasionner, n'a pas été suffisant pour fournir à tous ces agens.

L'usage de vendre le pain au poids est adopté dans quelques provinces, où les pauvres comme les riches s'en trouvent fort bien. Quels seroient donc les obstacles qui empêcheroient qu'on ne rendît cet ufage général ; je ne vois que les Boulangers infidèles ou craignant la gêne qui pourroient s'y oppofer : perfonne ne profite d'un pareil abus , & l'intérêt du public en follicite la deftruction. Les grandes Maifons, les Colléges, les Monaftères , prennent leur pain au poids ; ils ont reconnu que , fi les pains mis à la balance féparément n'avoient pas conftam-ment leur poids , ils étoient affez ordinairement juftes , étant pefés plufieurs enfemble : mais le peuple , cette claffe d'hommes d'autant plus intéreffante qu'elle eft la plus utile & la plus miférable ; le peuple qui n'a pas le moyen de perdre une once fur fa nourriture, qui n'achette fouvent qu'un pain de quatre livres & dans lequel il fe trouvera jufqu'à quatre onces & plus de manque s'il étoit trop cuit ou trop raffis ; le peuple qui ne voit que fon pain , qui ne fent que le prix du pain , dont la confommation pour lui eft égale dans tous les temps; ce peuple enfin , fi refpectable par fon utilité , feroit foulagé par la vente du pain au poids.

La feule objection qu'il foit poffible de faire contre la loi qui ordonneroit la vente du pain au poids , c'eft que les Boulangers pourroient ajouter à la pâte une plus grande quantité d'eau & l'y retenir enfuite, en cuifant peu le pain , de manière que par ce moyen on feroit expofé à avoir du pain qui pèferoit beaucoup par l'humidité qu'il renfermeroit, & non par la nourriture : or, il s'enfuivroit un pain très-abondant en mie, ayant peu de croûte & dont le goût feroit fade.

Mais cette objection préfentée dans toute fa force, tombe entièrement d'elle - même ; le Boulanger prépare conflamment trois fortes de pains fur lefquels le public aura toujours le choix ; celui de pâte molle, qui contient le plus d'eau, doit avoir encore affez de fermeté & d'épaiffeur pour conferver le volume néceffaire, fans quoi ce feroit une galette platte, dont la croûte inhérente deviendroit un défaut ; quant à la cuiffon, on ne courroit pas plus de rifque à être trompé ; ne feroit-on pas toujours le maître de laiffer celui qui ne fembleroit pas affez cuit ! d'ailleurs la Boulangerie fera toujours foumife par la nature de fon objet à la rigueur des loix & à la févérité du Magiftrat éclairé qui en eft le dépofitaire.

Le Boulanger ne peut fe juftifier aux yeux de la Police & du Public que par la balance ; aucune expérience ne lui a encore dévoilé le moyen de s'en paffer : elle eft l'unique reffource qu'il ait pour écarter le foupçon, &

éteindre le reſſentiment qu'on pourroit conſerver contre lui ; elle peut donc procurer la ſécurité de ſon commerce, & rétablir ſon honneur dans l'eſprit des hommes prévenus. Enfin, il n'y a pas de remède plus efficace pour prévenir tous les inconvéniens.

De ces obſervations fondées ſur l'expérience, le raiſonnement & l'équité ; il réſulte qu'il eſt phyſiquement impoſſible d'aſtreindre le Boulanger à vendre ſon pain à un poids juſte & déterminé, ſans qu'il n'y manque par fois quelques onces ſur quatre livres ; que l'unique moyen de parer à cet inconvénient qui réſulte des variétés des temps & des matières, c'eſt qu'il pèſe le pain qu'il vend & débite ; que les Édits, Arrêts & Ordonnances qui enjoignent à tous les Boulangers d'avoir dans leur boutique & dans les marchés, un fléau garni de balances, & des poids marqués, étalonnés, & viſités pour peſer leur pain à meſure qu'ils en font la vente & la diſtribution, aient une pleine & entière exécution : que ſi le public enſuite a oublié ou dédaigné de ſe ſervir de la balance qui frappe ſes yeux, & qu'on lui offre d'en faire uſage, il ne doit plus être fondé ni reçu après cela à s'en aller plaindre ailleurs ; puiſque ſans ſortir, il a la liberté de demander cette ſatiſfaction de voir peſer ſon pain, fauf à lui, après cela, fi cet aliment n'eſt pas loyal & marchand, s'il ne peut obtenir juſtice de celui qui le lui a vendu, de recourir à l'autorité.

Quand bien même, ceux qui font plus occupés de leurs petits intérêts, que jaloux de leur honneur & de leur tranquillité, trouveroient le débit du pain au poids trop aſſujettiſſant; de pareilles conſidérations pourroient-elles arrêter! quand la loi qui preſcriroit une coutume auſſi ſage, ſoulageroit le peuple ſans nuire au fabriquant. Malgré l'aviliſſement où ſe trouve aujourd'hui l'art de préparer le premier de nos alimens, il exiſte encore parmi ceux qui l'exercent, des hommes honnêtes & diſtingués, qui ne reſpirent qu'après le moment où ils auront la liberté de remplir par la balance & les poids, le déchet dont ils ne font pas abſolument les maîtres; quelle circonſtance plus heureuſe pour ſolliciter & obtenir une pareille loi! un Monarque bienfaiſant, des Miniſtres éclairés, des Magiſtrats qui ne reſpirent que le bien-être du peuple au bonheur duquel ils font chargés de veiller: d'ailleurs pourroit-il y avoir des Boulangers aſſez indifférens pour un Règlement qui porteroit le calme dans leur commerce & les juſtifieroit aux yeux de tous les hommes?

ARTICLE V.

De la Police des Boulangers.

CE feroit un avantage bien réel de pouvoir foumettre les garçons boulangers à une difcipline non afferviffante, mais propre à établir entre eux & leurs Maîtres une concorde qui affurât dans tous les temps le fervice public & l'exécution paifible d'un Art aux progrès duquel les Européens particulièrement ont un intérêt direct ; mais cet objet ne paroît pas encore avoir été pris en confidération, & malgré les facrifices humilians que les Maîtres font pour fixer l'inconftance naturelle de leurs garçons, ils font continuellement expofés à perdre des fournées entières, ou à fabriquer de mauvais pains par leur défertion au moment même de commencer l'ouvrage, ou bien par une multitude d'entraves qu'ils apportent, au lieu d'en partager les embarras & les foins.

Tous les Boulangers confeffent cependant que la caufe effentielle du bon ou du mauvais pain dépend du concours de plufieurs garçons d'accord entr'eux & doués de l'intelligence proportionnée à la fonction qu'ils ont à remplir ; en effet depuis que le travail eft commencé, jufqu'à ce qu'il foit achevé, toutes les manipulations marchent enfemble & fe fuccèdent très-rapide-ment, en forte qu'elles ne peuvent éprouver aucun retardement, fans donner lieu auffitôt à des inconvéniens très-préjudiciables, qui em-pêchent qu'on ne foit affuré de faire du pain conftamment bon à des heures régulières & fixées par les befoins du public.

Le Boulanger n'eft pas feulement Artifte, il eft encore Commerçant, puifqu'il vend & débite la marchandife qu'il fabrique; il eft donc tout-à-la-fois marchand & fabriquant : ces deux qualités font tellement liées l'une à l'autre, qu'il feroit peut-être dangereux de les féparer, en ne permettant pas au Boulanger de vendre l'aliment qu'il a préparé; il n'eft pas non plus hors de propos d'obferver que le travail de la Boulangerie a cela de particulier, que dans les grandes Villes, il ne fauroit être fufpendu fans que la tranquillité publique ne foit troublée. On ne fauroit donc trop favorifer, dans la pra-tique de leur Art, des hommes qui, par la nature des occupations auxquelles ils fe livrent, n'ont pas un feul moment de repos dans le cours de la vie; à peine le jour commence-t-il à paroître, qu'ils vendent déjà le pain qu'ils ont fait la nuit, & fi on les a fuivis dans les différentes opérations relatives à leur commerce, on aura vu que de reste, combien ils ont besoin d'être secondés & obéis par leurs garçons.

Ces réflexions que M. Brocq a faites avant moi, l'ont déterminé l'année dernière à présenter au Gouvernement un Mémoire sage & bien détaillé, sur la nécessité & les moyens d'établir une police chez les Boulangers de Paris; dans lequel il démontre que le travail de la Boulangerie exigeant le concours de plusieurs garçons, dont les fonctions différentes demandoient de la part de chacun d'eux, pour être rempli convenablement, non-seulement de la force, du courage & de l'intelligence, mais encore des mœurs & de la conduite; que l'esprit de légèreté & d'insubordination qui caractérisoit particulièrement cette classe d'hommes, faisoit sans cesse le tourment, le malheur & même la ruine des Maîtres; qu'enfin, pour les prévenir, il ne s'agissoit que d'attacher les garçons à leurs devoirs par des moyens simples, sans les gêner, sans leur ôter la liberté de prendre les délassemens que leur état peut leur permettre.

On ne peut cependant pas se dissimuler, observe très-judicieusement M. Brocq, que le tort ne vient pas toujours de la part des garçons Boulangers, que les Maîtres abusant par fois de leur autorité, ils n'ont pas continuellement les attentions & les égards que l'on doit à ſes ſemblables & ſur-tout à ceux que nous admettons pour partager le fardeau, & concourir à notre bien-être. Le Boulanger eſt condamné à vivre d'un travail pénible, aſſidu & continuel, dans un lieu toujours très-chaud, où l'air a perdu ſon reſſort; quoique pour faire ſon ouvrage il eût beſoin de force, de vigueur & de jeuneſſe, & qu'il ne puiſſe s'y livrer que pendant un certain temps, & juſqu'à un âge peu avancé.

Les reproches qu'on peut faire aux Boulangers, continue M. Brocq, peuvent être réduits à trois points, ou le Boulanger, dont les manipulations ne ſont preſque jamais ſemblables à celles de ſon confrère, exige des garçons, un travail au-deſſus de leurs forces, ou le Maître, par ignorance de ſon Art, les met dans la néceſſité de ſe roidir contre ſa volonté; ou bien enfin, le Boulanger attribue ſouvent à la négligence & à l'incapacité de ſes ouvriers, les défauts qui ſurviennent à la fabrication du pain, tandis que ſouvent le vice réſide dans ſa méthode ou dans la nature des matières qu'il emploie, en ſorte que le manque de lumières des Boulangers ou de leurs garçons, perpétuent les mauvaiſes qualités du pain.

L'intelligence & l'habileté des garçons échouent quelquefois auprès des matières fur lefquelles ils opèrent; tantôt les blés font médiocres, tantôt les farines ont été altérées à la mouture, & peuvent avoir perdu une partie de leurs propriétés; il arrive encore que l'impéritie des Meuniers & des Fariniers font fouvent la caufe du pain médiocre, dont le public mécontent avec raifon, rejette toujours la faute fur le Boulanger, & fouvent celui-ci fur les garçons, ce qui donne lieu à des difputes qui durent autant que l'objet qui en eft caufe.

C'eft pour obvier à ces inconvéniens & à beaucoup d'autres que le Mémoire dont nous parlons, expofe que M. Brocq avoit propofé de former quatre claffes des garçons Boulangers fuivant leurs fonctions, dirigées par un Boulanger inftruit & fous les yeux de la Police, qui infcriroit fur un regiftre par ordre de capacité, & noteroit leur conduite à côté de l'enregiftrement : diftribués chez les Boulangers, il les fuivroit pour connoître fi effectivement ils font en état de remplir la place pour laquelle ils fe font préfentés. Le garçon Boulanger ne pourroit pas quitter fa boulangerie, ainfi que l'endroit, fans en prévenir le Maître, pour avoir le temps de le remplacer, & celui-ci ne pourroit point par complaifance délivrer de certificat qui attefte fa conduite & fes mœurs, fans qu'il ne foit vifé en même temps par le Boulanger infpecteur qui feroit mention du grade qu'il pourroit occuper : tels font les principaux moyens que M. Brocq indique pour faire ceffer toutes les conteftations qui partagent les Maîtres & leurs garçons, alors on préviendra la négligence des bons principes, ainfi que les cabales pour faire manquer le travail & le fervice public.

Il paroîtra toujours étonnant, que dans beaucoup d'Arts utiles, mais moins que la Boulangerie, & dont l'interruption pendant même des femaines entières, ne feroit pas capable de déranger l'ordre, ni de troubler la tranquillité, on voie depuis peu des Règlemens très-détaillés, qui attachent les garçons aux devoirs de leur état & à l'obéiffance qu'ils doivent aux Maîtres qui les emploient ; & que les Boulangers dont les travaux ont augmenté avec la perfection de l'Art, n'aient que des anciens Règlemens, qui, loin de remédier à aucun abus, en ont groffi le nombre. Tous les Boulangers honnêtes de Paris ne font qu'un cri à ce fujet ; *que l'on nous donne, difent-ils fouvent, la liberté de vendre notre marchandife au poids, ainfi que nous avons acheté la farine d'où elle réfulte ; que les moulins qui avoifinent les environs de Paris ne soient plus occupés, à notre exclusion, par des intrus qui nous obligent d'aller au loin faire moudre; que l'on nous accorde enfin un nouveau Règlement pour contenir & dompter l'indocilité de nos garçons; alors nous supporterons patiemment & avec courage, les peines & les fatigues inséparables de notre état.* Cette expression que le besoin fait entendre quelquefois, parviendra sans doute un jour à l'oreille du Magistrat éclairé qui préside à la police de Paris; & il accordera aux vœux des Boulangers le Règlement qu'ils desirent : la sûreté d'un service aussi important, & la bonne qualité du pain qui en résultera, feront un nouveau bienfait que lui devra la Capitale.

FIN.

9 782329 282688